Dr Walter Fiedler

Gerd und Heidi von Wahlert

Was Darwin noch nicht wissen konnte

Gerd und Heidi von Wahlert

Was Darwin noch nicht wissen konnte

Die Naturgeschichte der Biosphäre

Deutsche Verlags-Anstalt

Die Bücher des Lektorats Öffentliche Wissenschaft
entstehen in enger Zusammenarbeit mit der Redaktion
der Zeitschrift *bild der wissenschaft*
im Verlagsbereich Öffentliche Wissenschaft.

Die Abbildungen dieses Buches haben die Autoren selbst gezeichnet. Sie entstammen verschiedenen Abschnitten ihrer Arbeiten und spiegeln dies in Auffassung und Ausführung wider. Sie haben diese Unterschiede auch dort bestehen lassen, wo sie die vorhandenen Skizzen und Vorlagen für dieses Buch umgezeichnet haben.

CIP-Kurztitelaufnahme der Deutschen Bibliothek
Wahlert, Gerd von
Was Darwin noch nicht wissen konnte: d. Naturgeschichte
d. Biosphäre/Gerd und Heidi von Wahlert.–
Stuttgart: Deutsche Verlags-Anstalt, 1977.
ISBN 3–421–02700–5
NE: Wahlert, Heidi von:

Umschlagentwurf: Klaus Dempel, Stuttgart
Grafiken: Gerd und Heidi von Wahlert, Ingersheim
Gesamtherstellung: Richterdruck, Würzburg
Printed in Germany

Für Christiane, Gabriele und Joachim

Inhalt

Grundfragen und Grundlagen

Überschichtung im Meer und an Land

Mensch und Biosphäre

Grundfragen und Grundlagen

Was Darwin bereits wußte: Evolution ist Zuwachs an Möglichkeiten

... Die Röhrenaale haben wir hinter uns gelassen. Sie stehen immer noch mit ihren Hinterleibern im Sand und wiegen ihre Körper in der Strömung, aus der sie ihre Nahrung schnappen. Wir schwimmen weiter auf das Riff zu. Unter uns sitzen unter der Kante einer Felsplatte drei Rotfeuerfische. Ihre giftigen Rückenflossen ragen unter ihrem Rand hervor wie die Stacheln der schwarzen Seeigel, mit denen sie ihr Versteck teilen. Links von uns schwimmen zwei Flötenfische. Ist es ein Paar? Als wir näher kommen, färbt sich der kleinere Fisch dunkel, und der größere legt eine Tracht mit Querstreifen an. Wir haben diesen Unterschied schon mehrfach gesehen. Haben die Geschlechter verschiedene Erregungsfärbungen? Wir wissen es nicht. Wir wollen weiter zum Riff, um nach Muränen zu sehen.

Ein Flügelrochen schwimmt über eine Kolonie von Röhrenaalen.

Wir sind mit Maske und Schnorchel unter Korallen und bunten Fischen unterwegs und beobachten die Pflanzen und die Tiere, die in der Wunderwelt des Meeres leben. Wir tun das, weil uns schon immer die Frage beschäftigt: Warum gibt es überhaupt Fische und so viele von ihnen? Warum gibt es Korallen und die Riffe, die sie bauen? Wie mögen sie entstanden sein? Können wir ihre Geschichte aufdecken? Welche Fragen bleiben schließlich noch ungelöst, wenn wir ihre Geschichte auch beschreiben können? Wie hängt die Geschichte einer Gruppe von Pflanzen oder Tieren mit den anderen zusammen, und was bedeutet das für uns Menschen?

Fische und Korallenriffe im Meer, Insekten, Vögel, Säuger, Savannen und Regenwälder auf den Kontinenten hat es nicht schon immer gegeben. Sie sind in der Geschichte der belebten Erde entstanden, so wie auch diese Geschichte selber einmal angefangen hat. Will man nun erfahren, warum es alle diese Lebewesen und Lebensgemeinschaften gibt, muß man sie in der freien Natur beobachten.

So hat Charles Darwin entdeckt, daß Lebewesen eine Geschichte haben. Und dabei hat er erkannt, was die wichtigste Ursache für ihren Wandel ist. Er schreibt dazu:
»Die wichtigsten Ursachen des organischen Wandels sind von den Änderungen, auch den plötzlichen, der Umgebung fast unabhängig. Das sind nämlich die Wechselbeziehungen zwischen den Lebewesen selbst.« Die aber

kann man nur in ihren Lebensräumen erkennen.

Die Lebewesen, die ihre Geschichte gegenseitig beeinflussen, sind in der Geschichte der Biosphäre mit immer neuen Formen aufgeblüht. Dabei und dadurch gab es auch immer neue Wechselbeziehungen. Demnach entstehen in der Evolution auch immer neue Evolutionsbedingungen und Möglichkeiten: Evolution ist ein Zuwachs an Möglichkeiten. Das hat Darwin bereits gesehen.

Warum aber zu den bereits vorhandenen noch immer neue Lebensweisen und Lebensformen dazukommen konnten, wußte Darwin nicht anzugeben. Wenn wir heute danach fragen, können wir von vielen Tatsachen ausgehen, die Darwin noch nicht kennen konnte. Wir kennen die Mechanismen vieler Lebensvorgänge und vor allem der Vererbung; wir können die Ergebnisse von hundert Jahren Stammesgeschichtsforschung auswerten und haben weit mehr Einblick in die Vorgänge der Lebensgemeinschaften von Pflanzen und Tieren. Vor allem aber können wir mit einem Geschichtsverständnis an die Deutung gehen, das Darwin damals noch nicht haben konnte. Hier liegt, wie wir sehen werden, die Kernfrage der Auseinandersetzung, die seit Darwin geführt wird. Sie erschien als ein Konflikt zwischen »Zufall oder Plan«. Darwin hat in diesem Konflikt seinen Glauben aufgegeben; seine Forschungen hat er unermüdlich weitergeführt, stets und vor allem an lebenden Pflanzen und Tieren orientiert.

Unsere biologischen Arbeiten haben uns in über zwanzig Jahren ebenso in die Brutgebiete arktischer Raubmöwen wie zu den Salamandern auf den Kordilleren Südamerikas geführt – vor allem aber immer wieder in das Meer. Die biologischen Fragen, die sich dabei ergaben, haben wir mit Fachkollegen aus der ganzen Welt diskutiert. Der Frage, wie man die Geschichtlichkeit von Natur und Mensch angemessen deutet, sind wir gemeinsam mit Anthropologen und Psychologen, Philosophen und Theologen nachgegangen. Was uns zunächst als akademisches Problem erschien, wurde dabei zunehmend zur konkreten Frage: Wie werden wir unserer Verantwortung für die belebte Erde und ihre Bewohner gerecht? Das hat uns bei einem Meereswirtschaftsprojekt in Hongkong zur Zusammenarbeit mit chinesischen Fischern und jetzt zur Arbeit für Fisch- und Algenkulturen auf den Kapverden geführt.

Alles das hat in diesem Buch seinen Niederschlag gefunden. Deswegen werden die Leser, die in erster Linie an allgemeinen Fragen interessiert sind, mehr Tatsachen und biologischen Zusammenhängen begegnen, als sie vielleicht ganz ohne jede Mühe aufnehmen können. Nicht alles konnten wir so schildern wie das, mit dem uns eigene Erlebnisse verbinden. Dafür werden Naturliebhaber wieder geistesgeschichtliche Fragen ausführlicher erörtert finden, als sie das in einem Buch mit bunten Fischen und einem Korallenriff auf dem Umschlag erwarten. Beides ist aber wohl unvermeidbar bei dem Versuch, zwei vielfach so getrennte Themenkreise zu verbinden.

Physiker haben eine lange Tradition darin, Fachfragen mit allgemeinen Fragen der Philosophie und Weltanschauung zu verbinden. Von Biologen haben das unter anderen Jacques Monod und Konrad Lorenz getan. Wie sie sind auch wir davon überzeugt, daß sich die Fragen nach Wirklichkeit und Sinn der Welt und unseres Lebens nicht losgelöst vom Sachwissen behandeln lassen.

Wir sehen als Ergebnis unserer Arbeiten Evolution völlig neu: als Produktionsausweitung der Biosphäre, zu der alle Pflanzen und Tiere ihren Beitrag leisten. Das wiederum bestimmt ihren Bau und ihr Schicksal. Die Produktionsausweitung läßt sich in Zahlen ausdrükken. Damit wird, für uns selbst überraschend, die Stammesgeschichte der Lebewesen in

eine quantifizierende Betrachtungsweise einbezogen.
Evolution ist aber mehr als das. Der Produktionszuwachs, als den wir Evolution sehen, ist wiederum nur Teil eines noch umfassenderen Zuwachsprozesses. Er ist mit einem Zuwachs an Seinsweisen, an Qualität von Sein, verbunden. Die Evolution ist die Seinsweise der belebten Erde. Leben ist eine historische Erscheinung. In ihm ist das menschliche Bewußtsein entstanden. Die Menschen, in bisher nicht gesehenem Ausmaß Geschöpfe dieser ganzen Biosphäre, haben sie verwandelt. Aus diesem Zusammenhang ergeben sich neue Ansätze für die Frage, welchen Sinn unsere Teilhabe an der Geschichte der Biosphäre haben kann.
Stoffauswahl und Gliederung dieses Buches sind von dem Ziel bestimmt, in möglichst anschaulicher Form zu zeigen, wie fruchtbar dieser neue Ansatz ist – für Fragen innerhalb der Biologie und für Fragen an sie. Was wir hier – in dieser breiten Fragestellung auch für unsere Fachkollegen – zum erstenmal vorlegen, haben wir laufend in unseren Unterricht an Schule und Hochschule, nicht nur bei Biologen, eingebracht. Wir hoffen, daß auch noch mehr Schüler, Studenten und ihre Lehrer unser Buch brauchen können.
Wir möchten aber nicht nur die ansprechen, die sich mit dem Fach Biologie beschäftigen. Wir möchten möglichst viele Menschen erreichen, die außer der Freude an Pflanzen und Tieren mit uns die Sorge teilen, wie die Geschichte der Biosphäre weitergeht, für die Charles Darwin uns die Augen geöffnet hat. Wir alle zusammen müssen dafür sorgen, daß auch die Lehre von der Biosphäre zu einem Werkzeug wird, mit dem wir ihren Fortbestand zu sichern suchen.
Unser Buch führt deshalb notwendig (und mit Absicht) in Stil und Inhalt über den herkömmlichen Arbeitsbereich von Naturwissenschaftlern und den Themenbereich naturkundlicher Sachbücher hinaus. Im ersten Teil aber führen wir zunächst einmal mitten in die Fülle der Beobachtungen, die uns bei der Forschungsarbeit entgegentreten und aus denen sich Fragen, Antworten und Konzepte dann erst herausschälen.

Wir haben die Arbeit am Manuskript in einem kleinen Tal im französischen Alpenvorland abgeschlossen. Hier haben uns die Wildkleearten und die zahlreichen Insekten, die sie bestäuben, einmal mehr gezeigt, wie Pflanzen und Tiere gemeinsam eine dünne Bodenkrume reich besiedeln können. Worin die gemeinsame Leistung dieser und anderer Lebensgemeinschaften besteht, können wir in diesem Buch besser verständlich machen als bisher. Wir hoffen, daß auch möglichst viele unserer Leser die Natur dadurch mit neuen Augen sehen lernen.

Was sieht ein Evolutionsbiologe im Roten Meer?

Fische und andere Lebewesen

Wenn man in Eilat gleich hinter dem Tauchzentrum ins Wasser geht und in die Richtung von Akaba und der jordanischen Küste schwimmt, trifft man nach etwa dreißig Meter auf eine Kolonie von Röhrenaalen. Das sind unterarmlange Fische, die mit den Schwänzen in selbstgegrabenen Röhren im Sandgrund stecken und ihre Körper in der Strömung hin- und herbewegen. Ab und zu schnappt einer der Fische mit etwas abgewin-

kelt getragenem Kopf nach Nahrung, die die Strömung herangetragen hat.
Röhrenaale waren bis vor etwa 20 Jahren fast völlig unbekannt. In einigen Museen gab es einige wenige Exemplare. Sie wurden dort unter Hunderten von Aalen und Muränen, die aus den sieben Weltmeeren bekannt sind, nicht weiter beachtet. Dann aber entdeckten Sporttaucher und bald auch tauchende Zoologen die lebenden Tiere und machten, was sie sahen, schnell publik.

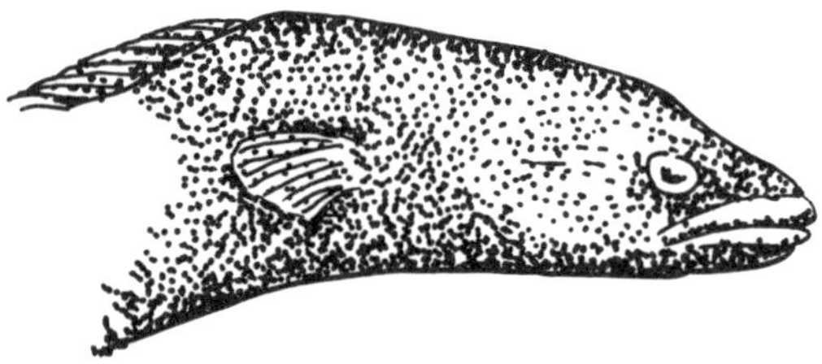

Kopf eines Röhrenaals aus dem Golf von Akaba.

Festsitzende Tiere, die ihre Nahrung aus dem Wasser fangen, gibt es im Meer in Hülle und Fülle. Das tun die Korallentiere und andere Hohltiere, darunter Seerosen und Seenelken; dazu gehören ferner die Röhrenwürmer mit ihren Kiemenkronen und die Haarsterne mit ihren Armen, mit denen sie außerdem auch kriechen und schwimmen können. Dann leben alle Muscheln so, die ungeheure Wassermengen durch den Körper pumpen und dabei alles für sie Eßbare mit ihren Kiemen aus dem Wasser filtern, mitunter, wie mancher Italienurlauber inzwischen weiß, auch Colibakterien. Daß Fische Plankton – wie die treibende Kleinlebewelt des Wassers heißt – fressen, ist auch längst bekannt. Die Heringe zum Beispiel leben von winzigen Ruderfußkrebsen, schwimmen dabei aber selbst.

Die Röhrenaale dagegen sitzen in Löchern. Das wiederum tun andere Fische auch: Muränen findet man in Löchern und in Spalten; Lippfische und andere beziehen Löcher oder bauen sie sich im Sand. Sie alle aber suchen sich ihre Nahrung aktiv umherstreifend anderswo. Das Bild von den Röhrenaalen aber, die wie eine Gruppe verzauberter Seile im Wasser stehen und, wenn man näher heranschwimmt, wie in einer Versenkung verschwinden (sie ziehen sich dann in ihre Löcher zurück), ist gänzlich ungewohnt.
Warum sie stets in Kolonien leben, erschien manchen Betrachtern zusätzlich rätselhaft. Schwarmfische gibt es viele, besonders unter Friedfischen, die keine Räuber sind. Es läßt sich sogar die Regel ableiten (und begründen), daß alle Friedfische des freien Wassers Schwärme bilden: Ein Schwarm wirkt auf Raubfische als geschlossener Körper, aus dem sie keinen Einzelfisch erbeuten können. Wenn sie einen Angriff versuchen, müssen sie dabei zuerst den Schwarm aufsprengen.
Weshalb aber leben die Röhrenaale auch in Gruppen, obwohl jeder von ihnen in seiner Röhre ein Versteck besitzt? Warum stehen sie, wenn sie so schutzbedürftig sind, mit ihren Kolonien nie innerhalb des Riffs auf Sandflächen, die ebenso aussehen wie die vor dem Riff?
Diese Fragen werden in der Literatur gestellt, weil die Verhaltensforschung dieses Problem bisher nicht lösen konnte. Wir haben gelernt, diese Fragen im produktionsbiologischen Zusammenhang zu sehen, und wir können sie auch in diesem Zusammenhang, wie sich am Schluß dieses Kapitels zeigen wird, beantworten.

Schwimmt man in Eilat dann weiter, diesmal der Küste entlang etwas nach Süden auf die Riffe zu, die noch vor der Meeresstation der Hebrew University liegen und an denen die Glasbodenboote immer ihre ersten Runden drehen, so gelangt man zu ein paar einzelnen Korallenstöcken. Gewöhnlich sitzt an oder in ihrer Basis eine Muräne. Wer zum erstenmal auf eine Muräne trifft, schrickt zurück. Die Tiere strecken einem nämlich jäh den Kopf entgegen und reißen dabei ihren Mund auf. Man glaubt, sie förmlich zischen zu hören.

Der Mund der ersten Muräne, die wir im Roten Meer sahen, war im Innern gelb, und bei der zweiten war er rosafarben. Das waren, wie wir bald feststellten, die beiden hier häufigen Arten.

Grauer Körper, farbiges Mundinneres – das ist eine Kontrastfärbung, wie man sie nur antrifft, wenn das Mundaufsperren eine biologische Bedeutung hat und durch den Farbkontrast noch auffälliger und wirkungsvoller wird. Wir kennen das zum Beispiel bei jungen Vögeln, die damit ihren Eltern zeigen, wohin sie die Atzung stecken sollen. Bei den Muränen steht diese Kontrastfärbung im Dienst eines Droh- oder Imponierverhaltens – wie wirksam dies war, hatten wir selbst oft erfahren. Wenn Gelb oder Rosa als Kontrastfärbung vorkommen, ist zu vermuten, daß die Art mit dem gelben Mund tiefer geht. (Gelb ist die Farbe, die im blauen Meerwasser als letzte ausgelöscht wird. Deshalb tragen Taucher gerne gelbe Ausrüstungen, besonders Preßluftflaschen – man findet sie, falls man sie einmal abwerfen muß, leichter wieder.)

Die Tiefenverteilung der Muränen-Arten haben wir später in der Bibliothek des Universitäts-Instituts nachgeschlagen. Unsere Vermutung stimmte. Was aber nutzt den Muränen eine Kontrastfärbung im Mund, wenn sie ihn nicht nach Belieben aufsperren können, sondern zum Ausatmen vorübergehend schließen müssen? Fische atmen ihr Wasser nach hinten durch die Kiemen aus und müssen dazu vorne den Mund schließen. Oder hielten die Tiere etwa beim Drohen ihren Atem an? Wir versuchten, einem drohenden Tier auf die Halsregion zu sehen. Das war nicht so einfach, weil es den Bewegungen des Schwimmers mit offener Schnauze folgte. Hinter ihren Kieferwinkeln sah man die Kiemenbeutel pumpen, die bei den Muränen die Kiemen umgeben und das Wasser durch einen kleinen Spalt auspressen. Dazu muß jedoch die Wasserpassage vorne geschlossen sein. Die Muräne aber hielt ihren Mund weiter offen. Als sie ihn uns immer noch entgegenstreckte, sahen wir tiefer hinein. Und richtig: innen, tief im Mund, legten sich rhythmisch die rechte und die linke Wand des Schlundes aneinander und bildeten einen inneren, senkrechten Mundverschluß. So konnten freilich die Kiefer aufgesperrt bleiben.

Das Mundaufsperren, überlegten wir später weiter, muß älter sein als die Kontrastfärbung;

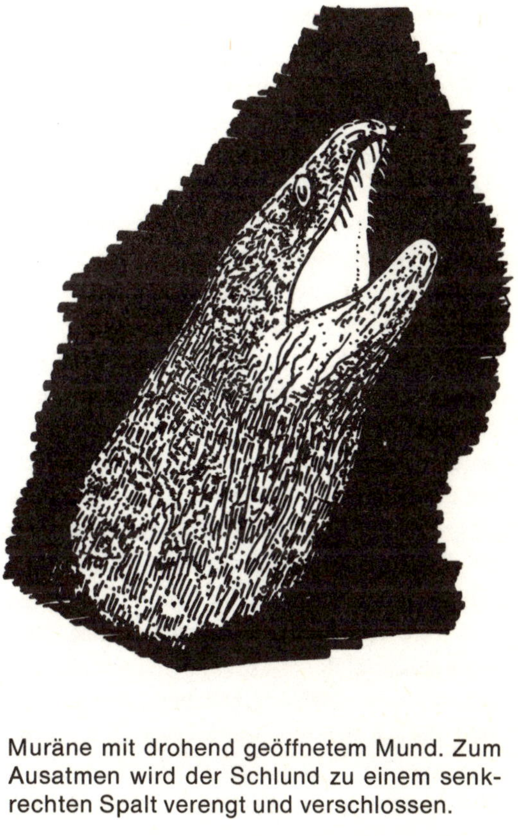

Muräne mit drohend geöffnetem Mund. Zum Ausatmen wird der Schlund zu einem senkrechten Spalt verengt und verschlossen.

es konnte nur und erst als Drohverhalten wirken, als es bereits ohne Unterbrechung möglich war. Warum hat sich dann aber dieser weiche Schlundverschluß gebildet? Das mußte damit zusammenhängen, daß Muränen Tintenfische fressen. Wir hatten das zwar noch nicht im Meer, aber ausführlich in einer amerikanischen Fernsehserie gesehen, deren deutsche Fassung einer von uns bearbeitet hatte; die höchst dramatischen Aufnahmen dieses Kampfes machten einen guten Teil einer der 13 Sendungen aus.

Wenn eine Muräne sich in einen Tintenfisch verbeißt, dann kann sie nicht jedesmal loslassen, wenn sie atmen muß. Tintenfische gehören aber zu der regelmäßigen Beute von Muränen. Das kann man schon daran sehen, daß die Tintenfischtinte, nach der die Tiere heißen und die sie bei Gefahr ausstoßen, neben ihrer optischen Wirkung die Nasennerven von Muränen für mehrere Minuten lähmt. Wenn ein Tintenfisch unter dem Schutz seiner Tintenwolke einem Angriff entgehen kann, ist er wenigstens für einige Zeit vor der Verfolgung durch diese Muräne sicher.

Nicht alle Muränen jagen Tintenfische oder andere Beute, bei deren Fang das Mundaufsperren und dazu wiederum ein zweiter Mundverschluß zum Atmen nötig ist. In großen öffentlichen Aquarien mit größeren Meerwasserabteilungen kann man aber meist eine Art beobachten, die den Mund ständig aufsperren kann. Dabei kann man das Arbeiten des hinteren weichen Mundspaltes erkennen. Unseren Studenten in Berlin haben wir an diesem Beispiel die Verkettung von Ursachen und Folgen und die Zusammenhänge von Verhalten, Umweltbeziehungen und Konstruktion der Tiere zeigen können, wie wir sie hier geschildert haben. Diese Verknüpfungen und Wechselwirkungen sind der Schlüssel für das Verständnis der Art und Weise, in der die einzelnen Pflanzen und Tiere am Stoffwechsel und an der Geschichte der Biosphäre teilhaben.

Fische untereinander: Putzerfische und Anemonenfische

Wir schwimmen weiter. Oben am nächsten Korallenstock steht ein Putzerfisch. Putzer nennen wir die kleinen Fische, die anderen die Parasiten vom Körper abnagen. Putzerfische gibt es aus mehreren Fischfamilien, daneben auch Putzergarneelen. Die Putzer suchen ihre Putzgäste auf, oder die Kunden kommen zu den Putzern. Die wichtigsten Putzerfische der Tropenmeere sind alle blau, schwarz und silbrig längsgestreift. Darüber und über viele Details dieser Putzbeziehungen gibt es eine nahezu unübersehbare Literatur; Putzfische sind auffällig und gut zu beobachten, und wo immer Zoologen tauchen, beschäftigt sich auch einer gleich mit Putzerfischen. Die erste Beschreibung dieser Putzsymbiosen stammt von dem Amerikaner Longley aus dem Jahr 1942; in den fünfziger Jahren sind sie durch Eibl-Eibesfeldt bei uns allgemeiner bekannt geworden.

Solche Putzbeziehungen sind nicht selten. Die Madenhacker picken Huftieren Schmarotzer aus der Haut. Die Krokodile lassen sich ihre Zähne, wie schon Herodot wußte, von Vögeln säubern, und Hediger, der Basler Zoodirektor, hat in Westafrika in unseren Tagen unter Wasser gefilmt, wie Barben Nahrungsreste aus dem Mund und zwischen den Zähnen von Nilpferden herausholen.

Es hat uns deshalb nicht überrascht, als wir 1956 auch im Mittelmeer Putzerfische fanden. Sie sind nicht so auffällig wie die der Tropen, aber doch unübersehbar. Wir haben sie zuerst in Südfrankreich gesehen, dann andere bei Ischia und bei Sardinien beide Arten. Von befreundeten Tauchern und Kollegen wissen wir, daß auch an anderen Küsten dieses Meeres noch wieder andere Putzerfische tätig sind. Alle die Lippfischarten, die

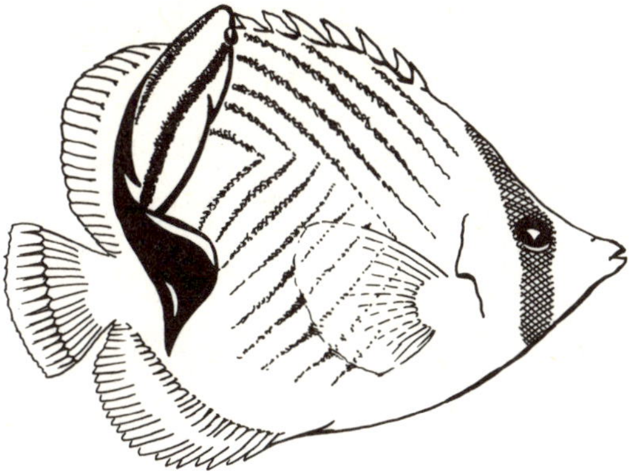

Ein Putzerfisch putzt einen Schmetterlingsfisch.

bisher als Putzer beobachtet worden sind, kommen im ganzen Mittelmeer vor. An jeder Stelle ist bisher aber nur eine Art beim Putzen angetroffen worden. Wie geregelt wird, welche Art putzt, wissen wir nicht. Aber wie Putzsymbiosen entstehen, kann man im Mittelmeer gut beobachten. Die hier tätigen Putzerarten sind nicht »obligatorische«, sondern »fakultative Putzer«: Sie tun es, aber sie sind nicht darauf angewiesen. Wir haben Lippfische an Felsen herumknabbern sehen, dann an lebenden Putzgästen, dann an Tangblättern. Fische, die Nahrung von Unterlagen absuchen, gibt es überall; da ist der Übergang zur Nahrungssuche auf lebenden Körpern nicht groß. Und Parasiten haben alle Fische auf der Haut. Wenn man zum Beispiel im Süßwasser Fische sieht, die mit der Flanke über den Boden oder einen Stein fahren, versuchen sie, sich solche Schmarotzer abzustreifen. Im Karibischen Meer haben wir einmal beim Abendtrunk nach einem Tauchtag auf einer Koralleninsel die Schalenstücke der Melone, die wir aßen, in das Meer geworfen. Sehr bald tauchten einige Hornhechte auf, die wie Trampolinspringer bald von der einen, bald von der anderen Seite über diese Stücke sprangen. Als wir genauer hinsahen, bemerkten wir, daß sie beim Drübergleiten ihre Flanken an den Schalenkanten rieben.

Die Putzsymbiosen sind wichtig – nicht nur für die unmittelbar Beteiligten. Amerikanische Zoologen haben an Riffen streckenweise alle Putzer weggefangen. Die Folge war, daß der gesamte Fischbestand bald sichtbar nicht nur von mehr Parasiten, vor allem Kleinkrebsen, sondern auch von bakteriellen und verpilzten Infektionen befallen war. Magenuntersuchungen und direkte Beobachtungen ergaben, daß Putzer auch Bakterienrasen und Pilzbeläge von der verletzten und entzündeten Haut anderer Fische abfressen. Man darf also, will man die biologische Bedeutung eines solchen Miteinanders beurteilen, nicht nur an die engeren Partner der Beziehung denken. Eine solche Bekämpfung von Infektionsherden kommt allen Riffbewohnern zugute.

Das gilt auch für eine andere augenfällige Beziehung – vielleicht der bekanntesten – zwischen Riesenanemonen und den Anemonenfischen. Man trifft die beiden so ungleichen Partner allenthalben – auch schon vorm eigentlichen Riff am frei- und einzelstehenden Block mit Korallen. Sie machten sich unter Umständen von selbst bemerkbar. Uns schwammen jedenfalls beim ersten Treffen plötzlich Fische vor die Tauchermasken, die sich mit breit gespreizten Flossen in das Wasser pflanzten. Wir scheuchten sie mit Handbewegungen weg, und sie sausten einen Meter oder zwei zurück über die Tentakelfelder ihrer Anemonen, die wir noch gar nicht gesehen hatten. Dort blieben sie wieder stehen, drehten sich um und drohten noch einmal. Als wir dann nachstießen, warfen sie sich förmlich in die Arme der Seerosen, die jeden anderen Fisch sofort greifen, mit Gift lähmen und dann zum Mund führen würden. Warum die Anemonenfische nicht? Darüber haben die Zoologen lange gerätselt. Die meisten suchten eine Erklärung im Verhalten: Der

Fisch bewege sich auf eine Art und Weise, die ihn von allen anderen Beutetieren unterscheide und gegen die Nesselkapseln der Seerose ebenso schütze wie gegen die von Nesselzellen ja unabhängigen Bewegungen der Arme.

Wir hatten an dieser Deutung immer schon Zweifel, seit wir in den frühen fünfziger Jahren Anemonenfische aus dem Indischen Ozean mit Seerosen aus der Nordsee zusammenbrachten und sahen, daß auch diese den Anemonenfischen nichts zuleid taten. So differenzierte Verhaltensweisen konnten bei Seerosen nicht rein nervös gesteuert sein: Dazu ist ihr Nervensystem viel zu einfach gebaut. Und aus welchem Grund sollten Seerosen aus der Nordsee Fische an ihrer Bewegung erkennen und verschonen, die sie im Leben niemals angetroffen hatten? Schließlich entdeckte man, daß die Seerosen (wie zu erwarten war) auf chemische Reize reagierten und daß der Schleim der Anemonenfische sich für sie nicht von dem Geschmack ihrer eigenen Tentakel unterscheidet. Die Anemonenfische helfen dem etwas nach, indem sie etwas Schleim der Anemonen in ihren eigenen Hautschleim übernehmen. Damit steht diesen Fischen eine Zuflucht offen, die ihnen niemand anders streitig macht. Und wie die so gewonnene Sicherheit die Fische selbstbewußt und angriffslustig macht, kann jeder Taucher beobachten. Das wiederum kommt der Anemone zugute. Ihre Bewohner schützen sie vor anderen Korallenfischen, die Seerosen und anderen Hohltieren die Tentakel anknabbern. Welche Rolle spielen aber die Anemonenfische sonst im Stoffkreislauf des Riffes? Welche Kreisläufe halten sie in Gang, welche Bedeutung haben die großen Anemonen? Tragen sie spürbar zu der Struktur der Riffe bei, wenn sie größere Lücken oder Löcher füllen?

Wir können diese Fragen nur erst stellen. Warum wir das tun, wird noch deutlich werden. Wir sehen uns erst noch einige der Fische

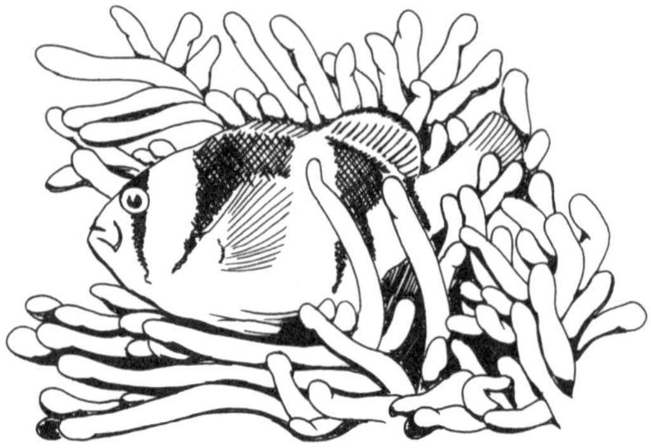

Ein Weißbinden-Fisch in den Armen einer Seerose.

an, die vor dem Riff im Sand liegen oder umherschwimmen. Gerade kommt ein Butt angeschwommen, der wie ein Panther gefleckt ist. Er läßt sich auf dem Boden nieder und ist mit wenigen Wellenbewegungen des Körpers im Sand verschwunden. Was hat es mit ihm auf sich?

Anpassungen an das Bodenleben: Plattfische und Rochen

Butte und Schollen, Flundern und Seezungen gehören zu den beliebtesten Speisefischen. Für die Zoologen sind sie seit über hundert Jahren beliebte Testobjekte für die Brauchbarkeit von Theorien, wie so merkwürdige Tierformen überhaupt entstehen können. Das Merkwürdige an den Plattfischen ist nicht, daß sie so flach sind. Das Auffällige ist, daß sie die beiden Augen auf einer Körperseite tragen und auf der anderen liegen. Was uns als Oberseite erscheint, ist die rechte oder linke Körperseite, und die entgegengesetzte Seite ist, wie bei anderen Bodenfischen der Bauch, ungefärbt. Das Märchen läßt die Scholle einen schiefen Mund bekommen, weil sie beim Wettschwimmen der Fische neidisch auf den Hering ist, der vorne liegt. Wie aber ist die Scholle wirklich so platt geworden?

»Ist der liebe Gott auf die Scholle raufgetreten, als er sie gemacht hat?« fragte uns einmal eine unserer Töchter, die unser mehr als kulinarisches Interesse an diesen Fischen bemerkt hatte und teilte.

Ja, wie sind die Plattfische so platt und schief geworden? Augenverlagerungen sind bei Grundfischen nicht selten. Bei ihnen liegen beide Augen gewöhnlich hoch auf dem Kopf. Unter Zuchtrassen gibt es das beim Himmelsgucker, einer in China gezüchteten Goldfischart.

Warum sollte dann auch nicht einmal ein Auge seine Lage ändern! Einseitige Entwicklungsstörungen gibt es immer einmal. Unter welchen Umständen kann aber eine einseitige Augenverlagerung sinnvoll, ja biologisch vorteilhaft sein?

Die Plattfische liegen meistens auf dem Grund, und daran ist ihre Körperform gut angepaßt. Mit ihren Augen sehen sie nach oben. Sie können damit das Wasser über sich mit zwei Augen überwachen. Das bedeutet, daß sie Entfernungen besser abschätzen können – von Feinden, von Beute. Sie können auch den eigenen Körper sehen und seine Färbung und sein Muster an den Untergrund anpassen.

Wie kann das aber entstanden sein?

Im Körperbau ähneln die Plattfische den Zackenbarschen. Die Barschflundern des Indischen Ozeans sind fast nichts anderes als etwas abgewandelte Zackenbarsche. Sie sind noch auf beiden Seiten braun gefärbt, und ein Auge sitzt gerade nur auf der Kopfkante. Bei ihnen gibt es gleich viele rechte und linke Exemplare, während bei allen anderen eine Vorzugsrichtung erblich festgelegt ist.

Die anderen Plattfische sind dann stärker an die Seitenlage angepaßt. Was kann der erste Schritt gewesen sein? Auch bei dieser Frage hilft der Vergleich von Lebensweisen weiter. Zackenbarsche haben wir in den Tropen genug gesehen. Viele von ihnen liegen häufig am Boden oder stehen dicht über ihm; sie gehen nur zu bestimmten Stunden auf Jagd.

Dann sahen wir im »Bad der Königin Johanna« im Golf von Sorent, einer Bucht mit den Resten einer römischen Villa, einmal einen Zackenbarsch auf der Seite liegen. Er schlief. Wir sind nacheinander dreimal hinabgetaucht und haben ihn gefilmt; beim drittenmal kam er hoch und schwamm davon.

Schlafende Fische haben wir schon häufig untersucht. Wir wußten, daß Schlaf als Aktivität gelten muß, in dem Fische sonst nicht vorhandene Umweltbeziehungen herstellen. Die Meerjunker des Mittelmeeres bohren sich zum Schlafen in den Sand. Meerbrassen ruhen auf dem Boden und stützen sich auf eine Brustflosse wie auf einen Fahrradständer. Lippfische und andere Kleinbarsche liegen in Algenbüscheln oder Felsspalten, mal auf der Seite, mal mit dem Kopf nach oben oder unten. Auch Zackenbarsche können auf der Seite liegen. Der in dem »Bad der Königin Johanna« lag etwas schräg in einer flachen Mulde auf dem Sand. Was würde passieren, wenn ein Zackenbarsch nicht nur auf der

Zackenbarsch am Ruheplatz in einem Korallenriff.

Seite schläft, sondern auch nach dem Aufwachen so liegen bleibt? Er würde sehen. Fische schließen ihre Augen beim Schlafen nicht, aber sie schalten ihre Funktion teilweise ab. Warum wäre es für einen Fisch wichtig, etwas zu sehen, wenn er wach ist? Nun – offensichtlich der Feinde und zweitens der Beute wegen.

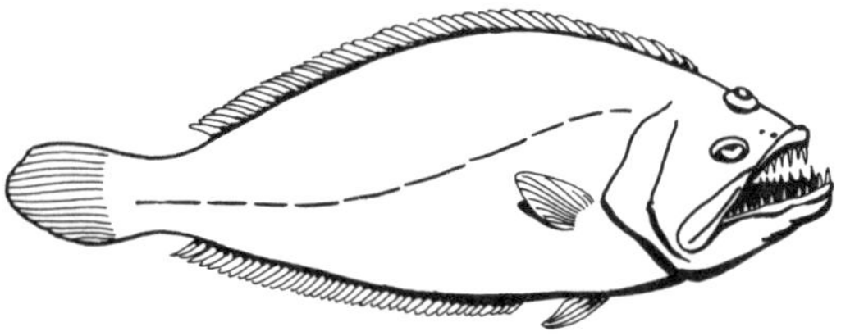

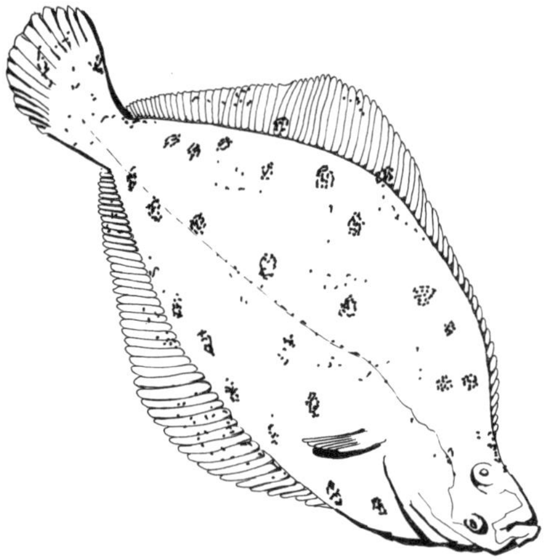

Bei den Barschflundern aus dem Indischen Ozean liegt ein Auge auf der Kopfkante; der Körper ist auf beiden Seiten braun, der Mund trägt auf beiden Seiten Zähne. Bei den Flundern (unten) und den anderen Plattfischen ist die Asymmetrie ausgeprägter: Das Auge der Blindseite liegt meistens ganz auf der Oberseite, und nur diese ist gefärbt und gemustert.

Zackenbarsche sind Fische der versteckreichen Küsten, der Felsen, Riffe, Algenwälder. Auf Flachgründen gibt es keine Verstecke, kaum Zackenbarsche, aber Plattfische. Wir erblicken in den Plattfischen die Nachfahren von Zackenbarschen, die deren Lebensweise auf die versteckfreien Flachgründe des Meeres übertragen haben. Damit lassen sich alle anderen Merkmale der Plattfische und ihrer Untergruppen deuten: die Augenverlagerung als Anpassung an die beibehaltene Seitenlage, die Abplattung zum Anschmiegen an den Boden, das bekannte Vermögen, Farben und Muster dem Untergrund anzupassen, als Tarnung für die Fische, die, auf dem Boden liegend, auf Beute lauern und das Eingraben als Schutzmaßnahme, die angewandt wird, wenn die Fische nicht auf dem Boden liegen müssen.

Das ist die Deutung, mit der wir unsere Untersuchungen über die Entstehung der Plattfische abgeschlossen haben. Was wir dabei an allgemeinen Zusammenhängen kennengelernt haben, ließ sich unschwer auf andere Fische übertragen. Wir haben dies damals sofort auf eine andere Gruppe platter Bodenfische angewandt, nämlich auf die Rochen.

Rochen gehören wie die Haie zu den Knorpelfischen, deren Skelett, wie der Name sagt, wohl Kalk, aber keine echten Knochen enthält. Ihre nächsten Verwandten sind die Dornhaie. Die meisten Haie sind Bodenfische (und völlig harmlos). Nur einige ihrer Linie sind gute Schwimmer und häufig oder ständig in Bewegung. Darunter sind die großen Raubhaie, die das Bild der Gesamtgruppe so einseitig bestimmen.

Wenn auch andere Knorpelfische am Boden liegen – warum sind dann die Rochen so platt?

Wenn man Rochen schwimmen sieht, könnte man annehmen, daß ihre platte Körperscheibe, die vom Rumpf und den großen Brustflossen gebildet wird, gar nichts mit ihrem Bodenleben zu tun hat: Sie schwimmen mit ihr, genauer, mit den Bewegungen der großen Brustflossen. Bei den Rochen unserer Meere schlagen die Flossen in Wellenbewegungen, bei den Stech- und Adlerrochen der warmen Meere wie Vogelflügel auf und ab. Zitterrochen, Geigenrochen und die ebenfalls zu den Rochen gehörenden Sägefische schwimmen dagegen wie Haie mit pendelnden Bewegungen des Schwanzes. Die Brustflossen waren also nicht von Anfang an der Bewegungsapparat der Rochen, und sie sind es bei den meisten auch nie geworden. Wozu sind sie dann so breit und groß? Auch hier gibt uns ein Fisch selbst die Antwort: Ein ockergelber Zitterrochen kommt, verfolgt

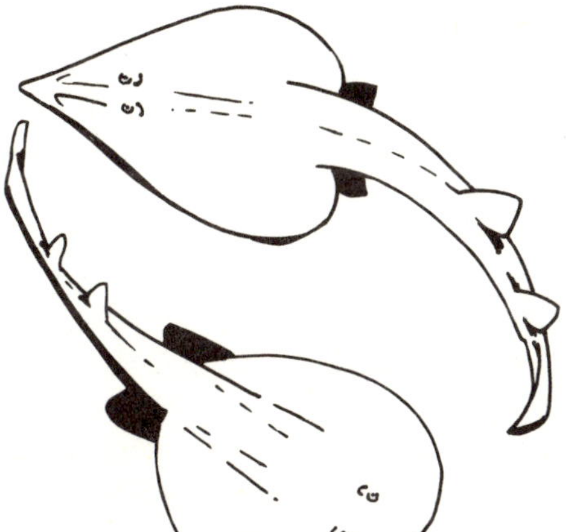

Geigenrochen und Zitterrochen schwimmen wie Haie mit Seitwärts-Schlägen des Hinterkörpers. Andere Rochen schwimmen mit Wellen- oder Flügelschlägen der Brustflossen.

von ein paar anderen kleinen Fischen, angeschwommen, schwimmt unter eine weit ausladende Koralle und gräbt sich mit der breiten Körperscheibe in den Sand. Beobachtet man andere Rochen länger und untersucht ihren Mageninhalt, dann wird deutlich, daß sie die Flossen noch zu einem anderen Zweck benutzen: Sie wühlen damit den Bodengrund auf und legen so ihre Beute frei – Muscheln, Krebse, Stachelhäuter und andere Tiere, die im Sand und Schlamm wohnen.

Das unterscheidet sie von den Haien, von denen auch die meisten Grundbewohner sich mit dem begnügen, was auf dem Grund liegt und dort zu packen ist. Die groß, breit und sehr beweglich gewordenen Flossen benutzen die Rochen dann zum Eingraben – zwei ihrer Familie (von insgesamt fünf) auch zum Schwimmen.

Wir wollen den Beziehungen zwischen Körperformen und Lebensweisen noch an weiteren Beispielen unter den Fischen nachgehen, um dann daraus allgemeinere Schlüsse ziehen zu können.

Schlüsselmerkmale und Entfaltungen: Drückerfische und Anglerfische

Wie man Beute im Sand freilegt, zeigt uns in Eilat auch der große blaue Drückerfisch. Er bläst einen Wasserstrom auf die Stelle, wo er im Sand etwas Eßbares spürt, legt sich dazu schräg auf die Seite und schlägt die großen Rücken- und Afterflossen weiter, mit denen er sonst aufrecht durch das Wasser fährt. Diese Flossen schlagen gleichzeitig nach rechts und links, und wenn der Fisch schräg über dem Grund steht, schlagen sie nach oben und nach unten. Dann sieht der Fisch wie ein absonderlicher Vogel aus, der hier im Zeitlupentempo seine Flügel schlägt. Drückerfische fressen auch Seeigel. Sie blasen sie ebenso mit einem Wasserstrom aus ihrem Mund vom Felsen weg und dann im Wasser oder auf dem Sand umher, bis sie einen Biß in das Mundfeld anbringen können. Seeigel enthalten Weichteile, darunter fünf Eierstöcke, die bei manchen Arten auch Menschen gut schmecken. (Linné hat schon vor über 200 Jahren den großen Seeigel der europäischen Meere, *Echinus esculentus*, den Eßbaren Seeigel genannt.) Wenn man im Mittelmeer Fische an einer Felsküste beobachten will, braucht man nur ein paar Seeigel im Wasser mit einem Stein zu zerdrücken: Sofort wimmelt es von kleinen Lippfischen und anderen.

Drückerfische können Seeigelschalen und die anderer Schalentiere knacken. Sie haben ein entsprechend leistungsfähiges Gebiß, und man sieht förmlich, wie sie das ganze Körpergewicht beim Zubeißen noch auf die Kiefer und die Beute wirken lassen. Sie können deshalb sehr fest zupacken, weil sich ihr Kopf nicht bewegt, wie das bei anderen Fischen der Fall ist. Wenn Fische nämlich (wie die meisten das tun) mit Wellenschlägen von Körper und Schwanz schwimmen, machen die Köpfe immer leichte und unvermeidbare Gegenbewegungen. Bei den Drückerfischen schieben die Flossen, der Körper selbst wird still gehalten. Das hat dazu geführt, daß bei ihren Verwandten der Körper noch zusätzlich versteift ist.

Die Kugelfische oder Aufbläser füllen ihn bei Gefahr mit Wasser oder Luft, die sie in ihren Magen pumpen, und die Igelfische richten auf dem aufgeblähten Körper noch Hautstacheln auf. Kugel- und Igelfische können sich so vor den Augen eines Raubfeindes in unerreichbar große Gebilde verwandeln. Die ursprüngliche Funktion ist aber wohl, daß sie sich mit dem aufgeblähten Körper zwischen Korallen oder in Felslöchern festklemmen können, so, wie das Drückerfische mit den Bauchflossen und den Rückenflossen tun; der erste Stachel ihrer Rückenflosse wird dabei durch den zweiten Stachel vor dem Umknikken bewahrt, weil der zweite mit einem Fortsatz in eine Kerbe des ersten Stachels faßt. Das ist eine Sicherung wie beim Drücker eines Gewehrs, und das hat den Fischen ihren Namen eingebracht. Wie vorteilhaft es ist, sich im Riff zwischen Korallen und Felsen einen Halt zu verschaffen, weiß jeder, der einmal bei kräftiger Brandung gegen ein Korallenriff gedrückt worden ist. Und wenn man sich im Riff umsieht und überlegt, wo eigentlich die Fische alle schlafen, wenn sie Ruhe brauchen, wird man auch schnell begreifen, wie nützlich es ist, sich auch noch dort sicher verankern zu können, wo weniger gut ausgerüstete Fische größere Tiefen aufsuchen müssen, wenn sie Ruhe haben wollen.

Den Körper aufblasen und damit noch steifer machen können natürlich nur Fische, die nicht auf Rumpfbewegungen angewiesen sind; und in der Tat schwimmen die Kugel- und

Ein Drückerfisch windet einen Seeigel durch Wasserstöße aus seinem Mund und beißt dann seine Schale am ungeschützten Mundfeld auf.

die Igelfische mit ihren höchst beweglichen Brust-, Rücken- und Afterflossen, den Schwanz benutzen sie meist nur noch zum Steuern. Und die Kofferfische, die ebenfalls in diese Verwandtschaft gehören, haben ihren Körper in einen Knochenpanzer eingeschlossen, sozusagen in eine mitgeführte, schützende Höhle. Sie treiben ihre plump wirkenden Körper mit dem Flossenantrieb höchst wirksam, überraschend schnell und mit einer gewissen Eleganz umher. Ihr festes Gebiß haben die Drückerfische und ihre Verwandten schon von ihren Vorfahren übernommen, und ihre nächsten Verwandten sind die Doktorfische. Diese raspeln, ebenfalls mit festen Zähnen, von Felsen und Korallen alles Eßbare ab. Noch besser können freilich die Papageifische zupacken, denn sie knacken ganze Stücke von Korallenstöcken ab. Sie verdauen das weiche, lebende Gewebe und scheiden den Kalk gemahlen wieder aus. Das bringt einen Teil Kalk wieder in den Stoffkreislauf des Riffs zurück. Was das für das Riff als Ganzes bedeutet, werden wir noch zu besprechen haben. Wir möchten der Besprechung der Fischgruppen, die wir durch ihre Lebens- und Ernährungsweisen charakterisieren können, noch eine höchst bemerkenswerte folgen lassen.

Es ist die Gruppe der Anglerfische. Von ihnen lebt in der Nordsee und im Mittelmeer der Seeteufel. Seine Kopfgröße wird durch das breite Maul bestimmt und dessen Größe durch die Art des Fressens. Der Fisch saugt in das Maul Wasser und mit ihm Beute ein, wenn sich ein Beutefisch neugierig seiner Angel nähert. Als Angel dient der erste Rükkenflossenstrahl, der mit einem Hautfetzen über dem Kopf und vor dem Mund spielt.

Diese Methode des Nahrungsfangs gibt es öfter. Die nordamerikanische Geierschildkröte macht in ihrem Wohngewässer den Mund auf und läßt, sobald sie eine Bewegung sieht, ihre Zunge spielen. Diese ist länglich

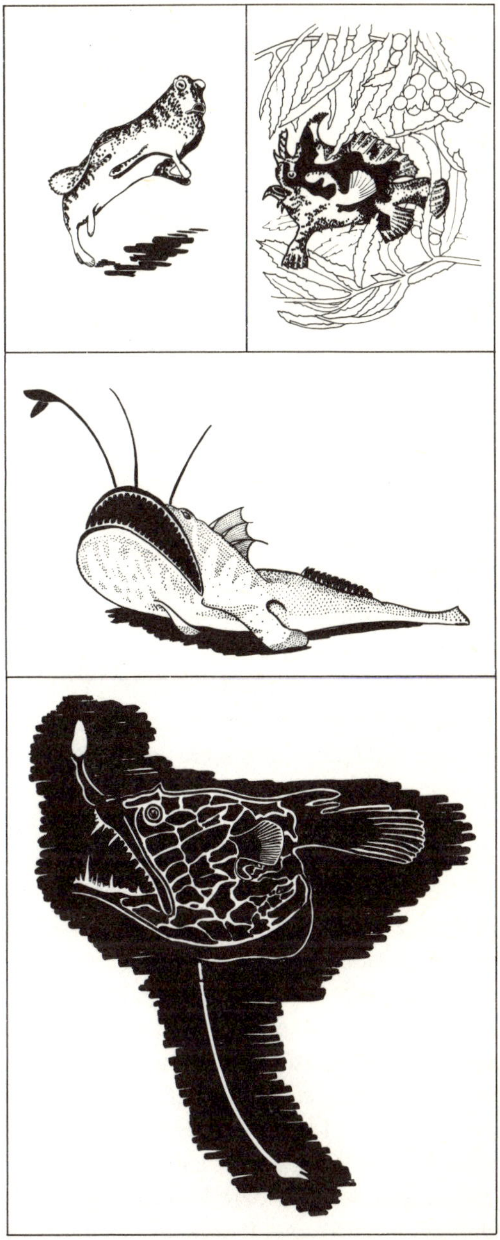

Alle vier Möglichkeiten zum Verstecken nutzen die Anglerfische. Die Seeteufel (Mitte) schmiegen sich an den Boden; Seefledermäuse (oben links) schwimmen zwischen Felsen und Pflanzen, Sargassofische (oben rechts) kriechen im treibenden Tang umher. Die Tiefseeangler (unten) angeln mit Leuchtködern in der Dunkelheit.

und rot und sieht wie ein Bachröhrenwurm oder eine Zuckmückenlarve aus. Der Fisch, der sich das näher ansieht, wird gepackt. In australischen Gewässern gibt es Haie, deren breites Maul von Hautlappen umstellt ist, die wie Tang wirken. Auch sie saugen jeden Fisch ein, der diese Hautlappen aus der Nähe inspiziert.

Was bei den Ammenhaien, den Schildkröten und anderen Tieren Einzelerscheinungen sind, hat bei den Anglerfischen zur Entstehung von vier Untergruppen geführt. Man kann sie sich leicht merken, wenn man sich fragt, wie und wo man sich im Meer zum Angeln verstecken kann.

Unsere Seeteufel schmiegen sich mit ihrem abgeplatteten Leib an den versteckarmen Sandgrund. Die Seefledermäuse der tropischen Meere leben zwischen Felsen, Pflanzen und Korallen. In den treibenden Tangen des Mittelatlantik und auch in anderen Gebieten leben die Sargassofische, die sich mit ihren Flossen im Kraut verankern und selbst wie ein Klumpen Tang aussehen. Und wo können sich Fische noch verbergen? – Im Dunkel der Tiefsee, hier leben die Tiefseeangler; bei ihnen leuchtet der Köder, der an der Angelrute hängt. Das Licht wird wie bei den anderen Tiefseefischen von Bakterien erzeugt, die hier leben. Die anderen Tiefseefische benutzen ihre Leuchtorgane dazu, um sich gegenseitig zu erkennen und zu finden, wie beispielsweise bei der Partnerwahl. Weil die Tiefseeangler ihr Leuchtvermögen für prosaischere Zwecke nutzen, müssen sie für die Fortpflanzung andere Wege suchen. Vermutlich bleiben die Paare, die sich schon ganz jung in den oberen, hellen Meeresschichten treffen, zeitlebens nah beieinander. Bei einigen Formen ist das garantiert: Hier heften sich ein oder mehrere junge Männchen an ein Weibchen und wachsen an ihm fest, bleiben sonst aber klein. Wenn man einen solchen Tiefseeangler von einem Meter Länge in die Hände bekommt, weiß man sofort, daß es ein Weibchen ist. Die Männchen sitzen, kaum einen Zentimeter groß, wie warzenartige Anhänge irgendwo am Körper. Sie bestehen aus Haut, den Adern, mit denen sie an das Gewebe der Weibchen angeschlossen sind, und aus Geschlechtsdrüsen.

So plastisch wird die Naturgeschichte der Fische, wenn man ihre Lebensweisen untersucht und vergleicht, und soviel Aufschluß ergibt das über Entstehung, Anpassung und Ausbreitung der einzelnen Linien.

Die ökologischen Zonen und Nischen: Einige Grundbegriffe

Wir wollen das, was wir als Beobachtungen an den Fischen des Riffs und im Zusammenhang damit geschildert haben, zusammenfassen und dabei in die Fachausdrücke einführen:

Röhrenaale und Anemonenfische, Plattfische und Rochen, Drückerfische und Papageifische leben im gleichen Lebensraum (Biotop). Sie bilden mit allen übrigen Bewohnern eine Lebensgemeinschaft (Biozönose). Die Gesamtheit von Umgebung und ihren Bewohnern nennen wir Ökosystem.

In diesem Lebensraum führt jede Tierart ihre spezielle Lebensweise. Die Tiere nutzen dazu die Gegebenheiten der Umgebung unterschiedlich. Die Röhrenaale wohnen im Boden, fangen aber die Nahrung aus dem Wasser. Die meisten anderen Fische schwimmen im Wasser und schlafen nur am Boden, oder sie suchen sich ihre Nahrung auf ihm. Einige, die man am Riff wenigstens als Besucher sehen kann, schlafen sogar im freien Wasser, wie zum Beispiel die Meeräschen, die sich dazu mit gefüllten Schwimmblasen von unten an die Wasseroberfläche hängen.

Drückerfische benützen die Korallen als Versteck, Papageifische fressen von ihnen. Wir drücken das so aus, daß wir von den verschiedenen Umwelten sprechen: Jede Art hat in der gleichen Umgebung ihre eigene. Die Gesamtheit aller Umweltbeziehungen einer Art nennen wir ihre ökologische Nische. Der Lebensraum, das ist die Anschrift, sagen die amerikanischen Biologen dazu, und die ökologische Nische ist der Beruf. Wenn eine Art mit ihrer Lebensweise eine bisher noch nicht genutzte Lebensmöglichkeit erschlossen hat, die ausbaufähig ist, kommt es zur Artenaufspaltung und so zur Artenvermehrung. Die gesamte Evolution geht mit Artentrennung einher; deshalb war die Entstehung der Arten auch das erste Thema der von Darwin begründeten Evolutionsbiologie. Das besagt natürlich nicht, daß wir mit dem Verständnis der Artentstehung auch schon die ganze Evolution verstehen. Diese lange gehegte Ansicht hat sich im Gegenteil als vorschnelle und unzutreffende Verallgemeinerung erwiesen.

Die Eigenschaft einer Art, die die Entfaltung einer ganzen Gruppe möglich gemacht hat, nennen wir deshalb das Schlüsselmerkmal der so entstandenen Gruppe. Bei den Plattfischen war das die Beibehaltung der seitlichen Schlafstellung am Boden als Lauerstellung auch beim Wachen. Wir nennen diese Verhaltensweise das ethologische Schlüsselmerkmal der Plattfische (Ethologie: die Verhaltenskunde). Die Augenverlagerung, die durch Selektion ausgebildete Anpassung des Körpers an dieses Verhalten, nennen wir ihr morphologisches Schlüsselmerkmal (Morphologie: die Lehre vom Körperbau). Die auf den Schlüsselmerkmalen beruhende Entfaltung einer Gruppe nennen wir adaptive Radiation. (Adaptation ist der Fachausdruck für Anpassung, Radiation kommt vom lateinischen Wort *radius* und bedeutet Strahl; adaptive Radiation ist also eine umweltbezogene Aufspaltung.)

Wir werden sehen, daß die Geschichte der großen Pflanzen- und Tiergruppen eine einzige große, zusammenhängende Aufspaltung ist, in der immer neue Lebensmöglichkeiten entstanden und in der immer neue Lebensweisen genutzt worden sind.

Bei fortlaufender Erschließung neuer Lebensweisen und ihnen dienender Anpassungen kommt es zur Bildung ganzer Reihen. Aus bodenlebenden Haien, wie es sie heute noch gibt, sind die Rochen entstanden. Morphologisches Schlüsselmerkmal der Rochen sind die zum Eingraben dienenden, verbreiterten Flossen. Bei Rochen, wie etwa den Geigenrochen, bewegen sich die Flossen etwas, wenn sie – wie die Zitterrochen und die Sägefische – mit den Schlägen von Schwanz und Körper schwimmen, mit denen sich auch Haie vorantreiben. Bei anderen Rochen sind die Flossenbewegungen dann aktives Antriebsmittel geworden. Diese Bewegungsweise (Bewegungen sind Verhalten im Raum) hat dann die Rückbildung des Schwanzes zu einem dünnen, peitschenförmigen Anhang möglich gemacht: Er wurde für den Antrieb nicht mehr gebraucht. Von den Rückenflossen blieben bei den Flügel- und Adlerrochen nur die Stachel übrig. Der dünne Schwanz kann leicht gekrümmt und schnell nach oben geschlagen werden. Auf diese Weise sind die Stechrochen entstanden, die sich mit ihrem Schwanzstachel (aus der Rückenflosse entstanden) wehren können, wenn man auf sie tritt.

Eine solche Reihe nennen wir eine phyletische Sequenz – eine Stammfolge. Wir werden solchen Reihen noch viel begegnen: Unser Ziel ist es, die ganze Geschichte der Pflanzen und der Tiere so zu sehen.

Papageifische fressen Korallen und sind mehr oder weniger ans Riff gebunden. Auch andere Fische leben nur hier. Die Röhrenaale leben vor den Riffen im Sand, nicht aber auf Sandflächen im Riff. Wenn wir die Naturgeschichte der Fische, von denen bisher nur die Rede war, komplett beschreiben und verstehen wollen, müssen wir auch nach dem

Riff und seinen anderen Lebewesen fragen. Die Papageifische tragen, wie man schon länger erkannt hat, zur Erhaltung des Riffes bei. Der Kalksand, zu dem sie die von ihnen abgebissenen Korallenstücke verarbeiten, fällt zwischen die Korallenstücke und hilft, diese zu einer kompakten Masse zu verbakken. Das wird dadurch unterstützt, daß Kalk auch wieder im Meerwasser gelöst wird und dann wieder den Korallen, Kalkalgen und anderen Rifforganismen zur Verfügung steht. Der Kalk durchläuft einen Kreislauf, in dem verschiedene Lebewesen, gelöster Kalk und das Meerwasser mit seinen anderen Salzen sowie abgelagerter Kalk verbunden sind.

Die Existenz dieser Stoffkreisläufe ist uns heute allen geläufig: Die Luft, die wir einatmen, enthält Sauerstoff, den Pflanzen in ihrem Stoffwechsel freisetzen; umgekehrt wird die Kohlensäure, die wir, alle Tiere und auch Pflanzen ausatmen, von Pflanzen wieder in organische Substanzen überführt. Von ihnen liegen im Holz viele für lange Jahre, in Torf und Kohle für Jahrtausende und Jahrmillionen fest, ehe ihr Kohlenstoff durch die Verbrennung wieder frei wird. Auch Riffkalke nehmen an solch langfristigen Zyklen teil. Senkt eine Küste sich, so wächst ein Riff so schnell, daß es mit dieser Senkung Schritt hält; bleibt die Wasserlinie auf gleicher Höhe, wächst das Riff langsam nach außen. Hebt sich die Küste, fallen Riffe trocken. Ganze Gebirge bestehen aus früheren Riffen. Diese Kalkfelsen verwittern an der Luft, und Flüsse tragen Kalk als Schutt, Sand und gelöste Kalksalze ins Meer zurück.

Wenn wir den Lebensraum der Fische des Korallenriffs genauer kennen wollen, müssen wir auch diesen Zusammenhängen nachgehen. Sie treten uns nicht nur im Kreislauf anorganischer Substanz entgegen. Das Meerwasser, in dem die Tiere leben, transportiert auch die Spermien vieler Tiere zu den ebenfalls in das Meerwasser ausgestoßenen Eiern und den Hormonen, die von manchen ausgestoßen werden, um ihre Geschlechtspartner dazu anzuregen, ihre Geschlechtsdrüsen ins Wasser zu entleeren. Im Meerwasser gelöste organische Stoffe, Aminosäuren, Zucker und andere, werden von vielen Meerestieren durch die Haut aufgenommen und bilden für manche einen beträchtlichen Bestandteil ihrer Nahrung.

All das aber hat es nicht schon immer gegeben. Korallenriffe gibt es seit dem Erdaltertum, Knochenfische wie jene, die heute in diesen Riffen zu Hause sind, gibt es aber erst seit dem späten Erdmittelalter. Auch Riffkorallen kann es nicht schon immer gegeben haben. Wie und warum sind sie entstanden? Die Frage ist noch nicht beantwortet, auch wenn wir seit Darwin Theorien darüber kennen, wie die Korallenriffe selbst entstanden sind. Das setzt Korallen, die sie bilden können, voraus: Aber die Fähigkeit dazu mußte auch erst entstehen.

Jetzt fragen wir nach deren Herkunft und sehen, was wir daraus für das Verständnis der Geschichte der Tiere lernen können.

Korallenriffe und andere Ökosysteme

Warum gibt es überhaupt Riffkorallen?

Die erste Theorie, die das Vorhandensein von Strandriffen, Barriereriffen und Atollen und ihre Entstehung durch die anhaltende Bautätigkeit der Korallen erklärt, stammt von Charles Darwin. Er hat auf seiner Weltumseglung mit dem Forschungs- und Vermessungsschiff Beagle alle Rifftypen untersucht und die schon damals beträchtliche zoologische und geologische Literatur ausgewertet. Seine 1842 veröffentlichte Theorie gilt im Grundsätzlichen bis heute. Steinkorallen bauen immer größere Stöcke, und dadurch wachsen Riffe. Sie tun das dort am stärksten, wo sie viel Nahrung finden: außen am Riff.

So werden aus strandnahen Riffen vorgelagerte Barrieren, die vom Festland durch einen Meeresarm getrennt sind. An der Rückseite des Riffes wird laufend Material abgetragen. Hebt sich die Küste, fallen Riffe trokken. Senkt sie sich, oder steigt der Wasserspiegel, wachsen die Riffe in die Höhe und dadurch schneller nach außen. Aus kleinen Inseln werden so Atolle, ringförmige Riffe mit einer runden Lagune.

Diese Erklärung geht wie alle ihre nachfolgenden davon aus, daß es stockbildende Korallen gibt. Von ihnen können die, die ganze Riffe aufbauen, nur in Wasser mit einer Temperatur von wenigstens 20 Grad Celsius leben. Es muß genug Nährstoffe enthalten, darf aber nicht zuviel Sediment wie Sand oder Schlickteilchen führen, denn sonst werden die Korallen schneller zugedeckt, als die Korallentierchen sie wieder durch Wimpernschlag und andere Bewegungen beseitigen können. Süßwasser vertragen Korallen auch nicht allzuviel. Strand- und Barriereriffe haben vor Flußmündungen Lücken.

Warum gibt es aber riff-bildende Korallen? Korallen sind Hohltiere. Diese Tiergruppe umfaßt festsitzende oder am Boden lebende Polypen und Quallen, die zumeist im Wasser schwimmen oder treiben. Gewöhnlich gehen aus Polypen Quallen und aus Quallen Polypen hervor: Manche Quallen haben aber kein Polypenstadium, und viele Polypen, zu denen auch die Seerosen und die Korallen gehören, pflanzen sich durch Larven, nicht über Quallen fort. In ihrer Geschichte haben die Hohltiere zunächst mit kleinen Formen den Meeresboden besiedelt, wo man sie noch heute findet. Das offene Wasser und seine Nahrung haben sie mit manchmal recht großen Quallen erschlossen. Ursprünglich ernährten sich beide Formen von der im Wasser treibenden Lebewelt von mikroskopisch kleinen Pflanzen und Tieren, vor allem aber auch direkt von gelösten organischen Verbindungen, die das Meerwasser enthält.

Größere Formen, und zwar Einzeltiere wie Seerosen, Kolonien wie Seefedern (sehr viele Hohltiere bilden Kolonien oder Stöcke), haben die Brandungszone, die Schlammflächen und die Tiefsee erobert. Was blieb dann noch als Lebensmöglichkeit für weitere Hohltiere? – Keine vom Meeresboden oder Was-

Korallenriffe wachsen im durchsonnten Wasser vor tropischen Küsten. Unmittelbar vor den Küsten bilden sich Saumriffe, in größerem Abstand liegen Barriereriffe. Plattformriffe stehen auf Inselkernen oder anderen Erhebungen. Atolle schließen eine Lagune ein. Die meisten Korallen des Riffdaches vertragen es, gelegentlich bei Niedrigwasser trokken zu fallen. Hebt sich ihre Unterlage, sterben die aus dem Wasser ragenden Riffe ebenso ab wie diejenigen, die durch zu schnelle Senkungen unter die Lichtzone absinken. Gehen Hebungen und Senkungen langsam vor sich, kann das Riffwachstum nach außen oder oben damit Schritt halten.

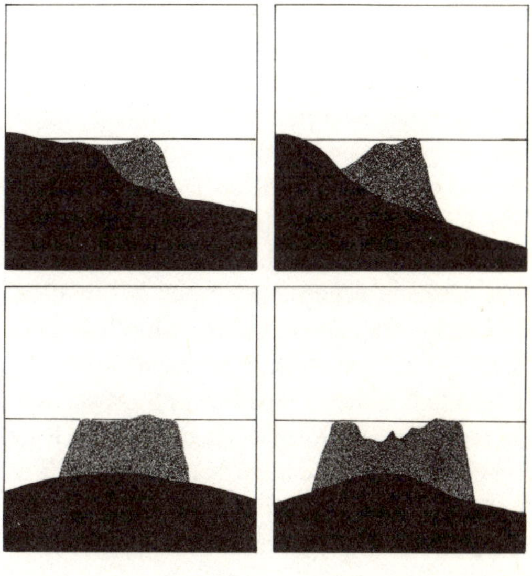

ser vorgebildeten Strukturen. Solche neuen Lebensmöglichkeiten entstanden aber mit den riffbildenden Korallen: Sie bauten für sich und für viele andere Arten einen zusätzlichen, reichgegliederten Lebensraum auf.

Wie konnten und wie können sie das? Die Antwort lag schon bereit, als wir die Frage so zu stellen lernten. Einige Steinkorallen leben mit Algen zusammen, die sie in ihrem Körpergewebe beherbergen. Dabei nehmen die Algen Kohlendioxid und andere Stoffwechsel-Endprodukte der Korallentiere auf; die Korallentiere, so meinte man, können dafür Algen verdauen, jedenfalls so viele, wie sie dem Bestand entnehmen könnten, ohne ihn zu gefährden. Wegen dieser Symbiose mit Algen ist es verständlich, daß Korallen nur im durchsonnten Wasser leben können – jedenfalls die Korallen, die große Riffe bauen.

Die Theorie vom wechselseitigen Nutzen hatte aber eine Lücke. Läßt man nämlich Korallen hungern, fressen sie ihre Mitbewohner keineswegs auf, wie man erwarten müßte. Sie scheiden sie vielmehr aus. Sind also die Algen gar nicht »für« die Korallen da? Unsere Art des Fragens ergibt in der Tat eine andere Antwort. Die Algen scheiden Kalk aus, so wie das ihre frei lebenden Verwandten tun. Im Mittelmeer gibt es ganze Terrassen aus Kalkalgen, und im Korallenriff füllen sie Lücken und Spalten aus. Vor allem aber wurde das genau an der Riesenmuschel Tridacna untersucht, die in allen Korallenriffen lebt (und damit zeigt, daß sie die gleichen Ansprüche wie die Korallen stellt). In der Riesenmuschel leben ebenfalls Algen, und am Mantelrand der Muschel liegen Glaskörper in Organen, die Licht sammeln und in das Muschelinnere leiten – zu den Algen. Je mehr Licht die Algen haben, desto reger ist ihr Stoffwechsel. Je reger der Stoffwechsel ist, desto mehr Kalk scheiden sie aus. Je mehr Kalk in der Gewebeflüssigkeit der Muschel enthalten ist, um so intensiver ist deren Schalenbildung; deshalb werden diese Muscheln so groß und ihre Schalen so dick. Man kann sie bei uns als kleinere Exemplare in Andenkenläden, große in manchen Seefahrerdörfern der norddeutschen Küstengebiete als Taufbecken in den Kirchen finden; im Meer werden sie bis zu zwei Meter lang. Wenden wir diese Erkenntnisse auf die Korallen an, dann dürfen wir nicht mehr einfach fragen, was die Algen denn den Korallen nützten. Steinkorallen können auch ohne Algen in der Dunkelheit und in kaltem Wasser wachsen. Es gibt in mehreren hundert Meter Tiefe große Steinkorallen an der norwegischen Küste.

Dort beansprucht der Korallenwuchs auch viel Zeit. Sie wachsen in Jahren, Jahrzehnten, vielleicht in Jahrhunderten heran. Im Brandungsbereich haben sie diese Zeit nicht: Da reicht langsames Wachstum nicht aus, um Riffe aufzubauen. Den abtragenden Kräften müssen hier größere Wachstumsintensitäten entgegengesetzt werden.

Das leistet die Symbiose von Korallen und Algen. Mit den kalkabscheidenden Algen können die Korallen schneller wachsen, als wenn sie allein Kalk aus dem Meerwasser heranschaffen. Die Wellen nagen ständig an den Stöcken – das Wachstum der Algen besitzenden Korallen hält damit Schritt. Reißen Stürme größere Lücken in das Riff, so füllen sie sich schnell mit Weichkorallen – wie ein Windbruch im Wald mit Himbeeren vollwuchert. Dann aber, ehe weitere Stürme ihre Wirkung addieren können, wachsen auch hier die Steinkorallen wieder durch.

Die Korallen mit den symbiontischen Algen sind die »framebuilder« der Riffe. Sie bauen den Rahmen, den dann die »framefiller« füllen – andere Steinkorallen, Horn- und Lederkorallen und eine schier unübersehbare Vielfalt von Tieren aus allen Tierstämmen im Meer.

Zwischen den Kalkgehäusen der vielen tierischen Riffbildner und ihren Bewohnern siedeln weitere Algen. Sie verfestigen das Riff und erhöhen seinen Stoff- und Kalkumsatz noch mehr. Wie an Land beschleunigen auch hier die Tiere die Umsetzungsvorgänge, indem sie ausgeschiedenen Kalk wieder in die Kreisläufe einspeisen und ihre vor allem an Stickstoff und Phosphat reichen Ausscheidungen ins Wasser abgeben.

Das Wachstum eines Riffes muß mit der Abtragung Schritt halten. Das kann es nur, wenn das Riff etwas mehr wächst, als ihm die abtragenden Kräfte im langen Jahresmittel entreißen. Deshalb wachsen Riffe langsam nach außen. Senkt sich die Küste, können sie sehr schnell wachsen und mit erheblichen Senkungen Schritt halten. Sinken die Küsten gar zu schnell, sterben die Riffe ab. Hebt sich der Boden, auf dem die Riffe wachsen, dann dringen sie sehr schnell nach außen vor.

Diese Wachstumsgeschwindigkeiten sind aber biologisch nicht so wichtig. Entscheidend ist, daß das Wachstum der Abtragung entspricht; die Ausdehnung ist eine sekundäre Folge. Das Gleichgewicht des Riffes zwischen Abtragung und Wachstum ist eine Folge des Zusammenlebens von Korallen und Algen. Für beide ist dadurch zusätzlicher Lebensraum entstanden und damit für unendlich viele andere Organismen. Eine Partnerschaft zweier Organismen hat hier neue Lebensmöglichkeiten für zahlreiche Arten geschaffen. Ganz ähnlich bildet im reichsten Lebensbezirk des Festlandes, in den tropischen Regenwäldern, die gemeinsame Leistung von Stickstoffbindern und höheren Pflanzen die Grundlage für ganze Ökosysteme. Das wird noch deutlicher, wenn wir jetzt fragen, welche Rolle die Korallenriffe wiederum im Gesamthaushalt und der Naturgeschichte der Meere spielen.

Wir schicken dem noch eine allgemeinere Bemerkung voraus. Leben verschiedene Lebewesen zum beiderseitigen Vorteil zusammen, nennt das die Wissenschaft eine »Symbiose«; für ihre gegenseitige Beziehung hat sie den Namen »Mutualismus«. Hat nur ein Partner einen Vorteil, nennt man ihn Schmarotzer oder Parasit; wohnt einer nur im anderen, ohne ihn zu schädigen, gebraucht man den Ausdruck »Synökie«, und frißt er nur von dem, was sich der andere holt, so handelt es sich um »Kommensalismus«. Wie hier die Vorteile verteilt sind, ist oft schwer zu sagen. In der Fachliteratur wird häufig diskutiert, ob man im einen oder anderen Fall ein Beispiel für Symbiose, Synökie, Kommensalismus oder Parasitismus vor sich hat. Allzuviel ist mit diesen Etiketten nicht gewonnen. Wir haben gelernt, eine ganz andere Frage für viel wichtiger zu halten: die Frage, was derartige Beziehungen für Lebensgemeinschaften insgesamt bedeuten, in denen sie vorkommen. Auf den Beziehungen zwischen stickstoffbindenden Bakterien und höheren Pflanzen, denen zwischen Blütenpflanzen und ihren Bestäubern und anderen, von denen noch häufig die Rede sein wird, beruht die Existenz ganzer Ökosysteme. Sie alle bilden symbiontische Komplexe, in denen jede Art mit jeder anderen zum gemeinsamen Nutzen und vielfach verbunden ist, wobei das Ausmaß der direkten Bindung schwankt. Das gilt auch für das Riff.

Korallenriffe sind Produktionssysteme

Wir haben jetzt die biologischen Voraussetzungen für die Korallenriffe kennengelernt: Durch die Partnerschaft von Korallen mit Algen stehen und wachsen sie an Stellen, an denen sich sonst andere Korallen nicht, zumindest nicht in dieser Menge, halten könnten. Damit ist zugleich ein größerer Siedlungsraum für die Algen entstanden, die sonst nur direkt am Boden wachsen könnten, jetzt aber die ganzen hochragenden Riffe als Substrat besitzen und besetzen. Wir erkennen nunmehr die Korallenriffe als Produktionsstätten, in denen Algen biologische

Substanz erzeugen. Erzeugen sie so viel, daß davon das ganze Riff lebt? Wie sieht die Stoffwechselbilanz des Riffs aus? Geht man diesen Fragen nach, dann wird deutlich, daß wir die gesamte Bedeutung der Korallen-Algen-Partnerschaft noch nicht erfaßt haben. Mit der Einsicht, daß Korallenriffe auch Produktionsstätten sind, haben wir aber die Möglichkeit geschaffen, durch einen Vergleich mit anderen Ökosystemen im Meer weitere Aufschlüsse zu erhalten. Denn wenn wir schon die Riffe als Stätte pflanzlicher Produktion betrachten, müssen wir auch fragen, warum denn dort nicht viel mehr Algen wachsen. Warum wachsen dort nicht, wie an anderen Felsküsten, solche Tangwälder, wie wir sie von der Bretagne und der Normandie, der Küste Japans oder Kaliforniens her kennen?

Werfen wir deshalb einen ersten Blick auf die Produktionsverhältnisse und die Stoffkreisläufe in den Meeren. Die fruchtbaren Gebiete in den Weltmeeren liegen dort, wo das kalte Wasser aus der Tiefe hochkommt. Das ist reich an Nährsalzen, vor allem an Phosphaten und Nitraten, von deren Konzentration die Stoffwechselintensität der Pflanzen abhängt. Dieses kalte Wasser kommt in den hohen Breiten an die Oberfläche, in den arktischen und subarktischen Meeren sowie auf der Nordhalbkugel an den Ostkanten und auf der Südhalbkugel an den Westküsten der Kontinente. Diese Asymmetrie rührt von der Erdumdrehung her, die auch die Winde der Nordhalbkugel nach rechts ablenkt, die Strudel in der Badewanne rechts herum fließen und selbst Fischschwärme in dieser Richtung drehen läßt. Auf der Südhalbkugel ist entsprechend alles umgekehrt.

Wo das nährstoffreiche Wasser an die Oberfläche kommt, wachsen in ihm planktonische Algen in solcher Menge, daß das Meerwasser grün aussieht. Dies sind die Gebiete des großen Fischreichtums, also auch die Hauptfischfanggebiete. Aus ihnen fließt das Wasser dem Äquator zu, immer ärmer an Nährstoffen, am Ende fast ausgelaugt. In den warmen Meeren ist dann das Wasser so leer an Nährstoffen und an Lebewesen, daß seine Eigenfarbe sichtbar wird, genauer: die des vom Himmel zerstreuten Lichtes – es ist blau. Im Meer ist Blau die Wüstenfarbe. Der Nährstoffgehalt der warmen Meere beträgt nur 0,5–1 Prozent von dem der kalten Meeresgebiete. In dieser Wüste haben die Korallenriffe die produktivsten, das heißt umsatzstärksten Ökosysteme aufgebaut! Ihre Stoffwechselintensität wird nur noch von der einiger Meeresbuchten, besonders an Flußmündungen, erreicht, in die ständig Nährstoffe vom Festland einfließen. Wie machen die Korallenriffe das?

Korallenriffe leben von zwei Nahrungsquellen; die erste ist das Plankton, das die Korallenpolypen fangen, fressen und verdauen. Das liefert Nährstoffe für die Algen in den Korallen. Damit wird bereits verständlich, warum die großen Tangwälder sich nur an den Felsküsten der kalten und gemäßigten Meere finden. Nur hier finden diese Pflanzen, die ihre Nährstoffe dem Wasser entnehmen, soviel von ihnen, wie sie zu ihrem Wachstum brauchen. Die Felsküsten des Mittelmeeres zeigen einen gegen die Atlantikküsten ärmlich wirkenden Algenbewuchs; in Tropenmeeren ist er noch kümmerlicher. Unter diesen Verhältnissen leben und produzieren die Korallenalgen. Sie finden in den Geweben der Korallenpolypen eine Nährstoffkonzentration vor, die in einem doppelten Anreicherungsprozeß zustande kommt. Korallenpolypen fangen Plankton, das aus einem sehr viel größeren Gebiet stammt, als es die Riffe selber einnehmen. Korallenriffe wachsen an Küsten, die von Strömungen bespült werden, und diese Strömungen tragen die Planktonlebewesen von weit her. Die Planktonlebewesen stellen ihrerseits bereits eine Konzentration von Nährstoffen dar, die die Pflanzen unter ihnen dem Wasser entnommen und mit Hilfe der Sonnenenergie zu organischer Substanz synthetisiert haben.

Diese doppelt angereicherte Zufuhr reicht aber noch nicht aus. Berechnungen haben ergeben, daß in Korallenriffen doppelt soviel organische Substanz erzeugt wird, als das mit den Stickstoffzufuhren des Planktons möglich ist. (Zu den Planktonfängern gehören außer Korallen auch Muscheln, Würmer und vor allem Federsterne, um nur die wichtigsten zu nennen.) Erst neuere Messungen haben die zweite Quelle für den insgesamt benötigten Stickstoff aufgedeckt: Er kommt wie in den Ökosystemen des Landes aus der Luft.

Welche Organismen – sicher Algen und Bakterien – diese Stickstoffixierung leisten, ist noch ebenso ungeklärt wie so vieles im Stoffwechsel der Riffe. Algen leben nicht nur in den lebenden Geweben der Polypen, sondern auch in ihren abgestorbenen Skeletten sowie mit selbstgebildeten Kalkpolstern zwischen ihnen. Es ist technisch fast unmöglich, die Masse der lebenden Algen genau zu bestimmen. Deshalb ist zum Beispiel auch noch ungeklärt, ob sie eigentlich mehr inner- oder außerhalb der Korallenpolypen leben. Eines aber ist sicher: Das Zusammenleben auf engstem Raum – und hier wieder als Kern die Partnerschaft von Algen und Polypen – verbindet die Lebewesen der Riffe zu einer Produktionsgemeinschaft, deren Stoffwechsel die Intensität der Stoffwechselvorgänge im tropischen Regenwald erreicht. Und auch bei diesem spielt das Zusammenleben verschiedener Arten die entscheidende Rolle, wie wir noch später sehen werden.

Jetzt beginnen wir zu verstehen, wie in dem extrem nährstoffarmen Wasser der Tropen so leistungsfähige Ökosysteme entstehen und leben können. Riffe geben sogar Stickstoffverbindungen ab, erzielen also einen Produktionsüberschuß für den Kreislauf des Elements, dem in der Geschichte und dem Stoffwechsel der Biosphäre die Schlüsselrolle zukommt. Das zweite Schlüsselelement, das wie der Stickstoff deshalb oft zum produktionsbegrenzenden Minimumfaktor wird, der Phosphor, wird im Riff selbst zurückbehalten. Im abfließenden Wasser darauf untersuchter Riffe befanden sich nicht mehr Phosphate als im zufließenden. Sie werden offenbar sofort, wenn Tiere sie ausscheiden, von Pflanzen wieder aufgenommen. Welche Tiere wieder dafür sorgen, daß der in Algen gebundene Phosphor dann wieder umgesetzt wird, ist noch nicht bekannt. Für ein anderes Ökosystem, nämlich das Watt an der Atlantikküste der USA, hat sich ergeben, daß hier Muscheln die Planktonalgen fressen, damit deren Phosphate im System halten und sehr schnell wieder ausscheiden. Sie können dann sofort wieder von Pflanzen aufgenommen werden.

Phosphate spielen für alle inneren Stoffwechselvorgänge der Lebewesen eine Schlüsselrolle, denn alle Energietransporte in den Zellen beruhen auf der Aufladung und dem Abbau von Adenosin-Triphosphat (ATP). Die Stoffwechselintensität kann nicht größer sein als die vorhandene Menge an ATP. Gespeicherter Phosphor nützt da nichts, und ausgeschiedener geht im Wasser verloren, wenn er nicht sofort wieder neu aufgenommen wird. In den Korallenriffen ist für beides gesorgt.

Daß die Korallenriffe Planktonfallen sind, wissen die Wissenschaftler schon lange. Sie hatten sie zunächst als Anhäufung von Tieren, das heißt von Zehrern, von Verbrauchern, angesehen. Welche Rolle die Algen aber tatsächlich in ihnen spielen, ist den Biologen erst in den letzten Jahren klargeworden. Wie die Geschichte der Korallentiere und die Ökosysteme überhaupt zusammenhängen, haben wir erst entdeckt, als wir die Evolution produktionsbiologisch anzusehen lernten. Seit wir das herausgefunden haben, sehen wir die Riffe mit anderen Augen. Manche Korallenformen wachsen vor allem in die Breite und bilden Platten und Schaufeln, die so viel wie möglich von dem Licht einfangen, das von oben kommt. Andere stehen mit ihren Blättern quer zur Strömung, wenn sie regelmäßig aus einer bevorzugten Richtung kommt. Astförmig verzweigte Strukturen und Kugelformen zeigen das Fehlen einer bevorzugten Strömungsrichtung an.

Daß Riffe Produktionsgemeinschaften sind, die selbst noch in den Meereswüsten Ökosysteme mit extrem hohem Stoffwechsel aufbauen, wurde uns endgültig klar, als wir noch einmal zum Vergleich die Küsten der Bretagne und des Mittelmeers aufsuchten. Im Rhonedelta besuchten wir einen Sandstrand, an dem einzelne Felsbrocken oder Kaimauern Grünalgen einen Fußhalt boten. Diese wuchsen in der Nähe des Ortes und hier wieder der Bootsanlegestelle und der Badestrände sehr viel kräftiger als weiter draußen dank dem Einfluß der menschlichen, düngenden Abwässer und Abfälle, der sogenannten »Eutrophierung«. Als wir von dieser Reise zurückkamen, riefen wir Helmut Schuhmacher (Zoologe in Bochum) an. Dieser hat zuerst die von uns in Eilat entdeckten »künstlichen Riffe« untersucht und sich dann in den folgenden Jahren zum Kenner vieler Riffe bis nach Australien hinunter entwickelt.

»Was passiert«, fragten wir ihn, »wenn an Riffküsten Badeplätze eingerichtet oder Hotels gebaut werden?« Die Antwort kam prompt: »Das kann man an der Sinai-Küste sehen. Die Riffe werden von Algen überwachsen. Für den Südstrand von Eilat hat das Lev Fischelsohn (Zoologe an der Universität von Tel Aviv) untersucht und auf den Phosphatstaub zurückgeführt, der vom Verladen im Hafen dahin verweht wird.«

Das hatten wir wissen wollen. Das ist der Beweis. Die Riffe konnten entstehen, weil Algen und Korallen zusammen die nötige Wachstumsintensität erreichen. Nur sie können die tropischen Küsten in Produktionsstätten verwandeln, weil nur ihr gemeinsam errichtetes System mit den niedrigen Nährstoffwerten, die dort vorliegen, leben kann. Erhöhen sich die Nährstoffwerte, können größere Pflanzen wachsen.

Demnach würde also reichliche Düngung Algenwälder erzeugen. Algenwälder haben einen lebhaften Stoffwechsel und bieten vielen Tieren eine Heimat. Leider lassen sie sich aber weder direkt noch indirekt in größerem Umfang für die menschliche Ernährung nutzen.

Lassen sich hier trotzdem Hinweise auf Wege finden, wie man weitere Nahrung aus dem Meer gewinnen kann? Eines ist klar: Wo die Nährstoffversorgung armselig und die Primärproduktion gering ist, kann keine Fischerei die Erträge beliebig steigern. Wo aber die Primärproduktion im Meer hoch ist, sind die Fische, die sie in eßbare Nahrung für uns umwandeln, vielfach schon überfischt. Wir werden auf dieses Problem noch zurückkommen.

Hier bleibt uns nur noch eines nachzutragen. Hat man die Riffe als riesige Planktonfangsysteme erfaßt, so wird die Standortwahl der Röhrenaale (siehe Seite 9 und 12) ebenfalls verständlich. Sie stehen dort im Sand vor dem Riff, wo die planktonbeladene Strömung ankommt. Sie können im Sand dort leben, wo sie ihre Röhren in ihn bauen, Korallen aber keinen Fuß fassen können. Sie stehen am Boden, können also die Strömung nicht leerfangen. Da diese Bedingungen nicht nur für Punkte, sondern auch für Flächen gewisser Größe gelten, bilden die Röhrenaale ganze Kolonien. Das tun alle Meerestiere, die ihre Nahrung aus dem Wasser fangen. Man braucht sich nur die Seepockenzonen und die Miesmuschelfelder der Felsküsten anzusehen.

Die Röhrenaale fangen die Strömungen nicht leer, in denen sie vor den Korallenriffen stehen. Die Riffe aber tun das, und deshalb bauen sie auf der Leeseite auch ab; zumindest finden aber Röhrenaale im Strömungsschatten und im Innern der Riffe nicht mehr genug Nahrung, auch wenn es dort einladend wirkende Sandflächen gibt. Da ist eindeutig die Antwort auf die bisher unbeantwortete Frage, die sich aus unserem neuen Verständnis der Ökosysteme der Korallenriffe ergibt.

Produktion ist Gemeinschaftsleistung: Riffe und Regenwälder

Korallenriffe sind eine Gemeinschaftsleistung. Das wissen wir seit langem. Erst jetzt erschließt sich uns aber, wie viele einzelne Tatsachen wir mit dieser Einsicht neu verstehen lernen. Das wollen wir nun auch für andere Ökosysteme besprechen, von denen auch jeder von uns weiß, daß sie auf dem Zusammenleben vieler Lebewesen beruhen – den Wäldern.

Was Wälder für die Biosphäre leisten, wissen wir heute alle. Sie sind natürliche Wasserrückhaltesysteme unserer Landschaften und erzeugen Sauerstoff. Sie nehmen dabei nicht nur CO_2 auf, sondern auch andere Gase und Schwebstoffe aus der Luft. Besonders unsere Fichtenwälder wirken mit ihren Nadeln geradezu wie Filter.

Daß die Wälder der Urzeit Kohlelager gebildet und so wie die fossilen Bänke von Meereskalken Bestandteile der Erdrinde geworden sind, haben wir schon erwähnt. Für unsere weiteren Betrachtungen wollen wir aber noch einen anderen Zusammenhang erwähnen, der auch uns erst wieder in seiner vollen Bedeutung zum Bewußtsein kam.

Die herrlichsten Bäume und die schönsten Wälder gäbe es nicht, wären nicht ihre Wurzeln von Pilzgeflecht umgeben, und lebten nicht im Boden zahllose Bakterien. Uns interessieren davon gewöhnlich nur die Fruchtkörper, die manche dieser Bodenpilze bilden, wie zum Beispiel die Pilze, die wir essen und deren Bindung an bestimmte Baumbestände oder Arten jeder Sammler kennt. Andere Bodenpilze bleiben mikroskopisch klein. Von einer ihrer Gruppen haben wir in den letzten Jahrzehnten reichlich Gebrauch zu machen gelernt; es sind dies die Penicillium-Arten, die sich in ihrem Kampf ums Dasein durch Abwehrstoffe der Bakterien erwehren, die ihnen Platz und Nahrung streitig machen. Wir gewinnen diese Stoffe im großen oder stellen sie heute synthetisch her und bekämpfen mit diesen Antibiotika Infektionskrankheiten (die von Bakterien verursacht werden). Wir mischen sie auch vorsorglich und in großen Mengen in das Aufzuchtfutter unseres Viehs. Das hat dazu geführt, daß Patienten nunmehr praktisch bakterienfrei gemacht werden können, dafür aber die Pilzkrankheiten zugenommen haben. Diese bekämpft die Medizin wieder mit Ausscheidungen von Bakterien.

Neben diesen uralten chemischen und biologischen Beziehungen zwischen Bakterien und Pilzen nutzen wir Menschen schon sehr viel länger die Beziehungen zwischen einigen Pflanzenfamilien und einigen Bakterien: zwischen den Schmetterlingsblütlern, anderen Hülsenfrüchten und stickstoffbindenden Bakterien. Alle höheren Pflanzen sind auf den Stickstoff angewiesen, den Bakterien und Pilze aus organischen Verbindungen oder aus der Luft in die Verbindungen überführen (NH_4 und NO_3), die sie aufnehmen können. Deren Tätigkeit wird gesteigert, in manchen Fällen überhaupt erst möglich, wenn sie durch Ausscheidungen der höheren Pflanzen, die ihnen wiederum Nahrung und damit auch Energie liefern, dazu angeregt werden.

Diese Wechselbeziehungen des Verhaltens und des Stoffwechsels haben in einigen Fällen zur körperlich engen Beziehung geführt: Die Erlen enthalten Pilze, die Hülsenfrüchtler stickstoffbindende Bakterien in eigens dafür gebildeten Wurzelknöllchen.

Diese Leistungssteigerung kommt nicht nur den unmittelbar Beteiligten zugute. Das wissen Landwirte und Gärtner, die Lupinen und Klee wegen ihrer Wirkung als Gründünger anbauen, wodurch der Boden mit Stickstoff angereichert wird. Forstwirte sehen deshalb Ginster gern und verbessern Sandböden ebenfalls durch Kleeanbau. Das ist aber nicht erst eine Erfindung unserer »studierten« Bodenkundler. Die Bauern in Afrika pflanzen schon immer Bohnen in Mischkulturen zwischen das Getreide. Tun sie das nicht, lassen die Getreideerträge sehr schnell nach. Die Reiskulturen in Ostasien verdanken ihre Existenz seit alters her dem Umstand, daß in den überschwemmten Feldern Blaualgen leben, die wie die Bakterien die Fähigkeit zur Stickstoffbindung haben. Auf ihr beruht die Fruchtbarkeit der Reisfelder, ohne die die Bevölkerungsdichte der asiatischen Hochkulturen nicht denkbar wäre.

Die Natur ist auf diese Wechselbeziehungen schon seit langem eingespielt. Das ist besonders in bakterien- oder auf nährstoffarmen Böden wichtig. So sind denn auch Leguminosen, Hülsenfrüchtler, in tropischen Wäldern ganz besonders häufig anzutreffen. In vielen tropischen Regenwäldern stellen sie die Leitarten, die mit den höchsten Individuenzahlen vertreten sind. Auf relativ fruchtbaren Böden mit größeren Mengen frei lebender Bakterien sind ungefähr 15 Prozent aller Pflanzen von 10 Zentimeter Dicke oder mehr Hülsenfrüchtler. Auf regelmäßig überschwemmten oder weitgehend ausgelaugten Böden kann dieser Anteil auf 50 bis 60 Prozent steigen. Für unsere heimischen Pflanzengesellschaften ist bekannt, daß Erlenblätter weit mehr Stickstoff enthalten als die anderer Bäume. (Und lebensnotwendig auch für sie selbst ist.) Stickstoff gelangt über den Laubabwurf der Erlen in löslicher Form in den Boden und damit in andere Pflanzen. Wir haben aus diesen Sachverhalten gelernt, die Wechselbeziehungen zwischen verschiedenen Lebewesen nicht nur als Sache unmittelbar Beteiligter zu sehen, sondern auch diese Einsicht auf die Riffe zu übertragen.

Am Beispiel der Wälder wollen wir uns noch mit einer anderen Frage beschäftigen. Wie sind die Pflanzen entstanden, die unsere Wälder bilden? Wir fragen auch hier nach den geschichtlichen Wechselbeziehungen zwischen Pflanzen und Tieren zunächst an Land und wollen das dann auf das Meer übertragen.

Die Pflanzen haben vom Wasser aus das Land und hier zunehmend trockenere Gebiete besiedelt. Immer tiefer reichende Wurzeln machen sie dabei vom Oberflächenwasser unabhängig. Mit den Wurzeln haben sie zugleich auch tiefere Bodenschichten und damit Nährstoffe erschlossen, die an der Oberfläche wachsenden, niederen Pflanzen, wie Moosen oder Flechten, unzugänglich sind. Mit den Leitungsgeweben, die Wasser und gelöste Stoffe in den Pflanzen transportieren, sind auch Stützgewebe entstanden. Zusammen bilden sie das Holz. Der hölzerne Stamm erlaubt es den höheren Pflanzen, an ihren hochaufragenden Stämmen und Ästen viele Blätter zu tragen. Ihre aktive, der Erzeugung von organischer Substanz dienende Gesamtfläche macht deshalb ein Vielfaches der Bodenfläche aus, die ein Baum bedeckt.

Die Evolutionsgeschichte der Lebewesen an Land kennzeichnet ein Ausbreitungsprozeß und eine Steigerung der Produktion. Die Biomasse, die Gesamtheit organischer Substanz, hat zugenommen und mit ihr die Menge des Wassers und der Bodensubstanzen, die in die biologischen Kreisläufe einbezogen sind. Die Ausweitung der Produktion, die Steigerung des Stoffumsatzes in den Pflanzenbeständen, wäre ohne Tiere nicht möglich. Die Tiere bewirken, daß vor allem Stickstoffverbindungen und Phosphate den Pflanzen schneller wieder zur Verfügung stehen, als dies Bakterien allein besorgen könnten. Mit den Produktionssteigerungen der Pflanzen haben die Reduktionsleistungen der Bakterien vermutlich nie allein Schritt gehalten. Deshalb sind in der Frühgeschichte der Erde erst die gewaltigen Mengen organischer Verbindungen als Erdöl, später als Kohle erhalten geblieben. Heute sorgen in allen ökologischen Systemen Tiere dafür, daß das Material der großen Pflanzen bald wieder den Bakterien für ihre Aufarbeitung zur Verfügung steht. Deshalb könnten sich, selbst wenn die Zeit dazu ausreichte, weder Erdölvorkommen noch Kohlenflöze dieses gewaltigen Ausmaßes, in dem sie uns für den Abbau zur Verfügung stehen und vergeudet werden, noch einmal bilden.

Der Leistungszuwachs der Pflanzen und der Tiere, die wir in der Evolution vor uns sehen, offenbart sich uns nun als eine Leistung und eine Leistungssteigerung der ökologischen Systeme und damit des Gesamtsystems der Biosphäre. Pflanzen und Tiere haben dabei nicht nur quantitativ faßbar aufeinander eingewirkt. Nur in gemeinsamer Entwicklung konnten viele Pflanzen- und Tierformen überhaupt erst entstehen. Das bekannteste Beispiel dafür sind die Blütenpflanzen, die nicht mehr vom Wind, sondern von Insekten oder anderen Tieren bestäubt werden. Davon aber wird später noch die Rede sein.

Ohne Tierbestäubung gäbe es auch keine tropischen Regenwälder. Ihr Hauptkennzeichen ist ihr Artenreichtum, und dieser bedingt, daß Angehörige der gleichen Baumarten oft weit voneinander getrennt sind. Das wäre für Windbestäuber ganz unmöglich, denn diese müssen, wie unsere Getreidearten, die Nadelbäume und die Mehrzahl der vorherrschenden Laubbäume unserer Wälder, in relativ geschlossenen, artenarmen Beständen stehen.

Der Reichtum der Regenwälder an Pflanzen- und Tierarten ist also nicht eine Folge besonders günstiger Bodenverhältnisse. Sie können sogar sehr schlecht sein. Entscheidend für die Struktur der Ökosysteme der Regenwälder sind die zum Teil von der Wissenschaft noch gar nicht erkannten Wechselbeziehungen zwischen den Lebewesen, die sie zusammensetzen. Die Lebewesen sind natürlich vom warmen Klima begünstigt, das von weit mehr Arten vertragen wird, als in kälteren Breiten leben können.

Die Stoffkreisläufe sind in den tropischen Regenwäldern höchst intensiv. Daher gibt es keine langen Verweilzeiten am Boden. Was in ihm löslich war, ist meistens längst herausgelöst, der Austausch zwischen ihm und den Pflanzen ist vielfach nur gering. Anders als in unseren Breiten wird ein entblößter Boden

Baumprofil eines gemischten Primärwaldes in Nigeria von einer Waldfläche 200 × 15 Feet (61 × 7,6 Meter). Gezeichnet sind alle Bäume, die höher als 15 Feet (4,6 Meter) sind. Sie bilden den Rahmen des Ökosystems, der von zahlreichen anderen Pflanzen gefüllt wird, die auf dem Boden und den Bäumen wachsen.
Die Baumkronen bilden drei Stockwerke. In der Bodenschicht beträgt die Luftfeuchtigkeit meist 100 Prozent, es herrscht Windstille, und die Temperatur schwankt kaum. In der obersten Schicht wehen Winde, die Temperaturen schwanken um 10 Grad Celsius, und die Luftfeuchtigkeit kann auf 75 Prozent sinken.

sofort völlig nackt und steril: Die Bodenschicht der Pflanzen verträgt das grelle Licht nicht, die Humus- und Nährstoffschicht wird mit den modernden Pflanzen sehr schnell weggespült, und der Boden verbackt zu einem undurchdringlichen Gestein. Deshalb sind beispielsweise die Böden der durch chemische Pflanzengifte entlaubten Wälder in Vietnam vermutlich für lange Zeit nicht wieder aufzuforsten.

Weil Urwälder ihren Reichtum an Nährstoffen in Pflanzen und nicht im Boden speichern, führen die Flüsse extrem mineralarmes, weiches Wasser. In den »Schwarzwasserflüssen« ist es durch Humussäuren gefärbt. Wer in seinem Aquarium Neonsalmler aus Südamerika und andere amazonische Fische halten oder züchten will, nimmt Regenwasser und setzt dem nur Torf- und Tee-Extrakte zu. In den nährstoffarmen Tropenflüssen spielen die

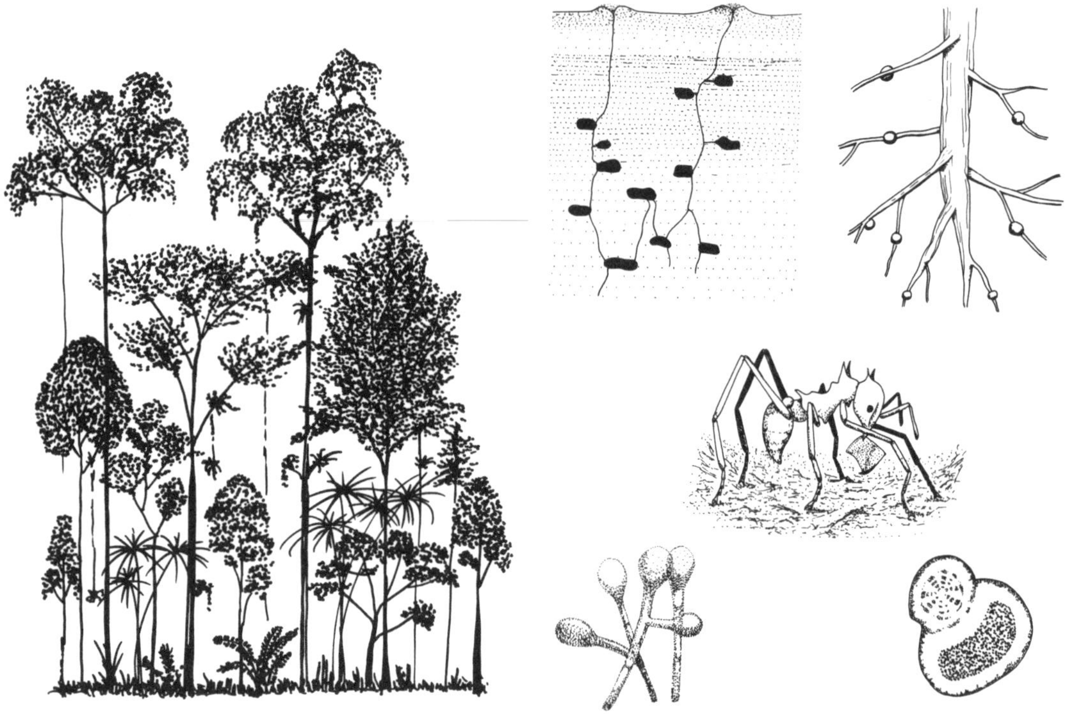

Stärkeproduktion im Sonnenlicht – Stickstoffumschlag im Boden.
Die Bäume und die anderen Pflanzen des tropischen Regenwaldes sind auf den Stickstoff angewiesen, den vor allem die Knöllchenbakterien der Schmetterlingsblütler in lösliche Verbindungen überführen (Wurzeln mit Bakterienknöllchen rechts; unten rechts vergrößerter Querschnitt durch Wurzel mit Knöllchen, in dem das bakterienhaltige Gewebe zu erkennen ist). Blattschneiderameisen tragen stickstoffreiche Blätter in ihre Bauten (oben links) ein. Die auf dem Blattbrei wachsenden Pilzfäden werden von den Ameisen kurzgebissen; sie bilden an den Bißstellen Verdickungen (»Kohlrabi«, unten links), die von den Ameisen verzehrt werden. Über die Ausscheidungen der Ameisen (rechts Mitte) gelangen lösliche Stickstoffverbindungen in den Boden, wo sie von Wurzeln ohne Knöllchenbakterien aufgenommen werden können.

Krokodile deshalb eine besonders wichtige Rolle. Wenn sie Landtiere erbeuten, die zum Trinken ans Wasser kommen, holen sie mit ihrer Beute Nährstoffe, vor allem Stickstoff, in die Gewässer, in denen sie leben. Die Ökosysteme an Land sind mit Stickstoff besser versorgt, die Urwälder durch die stickstoffbindenden Symbionten vieler Bäume, die Savannen durch die jetzt bekannt gewordenen ihrer Gräser.

In kälteren Klimazonen laufen Stoffwechselvorgänge langsamer ab – weil chemische Reaktionen temperaturabhängig sind.

Das wirkt sich auf Bakterien noch stärker aus als auf die höheren Pflanzen, und zwar schon deshalb, weil sie im kühleren Boden leben. Deshalb sammeln sich Abfallstoffe und Zwischenprodukte der Zersetzung auch als Humus an und werden mit dem Boden innig vermischt. Die Schlüsselrolle haben dabei die Regenwürmer, die obere und tiefere Bodenschichten durchmischen. Ihre Bedeutung hat Charles Darwin entdeckt und in einem eigens dafür konzipierten Buch beschrieben. Heute wissen wir, daß im Auswurf von Regenwürmern löslicher Stickstoff fünfmal stärker konzentriert sein kann als sonst im Boden, weil Regenwürmer die Erde, die ihren Darm passiert, mit den Endprodukten aus ihrer Pflanzennahrung anreichern. In tropischen Regenwäldern gibt es nur Laubwürmer, aber keine Regenwürmer im Boden. Die Hauptzersetzungsarbeit leisten hier Insekten, und alles spielt sich oberhalb des Bodens viel schneller ab.

Die Zahl der Arten ist im kühlen Klima kleiner. In den Tropen sind die Bedingungen günstiger, zumal dort, wo tropischer Regenwald wächst, Wasser, Wärme und Licht das ganze Jahr über gleichmäßig und ausreichend zur Verfügung stehen. Die Tage sind immer zwölf Stunden lang. Bei uns schwankt ihre Länge zwischen acht und 16 Stunden, in der Arktis zwischen null und 24. Ähnlich ungleichmäßig ist die Verteilung von Wärme und Feuchtigkeit. Wie sich das auswirkt, soll an einem Beispiel verdeutlicht werden.

In den tropischen Wäldern gibt es Blütenpflanzen, die von Vögeln oder von Fledermäusen bestäubt werden. Das wäre in unserem Klima unmöglich. Warum? Weil bei uns eine Pflanze nicht im ganzen Jahr blühen und fruchten kann. Sie muß sich dem Gang der Jahreszeiten anpassen. Es gibt Pflanzen, die im Frühjahr, solche, die im Sommer, und einige, wie die Herbstzeitlose, die im Herbst blühen – alle aber immer nur eine gewisse Zeitlang. Sie werden, soweit sie nicht Windbestäuber sind, von Insekten bestäubt, die verschiedene Pflanzen besuchen und die Zeit, da es für sie gar nichts zu fressen gibt, in Starrezuständen überdauern können (falls sie nicht absterben und nur ihre Nachkommen als Eier, Larven oder Puppen hinterlassen). Das ist für warmblütige, mehrjährige Tiere nicht gut möglich. Die müssen ständig etwas zu fressen haben, zumindest in allen wärmeren Jahreszeiten. Vögel und Fledermäuse, die Blüten aufsuchen, sind immer an bestimmte Blüten angepaßt und können sich dann nur von ihnen ernähren. In den Tropen ist das während des ganzen Jahres möglich.

Dieses Beispiel zeigt, wie sich so graduelle Unterschiede wie die des Klimas auswirken können. Vieles, was in den Tropen möglich ist, ist unter anderen Bedingungen unmöglich. Solche Zusammenhänge zwischen Standort und Klima, vor allem aber zwischen der Zahl der Arten in einem Ökosystem, seiner Produktion und seiner Stabilität bilden eines der faszinierendsten und zugleich für uns alle wichtigsten Forschungsgebiete der modernen Biologie. Wir sind noch weit davon entfernt, sie alle zu kennen.

Was die Ökosysteme aber insgesamt leisten, können wir bereits klar erkennen.

Die Korallenriffe sind hochproduktive Systeme, die sich in nahrungsarmen Tropen-

meeren gegen die Brandung im Küstenbereich behaupten und damit eine Plattform für stickstoffbindende Blaualgen schaffen. Das Plankton wird uns als die Lebensgemeinschaft verständlich, die in der Hochsee produziert; hier arbeiten die Recycling-Kreisläufe gegen die Schwerkraft. In den Savannen werden wir die Systeme kennenlernen, die Eiweißproduktion trotz Wassermangel leisten. Die Regenwälder sind die Produktionssysteme, die sich gegen zuviel Wasser – nämlich Regen – behaupten müssen. Ihre Pflanzen müssen Wasser durch ihre Körper pumpen und es ausscheiden, obwohl die Luft wassergesättigt ist. Vor allem aber bewahren Pflanzen und Tiere gemeinsam die Nährstoffe davor, davongeschwemmt zu werden. Sie binden sie in Kreisläufen oberhalb des Bodens. Nichts liegt so lange, als daß es ausgewaschen werden könnte. Das Regenwasser fließt fast unverändert ab.
Wie diese Ökosysteme mit den Pflanzen und Tieren, die sie bilden, in der Geschichte der Biosphäre entstanden sind, werden wir verstehen lernen, wenn wir die Geschichte der Pflanzen und Tiere näher besprechen.

Evolution ist Produktionszuwachs – und mehr als das

Die Geschichte der Lebewesen muß als Geschichte ihrer Lebensweisen erforscht und dargestellt werden. Was in dieser Geschichte entsteht, geht wieder in sie ein – als Grundlage oder Bedingung weiterer Entwicklungen der betreffenden Gruppe selbst oder anderer Gruppen.
Die Ausgangsform für eine Gruppe findet man, indem man nach der ihr nächstverwandten fragt und aus Parallelfällen die Verhaltensänderung erschließt, mit der der Eigenweg der einen sich von der anderen trennen konnte. Der Eigenweg einer Gruppe beruht auf ihrem neuen, eigenen Beitrag zum Stoffwechsel und der Geschichte der Biosphäre, der belebten Erde. Insgesamt ist die Geschichte der Biosphäre ein Ausweitungsprozeß. Zu vorhandenen Gruppen und Ökosystemen sind neue getreten, die schon vorhandenen sind leistungsfähiger geworden. Die verschiedenen Leistungsstufen haben sich übereinander geschichtet und bestehen nebeneinander.
So sind durch Anpassung an schon vorhandene Umgebungen immer neue Umwelten und damit auch neue Umweltbedingungen entstanden. In der Evolution sind immer neue Möglichkeiten für die weitere Evolution entstanden.
Das bekannteste Beispiel dafür liefern die Blütenpflanzen, die Insekten und die Wirbeltiere mit ihrer voneinander abhängigen Evolution. Die Insektenbestäubung vieler Samenpflanzen, darunter auch der Samenfarne, ist entstanden, als Käfer Pollen aus den Blüten holten. Dann haben sich die Pflanzen daran angepaßt, und daraufhin sind auf den Blütenbesuch spezialisierte Insekten entstanden: Bienen und ihre Verwandten, Schmetterlinge und andere.
Die Insekten haben die Hauptnahrung der Wirbeltiere gestellt, die sich zuerst noch wie die Molche und die Salamander heute an Land vor allem von nächtlich und langsam lebenden Tieren ernährten, von Regenwürmern, Schnecken und dergleichen. Die Geschichte der Frösche, der Echsen, der Vögel und der Säuger ist ohne die der Insekten nicht zu beschreiben oder zu erklären.
Die höheren Pflanzen sind bereits nicht ohne Mikroorganismen denkbar. Sie sind ebenso wie auch die Tiere aus Einzellern entstanden und blieben auch fortan auf sie angewiesen. Bakterien, Blaualgen und auch andere Einzeller können ohne höhere Pflanzen und Tiere leben und haben das lange genug getan. Sie haben aber durch ihre größeren Verwandten neue Lebensmöglichkeiten erhalten: ganze Gruppen von Bakterien und Einzellern als

ihre Parasiten oder Symbionten. Aber auch auf die freilebenden Bodenbakterien und alle anderen wirkt sich der Stoffwechsel der Pflanzen und der Tiere aus. Ein plastisches Beispiel dafür liefert die Geschichte vom Kuhdung in Australien.

Australiens Weiden drohten unter dem Dung des eingeführten Viehs buchstäblich zu erstikken, denn Bakterien können den Dung nicht direkt angreifen und genügend schnell beseitigen, und die australischen Dungkäfer waren nur an die Ausscheidungen der Känguruhs angepaßt. Erst die eingeführten Dungkäfer aus Afrika, die in ihrer Heimat an Rinderdung gewöhnt sind, wurden mit dem Dung fertig.

Die Pointe dieser Geschichte ist, daß sowohl die Kühe als auch die Dung- und Mistkäfer in ihren Mägen und Därmen Bakterien besitzen, die die eigentliche Arbeit beim Aufschluß der Zellulose leisten, um den es geht. Zur alten Schicht der Bodenlebewesen in Australien, die mit dem eingeführten Dung nicht fertig wurde, ist eine ganze Garnitur in einer neuen Schicht gekommen: zu den Rindern die afrikanischen Mistkäfer und in den Rindern und Käfern deren bakterielle Symbionten.

Wir sehen einmal mehr, welche Rolle die gegenseitigen Beziehungen der Pflanzen und der Tiere spielen: Bakterien, Blaualgen und Pilze binden Stickstoff, Pflanzen verwandeln einfache Stickstoffverbindungen in komplizierte organische Verbindungen. Tiere sorgen dafür, daß davon möglichst viel möglichst rasch wieder umgesetzt wird. Sie behalten von ihrer Nahrung etwa zehn Prozent für ihren eigenen Baustoffwechsel. Der größte Teil wird als – nicht völlig abgebauter – Abfall ausgeschieden, ein Teil der Energie in Bewegung und schließlich in Wärme umgesetzt. Der Abfall, von anderen Tieren und zum Schluß von Bakterien abgebaut, geht wieder in die Kreisläufe ein.

Die Eiweiße, die wichtigsten chemischen Bausteine der Lebewesen, bestehen aus Aminosäuren. Sie und die Nukleinsäuren, die die Erbprozesse tragen, sind Stickstoffverbindungen. Für die Geschichte der belebten Erde stehen daher die Stickstoffverbindungen und ihre Kreisläufe für die ersten und grundlegenden Lebensvorgänge. An diesen Kreisläufen sind alle Lebewesen beteiligt. So müssen wir es als Gesamtleistung aller Lebewesen ansehen, daß in der Geschichte der Lebewesen das Ausmaß der Stickstoffbindung und das Volumen des Stickstoffkreislaufs zugenommen hat. Stickstoffverbindungen, die von Pflanzen verwertet werden können, entstehen heute noch in anorganischen Prozessen in der Atmosphäre. Sie werden vom Regen auf die Erde gewaschen. Andere werden in vulkanischen Vorgängen aus der Erde freigesetzt. In der Frühzeit der Erde entstanden aus ihnen komplexe organische Verbindungen und mit ihnen die ersten organischen Stoffwechselprozesse. Warum das damals möglich war und heute nicht mehr möglich ist, wird uns noch an anderer Stelle beschäftigen.

Stickstoffbindung in Millionen Tonnen pro Jahr:	
Durch atmosphärische Vorgänge	8
Durch Lebewesen im Meer	10
Durch Lebewesen an Land	30
Durch Menschen (Leguminosen-Anbau)	14
Durch Menschen (industriell)	30
Durch Menschen (für das Jahr 2000 geschätzt)	2000

Zahlen nach Delwiche, *Scientific American* 1970.
Neuere Arbeiten geben andere Schätzungen. Das Mengenverhältnis zwischen Meer und Land und natürlicher und menschlich beeinflußter Produktion wird dadurch nicht grundsätzlich geändert.

Weit mehr Stickstoff wird von Bakterien, von Blaualgen und Pilzen gebunden. Der größte Teil wird auch von ihnen in Form einfacher Verbindungen weitergegeben; nur die Stickstoffbinder, die selbst gefressen werden, liefern so organisch komplexe Stickstoffverbindungen. Deshalb sind die Zahlen über die Stickstoffbindung in den verschiedenen Teilen der Biosphäre vergleichbar und ein eindeutiger Maßstab für die Ausbreitung und Ausweitung der biologischen Prozesse. Nach den vorliegenden Berechnungen wird die Stickstoffbindung durch anorganische Prozesse im Jahr auf 8 Millionen Tonnen geschätzt. Durch Lebewesen werden im Meer 10 Millionen Tonnen, an Land in den natürlichen Ökosystemen 30 Millionen Tonnen gebunden. Durch den Anbau von Leguminosen, von Schmetterlingsblütlern, wie Klee und Luzernen, Bohnen, Soya und Erdnuß kommen 14 Millionen Tonnen dazu. Die Weltproduktion an Kunstdünger band zur Zeit dieser Berechnungen 40 Millionen Tonnen; für das Jahr 2000 wurden 2000 Tonnen im Jahr veranschlagt.

Die Zahlen spiegeln die Ausbreitung der Lebensvorgänge vom Wasser auf das Land und die größere Produktivität der Ökosysteme des Landes wider: Hier wird auf etwa einem Drittel der Fläche (größere Teile der Kontinente sind praktisch unproduktiv) dreimal soviel Stickstoff gebunden wie im Meer. Ebenso ist erkennbar, welches Ausmaß die Stickstoffbindung durch die Menschen hat. Die landwirtschaftliche übertrifft die im Meer und die industrielle die natürliche des Landes. Mit Sicherheit wird noch in diesem Jahrhundert die industrielle Stickstoffbindung alle anderen Formen übertreffen.

Wir gewinnen aus diesen Zahlen nicht nur einen Eindruck von der Ausbreitung und Ausweitung der Produktion der Biosphäre, sondern auch von dem, was man allgemein Akzeleration nennt, die Beschleunigung einer einmal in Gang gekommenen Entwicklung. Wir benutzen die Zahlenwerte, um mit ihnen die Einteilung zu begründen, mit der wir die Geschichte der Lebewesen behandeln: zuerst die Anfänge und die Leistungen der überall vorhandenen niederen Organismen; dann die weitere Geschichte der Lebewesen im Meer, dann die an Land. Hieran schließt sich ein eigener Abschnitt über die Menschen in ihrer Doppelrolle als in der Evolution entstandene Bewohner dieser Erde und zugleich als die Lebewesen, die die Produktivität des Ökosystems Erde in kürzester Zeit auf ein neues Niveau gehoben haben.

Das war mehr als ein quantitativer Prozeß. Bei der Zersetzung des industriell hergestellten Stickstoffdüngers bilden sich nämlich Stickoxide, die in die Atmosphäre aufsteigen und möglicherweise ihren Ozonschild angreifen. Sie würden damit das gleiche tun wie andere Lebensäußerungen der Industriegesellschaften, die freilich weit entbehrlicher erscheinen als die Kunstdüngerproduktionen, nämlich die Treibgase von Spraydosen und die Abgase der Superschallflugzeuge. Die FAO, die Ernährungsorganisation der Vereinten Nationen, fordert und fördert daher die Entwicklung neuer biologischer Verfahren der Stickstoffbindung.

Solche Rückwirkungen auf das Gesamtsystem der Biosphäre haben die biologischen Kreisläufe und auch die vor-industrielle Landwirtschaft nicht. Von der Industriegesellschaft gehen aber noch weitere Wirkungen aus: die Abgabe von Abgasen aller Art, von Wärme, von Müll und Giftstoffen von zum Teil noch unbekannter, in vielen Fällen aber bekannter schädlicher Wirkung. Die Produktionsausweitung durch die Menschen hat eine neue Qualität von Rückwirkungen auf alle anderen Lebewesen mit sich gebracht. Mit den Menschen, spätestens mit ihren Industriegesellschaften, hat für die Geschichte der gesamten Biosphäre ein neues Kapitel mit

Rückwirkungen von grundsätzlich neuer Art angefangen.

Wir haben bisher nur erst skizzieren können, welche Zusammenhänge sich uns jetzt erschließen – erschließen, wenn wir das ernst nehmen, was Darwin bereits wußte. Die Geschichte der Pflanzen und der Tiere ist die Geschichte ihrer gegenseitigen Beziehungen. Diese alte Einsicht von Darwin ergibt, wie sich bereits gezeigt hat und noch weiter zeigen wird, ein neues geschichtliches Verständnis für die Ökosysteme. Außer den Korallenriffen und den Regenwäldern, von denen schon die Rede war, werden wir auch das noch vor allem für die Grasländer der Kontinente und in den Meeren für die Plankton-Lebensgemeinschaften zeigen, die man mit Recht die »Grasländer des Meeres« genannt hat. Die jetzige Produktivität der Savannen beruht auf den Huftieren, die des Planktons ist erst mit planktonfressenden Krebsen und Fischen erreicht worden. Wir müssen also die Geschichte der Lebewesen soweit verfolgen, bis die Entstehung der Gräser und der Waldbäume, der Wiederkäuer und der anderen Huftiere verständlich wird; für das Meer müssen wir nach der Entstehung der wichtigsten Mitglieder der Korallenriffe und der Lebensgemeinschaften des Planktons, also zum Beispiel der planktonfressenden Krebstiere, fragen.

Die Einsicht in die geschichtliche Natur der Ökosysteme geht mit einem neuen, ökologischen Verständnis der Stammesgeschichte der Pflanzen und der Tiere einher. Ihr gilt unsere Forschung und unser Buch vor allem. Wir wollen die Stammesgeschichte als erklärende Naturgeschichte der Biosphäre beschreiben.

Wir können uns dabei nicht auf die ökologisch wichtigsten Gruppen beschränken. Die Geschichte der Wirbeltiere kann nicht beschrieben werden, ohne daß wir Amphioxus erwähnen – ein fingerlanges Tier, das vermutlich seit 400 Millionen Jahren in allen Meeren lebt, so auch der Nordsee, und dort niemanden außer den Fachzoologen interessiert hat. Dieses Tier ist, wie manches andere, historisch wichtig und wird deshalb in unserer Darstellung seinen entsprechenden Platz finden.

Anders als bei bisherigen Versuchen, die Geschichte der Lebewesen zu einem umfassenden Bild zu vereinen, haben wir jetzt klare Auswahlkriterien dafür, welche der unzähligen Pflanzen- und Tierformen wir berücksichtigen müssen.

Ehe wir daran gehen, wollen wir aber erst noch eine Frage stellen. Der neue Ansatz und das damit Erreichte sind unmittelbar überzeugend und unübersehbar fruchtbar. Sie beantworten zahlreiche, bisher noch nicht faßbare Fragen und lassen zahllose Zusammenhänge in einem neuen Licht erscheinen. Das wiederum legt unsere Frage nahe: Warum haben wir das nicht schon längst so sehen können?

Wir wollen uns dieser Frage stellen, weil durch sie deutlich wird, in welche allgemeineren Auseinandersetzungen uns unser Ansatz konkret führt, und weil diese Auseinandersetzungen weit mehr sind als die Diskussion verschiedener biologischer Theorien. Es geht um die Einstellung zur Natur und zu ihrer Beschreibung überhaupt, die sich in unterschiedlichen Konzepten niedergeschlagen hat, wie Leben und wie Biologie als Lehre vom Leben aufgefaßt werden kann oder soll.

Warum sehen wir das erst jetzt?

Gestalten und Prozesse: Die zwei Biologien

»Herr, wie sind Deine Werke so groß und viel! Du hast sie alle weislich geordnet, und die Erde ist voll Deiner Güter!« Dieser Psalmvers steht auf dem Titelblatt eines der Werke, das die wissenschaftliche Biologie noch heute als eine der Grundlagen der Systematik der Tiere und der Pflanzen benutzt: dem »Systema Naturae« des schwedischen Naturforschers Carl von Linné aus dem Jahr 1758. »Gott, Du hast mich von Jugend an gelehrt, und immerdar verkündige ich Deine Werke«: Diesen anderen Psalmvers hat Linné vor das Inhaltsverzeichnis gesetzt.
Die Ordnung der Lebewesen nach ihren abgestuften Ähnlichkeiten ist für Linné wie für seine Zeitgenossen so unmittelbar Gottes Werk, daß für ihn Gott darin erkennbar ist und die Beschreibung seiner Werke Zeugnis von seiner Allmacht bedeutet. Linné legte der Klassifikation der Lebewesen ihre Ähnlichkeiten und Unterschiede zugrunde.
Auch die gleichzeitig entstehende Formenlehre der Lebewesen, die Morphologie (griechisch *morphe*, die Gestalt), befaßte sich mit ihren Ähnlichkeiten. Zu ihren Mitbegründern gehört Goethe. Es »bestimmt die Gestalt die Lebensweise des Tieres«, sagte er in seinem Gedicht »Die Metamorphose der Tiere«. Metamorphose heißt Formwandel, und in der Zeile ». . . und die Weise zu leben, wirkt auf alle Gestalten mächtig zurück« spricht Goethe eine heute wieder ganz aktuelle Wechselbeziehung an.
Die Morphologen faßten ursprünglich den Formwandel nicht als konkrete Geschichte, noch nicht als Teilvorgang einer Evolution, auf. Für sie war der Gesamtzusammenhang Geheimnis der »Gott-Natur«. »Alle Gestalten sind ähnlich, und keine gleichet der anderen; und so deutet der Chor auf ein geheimes Gesetz.«
Die Auffassung, daß den sichtbaren Gestalten geheimnisvolle innere Kräfte zugrunde liegen, beherrscht bis heute die katholische Naturphilosophie – aber auch die Arbeit eines so bekannten Forschers wie des Basler Zoologen Adolf Portmann. Bei ihm sind »Innerlichkeiten« der Lebewesen, ihre »Selbstdarstellung und das Geheimnis des Ursprungs« zentrale Begriffe.

Das Ziel dieser Naturanschauung ist Kenntnis, Genuß und Bewunderung. Das ändert sich radikal, als 1820 Wöhler in Kassel eine organische Verbindung, den Harnstoff, in der Retorte synthetisiert, denn das zeigt, daß keine geheimnisvolle »Lebenskraft« notwendig ist, um solche Stoffe zu erzeugen, die man bisher nur aus Lebewesen kannte.
Justus von Liebig, mit dem Wöhler im engsten Kontakt steht, entdeckt in Gießen die Rolle des Stickstoffs im Stoffwechsel der Pflanzen und der Tiere und begründet damit die Physiologie der Pflanzen und Tiere sowie die wissenschaftliche Landwirtschaft. Mit dieser neuen »Naturlehre« entsteht auch die naturwissenschaftliche Medizin. Die Medizin war bis dahin vom Glauben an geheimnisvolle Zusammenhänge und Gesetze bestimmt, die den Menschen mit kosmischen und magischen Kräften in Verbindung sah. Nun konnten Krankheiten objektiv beschrieben und naturwissenschaftliche Heilmethoden entwickelt werden. Heute beginnen wir einzusehen, daß damals mit dem Glauben an geheimnisvolle Verflechtungen auch ganz reale, in ihn eingekleidete Kenntnisse über konkrete ökologische und biorhythmische Zusammenhänge vernachlässigt worden sind. Die unübersehbaren Erfolge der Medizin –

vor allem bei der Bekämpfung der Infektionskrankheiten – und der Landwirtschaft bei der Ernährung der rasch zunehmenden Bevölkerung der Industrienationen machten aber die theoretischen Grundlagen dieser Leistungen lange unangreifbar.
Hatte nicht Kant die Mathematisierbarkeit der Natur vorausgesagt? Daß er die Biologie und die Zweckmäßigkeit der Lebewesen davon ausdrücklich ausgenommen hatte, wurde vergessen. Die neue Biologie verstand sich als Lehre von den Lebenserscheinungen. Was Leben sei, ist für sie naturwissenschaftlich nicht zu definieren. Die Lebensprozesse sieht sie grundsätzlich als aus den Gesetzen von Chemie und Physik ableitbar an. Diese Gesetze aber sind zeitlos, unwandelbar. Fest steht nur, was dem Wandel entzogen ist – so die allgemeine Überzeugung.
Diese Wissenschaftsauffassung wurde bald auf andere Disziplinen ausgedehnt. Auguste Comte hatte mit seiner Lehre von den drei Phasen menschlicher Geistesgeschichte die Überzeugung verkündet, daß nach der theologischen und der metaphysischen Phase die positive Phase käme. In ihr gelten »die wirklichen Studien ausschließlich der Analyse der Phänomene«, um »ihre Gesetze zu entdecken. Über ihre geheime Zweckursache und ihre absolute Entstehung können wir danach nicht mehr ernsthaft nachdenken«. Sein Hauptaugenmerk galt dabei dem Nachweis, daß auch die Zustände der menschlichen Gesellschaft genauso auf erkennbare allgemeine Gesetze zurückzuführen sind wie die Naturerscheinungen.
Seitdem gilt auch in der Biologie die Aufstellung von »Allsätzen« als Ziel; all das Bemühen um Kenntnisse und Theorien, die Menschen in den verschiedensten Zusammenhängen brauchen und verwenden, wird dem Begriff einer einheitlichen Wissenschaft und Wissenschaftslehre unterworfen. Das wird der Selbstzweck der Wissenschaft, orientiert an einem Wahrheitsbegriff, den die einzelnen Disziplinen vorfinden oder übernehmen, aber nicht diskutieren. Die Forscher sahen sich als »Diener der Wissenschaft«, ihren Fortschritt entsprechend als ihren Lebenszweck.
Allsätze in der Biologie sind mathematisch formulierbar; nur das gilt nach dieser Auffassung als Natur, was so formuliert und beherrscht werden kann. Damit wird die Natur für ebenfalls beherrschbar angesehen. Diese Naturlehre hat nicht mehr die passive Bewunderung zum Ziel: An die Stelle der Beschreibung tritt der Eingriff, das Experiment, und als dessen letztes Ziel die Manipulation der Natur.
In der Biologie hat sich die erste, morphologische Phase (in der Comtes theologische und metaphysische Ansätze zusammenfallen) bis heute noch neben der zweiten, der Kausalforschung, erhalten; manche Autoren sprechen von »Zwei Biologien«. Sie gelten als unvereinbar, manchen auch als komplementäre – als nebeneinander berechtigte und notwendige Betrachtungsweisen, die erst zusammen die Wirklichkeit der Natur ganz erfassen. Die erste, die Formenlehre und die auf ihr aufbauenden Forschungsrichtungen (darunter die Paläontologie, die Lehre von den ausgestorbenen Lebewesen, von denen man unmittelbar Aufschluß vor allem über die Gestalten hat), konzentriert ihr Interesse auf das Besondere, die Singularitäten, das jeweils Einmalige der einzelnen Formen und Gruppen von Lebewesen; sie zu erklären, ist nicht ihre Absicht. Die zweite Biologie erklärt alles, was sich in allgemeinen Sätzen fassen läßt; für Einmaliges hat sie keine Methode und dazu kein rechtes Verständnis; die Frage, warum es die einzelnen Formen gibt, liegt für sie außerhalb ihres Bereiches und damit für viele außerhalb des Bereiches der Wissenschaft überhaupt.
Diese Auseinandersetzung ist keine akade-

mische Frage; sie wird konkret als Wettkampf um Lehrstühle, Institute, Forschungsprogramme und Mittel geführt. Sie ist darüber hinaus in die Auseinandersetzung um grundsätzliche weltanschauliche und philosophische Positionen geraten – in die zwischen Idealismus und Materialismus, zwischen Spiritualismus und Mechanismus, zwischen Spekulation und Empirie. Diese Positionen alle haben mit der Auffassung von den zwei Biologien gemeinsam, daß sie alternative Begriffe zu Gegensätzen machen, zwischen denen es keine Verbindung und über die hinaus es eine andere, dritte Auffassung nicht geben könne.

Wechselbeziehungen:
Verhalten und Ökologie

Das Nebeneinander der ersten Biologie als Lehre von den Gestalten und der zweiten als Lehre von den Lebensprozessen änderte sich auch nicht durch das Aufkommen der Verhaltensforschung und der Ökologie.

Die Verhaltenskunde begann mit der Beschreibung der Verhaltensweisen, die sie »wie Organe« – also morphologisch – untersuchte und verglich; Wolfgang Köhler, der bahnbrechende Arbeiten an Schimpansen lieferte, wurde Begründer einer »Gestaltpsychologie«. Hinzu kam die Suche nach den physiologischen Mechanismen und ihren Gesetzen. Sie schlägt sich programmatisch im Namen des Instituts nieder, an dem Konrad Lorenz diese Forschungsrichtung weltweit bekannt gemacht hat, dem Max-Planck-Institut für Verhaltensphysiologie. Lorenz erblickt das aggressive Verhalten von Tieren und Menschen folgerichtig als Wirkung eines allgemeinen Gesetzes, ja der Naturkraft »Aggression«. Aus einer Eigenschaft von Tieren, also einer abhängigen Seinsweise von Lebewesen, wird für ihn eine selbständige Naturkraft, die die Lebewesen beherrscht. Die Verbindung zwischen Verhalten und Geschichte der Lebewesen wird vornehmlich durch die Untersuchung der Geschichte von Verhaltensweisen gesucht und gesehen. Die Frage nach der Rolle, die das Verhalten für die Evolution spielt, ist daneben kaum von größerer Bedeutung. Wolfgang Wickler, Lorenz' Nachfolger an diesem Institut, hat aber mit einer Arbeit über »Ökologische Anpassungen als ethologisches Problem« (Ethologie ist Verhaltenskunde) die Brücke zur Ökologie und damit der Lehre von den etholo-

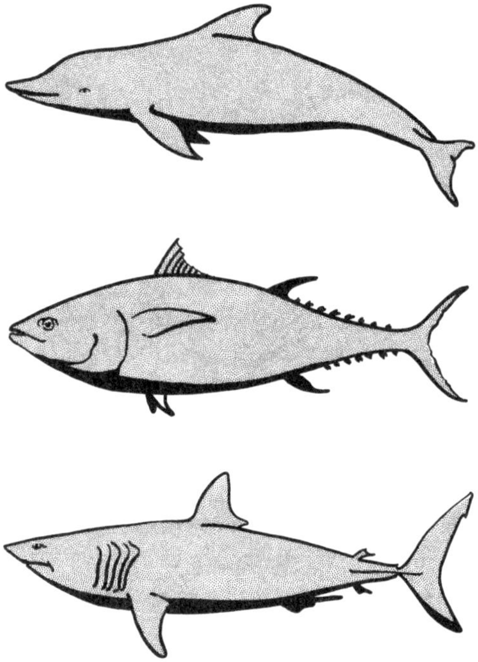

Makrelenhai, Thunfisch und Delphin haben ähnliche, stromlinienförmige Körperumrisse. Das wurde zunächst als Beziehung zwischen Körperform und Lebensraum, hier der Hochsee, gesehen. Das ist aber ungenau. Die Körperform entspricht der Lebensweise, nämlich dem schnellen Schwimmen. Es gibt in der Hochsee auch langsame Schwimmer mit anderen Körperformen und schnelle, stromlinienförmige Schwimmer auch in anderen Lebensräumen.

gischen Schlüsselmerkmalen in der Evolution geschlagen.

Bei der Ökologie ist die Beziehung zur Evolutionsforschung noch weniger entwickelt, und auch sie fügt sich in den bisher bestehenden Zustand der zwei Biologien ein. Die Ökologie hat als Lehre von den Umweltbeziehungen der Lebewesen begonnen. Die Zusammenhänge von Körperformen und Lebensräumen wurden hier morphologisch – beschreibend – erfaßt, aber nicht erklärt. (Heute wissen wir, daß sie sich in der Weise nicht erklären lassen: Sie müssen als Beziehung zwischen Körperform und Lebensweise gesehen werden, wie das schon Goethe tat; in einem Lebensraum sind so viele Lebensweisen möglich – und gleiche Lebensweisen in verschiedenen Lebensräumen, daß der ursprüngliche Ansatz nur beschreibend bleiben konnte.)

Dann traten die Wechselbeziehungen zwischen den Lebewesen in den Vordergrund und damit die Untersuchung der Ökosysteme, die sie bilden. Hier stehen Messungen im Vordergrund, die die Ökosysteme weitgehend als »Black Boxes« betrachten. Das bedeutet, es wird bilanziert, was in sie an Energie und an verschiedenen Stoffen eingeht und was sie wieder abgeben oder abgeben können. Welche Kanäle der Energiefluß und der Stofftransport innerhalb der Systeme benutzen, ist erst in Einzelfällen hinreichend bekannt und jetzt ein Schwerpunkt der Forschung. Wie oft ein Element oder eine chemische Verbindung in dem Ökosystem innerhalb eines Zeitraums umgesetzt wird, kann deshalb in vielen Fällen noch nicht sicher gesagt werden.

Der Zeitbegriff der Ökosystem-Forschung wird von dem Phänomen der Sukzessionen, der Folgen, bestimmt; zuerst auftretende Pflanzen- und Tierformen werden von anderen ersetzt. Das führt zu einer immer besseren Ausnutzung der Lebensbedingungen

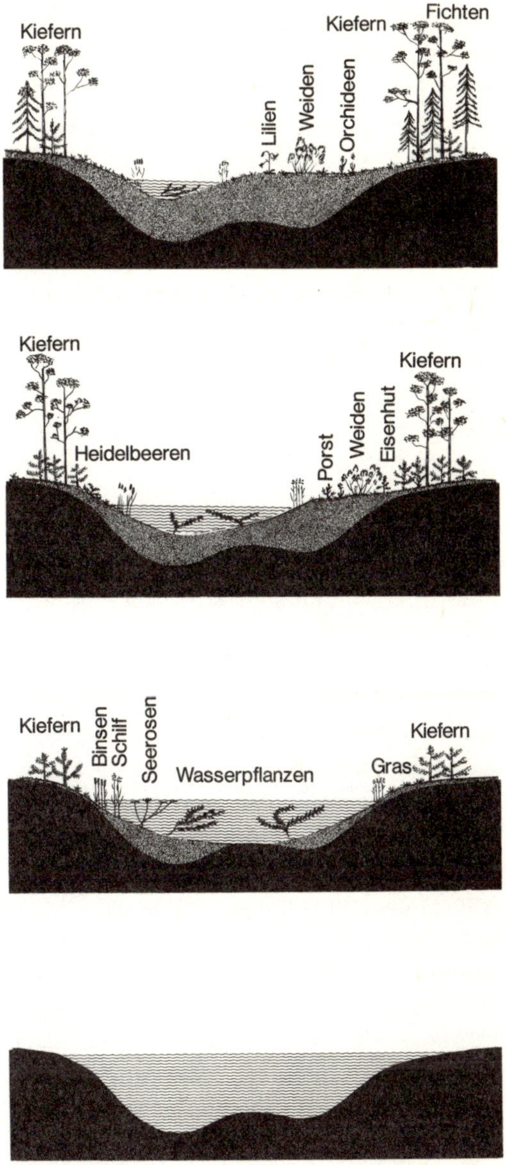

Sukzessionen: Besiedeln Pflanzen einen neuen Standort, wird die Pioniergesellschaft bald von einer anderen abgelöst. Ihr folgen weitere, bis der Standort optimal (von der »Klimax-Formation«) genutzt wird. Das bekannteste Beispiel für eine solche Sukzession ist die Besiedlung eines verlandenden Sees. Angegeben und abgebildet sind jeweils einige kennzeichnende Pflanzen der Sukzessionsstufen.

und einer Leistungssteigerung der Systeme insgesamt. Daß es Lebensformen mit unterschiedlicher Leistungsfähigkeit und unterschiedlichen Ansprüchen an die Umgebung gibt, setzt die Sukzessionsökologie voraus. Sie verfolgt, wie aus einem verlandenden See ein Hochmoor wird, auf einer Ödfläche (etwa nach einem Bergrutsch oder – was ökologisch in vielfacher Beziehung ähnlich ist – nach der Zerstörung menschlicher Siedlungen) zuerst Kräuter und Gräser, später dann Bäume wachsen. Warum es Binsen und Moose, Kräuter und Gräser und schließlich Bäume gibt, die überall dort stehen, wo sie genug Wasser finden, fragt sie nicht.

Die Ökosystemforschung hat gezeigt, daß Sukzessionen eine Leistungssteigerung bedeuten: Die Produktion der Siedlungsfläche nimmt zu, und sie wird immer rationeller; das heißt, daß von der Produktion (der Bruttoproduktion) ein zunehmend größerer Teil innerhalb der Bestände umgeschlagen und gespeichert und immer weniger nach außen abgegeben wird; diese Verluste werden minimiert. Wir Menschen sind aber an dem interessiert, was wir einem Ökosystem entnehmen können, und nennen die Ökosysteme produktiv, durch die wir für uns viel gewinnen können. Das nennen wir die »Nettoproduktion«, die nach dem Eigenverbrauch der Ökosysteme (das heißt nach Abzug dessen, was sie selbst umschlagen) übrigbleibt. Die aber sinkt in der Sukzessionsfolge. Menschliche Landwirtschaft bedeutet, so betrachtet, zum Teil die Verhinderung dieser Sukzession, soweit sie nämlich auf Böden betrieben wird, die als »Klimax-Formation« Wald tragen würden (und das ursprünglich auch getan haben). Wir erleben das, wo aufgelassene Getreidefelder sich mit Wald bestocken und noch aus Heiden Wacholderwälder werden, da die Schafe die Gehölze nicht mehr kurzhalten. Unsere Äcker werden künstlich in früheren Sukzessionsstadien gehalten, in denen noch ein großer Teil der Bruttoproduktion entnommen werden kann; zum guten Teil müssen wir dafür wiederum Nährstoffe einbringen und dazu Energie in anderer Form aufwenden; sowohl die Maschinenarbeit als auch der Gebrauch von Chemikalien lassen sich in dieser system-ökologischen Berechnungsweise bilanzieren.

Dieses jüngste Kapitel der Geschichte der belebten Erde wird uns noch beschäftigen. Wir werden es besser verstehen, wenn wir die ganze Geschichte besprochen haben.

Wir fragen dazu gezielt danach, wie die verschiedenen Pflanzen und Tiere überhaupt entstanden sind (die die Beschäftigung mit den Ökosystemen schon voraussetzen). Wir fassen sozusagen die Geschichte der Biosphäre als eine riesige, globale Sukzession auf, in der die Angehörigen der nächsten Stufe immer erst entstehen mußten. Die Größe und die Gliederung der Biosphäre hat dafür gesorgt, daß frühe und spätere Formen nebeneinander existieren. Sogar innerhalb der einzelnen Ökosysteme und ihrer Sukzessionsstufen bilden die unterschiedlich alten und leistungsstarken Lebewesen Schichten. Das scheint für die Frage nach den Kanälen von Energiefluß und Stofftransport neue Aufschlüsse zu versprechen. Die Ausdehnung der ökologischen Fragestellung auf die Evolution liefert uns ein vertieftes, nämlich historisches Verständnis der Ökosysteme.

Von all dem wußte Darwin kaum etwas. Er hatte erkannt, daß die Lebewesen und die Floren und Faunen der Kontinente eine Geschichte haben. Er hatte auch erkannt, daß ihre Wechselbeziehungen in dieser Geschichte eine entscheidende Rolle spielen und hat damit Aussagen der modernen Verhaltensforschung und Ökologie vorweggenommen. Er konnte aber diese Geschichte nicht im Großablauf verfolgen und erkannte nicht hinter den Zufällen, die er sah, einen Sinn.

Hier liegt die Wurzel des Konfliktes, der bis heute ungelöst ist: Wir wollen ihm im folgenden nachgehen.

Charles Darwin:
Die Geschichtlichkeit der Lebewesen

Dem 23jährigen Charles Darwin bot sich eine Gelegenheit, wie sie im Zeitalter der großen Entdeckungen und Forschungsreisen mehrere Naturforscher gehabt haben: Er wurde eingeladen, die Weltumseglung eines britischen Vermessungs- und Forschungsschiffes mitzumachen. Er kehrte von ihr mit Ergebnissen zurück, wie sie niemand vor oder nach ihm von einer solchen Reise mitgebracht hat. Er brachte von ihr die Einsicht mit, daß Lebewesen eine Geschichte haben.

Darwin hatte Medizin und Theologie studiert, Befriedigung aber erst im Studium der Naturwissenschaften gefunden. Die Reise der »Beagle« führte über die Kapverden nach Brasilien, wo Darwin sich zur Empörung des Kapitäns der »Beagle« über die Sklaverei entsetzte. Kapitän Fitzroy wertete das als Zeichen der Auflehnung gegen eine von Gott geschaffene Weltordnung. Vielleicht lag in diesem Konflikt eine der psychologischen Wurzeln für Darwins innere Bereitschaft, auch in der Schöpfung nicht mehr so wie bisher Gottes Ordnung zu sehen. Die Reise führte an der Ostküste Südamerikas nach Feuerland, um Kap Hoorn an die Westküste und bis zu den Galapagos-Inseln. Allenthalben hatte Darwin Gelegenheit zu lan-

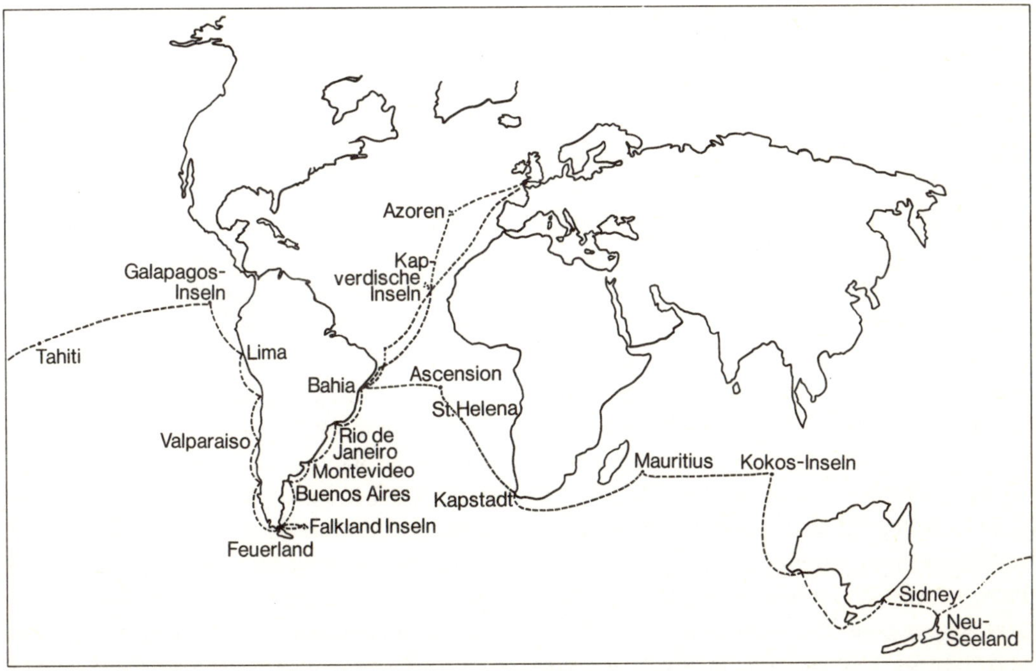

Die Weltumseglung der »Beagle«. Die Vermessungsarbeiten der »Beagle« waren am ausgedehntesten an der südamerikanischen Küste. Hier hatte Darwin Gelegenheit zu mehrwöchigen Landausflügen. Es sind nicht alle einzelnen Fahrten (zum Beispiel mehrfacher Besuch der Falklandinseln) angegeben, sondern nur der Hauptreiseverlauf.

gen Landausflügen. Auf den Galapagos blieb er mehrere Tage. Er entdeckte hier unter anderem, daß eine Gruppe nahverwandter Finken ein breites Spektrum ökologischer Nischen ausgebildet hat, wie es sonst von mehreren Vogelfamilien oder Ordnungen verwirklicht ist: Heute spielen die »Darwin-Finken« die Rolle eines Paradebeispiels für eine solche »adaptive Radiation«.

Der Vermessungsauftrag der »Beagle« führte das Schiff dann in die Südsee. Tahiti, dann Neuseeland und Australien gaben unter anderem die Möglichkeit zu Studien an Korallen. Der Rückweg führte über Mauritius nach Südafrika und einige Atlantik-Inseln und schließlich – über einen kurzen Abstecher noch einmal nach Südamerika – nach Plymouth, in den Heimathafen.

Mit einer Fülle von Material und Feldbeobachtungen an lebenden und ausgestorbenen Organismen, von Inseln und ihren Bewohnern, an Land- und Meerespflanzen und Tieren kehrte Darwin zurück – vor allem aber mit einer Entdeckung, die ihn in eine Reihe mit Kopernikus und Kepler, Galiläi und Newton stellt. Diese Männer hatten die Lehre umgestoßen, die die Erde als Mittelpunkt des Kosmos sah, und nachgewiesen, daß die Planetenbahnen auf Kräften beruhen, die wir auch auf der Erde kennen. Das machte Gott als Teil des Weltbildes überflüssig.

Jetzt hatte Darwin erkannt, daß auch die Ordnung der belebten Natur nicht wie bisher als einmalige Schöpfung Gottes gelten konnte, wie er das noch im Studium gelernt hatte. Sein stärkster Eindruck, den er auf der Universität gewann, war die Lehre des Theologen Paley gewesen, der wie Wolff in Halle die Zweckmäßigkeit der Lebewesen als Werk und Beweis Gottes sah. In einer solchen Schöpfung konnte es weder Zufälle noch Entwicklung geben. Sie mußte von Anfang an vollständig und vollkommen sein.

Diesen Gottesbeweis mußte Darwin nun leugnen: Die Zweckmäßigkeit der Lebewesen erkannte er als Anpassung, die Anpassung als Naturprozeß. An die Stelle der einmaligen Schöpfung trat das Bild einer langen, keineswegs eindeutig planmäßigen oder zielstrebigen Geschichte. Damit war mehr als ein Gottesbeweis geleugnet. Entfiel nämlich der Vernunftbeweis für Gottes Existenz, war damit Gottes Existenz selbst überflüssig und geleugnet. Das ließ Darwin zögern, seine neue Einsicht gleich zu veröffentlichen.

Nach einigen Jahren in London zog Darwin auf das Land, auf seinen Landsitz in Down, auf dem er dann bis in sein hohes Alter lebte und trotz körperlicher Schwächen tätig war. Er publizierte in fünf Bänden die zoologischen Ergebnisse der Weltreise und sein Werk über die Entstehung der Korallenriffe. Dazu kam eine Bearbeitung der festsitzenden Krebstiere, der Rankenfüßer, und damit war sein Ruf als Naturwissenschaftler begründet. Später folgten Bücher über die Befruchtung der Orchideen durch Insekten, die Fortpflanzung der Pflanzen, ihre Blütenformen, über insektenfressende Pflanzen und die Bewegungen von Kletterpflanzen und anderen. Im vorgerückten Alter veröffentlichte er ein Buch über den Ausdruck der Gemütsbewegungen bei Tieren und Menschen, das heute im Zeitalter der vergleichenden Verhaltensforschung aktueller denn je ist, und ein zweites von ebensolcher Aktualität: In ihm beschrieb er die Rolle der Regenwürmer für die Humusbildung.

Diese Bücher beruhten auf eigenen Beobachtungen, auf denen anderer Forscher, mit denen er in lebhaftem Briefwechsel stand und deren Arbeiten er auswertete, sowie eigenen Versuchen bei der Zucht von Pflanzen und Tieren, vor allem von Tauben. Aus diesen Arbeiten ging ein zweibändiges Werk über die Variabilität — die Erbunterschiede – der Pflanzen und der Tiere in der Hand des Menschen hervor.

Auf dieser breiten Grundlage beruhte das Buch, das Darwin so berühmt machte: »Über den Ursprung der Arten durch die natürliche Zuchtwahl oder die Erhaltung bevorzugter Rassen im Kampfe ums Dasein«.

Daß alle Lebewesen in einer geschichtlichen Entwicklung entstanden sind, hatte Darwin entdeckt, als er ihre Verteilung in Raum und Zeit, in den verschiedenen Erdteilen und Erdschichten, verglich. Fossilien, versteinerte Pflanzen und Tiere, waren seit langem bekannt und auch schon als Zeugen der Vergangenheit, als »vor-sintflutlich«, erkannt; je älter die Erdschichten sind, um so stärker weichen die Funde von den heutigen Lebewesen ab.

Darwin konnte schon daraus erkennen, daß es Unterschiede zwischen den Kontinenten gab und sah die Unterschiede in der Gegenwart. Sie konnten nur durch die Annahme erklärt werden, daß jede Pflanzen- und Tiergruppe eine eigene Entstehungs- und Ausbreitungsgeschichte hat. Mit dieser Einsicht konnten dann sofort zahlreiche Sachverhalte hinsichtlich des Körperbaus und der Keimesentwicklung erklärt werden. Darwin veröffentlichte seine Erkenntnisse und ihre ausführliche Begründung erst, als er angeben konnte, wie diese unterschiedlichen Formen entstanden sind. Ihre Zweckmäßigkeit, die Übereinstimmung von Körperbau und Verhalten mit der Lebensweise und den Anforderungen der Umgebung, erschloß sich ihm als Anpassung und als deren Ursache die Selektion, die natürliche Zuchtwahl. In der Pflanzenzucht und Haustierhaltung lesen die Menschen die Nachkommen der Lebewesen aus, die ihren Zuchtzielen am nächsten kommen. Das führt zu den unterschiedlichsten Formen, weil selbst unter den Nachkommen eines einzelnen Elternpaares erbliche Unterschiede auftreten und alle Lebewesen mehr Nachkommen in die Welt setzen, als für sie Nahrung oder Platz vorhanden ist.

Dieses, den Menschen seit Urzeiten bekannte Prinzip der Zuchtwahl oder Selektion übertrug Darwin auf das Naturgeschehen. Nachkommenüberschuß, erbliche Vielfalt (Variabilität) und die unterschiedlichen Lebensbedingungen führen dazu, daß immer neue Selektionsrichtungen und durch sie immer neue Merkmale und Arten entstanden sind.

Darwin hatte so ein zeitloses Prinzip als Mechanismus der Geschichte der Natur entdeckt. Er folgte damit dem Beispiel der Geologen – voran dem seines Freundes Lyell –, die das gleiche bereits für die Erdgeschichte geleistet hatten. Die Geologen hatten erkannt, daß noch die höchsten Gebirge auf das Wirken von Kräften zurückzuführen sind, die heute noch, nur mit den feinsten Messungen erfaßbar, Erdschollen in Bewegung setzen. Auch in zahllosen anderen Einzelfragen hatte Darwin Vorläufer und Anregungen. Die geniale Synthese zu der umfassenden Theorie aber ist sein Werk.

Eine Frage blieb jedoch offen. So wenig nämlich, wie für die Geologen seiner Zeit die Hebungen und Senkungen der Kontinente auf einen inneren Zusammenhang zurückzuführen waren (denn der erschließt sich erst der Geophysik unserer Tage), konnte er den Zusammenhang in der Natur entdecken, der die Ziele der Selektion bestimmte. Bei Nutzpflanzen und Haustieren setzen Menschen Ziele, die sie mit Hilfe der Selektion erreichen. Wer setzt die Ziele aber für die natürliche Zuchtwahl? Daß die bestangepaßten Organismen und Arten überleben, ist Ergebnis der Selektion, aber kein Selbstzweck. Die Selektion ist ein Mittel – aber wozu? Wie die Lebewesen entstehen, war jetzt klar. Aber warum?

Darwin sah in dieser Frage mit Recht ein grundsätzliches Problem und formulierte es als theologische Frage.

»Der theologische Gesichtspunkt ist für mich schmerzlich und führt mich in Verwirrung.

Ich hatte nicht die Absicht, als Atheist zu schreiben, aber ich gebe zu, daß ich nicht imstande bin, wie andere und ich selbst zu können wünschte, einen vorbestimmten Plan in allem, was uns umgibt, zu finden. Es gibt zuviel Elend auf dieser Welt«, schreibt er in einem Brief. »Kein Astronom hält es für notwendig, zu beweisen, daß das Gesetz der Schwerkraft geplant wurde, damit die Gestirne sich in der Weise bewegen, wie sie es tun, und so kann ich nicht glauben, daß der Schöpfer sich mehr um die Bildung einzelner Arten kümmert als um die Bewegung der Planeten«, heißt es in einem anderen Brief. Und in einer Aufzeichnung lesen wir: »Das alte Argument Paleys von der Planung in der Naturwissenschaft, wie es mir früher so einleuchtete, verschwindet, wenn das Gesetz der Selektion an dessen Stelle tritt.«

Darwin und alle anderen sahen, daß in der Vererbung und Selektion vieles zufällig geschieht. Auch in der Stammesgeschichte entstehen und vergehen ganze Gruppen ohne erkennbaren, planvollen Zusammenhang. War das der Nachweis, daß »der Zufall« die Welt beherrscht? Dann freilich mußte jeder Glaube an einen Plan, einen Schöpfer und an einen Sinn des Weltgeschehens eitel sein.

Darwin war hier in einer weitaus schlechteren Position als die Männer, die ihm in der Deutung der menschlichen Geschichte vorangegangen waren. Auch ihre Ordnung, ihre Staaten und Gesetze hatten als Gottes eigene und unmittelbare Satzung gegolten. Dann aber hatten Montesquieu und Rousseau und die anderen Aufklärer erkannt, daß sich diese Ordnungen historisch als Ergebnis von Geschichte und nicht als ihre Voraussetzungen verstehen lassen. Sie sahen aber dennoch vorgegebene ideale Prinzipien wirksam: Montesquieu als Grundlage der Monarchien und der Republik Ehre und Tugend, Rousseau den »allgemeinen Willen«, der in dem »Gesellschaftsvertrag« als Ordnung konkrete Gestalt angenommen hat. Die Aufklärung hatte Gott nicht entthront, sondern als Vernunftprinzip beibehalten. So wurden zwar in der Französischen Revolution die ihres Gottesgnadentums entkleideten Majestäten enthauptet, zugleich aber der Göttin Vernunft Altäre geweiht. Die Revision der Geschichtsauffassung machte die Menschen mündiger als bisher, ließ ihnen aber ein vorgegebenes übernatürliches Prinzip. In der Naturgeschichte der Lebewesen konnte Darwin ein solches Prinzip der Vernunft nicht erkennen. Er resignierte. »Es leuchtet mir ein, daß dieser ganze Gegenstand zu tief ist für den menschlichen Verstand. Es ist so, wie wenn ein Hund sich Gedanken machen wollte über den Geist eines Newton«, schließt die vorhin bereits zitierte Stelle seines Briefes.

In der allgemeinen Deutung seiner Theorie griff man deshalb auf eine noch ältere Geschichtsauffassung und das ihr zugrunde liegende Menschenbild zurück und übertrug das nun auf die Natur. Diese Auffassung war im 17. Jahrhundert von Hobbes begründet worden, der auch schon die menschlichen Ordnungen historisch gesehen hatte. Anders als Montesquieu und Rousseau und die anderen vernunftgläubigen Aufklärer, die die Menschen der Freiheit fähig und würdig erachteten und mit ihr Gleichheit und Brüderlichkeit als ihre Ideale sahen, erblickt Hobbes nur selbstsüchtige Triebe als Triebkräfte der menschlichen Geschichte. Sie führten zum Kampf um die Macht in einem »Krieg aller gegen alle«. Nach seiner Auffassung erwuchsen aus ihm staatliche Ordnungen als Kompromiß, mit dem die Machtverteilung notdürftig geregelt wurde.

Darwin wurde nun vorgeworfen, auch die Natur so negativ und pessimistisch zu sehen, »mit Zähnen und Klauen rot von Blut«. Daraus entstand die vorherrschende Deutung seines Begriffs des Daseinskampfes, dem wir noch etwas mehr nachgehen müssen.

Kampf ums Dasein:
Gesetze und Geschichte

Wie beschreibt Darwin selbst den »struggle for existence«?

»Ich sollte vorausschicken, daß ich den Ausdruck Kampf ums Dasein in einem weiten und bildlichen Sinn gebrauche. Er schließt die gegenseitige Abhängigkeit ein und ebenso (was noch wichtiger ist) nicht nur das Leben der Individuen, sondern ihren Erfolg dabei, Nachkommen zu hinterlassen. Von zwei Raubtieren in einer Notzeit kann man buchstäblich sagen, daß sie miteinander darum kämpfen, wer Nahrung und damit sein Leben erhält. Aber ebenso spricht man von einer Pflanze, die am Rande einer Wüste gegen die Trockenheit um ihr Leben kämpft, obwohl man passender sagen sollte, daß sie auf Feuchtigkeit angewiesen ist. Eine Pflanze, die jährlich Tausende von Samen produziert, von denen durchschnittlich nur einer zur Reife kommt, sollte genauer beschrieben werden als im Kampf mit Pflanzen ihrer eigenen und anderer Arten, die den Boden bereits bedecken. Die Mistel ist auf den Apfelbaum und einige andere Bäume angewiesen, aber man kann das nur im hergeholten Sinne ›Kampf‹ mit diesen Bäumen nennen: denn wenn zu viele dieser Schmarotzer auf demselben Baum wachsen, verkümmert er und stirbt. Aber von mehreren Mistelsämlingen, die nahe beieinander auf demselben Zweig wachsen, kann man mit sehr viel mehr Recht sagen, daß sie gegeneinander kämpfen. Da die Mistel von Vögeln ausgesät wird, hängt ihre Existenz von der von Vögeln ab; bildlich gesprochen kann man sagen, sie kämpft mit anderen fruchttragenden Pflanzen darum, Vögel dazu zu bringen, ihre und nicht andere Samen zu fressen und so zu verbreiten. In diesen unterschiedlichen Bedeutungen, die ineinander übergehen, gebrauche ich der Einfachheit halber den allgemeinen Ausdruck ›Kampf ums Dasein‹.«

Die Rolle, die das Verhalten in der Evolution spielt, hat Darwin klar erkannt. An einem konstruierten Beispiel legt er dar, wie unterschiedliche Jagdgewohnheiten von Raubtieren zu den unterschiedlichen Formen führen können – das ist das, was wir heute mit den Begriffen »Schlüsselmerkmalen« bezeichnen. Er führt dazu auch gleich Mitteilungen an, daß es bei Wölfen in amerikanischen Bergen solche Differenzierungen innerhalb einer Art gäbe und daß junge Katzen eines Wurfs unterschiedliche Beute bevorzugen. An vielen Stellen beschreibt und würdigt Darwin andere Wechselbeziehungen zwischen Lebewesen: so die Rolle der Hummeln für die Bestäubung des Klees und die gemeinsame Evolution von Pflanzen und Tieren.

Wer die angeführte Stelle liest, begreift nicht, daß der russische Zoologe Keßler es für nötig hielt, der Lehre Darwins 1880 ein »Naturgesetz der gegenseitigen Hilfe« entgegenzustellen. Dieses »Gesetz« ist in Darwins Lehre eindeutig enthalten. Die Auseinandersetzung ging aber längst um eine einseitige Darwin-Interpretation und die Verzerrung seiner Lehre als ideologische Rechtfertigung bestimmter menschlicher Verhaltensweisen. Der deutsch-französische Krieg wurde mit dem Begriff des »Rechts des Stärkeren«, der Manchester-Liberalismus mit dem des »Kampfs ums Dasein« interpretiert. Peter Kropotkin, russischer Fürst und Anarchist, führte in diese Auseinandersetzung das Keßlersche Naturgesetz der gegenseitigen Hilfe ein. Das konnte nicht verhindern, daß Rassen- und Machtpolitiker sich weiter auf angebliche Naturgesetze beriefen und im Dritten Reich einen verbrecherischen Höhepunkt erlangten. Durch Darwin schien Hobbes bestätigt und der Kampf aller gegen alle als gültiges Prinzip der Menschengeschichte erwiesen zu sein.

Die Mißverständnisse und Auswirkungen der Entdeckung Darwins beruhen nicht allein darauf, daß er die Naturgeschichte erklärbar gemacht hatte. Auch in anderen Bereichen der Beschreibung und Deutung dieser Welt war ähnliches geschehen. Darwins Evolution widersprach natürlich einem fundamentalistischen Bibelverständnis. Das war schlimm genug. Aber er sah überhaupt kein umfassendes, übergreifendes Gesetz. Das war weit schlimmer, und das rief auch alle jene auf den Plan, die längst nicht mehr den Offenbarungsglauben für sich gelten ließen, aber an einem vorgegebenen Vernunftprinzip festhielten. Die Aufklärer hatten dieses Konzept gegen die Kirche entwickelt. In der Ablehnung Darwins waren sie sich mit ihr einig.

Darwin konnte keinen Plan in der Evolution sehen, weil er ihren Verlauf nicht kannte. Er sah die Geschichtlichkeit der Lebewesen, aber nicht die tatsächliche Geschichte. Was aber schwerer wog – er konnte auch nicht glauben, daß es in ihr einen Plan geben könnte –, sonst hätte er sich ja damit beruhigen können, daß die weitere Forschung ihn entdecken würde. Wie kam das?

Für Darwin und das Denken seiner Zeit schlossen sich Plan und Zufall gegenseitig aus. Zufälle gab es in der Natur überall: in der Vererbung und auch in dem Entstehen und Vergehen ganzer Gruppen; so wirkte es jedenfalls. Wenn man glaubte, daß die Welt zeitlosen Prinzipien unterliegt und nach ihrem »Wesen« sucht, gilt, daß jedes Ding eben nur ein »Wesen« haben kann. Deshalb hatte die Theologie so große Schwierigkeiten, in Jesus göttliche und menschliche Natur vereint zu sehen. Für ihn als Zeichen von Gottes Einbruch in die Welt hatten die Kirchen formuliert, daß sich in ihm zwei Naturen vereinten; für die Natur als Ganzes konnte das nicht gelten. Waren Zufälle überhaupt nachgewiesen, mußte man auf die Naturkraft Zufall schließen. Dann aber war ein Plan ausgeschlossen.

Diese Diskussion ist bis heute im Gang. Jacques Monod, der französische Biochemiker, bekennt sich zu der Auffassung, es sei der Zufall das beherrschende Gesetz. Wir Menschen sind für ihn »Zigeuner am Rande des Weltalls«. Andere, wie sein Freund Manfred Eigen, sehen Zufälle und Planhaftigkeit von den Gesetzen einer übergreifenden »Spieltheorie« umschlossen. Ernst Mayr, der große amerikanische Evolutionsbiologe, erklärt den Plan durch Selektion entstanden und erhebt damit die Selektion zur Kraft, die das Wesen des Zufalls überwinden könne. Ihnen allen ist gemeinsam, daß sie eines der widerstreitenden Prinzipien für überlegen halten, ohne dafür konkrete Gründe anzugeben. Mayr sagt nicht, was die Selektion steuert oder wonach sie sich richtet; in der Züchtung von Pflanzen oder Tieren tun das Menschen: Was aber bestimmt die natürliche Zuchtwahl, welchem Ziel dient sie?

Wir halten diese Diskussion für unzulänglich und überholt. Sie ist überholt, weil wir inzwischen den Gesamtverlauf der Evolution so beschreiben können, daß wir nicht mehr zu diskutieren brauchen, welche Einzelvorgänge in ihr Zufall sind. Wir können den Gesamtverlauf als Zuwachs beschreiben. Das ergibt eine klare Aussage darüber, was jeweils allen Selektionsvorgängen zugrunde liegt: die Rolle eines Merkmals, einer Art, einer größeren Gruppe und anderer Teile der Biosphäre für den Gesamtverlauf der Evolution.

Wir halten die Diskussion in dieser Form deshalb für unzulänglich, weil sie unserem Geschichtsverständnis nicht mehr entspricht. Hier, meinen wir, liegt ein bisher vernachlässigter Zusammenhang vor.

Man hat Darwin in der Reihe der großen »Entmythologisierer« gesehen: Kopernikus, Darwin, Freud. Sie haben nacheinander den Kosmos, die lebende Natur und die Seele ihres geheimnisvollen Charakters entkleidet. Wir sehen Darwin daneben und vor allem in

der Reihe derer, die die Geschichtlichkeit der Welt oder zumindest der Erde und ihrer Bewohner entdeckt haben.
Wir haben bereits Montesquieu und Rousseau und vor ihnen Hobbes angeführt. Das aufkeimende Geschichtsdenken war von Adam Smith und anderen in die Volkswirtschaftslehre, von Lyell in die Geologie eingeführt worden. Beides berührte die geistesgeschichtlichen Interessen der traditionellen Bildungsschichten nicht. Für sie galt wie für die Aufklärer immer noch, daß aller Geschichte ein Vernunftprinzip zugrunde lag. Kant hatte dem englischen Empirismus und dem französischen Rationalismus noch einmal ein gewaltiges metaphysisches System entgegengestellt, die Ideen als Vernunftbegriffe neu definiert und den Primat des Geistes noch einmal begründet – auch in bezug auf die Gottesfrage. Hegel hatte in Fortführung des deutschen Idealismus eine Geschichtsphilosophie als Kern einer dialektischen, geschichtlichen Seinslehre begründet: Aber auch ihm galt Geschichte als Selbstverwirklichung des absoluten Geistes.
Jetzt machte Darwin das Geistwesen Mensch zum Produkt einer geistlosen Entwicklung. Das war für Christen und Aufklärer gleichermaßen unannehmbar.
Darwin hat nicht den Ausweg gewählt, Evolution einfach als »Fortschritt« anzusehen und diesen als selbstverständliches, sich selbst begründendes Welt- und Geschichtsprinzip zu sehen. Das ist offenbar erst durch solche Interpreten geschehen, die einen auf die Aufklärung zurückgehenden Fortschrittsglauben und damit auch schon eine Erklärung für alles Weltgeschehen parat hatten. Bei Darwin spielen Ausdrücke wie Fortschritt und Vervollkommnung gar keine große Rolle. Er hat sich der Frage, welche weltanschaulichen Konsequenzen die von ihm nachgewiesene Entwicklung hatte, weit ehrlicher als durch Berufung auf ein solches Prinzip gestellt. Es gab eben für ihn – und für viele andere mit und nach ihm – noch keine sinnvolle und sinngebende Interpretation der Geschichte mit ihren Widersprüchen.
Das wurde noch schlimmer, als im historischen und dialektischen Materialismus eine Weltanschauung entstand, die den Begriff der Entwicklung für ein mechanistisches Weltbild zu okkupieren schien. Marx ging von einem Menschenbild aus, das, wie das christliche, die Menschen für wert und fähig erachtete, aus selbstbewirkten Entfremdungen herausgeführt zu werden, und sah dies als die Aufgabe der erst noch kommenden, nie abzuschließenden Geschichte von Menschheit und Natur. In dem politisch wirksam gewordenen Marxismus sind das anthropologische Element von Marx und die Einsicht in die Offenheit der Geschichte aber bald zurückgetreten oder unterdrückt worden.
Das hat den Begriff der Entwicklung für alle zum wahren Schreckgespenst gemacht, die, aus welchen Motiven auch immer, am Glauben an unveränderbare Ordnungen festhalten wollen. Das hat bis heute verhindert, daß sich ein tragfähiges Geschichtsbild durchsetzt und die Diskussion über die Evolution nachhaltig bestimmt.
Die akademische Philosophie hatte in der Zeit, da der Marxismus sein Geschichtsverständnis bildete und propagierte, die Fragen nach Werten und Sinn weitgehend aufgegeben. Die Existenzphilosophie setzt nicht mehr bei der Wesensfrage an, sondern beim Dasein, der Existenz des Menschen, sieht ihn aber nicht mehr im Gesamtzusammenhang. Hier ist erst in diesem Jahrhundert – nach Vorläufern im vorigen – eine Wende eingetreten. Diese Neubesinnung ging von der protestantischen Theologie aus, mit Bultmann als dem wichtigsten einzelnen Vertreter. Bultmann hat mehr als jeder andere der kritisch-historischen Auffassung der Bibel als Glaubenszeugnis und Geschichtsverständnis den

Weg gebahnt und damit die Grundlage für eine neue sinngebende Deutung der Geschichte gelegt. Seitdem gilt für die führenden protestantischen Theologen und auch bereits für einige katholische Denker die Kirche nicht mehr als Bollwerk der Metaphysik. Sie suchen Gott nicht mehr im Jenseits und in starren Ordnungen und Gesetzen. Dieser »Gott ist tot«. Die Bibel gilt wieder neu als Zeugnis für den Glauben, daß die Menschen nicht Herren der Geschichte sind, wohl aber an ihr persönlich verantwortlich teilnehmen. Das trifft die Person und führt zugleich über sie hinaus. An die Stelle der abstrakten Frage »Was ist der Mensch?« tritt die Frage »Handle ich jetzt menschlich?«; die Suche gilt nicht mehr einer Definition von Geist oder dem Beweis seines Primats; wir fragen heute, wie wir das, was wir »Geist« und Bewußtsein nennen, verantwortlich nutzen. Hier wird nicht mehr erörtert, ob es Gott und einen Sinn der Welt erweislich und objektivierbar gäbe. Die Frage nach dem Sinn ist nur in persönlicher Betroffenheit zu stellen. Wir können diesen Fragen hier nicht nachgehen; sie würden uns zu weit von unserem Thema wegführen. Soviel, wie hier geschehen, mußten wir aber anführen, um unsere Hauptthese zu belegen. Wir sehen Darwins Rolle und Wirkung dadurch bestimmt, daß er die Geschichtlichkeit der Natur sah, aber nicht das Geschichtsverständnis hatte, um sie mit der Frage nach dem Sinn des Lebens zu vereinen. Über die Mechanismen der Evolution hat Darwin viel gewußt – und an konkreten Tatsachen über Pflanzen und Tiere ebenfalls –, genug, um die Geschichtlichkeit zu entdecken und die Lehre von den Evolutionsmechanismen zu begründen. Was seine Zeit nicht hatte, war ein Geschichtsverständnis, das Zufälle, Widersprüchlichkeiten und Leid annehmen und in die Frage nach dem Sinn einbringen konnte. Das hat Darwin nicht gehabt, und das war für ihn tragisch.

Die »Dritte Biologie«: Die Geschichte der Biosphäre

Die erste Biologie ist einfach die Lehre von den Formen der Lebewesen. Die zweite versteht sich als Lehre von den mathematisierbaren Lebenserscheinungen. Wir sehen jetzt eine »Dritte Biologie« als Lehre von der Biosphäre und ihrer Geschichte entstehen.

Wir bestimmen ihre Fragestellung noch einmal, indem wir von dem Bild ausgehen, das eine physiologische Betrachtung der Biosphäre liefert. Wir entnehmen es einem neueren Lehrbuch. Die Erde erscheint hier als ein System, das Sonnenenergie einfängt. Sie bindet sie durch die Photosynthese grüner Pflanzen in organischen Stoffen, die in ständigen Kreisläufen umgesetzt werden. Von diesen Substanzen und der in ihnen gespeicherten Energie leben andere Lebewesen, die Tiere. Die Energie kann in chemische Arbeit, in Transportarbeit (Osmose) und mechanische Arbeit umgesetzt werden. In allen Fällen entsteht zuletzt Wärme. Sie wird von der Biosphäre wieder in den Weltraum abgegeben.

Nach unaufhebbaren physikalischen Gesetzen wird aber nie alle gebundene Energie wieder als Wärme frei. Ein Teil bleibt in geordneten, Restenergie enthaltenden Strukturen gebunden. Das ist, betrachtet man den Energiefluß durch die Erde, ein Verlust: Die Erde gibt nicht alle Energie wieder ab, die sie als Sonnenenergie in biologischen Prozessen auffängt. Die Erde ist eine Energiefalle, die diese eingefangene Energie in Kreisläufen und Substanzen speichert und zum großen Teil wieder entläßt. Ein Teil bleibt als »Reibungsverlust« bei diesem Durchfluß zurück.

Für diese Gesamtbilanz wird die Erde als »Black Box« betrachtet. Wie oft, in wie vielen Einzelschritten die eingefangene Energie umgeschlagen wird, braucht nicht analysiert zu werden. Die Bilanz erfaßt nur den Eingangswert und die Abgabe, keine Zwischenstufen.

Dieses Bild bedarf deshalb einer Ergänzung. Es setzt die Existenz der Organismen voraus, die Sonnenenergie einfangen und wieder freisetzen. Wir wissen, daß die Stoffwechselprozesse auf der Erde keineswegs mit Sonnenenergieverbrauch begonnen haben können. Die ersten Stoffwechselprozesse liefen mit der Energie ab, die aus dem Zerfall von organischen Substanzen herrührten. So laufen sie noch heute in den Zellen ab. Dazu kam dann die Synthese organischer Substanz aus anorganischer Substanz mit chemischer Energie. So produzieren heute noch Bakterien. Dann erst entstand die Nutzung auch der Sonnenenergie. Damit erreichte die Produktion organischer Substanz ein neues Ausmaß, und damit erst war die Erde die Falle für Sonnenenergie, die sie jetzt ist.

Führen wir einmal diese historische Dimension ein, so stoßen wir zugleich auf eine zweite Tatsache. Das Ausmaß der Photosynthese hat in der Evolution zugenommen. Betrachten wir nämlich den Energiedurchfluß der Biosphäre, so wird deutlich, daß der Querschnitt des Kanals des Energieflusses, die Menge der eingefangenen, umgesetzten und wieder abgegebenen Energie, zugenommen hat. Wir müssen heute befürchten, daß die Wärmeabgabe aus der Nutzung fossiler Brennstoffe (die vorübergehend aus den Kreisläufen ausgeschieden waren) den Wärmehaushalt der Biosphäre so verändert, daß dies für uns Menschen bedrohliche Folgen haben kann.

Dieser Sachverhalt macht uns auf eine dritte notwendige Ergänzung aufmerksam. In der Geschichte der Biosphäre sind zu den Bakterien, die organische Substanz erzeugen und abbauen, die höheren Pflanzen und Tiere gekommen. Von ihnen binden die Pflanzen Energie, die Tiere setzen sie frei. Die Leistungen der Pflanzen und der Tiere sind gewachsen. Sie speichern Energie in immer komplexeren Systemen, sowohl in sich selbst als auch in ihren Ökosystemen. Der Energieumsatz der Organismen hat zugenommen, das Netzwerk der Kreisläufe ist unübersehbar kompliziert geworden. In der rein energetischen Betrachtungsweise heißt das: Die »Reibungsverluste« sind jetzt anteilig größer, die zurückbehaltene Energie liegt in immer energiereicheren Teilsystemen vor. Was die Gesamtbetrachtung nur pauschal bilanziert, hat eine höchst verwickelte Geschichte. Die aber interessiert uns mehr als die Gesamtbilanz, denn in ihr sind wir Menschen entstanden.

Das endlich verweist uns auf einen letzten Sachverhalt. Für die Gesamtbilanz ist es gleichgültig, in welchen Zwischenschritten und in welchen Zusammenhängen Energie umgeschlagen wird. Das ist alles in Kalorien oder in Informationseinheiten anzugeben. Für die Biosphäre ist das aber nicht das gleiche. Eine Energieeinheit kann umgesetzt werden in der Synthese eines Bakteriums, für den Wassertransport einer Pflanze, für die Bewegung eines Tieres, für den Denkvorgang in einem menschlichen Gehirn oder als Schaltimpuls in einem Kraftwerk. Die Auswirkungen auf die Biosphäre sind höchst unterschiedlich, oder sie können das zumindest sein. Der quantitative Zuwachs hat zu neuen qualitativen Unterschieden geführt.

Wir sind dieser Tatsache schon begegnet, als wir die Stickstoffbindung als Maßstab für die Evolution als Produktionszuwachs herangezogen haben. Die Stickstoffbindung durch die Menschen hat auf die Biosphäre andere Auswirkungen als die durch Mikroorganismen, die sie freilebend oder als Symbionten vollziehen. Die Stickstoffbindung durch die Menschen hat unmittelbar und mittelbar Folgen für die Biosphäre, die ihr biologisches Gleichgewicht gefährden, denn sie gehört zu einer Steigerung der landwirtschaftlichen und industriellen Produktion, die die Rohstoffe der Erde bedenkenlos ausbeutet und ihre Abfälle über die Erde verstreut. Zur Theorie dieser Ausbeutung von Natur und Menschen gehörte und gehört eine Biologie, die Lebensvorgänge auf ihre chemischen und physikalischen Gesetze reduziert und dabei die ökologischen und geschichtlichen Zusammenhänge vernachlässigt.

Das ist seit Rachel Carsons Buch »Der stumme Frühling« all denen bekannt, die ihre Augen nicht gewaltsam schließen. Wir führen unseren Schülern und Studenten die Mitverantwortung der Biologen damit vor Augen, daß wir sie an Vietnam erinnern. Unsere biologischen Kenntnisse reichen aus, um Wälder und landwirtschaftliche Kulturen durch Entlaubungsmittel zu vernichten. Wir haben aber keine Theorie und Praxis, um Regenwälder wieder aufzuforsten. Wir sprechen damit nicht gegen chemische, physikalische und quantifizierende Methoden in der Biologie. Sie dürfen aber nicht als die einzigen, die so betriebene Biologie darf nicht als die eigentliche Lehre vom Leben angesehen werden: Wir brauchen neben der ersten Biologie, der Lehre von den Lebewesen, und der zweiten, der Lehre von den quantifizierbaren Lebensprozessen, eine dritte Biologie.

Die erste und die zweite Biologie sind in bestimmten geschichtlichen Situationen entstanden und haben sie rückwirkend mitbestimmt. Ziel der ersten Biologie war die kenntnisreiche Bewunderung der Formen. Ziel der zweiten war und ist die Beherrschung der Naturgesetze und damit der Natur, die in Gesetzen erfaßt wird. Die erste Biologie sah das Besondere der einzelnen Formen, aber erklärte nichts (jedenfalls nicht im heute gebräuchlichen Sinn des Wortes). Die zweite erklärte, was sich in allgemeinen Sätzen fassen läßt, und sieht dazu vom Besonderen, vom Einzelfall ab.

Die erste Biologie verstand sich als Teil der Hinwendung des Menschen zur belebten Natur, bei der das subjektive Erlebnis einbezogen war. Die zweite ist Teil einer distanzierten Handlung, die Subjekt und Objekt nur durch Erkenntnis, nicht durch Gefühle oder Verantwortung verbunden sieht; für sie ist das Menschliche kein Teil der Naturwissenschaft.

Das hat sich auch nicht dadurch geändert, daß die Physiker den Menschen als bestimmende Größe ihrer Aussagen wiedergefunden haben: Der Mensch geht nur in der Funktion des Experimentators in Theorie und Fragestellung ein. Seine persönlichen Motive, seine Betroffenheit bleiben unberücksichtigt. Erst die Kernwaffen haben Physiker gelehrt, daß sie wissenschaftliche Arbeit und persönliche Verantwortung nicht durch ihre Labortür trennen können. Unter deutschen Biologen ist diese Auffassung jedoch noch nicht so verbreitet.

Wir sehen als dritte Biologie die Lehre von der Biosphäre an, die Lebewesen und Ökosysteme geschichtlich sieht. Das nimmt die Fragen und die Ergebnisse der anderen Richtungen auf, läßt sie aber vielfach in neuen Zusammenhängen und Perspektiven erscheinen.

Die passive Bewunderung der Natur und den Anspruch auf Herrschaft über sie hebt sie in einer partnerschaftlichen Einstellung auf, denn wir sind Teil der Natur und können uns von ihr nur methodisch für bestimmte Fragen distanzieren. Nicht mehr abstrakte Wahrheiten oder Allsätze sind unser Ziel, sondern die pflegliche Entwicklung von Natur und Menschen.

Will man Biologie als Teil einer Strategie für eine wünschenswerte Zukunft sehen, so muß man dazu die Sonderung der Disziplinen und die Trennung zwischen Theorie und Praxis überwinden. Nicht mehr der Fortschritt der Wissenschaft, sondern Selbstverständnis und Selbstverwirklichung des Menschen gilt es zu fördern. Beides ist vom Schicksal der Biosphäre nicht zu trennen. Geschichte aber, von der man selbst betroffen ist, kann man nicht

objektiv interpretieren und nicht nur distanziert betrachten. In Interpretationen und Folgerungen gehen unsere Wertvorstellungen und Ziele ein, über die keine Theorie des objektiven Wissens entscheidet: Hier sind persönliche Entscheidungen notwendig.
Unter jüngeren Biologen ist diese Auffassung heute verbreitet. Studenten kommen und fragen nach »sinnvollen« Arbeitsgebieten in der Biologie. Sie treffen dabei auf einen Wissenschaftsbetrieb, der überwiegend als Selbstzweck abläuft und geschichtliche und gesellschaftliche Zusammenhänge leugnet. In der dritten Biologie gehören sie dazu.
Die dritte Biologie fragt geschichtlich; das zeigt uns nicht nur die Biosphäre in neuer Sicht, denn zugleich hebt sie auch die bisherige, scheinbar ausweglose Konfrontation zwischen erster und zweiter Biologie im geschichtlichen Zusammenhang auf. Wir sehen darin eine ermutigende Übereinstimmung von Inhalt und Methodenfragen.
Das erscheint in dieser knappen Darstellung sehr abstrakt. Der Rest des Buches liefert konkrete Hinweise, er gilt nicht mehr abstrakten Fragen, sondern der Überzeugung, daß wir nicht nach einem Sinn der Evolution an sich zu suchen brauchen, die wir als die für unser Verständnis notwendige Daseinsform unseres Himmelskörpers Erde sehen. Aber wir müssen unserer Teilnahme am Dasein der Biosphäre Sinn geben – und wir können es. Das geschichtliche Verständnis der belebten Erde gehört dazu.

Grundlagen und Anfänge

Experimente und Berechnungen
Wir sehen die Evolution als Ausdehnungsprozeß des Ökosystems Biosphäre. Dieser Prozeß hat damit begonnen, daß auf der Erde vermehrungsfähige Substanzen entstanden sind. Wie diese vermehrungsfähigen Stoffe gebaut sind, wie ihr Stoffwechsel abläuft und wie sie sich vermehren, können wir heute recht genau angeben. Und wir können auch sehr genaue Vorstellungen begründen, wie das alles angefangen hat. All das hat sich in diesem Jahrhundert, nach Darwins Tod, herausgestellt.

Zu Beginn dieses Jahrhunderts sagte Ernst Haeckel zu seinem Freund, dem Chemiker Emil H. Fischer: »Kondensieren Sie ihr Zeug nur, eines Tages wird's schon krabbeln.« Um welches »Zeug« ging es da?
Emil Fischer untersuchte Eiweiße. Daß sie die stofflichen Träger der Lebensvorgänge in den Organismen sind, wußte man. Alle Zellen aller Organismen enthalten als Grundsubstanzen Eiweiße, die aus Aminosäuren zusammengesetzt sind. In allen Zellen finden sich ebenfalls die Aminosäuren-Verbindungen RNS und DNS: Ribonukleinsäuren und Desoxiribonukleinsäuren. Zu ihrer Grundausstattung gehört ferner ATP, das Adenosintriphosphat. Und fast alle Pflanzenzellen enthalten Moleküle wie das Chlorophyll, an dem die Sonnenenergie gebunden und Sauerstoff freigesetzt wird. Wir müssen diese Stoffe etwas näher betrachten.
Die Nukleinsäuren hat Friedrich Miescher in Basel entdeckt, als er Eiterzellen untersuchte. In ihren Zellkernen fand er phosphorhaltige Stoffe mit sauren Eigenschaften. Nach dem Wort *nucleus* für Kern nannte er sie Nucleinsäuren. Miescher lebte zur Zeit Darwins und Mendels. Daß die Nukleinsäuren einmal die Brücken zwischen beider Lebenswerke schlagen sollten, ahnte keiner von ihnen.
In den vierziger Jahren dieses Jahrhunderts waren die Zellkerne als Sitz des Vererbungsgeschehens und die Chromosomen, die während der Zellteilung sichtbaren Kernfäden, als materielle Träger der Erbeinheiten, der Gene, erkannt. Die von dem Amerikaner Avery neu angeregten Untersuchungen der

Nukleinsäuren führten dann zur Aufdeckung der Molekularstruktur der DNS durch James Watson und Francis Crick. Die DNS-Moleküle bilden eine Doppelhelix, eine Struktur vom Bau einer doppelwendigen Strickleiter.
Jedes Nukleinsäure-Molekül besteht aus zahllosen Nukleotiden, jedes Nukleotid aus einem Molekül Zucker (Ribose oder Desoxiribose), einem Molekül Phosphorsäure und einer organischen, stickstoffhaltigen Base.
Im Kern liegen die DNS-Moleküle. Sie können sich selbst mit großer Genauigkeit reproduzieren. Sie bestehen aus nur vier verschiedenen Nukleotiden, die aber in immer wieder anderer Weise angeordnet sind.
Außer sich selbst bilden die DNS-Moleküle auch RNS-Moleküle, die in das Zellplasma wandern. Es gibt von ihnen drei Größenklassen. Die ersten mit Molekulargewichten von 20000 bis 40000 können im Milieu der Zelle Aminosäuren an sich anlagern und an bestimmte Stellen bringen. Sie heißen Transfer-RNS (t-RNS). Die zweite Klasse der RNS mit Molekulargewichten von 200000 bis 400000 können die so zusammengeführten Aminosäuren in bestimmten (durch ihren eigenen Bau programmierten) Sequenzen anordnen. Ihr Name ist Messenger-(M-)RNS (= Boten-RNS). Die dritte Klasse weist Molekulargewichte von 2000000 auf. Ihre Mitglieder können die zusammengeführten und geordneten Aminosäuren zu Proteinen synthetisieren. Die aus vier Nukleotiden unterschiedlicher Anordnung gebauten DNS erzeugen sehr viele unterschiedliche RNS. Deren Vielfalt wird wiederum in ihren Stoffwechselprodukten um eine Größenordnung gesteigert. In allen Fällen handelt es sich um auslösende, katalytische Wirkungen, mit denen chemische Reaktionen anderer Stoffe gesteuert werden.
Selbst-Reproduktion und Fremd-Synthesen sind die beiden Leistungen, mit denen die bei allem komplizierten Bau relativ einfachen und kleinen Kernbausteine, die DNS, zusammen mit den RNS die unübersehbare Vielfalt der Lebensprozesse auslösen und steuern. Das ist mehr als die einfache Addition zweier Leistungen. Das wurde von Manfred Eigen nachgerechnet und wird uns gleich beschäftigen. Wir müssen hier erst noch die anderen aufgeführten Zellbestandteile besprechen.
Die Energie für die Synthesen, mit denen die Nukleinsäuren sich selbst und andere Stoffe synthetisieren, wird von den phosphorhaltigen ATP-Molekülen angeliefert. Diese geben die Energie ab und werden dabei oxydiert; an anderer Stelle der Zelle laden sie in einer Reduktion neue: Sie können dabei sehr viel Energie binden, transportieren und abgeben. Das hat sie zum universellen Energieüberträger im Reich des Lebendigen werden lassen. Sie beziehen Energie aus Atmungsvorgängen, aus der Photosynthese oder durch Übernahme von anderen biochemischen »Substraten« in der sogenannten Substrat-Phosphorylierung.
Die Photosynthese, die nur in Lebewesen ablaufende Umwandlung der Sonnenenergie in die organischer Substanz, verläuft an Molekülen mit anderen Übertragungsfähigkeiten. Diese Moleküle haben in ihrer Mitte ein Metallatom, die pflanzlichen Farbstoffe, die Chlorophylle, Magnesium. Sie können den dabei benötigten Wasserstoff aus organischer Substanz nehmen, auch vom Schwefelwasserstoff oder direkt vom Wasser. Das letzte tun alle »höheren« Pflanzen, und sie setzen dabei dann Sauerstoff frei. (Die Schwefelbakterien, die H_2S statt H_2O verarbeiten, scheiden entsprechend reinen Schwefel ab. Alle Schwefellager sind so entstanden.) Ganz ähnlich sind die Blutfarbstoffe der Tiere gebaut, nur enthalten sie Kupfer (das Hämozyan der Weichtiere) oder Eisen (das Hämoglobin der Wirbeltiere). Auch diese Klasse von farbigen Molekülen oder »respiratorischen Farbstoffen« ist im Reich

des Lebendigen sehr wichtig und entsprechend universell verbreitet.
Wir werden sehen, daß sich die Bestandteile der ATP und die der respiratorischen Farbstoffe ebenso in Experimenten erzeugen lassen wie Aminosäuren, Zucker und andere Phosphatverbindungen, also wie die Bausteine der DNS und RNS.
1828 hat Wöhler die erste organische Verbindung, den Harnstoff, synthetisiert. Anderthalb Jahrhunderte später können wir alle wichtigen Zellbausteine im Labor herstellen.

Für die Experimente zur Biogenese benutzt man seit Stanley Miller geschlossene Gefäße, die mit einem Gemisch von Wasserdampf, CH_4, NH_3 und anderen Gasen, darunter auch H_2, beschickt sind, und Temperaturen von über 100 Grad Celsius. Daß diese Bedingungen auf der noch heißen Erde vorgelegen haben können, ist nicht zweifelhaft. Man hat jetzt sogar komplexe organische Verbindungen spektroskopisch in der interstellaren Materie aufgefunden, so zum Beispiel Formaldehyd.
Solchen Versuchsanordnungen (in vielen Abänderungen) wird dann Energie in Form elektrischer Entladungen von Röntgenstrahlen oder UV-Strahlung zugeführt. Damit verbunden – oder nach der Bildung der ersten organischen Niederschläge – wird Wärme angewandt, zum Beispiel durch heißen Sand oder durch auf 900 bis 1000 Grad Celsius erhitzte Lava.
Als Niederschläge erhält man dann eine Reihe organischer Verbindungen. Unter ihnen finden sich regelmäßig Aminosäuren, N-freie organische Säuren, Polyphosphate (wenn P in den Ausgangsstoffen vorhanden war), Zucker – und damit alle Bausteine für Proteine (die aus vernetzten »polymeren« Aminosäure-Sequenzen bestehen) und für die Ribonukleinsäuren.

Nach einer Liste von Fox (1969) stimmen die experimentell erhaltenen Aminosäuren mit den aus Lebewesen bekannten unter anderem in folgenden Eigenschaften überein:
- Qualitative Zusammensetzung
- Quantitative Zusammensetzung (annähernd)
- Bereich der Molekulargewichte (4000 bis 10000)
- Einschluß von Nichtaminosäuregruppen
- Löslichkeiten
- Fällung durch Eiweiß-Reagentien
- Infrarot-Absorptions-Maxima
- Wiedergewinnungsmöglichkeit der Aminosäure nach Hydrolyse mit Mineralsäuren

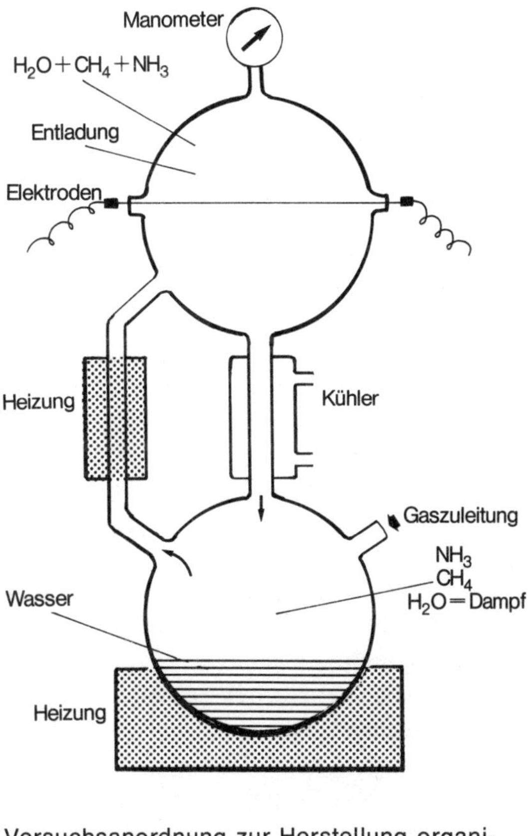

Versuchsanordnung zur Herstellung organischer Substanz.

- Empfindlichkeit gegen proteolytische Enzyme
- Zahlreiche katalytische Eigenschaften
- Nährwert
- Neigung zur Bildung von Systemen von Mikropartikeln
- Begrenzte Vielfalt
- Inaktivierbarkeit in wäßriger Lösung
- Bindung von Polynukleotiden (durch basische Proteinoide).

Die Kondensation der Aminosäuren zu diskreten Partikeln kann mit geeigneten Methoden (an heißer Lava zum Beispiel) so gesteigert werden, daß deren genauere Untersuchung möglich ist. Sie weisen unter anderem folgende Eigenschaften auf, in denen sie mit lebenden Zellen übereinstimmen (nach Fox 1969):

- Stabilität (bei wochenlangem Stehen in Lösung, aber auch beim Zentrifugieren)
- Mikroskopische Größe
- Variable Form
- Gleiche Größenordnung
- Auftreten in größeren Mengen
- Färbbarkeit
- Positive oder negative Gram-Reaktion (eine Färbungsreaktion, die für die Bakteriensystematik grundlegend wichtig und die mit anderen Eigenschaften der betreffenden Bakterien gekoppelt ist)
- Osmotische Eigenschaften
- Strukturierte Grenzflächen
- Ultrastruktur (sichtbar im Elektronenmikroskop)
- Selektive Passage von Molekülen durch die Hülle
- Katalytische Aktivität
- Wachstum durch Anlagerung
- Knospenbildung
- Vermehrung durch Teilung
- Bildung von Gruppen
- Bildung von Polynukleotiden (auf verschiedene Weisen).

Diese Gebilde sind sicher noch nicht als Lebewesen zu bezeichnen. Man kann aber wohl nicht daran zweifeln, daß aus solchen Gebilden Lebewesen entstehen konnten. Die Voraussetzungen dafür sind vorhanden: Stoffwechsel an und durch strukturierte Membranen, die katalytische Auslösung von Reaktionen, Wachstum und Teilung als Eigenschaften der einzelnen Partikel und dazu Vielfalt und Unterschiedlichkeit als kollektive Erscheinungen.

Der Ceylonese Cyril Pannamperuna hat der Liste experimentell erzeugter Stoffe noch eine weitere Klasse hinzugefügt. Er verwandte Ultraviolett-Strahlen und erhielt Moleküle aus vier großen Ringen, dem Grundbauplan der respiratorischen Farbstoffe. In anderen Versuchen glückte ihm endlich die Synthese eines ganzen Nukleotids, der Diuridylsäure.

Heute zweifelt niemand mehr daran, daß die Bausteine der Lebewesen nicht nur im Experiment erzeugt werden können, sondern daß diese Experimente Modelle dafür sind, was sich vor 3½ Milliarden Jahren auf der Erde abgespielt hat.

Die Kügelchen oder »Mikrosphären«, die Fox erzeugt hat, entsprechen in ihrer Größe, in ihrer Form und offenbar auch in der chemischen Struktur Mikrofossilien, die wir aus über 3 Milliarden Jahren alten Gesteinen kennen. Alter und Identität sind nicht mit letzter Sicherheit festzustellen: Kein Biologe aber zweifelt daran, daß die alte Frage nach der Urzeugung grundsätzlich beantwortet ist.

Bedenken kamen von ganz anderer Seite: von Physikern und Chemikern, die sich auf Berechnungen stützen. Es gäbe kein physikalisches System, das in einem beschreibbaren Prozeß mit den bekannten Wahrscheinlichkeiten etwas so Unwahrscheinliches wie einen Organismus entstehen lassen könnte – so etwa lauteten die Argumente. Seit Man-

fred Eigen gelten diese Einwände nicht mehr.
Eigen ging von folgendem aus: Nach zwingenden Berechnungen der Thermodynamik als der Lehre von der Ordnung der Moleküle und Atome kann keine Substanz spontan entstehen, die soviel Veränderung und Anpassung, so vielfältige Leistungen und Differenzierungen aufweist wie die Lebewesen in der Evolution. Eigen fand aber, daß verschiedene Substanzen rechnerisch möglich sind, die »Lebenserscheinungen« in sehr, sehr viel geringerem Maß aufweisen: entweder eine zwar sehr genaue, aber sehr langsame Selbstverdoppelung oder aber die Fähigkeit, sehr unterschiedliche chemische Reaktionen anderer Stoffe auszulösen. Keine der beiden Fähigkeiten stellt für sich eine ausreichende Grundlage für die Evolution dar, die wir kennen.
In allen lebenden Zellen sind beide Fähigkeiten vereint: Die Nukleinsäuren der Kerne verkörpern die exakte Reduplikation, die Eiweiße die Steuerung unzähliger Synthesen. Die Nukleinsäuren steuern nichts weiter als die Bildung der Eiweiße, Eiweiße lösen aber wieder die Verdoppelung der Nukleinsäuren aus.
Eigens Hypothese besagt: Leben (im Sinn von einfachen Reaktionen und langsamer Vermehrung und Veränderung) konnten Stoffe wie Nukleinsäuren und Eiweißbausteine auch für sich; dafür reichte aus, wenn sie sich in wäßriger Lösung manchmal trafen.
Wenn aber Nukleinsäuren auf Eiweiße getroffen sind, die ihre eigene Verdopplung beschleunigen, und Eiweiße auf Nukleine stießen, die gerade sie zu synthetisieren in der Lage waren, dann ergab sich eine neue Leistungsstufe, der keiner der getrennten Stoffe anzusehen war.
Das Leben, so sagt Eigen, ist ein Hyperzyklus: die Vereinigung getrennt entstandener, einzeln nur sehr beschränkt »lebender« Substanzen. Diese These vom Hyperzyklus ist wenig mehr als eine spezielle Neufassung des alten Satzes, daß das Ganze mehr sein kann als die Summe seiner Teile; diesen Satz führt der Botaniker Bünning in die Form über, daß Strukturen Eigenschaften haben können, die eben erst unter bestimmten Umständen, zum Beispiel dem Zusammenwirken mit anderen, zum Zug kommen.
In die Evolutionsliteratur hatte schon Lotka 1924 eine Lehre von den »benignous cycles« eingeführt. Sie besagt: Was getrennt entsteht, kann beim Zusammentreffen Wirkungen zeigen, die aus den Leistungen der selbständigen Teile nicht ersichtlich waren. Eigen hat das Verdienst, die Gültigkeit dieses Satzes auch für die Entstehung lebender Systeme nachgewiesen zu haben. Biologen hatten die Existenz solch lebender Substanz vorausgesetzt. Eigen zeigt, daß ihr Auftreten nicht nur möglich, sondern wahrscheinlich ist und den allgemeinen Gesetzen entspricht, mit denen die Physik die Vorgänge im Kosmos zu erfassen sucht.
Der Kosmos ist ein energetisches System, als dessen Hauptmerkmal der Ausgleich von Energie-Konzentrationen angesehen wird. Das schließt nicht aus, sondern ein, daß es entgegen diesem Gefälle örtlich zu Energie-Konzentrationen kommen kann. Die Entstehung eines solchen Ordnungsniveaus, wie es die einfachsten Lebewesen zum Unterschied von nicht lebender Materie aufweisen, war dadurch bisher jedoch in der Forschung nicht nachgewiesen. Eigen hat diese Kluft geschlossen.
Wir müssen seitdem davon ausgehen, daß der Beginn von Stoffwechselprozessen auf der Erde zunächst noch nicht zu Lebewesen führte. Erst das Zusammentreffen von Reduplikationen mit Fremdsynthesen in größerem Ausmaß machte das möglich – und dies Zusammentreffen erscheint nun nicht nur

wahrscheinlich, sondern unvermeidbar. Die Entstehung von Lebewesen als kleinsten, selbständigen Einheiten für einen ganzen Komplex von Stoffwechselerscheinungen ist damit in die Geschichte des Kosmos integriert. Das Dasein des Lebens folgt aus der Struktur des Kosmos, wie sie die physikalischen Wissenschaften beschreiben. Der Beginn des Lebens verlangt keine andere Ursache als die Existenz eines dynamischen Kosmos. Leben ist Sache, Leistung und geschichtlicher Zustand der Welt als ganzer. Die Frage nach der Herkunft des Lebens ist mit der nach der Herkunft der Welt identisch.

Biologen wußten nicht, daß ihre Annahme, das Leben sei spontan entstanden, thermodynamisch solche Schwierigkeiten machte. Manfred Eigen hat sie formuliert und beseitigt.

In der Existenz von vermehrungsfähigen Systemen sehen wir nun die Ursache für die Evolution. Sie hat sich auf einem Himmelskörper abgespielt, dessen Bedingungen ihren Verlauf bestimmten. Stärker aber als die Verhältnisse der Erde haben die Lebewesen selber ihre Geschichte beeinflußt. Das ist das Thema unseres Buches. Unsere Hauptthese ist: Auch diese Evolution ist Sache und Leistung der gesamten Erde (und damit des Kosmos). Nicht nur die Lebewesen und der Einfluß der irdischen Verhältnisse, sondern die Wechselbeziehungen zwischen beiden sind in die Evolution eingegangen. Evolution ist nicht Geschichte von Lebewesen auf der Erde, sondern von Lebewesen und der Erde, deren Teile und Geschöpfe sie sind. Evolution ist Dasein der belebten Erde.

Der Beginn im Großen

Die Physiker sind heute nicht mehr sicher, ob unsere Erde aus einem Feuerball entstanden ist. Sie gehen aber nach wie vor davon aus, daß ihre Frühzeit durch Hitze und Vulkanismus bestimmt war. Vor etwa dreieinhalb Milliarden Jahren war sie soweit abgekühlt und der Austritt vulkanischer Gase so gering, daß sich eine Gashülle ausbilden und Wasser kondensieren konnte.

Die (aus dem Erdinneren stammenden) Gase waren CO, H_2O als Dampf, N_2, H_2, vermutlich auch CO_2, HCl, H_2S und in geringen Mengen NH_3 und CH_4, Ammoniak und Methan.

Das Wasser war vermutlich bereits sehr bald salzig, weil es sofort lösliche Stoffe aus der Erdoberfläche aufnahm. Die Zusammensetzung des Meerwassers spiegelt ihre Anteile an der Erdrinde und die Lösbarkeit der Elemente und ihrer Verbindungen wider. Der Salzgehalt war vermutlich nicht immer schon so hoch wie heute; die jetzigen rund drei Prozent (die Meereskunde rechnet mit Promille, also die jetzigen reichlichen 30 Promille) waren nach Meinung der Fachleute etwa vor 680 Millionen Jahren erreicht, zu dem Zeitpunkt, als die Entfaltung der höheren Pflanzen und Tiere einsetzte. Die Sonnenenergie, die auf die Meere fällt (in denen von $1{,}5 \cdot 10^{18}$ Tonnen Wasser allein $1{,}37 \cdot 10^{18}$ Tonnen vorhanden sind), läßt Wasser verdampfen. Es fällt als Regen auf die Erde und fließt in das Meer zurück.

Dieser Wasserkreislauf ist eine der Voraussetzungen für das Leben an Land. Pflanzen saugen oder pumpen Wasser durch ihre Körper und verdampfen es in ihrem Stoffwechsel (»Transpiration«). Die höheren Pflanzen zerlegen Wasser in Wasserstoff und Sauerstoff. Ihr heutiger Umsatz ist so groß, daß, rechnerisch gesehen, in 6,7 Millionen Jahren die ganze Wassermenge des Planeten einmal zersetzt wird. In den 400 Millionen Jahren, in denen es höhere Pflanzen gibt, ist die Wassermenge also 60mal umgesetzt, jedes Wassermolekül statistisch 60mal gespalten worden. Flüssiges Wasser gibt es auf der Erde seit etwa 3,7 Milliarden Jahren. So alt sind nämlich nach verläßlichen Datierungen die ältesten Schicht- oder Sedimentgesteine. Sedimentgesteine entstehen nur, wenn Urgesteine (vulkanischen Ursprungs oder Ergußmassen) an der Luft chemisch und physikalisch verwittern, verfrachtet und im Wasser abgelagert werden. Die ältesten Sedimentgesteine enthalten nichtoxidiertes Eisen. Die Atmosphäre kann also damals keinen Sauerstoff enthalten haben. Daß die Atmosphäre damals sauerstofffrei und reduzierend (und zwar, wie man heute annimmt, schwach reduzierend) war, muß auch aus anderen Gründen angenommen werden. Organische Verbindungen, wie sie nach den Experimenten entstehen konnten und nach Berechnungen wohl auch entstehen mußten, sind in sauerstoffhaltiger Luft nicht beständig. Sie würden sofort oxidiert (und müssen noch heute in den lebenden Zellen dagegen geschützt werden). Sauerstoff in der Atmosphäre bildet Ozon, O_3; er schirmt den größten Teil der UV-Anteile der Sonnenstrahlung ab, dieser aber wiederum muß eine wichtige Rolle bei der spontanen Bildung organischer Substanz zugesprochen werden, denn von ihr hingen die ersten Stoffwechselprozesse auf der Erde noch längere Zeit ab.

Die Zellvorgänge laufen heute noch mit Energie ab, die aus Gärungen hervorgeht. Oxidationen in den Zellen verlaufen meistens durch den Entzug von Wasserstoff, nicht durch Zugabe von Sauerstoff. Alles das ließ schon darauf schließen, daß Leben ohne freien Sauerstoff begonnen hat. Die nichtoxidierten Eisenablagerungen der Schichtgesteine aus jeder Zeit bestätigen das.

Aus dem Mengenverhältnis von ^{13}C zu ^{12}C, zwei durch das Atomgewicht unterschiedlichen Kohlenstofformen in organischen Verbindungen, kann man berechnen, daß zur Zeit der Ablagerung der Onverwacht-Formation in Swaziland im südlichen Afrika die Photosynthese entstand. Beim Durchgang durch den Stoffwechsel verschiebt sich das Verhältnis, und die organischen Bestandteile der älteren, tieferen Schichten weisen andere Zahlen auf als die oberen, jüngeren.

Diese Berechnungen sind keine eindeutigen, aber nicht die einzigen Belege. Direktere, sicherere Lebensspuren glaubt man in Mikrofossilien der Fig-Tree-Gesteine aus dem östlichen Transvaal zu besitzen. Aus diesen und weiteren Befunden hat sich die heute allgemein verbreitete Überzeugung geformt, daß, sobald die Voraussetzungen gegeben waren, Lebensprozesse eingesetzt haben. Oder, weniger von den Folgen aus gesehen: In einem bestimmten Stadium der Erde war offenbar die Entstehung von Verbindungen mit Selbstvermehrung, Stoffwechsel und Strukturwandel nahezu unvermeidbar. Diese Verbindungen stellten Systeme eines bisher nicht gekannten Informationsgehaltes dar und waren in der Lage, diesen über die Selektion hinaus noch weiter zu vermehren. Diese Substanzen oder Präbionten können nur anaerob gelebt haben, ohne Sauerstoff also. Sie können ihre Energie aus Phosphorylierungen an Substraten der Umgebung gewonnen haben, zu denen auch andere präbiontische Strukturen gehörten. Für ihren Bedarf an Substanz waren sie auf diese ganz angewiesen. Anorganische Substanz konnten sie gewiß nicht sofort verarbeiten.

Noch heute verläuft der Stoffwechsel von Clostridium und von Lactobazillen so (Bakterien, die ohne Luft von organischen Verbindungen leben).

Wahrscheinlich sind dazu bald Präbionten getreten, die mit Hilfe chemischer Energie aus der Umgebung (etwa dem von ihnen selbst ausgelösten Abbau von organischen Verbindungen) auch anorganische Substanzen zu organischen synthetisieren konnten. Man schließt dies aus dem ^{13}C-Anteil im Sediment und aus der Analyse von »Graphiten«, die sich als Kerogene herausstellten – Stoffen, wie sie nur aus dem Stoffwechsel von Pflanzen mit Syntheseleistungen hervorgehen. Die Atmosphäre muß noch lange sauerstofffrei gewesen sein. FeS_2 und UO_2, Schwefeleisen und Uranoxid, finden sich noch in Sedimenten, die nicht älter sind als 2,1 bis 2,3 Milliarden Jahre; sie können sich nur abgelagert haben, als noch kein Sauerstoff in der Atmosphäre war.

Die Bildung von freiem Sauerstoff hat sicher lange vorher eingesetzt. Die Fachliteratur setzt die Anfänge auf die Zeit vor etwa 3 Milliarden Jahren an. Elektronenträger wie Chlorophylle und Hämoglobine können bereits in Experimenten annähernd synthetisiert werden; daß sie 500 Millionen Jahre nach dem Beginn organischer Umsetzungen vorhanden waren, kann als plausibel gelten.

In dieser Zeit müssen sich Stoffwechselvorgänge ausgebildet haben, wie sie noch heute in den Purpurbakterien ablaufen:

$$2\,H_2S + CO_2 \rightarrow (CH_2O) + H_2O + 2\,S.$$

In ihnen entsteht aus Schwefelwasserstoff und Kohlendioxid Wasser und reiner Schwefel sowie als Reduktionsprodukt ein Kohlenwasserstoff-Baustück. Wir nennen diese Bakterien Schwefelreduzenten. Zu ihnen sind wenig später andere getreten, die Sulfate und Nitrate reduzieren können, dann aber vor allen Dingen die mit der Fähigkeit (genauer: den Katalysatoren) zur Zerlegung von Wasser als H-Spender nach der Formel:

$$2\,H_2O + CO_2 \rightarrow (CH_2O) + H_2O + 2\,O.$$

Dies ist die Photosyntheseformel, nach der heute alle höheren Pflanzen arbeiten. Dieser Assimilationstyp konnte sich so durchsetzen, weil er Wasser als häufigsten Ausgangsstoff benutzt. Es muß nur in genügend großer Menge zur Verfügung stehen.

Der frei werdende Sauerstoff wurde lange Zeit hindurch sofort von Eisenionen gebunden. Bis zum Zeitpunkt vor etwa 2,6 Milliarden Jahren kann der Sauerstoffgehalt der Atmosphäre immer noch nicht ausgereicht haben, sie zu einer oxidierenden Luft zu machen. Deshalb mußten die Lebewesen – unter ihnen inzwischen Blaualgen – nach wie vor noch im Wasser und hier in zehn Meter Tiefe leben. Nur mit Farbstoffen, die UV-Strahlen absorbieren, konnten sie ins flachere Wasser gehen und allenfalls an schattigen, feuchten Plätzen außerhalb des Wassers leben. In dieser Zeit, meinen einige Forscher, muß der Mechanismus entstanden sein, in dem DNS-Moleküle sich selber reparieren, um die Beschädigungen durch die UV-Strahlen auszugleichen. Ebenso muß in dieser Zeit die biologische Stickstoffixierung entstanden sein. Die Stickstoffverbindungen, die ihre Ausgangsbasis sind, vermögen zwar ohne Sauerstoff nicht viel; die Stoffwechselprozesse selbst aber vertragen keinen Zutritt von Sauerstoff und sind noch heute in den Zellen gegen ihn abgeschirmt.

Wir haben also drei Phasen oder Stufen: als erste die der Präbionten, die von anderen, wie sie entstandenen Präbionten Energie und Substanz gewannen; ihre Gesamtmenge konnte also nur in dem Ausmaß wachsen, wie laufend weitere Substanzen dieser Art gebildet wurden. Zum Wachstum und zur Vermehrung der Vorhandenen mußten ja immer andere zerlegt werden.

Noch unter Ausnutzung chemischer Energie entstand dann wohl die Fähigkeit zur Synthese organischer Substanz aus anorganischer. Das erhielt einen entscheidenden Auftrieb und eine überragende Bedeutung, als mit der Sonnenenergie nun auch eine überall und reichlich vorhandene Energiequelle erschlossen wurde; dies ist die zweite Phase. Damit waren die Lebensvorgänge vom weiteren Nachschub an organischer Substanz

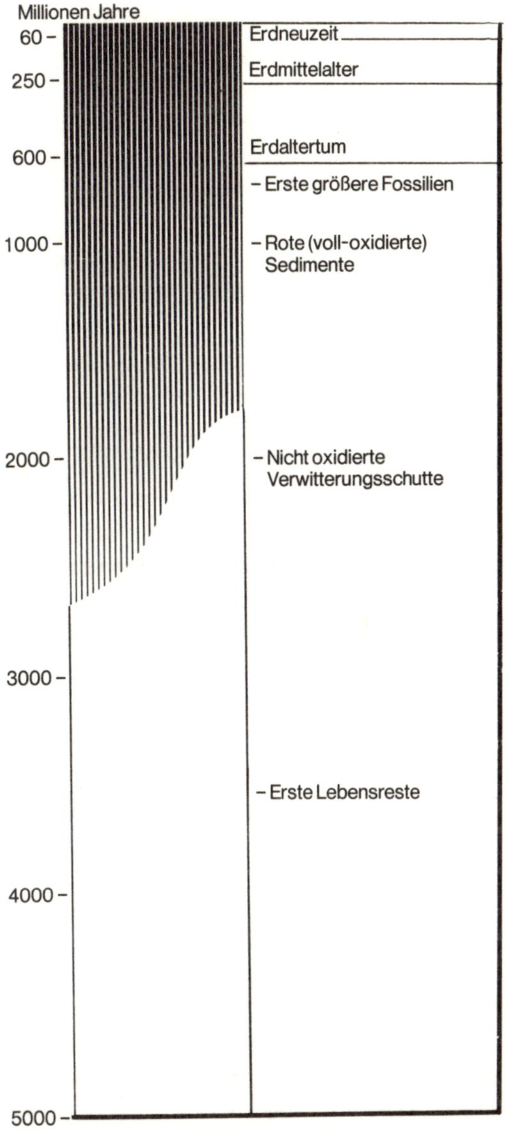

Zeitskala und Hauptereignisse der Erdgeschichte. Seit etwa 2000 Millionen Jahren enthält die Atmosphäre freien Sauerstoff in seitdem zunehmender Menge. Für die Epochen der fossilreichen Schichten (Erdaltertum, Erdmittelalter, Erdneuzeit) siehe Seite 132.

aus präbiontischen Synthesen unabhängig. Nun bestimmten in der dritten Phase die Stoffwechselleistungen der Lebewesen die Zunahme an lebender Substanz.

Spätestens jetzt müssen wir den erreichten Zustand Leben und die beteiligten Strukturen »Lebewesen« nennen.

In der Periode, die etwa 2–2,6 Milliarden Jahre zurückliegt, haben sich die ersten roten Sandsteine gebildet – rot durch oxidiertes Eisen. Das belegt, daß die Luft Sauerstoff, freien Sauerstoff, enthielt. Daneben lagerten sich Kalksteine und Dolomite ab, $CaCO_3$ und $CaMg(CO_3)_2$, was ebenfalls Sauerstoff in der Luft, eine Abnahme des CO_2-Gehalts (beides Folgen der Photosynthese) und eine Zunahme des Säuregrades von Luft und Wasser anzeigt.

Aus Ablagerungen kennt man fädige und kugelige Algenformen, deren Hüllen der heutigen Blaualge Nostoc entsprechen. An Land kann es noch keine größeren Pflanzen oder Pflanzenlager gegeben haben, das würde sich nämlich in den Ablagerungen von Flußkiesen zeigen. Wenn Pflanzen ein Urstromtal besiedelt haben, bilden die Flüsse im verfestigten Boden Mäander. Davon und von der dabei auftretenden Sortierung der Ablagerungen in Grob-, Mittel- und Feinkiese und Sande ist noch nichts zu sehen.

In der Zeit vor etwa zwei Milliarden und 680 Millionen Jahren wird das anders. Wir kennen reiche Lager an Stromatolithen, an Kalkalgen, wie es sie noch heute gibt. Gegen Ende dieser Periode lebten weiche, vielzellige Tiere. Zu Beginn dieser Epoche setzt man die Entstehung von Pflanzen an (noch ohne Zellkern, wie Bakterien und Blaualgen), die Sauerstoff in der Luft und im Wasser ertragen können (nachdem die Eisenionen, die ihn bisher banden, abgesättigt sind). Dazu gehört das Ferment Oxygenase, mit dem nun auch Stoffe angegriffen und zersetzt werden können, die gegen die Vergärung ohne

Sauerstoff, anaerob, geschützt sind. Zu ihnen gehören zum Beispiel die Paraffine, welche kein Mikroorganismus vergären kann; deshalb hatten sich die riesigen Erdöllager bilden können. Inzwischen sind Paraffine für Organismen mit Oxygenase angreifbar (vor ihnen aber in der Erde unter Luftabschluß geschützt).

Für die Zeit vor etwa 1,6 und 1,3 Milliarden Jahren setzt man die Entstehung von Lebewesen mit Zellkernen an. Das ist ein Schritt, der dem der Entstehung von lebenden Substanzen überhaupt an Bedeutung gleichkommt: Die Lebewesen mit Zellkern, die Eukaryonten, haben den Stoffwechsel, vor allem aber die Evolutionsmöglichkeiten auf ein neues Niveau gehoben. Das werden wir noch besprechen. Hier sei nur erwähnt, daß dies – ähnlich wie die Entstehung von Lebewesen – auf einem Hyperzyklus zu beruhen scheint, nämlich dem Zusammenwirken zweier einzeln entstandener Strukturen oder Systeme mit spezifischen Leistungen. Nach einer anfangs belächelten, heute zunehmend ernst genommenen Theorie sollten nämlich die Lebewesen mit Zellkern aus der Vereinigung von Blaualgen (als Zelleibern) mit Bakterien (als Zellkernen) hervorgegangen sein.

In dieser Zeit sind offensichtlich im Meer bisher noch unbelebte Böden besiedelt worden und Pflanzen auch aufs Land vorgedrungen. Flußablagerungen weisen Kieskanäle in Sandbänken auf, wie sie nur dort bekannt sind, wo Pflanzen oder Pflanzenwurzeln Sand verfestigen.

In marinen Ablagerungen findet man Algenformen, die den heutigen wenigstens äußerlich weitgehend entsprechen, und zwar Grünalgen mit Zellkernen. Seit 1000 Millionen Jahren etwa sind einzellige Formen von mehr als 50 Mikron sehr häufig und regelmäßig anzutreffen. Vor etwa 900 und 680 Millionen Jahren gab es sporenähnliche »Treträden«, die wie Fortpflanzungsstadien von Algen aussehen. Von 19 Formen der Blaualgen kann man 14 von lebenden Familien, ja Arten, nicht unterscheiden.

Im Sediment der letzten Abschnitte dieser Epoche findet man Sulfate. Das läßt auf einen gewissen Sauerstoffgehalt der Luft schließen, ohne den Sulfate nicht stabil wären. Man schätzt ihn auf etwa 3–10 Prozent des heutigen Gehalts (von 21 Prozent des Gesamtvolumens der Luft). Vor 680 Millionen Jahren beginnt die Periode unübersehbaren Tierlebens. Einzellige Tiere und Mehrzeller ohne Hartteile hat es vorher gegeben. Jetzt aber gibt es sehr schnell mehr. Die Stromatholithen gehen zurück. Wurden sie von Tieren gefressen oder von höheren Algen verdrängt?

Seit etwa 560 Millionen Jahren existieren mehrere Tierstämme mit ihren Schalen – praktisch alle außer den Wirbeltieren. Sie können nicht erst dann alle entstanden sein, vorher aber nicht ohne Schalen gelebt haben. Das zeigt, wie lückenhaft noch die Befunde sind.

Vielzeller konnten nach heute weitverbreiteter Meinung nur entstehen, als der Sauerstoff in der Luft eine gewisse Konzentration erreicht hatte, weil er sonst nicht bis in das Innere ihrer Zelleiber hätte eindringen können. Wie hoch die Werte waren, bleibt, wie vieles, noch unklar. Welchen Einfluß etwa Vereisungen hatten, die in diese Zeit fallen, ist noch ungewiß. Oder sind sie nur ein Symptom einer tiefer gehenden Klimaänderung, etwa einer Veränderung des Verhältnisses zwischen eingestrahlter und von der Atmosphäre abgestrahlter Sonnenenergie, die sich auf die Evolution ausgewirkt hat? Auch das läßt sich noch nicht beantworten.

Ebenso sind die Berechnungen über die Änderung der Atmosphäre noch nicht endgültig. Einige Forscher meinen, daß nicht der gesamte Sauerstoff aus dem Stoffwechsel von Pflanzen stammte, sondern ursprünglich und noch heute zum Teil aus der Zerlegung aufgestiegenen Wasserdampfes durch UV-Strahlen hoch in der Atmosphäre. Der Wasserstoff würde in den Weltraum weggetragen, der schwerere Sauerstoff wieder herabsinken.

Mag sein, daß es so ist, eines ist sicher: Entstehung und Geschichte der Lebewesen lassen sich nicht selbständig beschreiben. Sie sind ein Teil der Erdgeschichte, und Evolution ist Änderung des Zustandes der Erde.

Leben ist Daseinsweise der Biosphäre

»Leben ist die besondere Daseinsweise von Eiweißkörpern«, definierte Friedrich Engels, der Freund und Mitstreiter von Karl Marx. Das war ganz im Sinn seiner Zeit gesprochen und galt bis heute. Jetzt aber sehen wir, daß diese Definition zu eng ist. Leben ist an die Existenz von Eiweißen gebunden, ist aber nicht allein ihre Leistung. Die Erde selbst war Träger der ersten Stoffwechselprozesse und blieb in sie einbezogen, als Lebewesen entstanden. Leben ist kein Zustand auf der Erde, sondern der Erde selbst. Leben ist die Daseinsweise der belebten Erde, der Biosphäre. Wir nennen sie so, weil auf ihr jene Vorgänge ablaufen, die wir bisher nur von ihr als dem einzigen Himmelskörper kennen. Dieser Zustand hat sich nicht schlagartig ausgebildet. Wollen wir den Beginn des Lebens abgrenzen, so wählen wir am besten den Zeitpunkt, von dem an die Erde zur Falle für die Sonnenenergie wurde, die in spezifischen Strukturen und Vorgängen eingefangen, gespeichert und umgesetzt wird. Die Definition von Engels erweist sich als zu eng und nicht hinreichend geschichtlich, weil sie die Eiweiße von ihrer Umwelt isoliert sieht. Zur Daseinsweise der belebten Erde aber gehört, daß auf ihr auch zahlreiche andere Stoffe und Substanzen, Strukturen und Systeme entstanden sind. In ihnen spielen Eiweiße als Enzyme überall die Schaltrolle. Dieser Steigerung aber der Lebensäußerungen in der Geschichte und der Geschichte der von ihnen aufgebauten und betriebenen Systeme wird die Engelsche Fassung des Begriffes nicht gerecht.

Leben wird sonst vielfach als Ordnungszustand von Materie definiert. Das ist eine beschreibende, morphologische Definition. Sie erfaßt ein Kennzeichen von Leben, sagt aber auch nicht genug aus. Die physiologische Betrachtungsweise der zweiten Biologie bestimmt Leben als die Gesamtheit der Lebensprozesse, gibt aber keine Definition von Leben. Sie überläßt das der Philosophie – und zwar einer, die solche Seinskategorien oder Seinsstufen deutet, nämlich der Ontologie. Die Enthaltung der zweiten Biologie ist also durchaus keine Neutralität, sondern Ausdruck einer inneren Beziehung zu einer bestimmten Philosophie und einem Wissenschaftsverständnis, das eine solche Trennung von Philosophie und Erfahrungswissenschaft zuläßt, daß die »Lehre vom Leben« bei der Definition von Leben auf Mitsprache verzichtet.

Wir wollen den hier nur eben angedeuteten philosophischen Fragen nicht nachgehen, sondern uns mit konkreten Folgerungen aus unserer historischen Auffassung vom Leben beschäftigen.

Wenn Leben das Dasein der Biosphäre ist, was ist dann das »Leben« der Lebewesen? Wir fassen ihre Existenz, ihr Dasein als aktive Teilhabe am Stoffwechsel und an der Geschichte der Biosphäre auf. Diese Teilhabe ist begrenzt in Zeit, Raum und Qualität: Kein Lebewesen zeigt alle Lebenserscheinungen in gleicher Weise. Lebenserscheinungen wie die Ausbreitung einer Art, der Bau eines Gemeinschaftsnestes, die Jagd in Rudeln können überhaupt nur von einem Kollektiv von Lebewesen vollbracht werden.

In unserer Betrachtungsweise ist die Gemeinschaft, das Kollektiv, vorgegeben. Lebewesen haben sich als diskrete Gebilde mit partieller Selbständigkeit nur bilden können, weil die sie umfassenden Stoffwechselvorgänge nicht unterbrochen wurden. Ihre relative Selbständigkeit erscheint dem Morphologen als Absonderung. Für die Physiologie war schon immer, wie das der Pflanzenphysiologe Bünning einmal formuliert hat, die Natur unteilbar.

Der Stoffaustausch mit der Umgebung läuft vielfach einfach aufgrund chemischer und physiologischer Gesetze ab. Viele Lebewesen haben keine besonderen Organe oder brauchen keine besonderen Aktivitäten für den Gasaustausch, die meisten Pflanzen auch nicht für die Ernährung. Sonnentau und Venusfliegenfalle fangen Insekten als Stickstofflieferanten. Das läuft ebenfalls aufgrund biophysikalischer Mechanismen ab, wirkt aber schon wie aktives und gesteuertes Verhalten. Tiere sind in ihren Lebensäußerungen aktiver. Die Mechanismen dafür sind die Triebe. Wir können sie jetzt als die Mechanismen definieren, die in den Organismen dafür sorgen, daß die Absonderung der Lebewesen keine vollständige Trennung wird. Bestimmte Reaktionen sind lustbelegt und sorgen damit für die Teilhabe ihrer Besitzer am Stoffwechsel und an der Geschichte der Biosphäre.

Wir kennen solche Mechanismen für die Aufnahme von Nahrung und damit die Erhaltung der Organismen: den Hunger. Andere Mechanismen dienen der Erhaltung der Art, wie der Geschlechtstrieb. Daneben gibt es Mechanismen, die Organismen und ihre Populationen »in Form« halten, also für ihre Struktur sorgen (die notwendige Voraussetzung für alles andere ist). Das äußert sich als Spieltrieb und als Sozialverhalten.

Mit dieser Auffassung der Triebe gewinnen wir, soweit wir die Literatur übersehen, die erste Definition der Triebe, die nicht diesen kennzeichnenden Besitz der Tiere aus sich selbst erklärt und deshalb tautologisch ist. Bisherige Begriffsbestimmungen laufen alle darauf hinaus, daß Triebe eben Antriebe seien. Schon das läßt in unseren Augen den neuen Begriff von Leben und die neue Bestimmung des Daseins der Organismen als Teilhabe daran fruchtbar und lohnenswert erscheinen.

Mit diesem Verständnis erledigt sich zugleich ein weiteres Problem, das in der Auseinandersetzung um Darwin früher eine zentrale Rolle gespielt hat und heute auch noch nicht erledigt ist, nämlich die Frage, wie die Selektion dafür hat sorgen können, daß viele Lebewesen »fremddienliche« Anpassungen zeigen. Pflanzen bilden Gallen, Orchideen haben Blüten, die den Insektenbesuch geradezu fordern und fördern, Drosseln verbreiten Mistelsamen: Alle diese Erscheinungen mußten sich in der Tat als unerklärbar erweisen, wenn das Überleben der Art als Selbstzweck gesehen und die Wechselbeziehungen nicht beachtet wurden. Jetzt sehen wir noch deutlicher, als Darwin das schon tat, daß jeder Evolutionsschritt in einer Pflanzen- oder Tierart auch immer Teil der Geschichte der Biosphäre ist und daß es in ihr gar keine »Fremd«dienlichkeit geben kann. Diese Frage wäre eine ausführliche Besprechung an Beispielen wert, für die wir hier aber den Raum nicht haben. Wir können hier nur die grundsätzlichen Zusammenhänge klären.

Unsere Begriffsbestimmung gilt auch für die Menschen. Ihr Leben ist wie das der anderen Lebewesen begrenzte Teilhabe am Dasein der Biosphäre, begrenzt in Raum und Zeit und Qualität. Wir nehmen am Dasein der Biosphäre mit Bewußtsein teil; auch dieses Bewußtsein ist begrenzt und unser Leben vom Bewußtsein der Begrenztheit mitbestimmt. Wir haben den Begriff »vollkommen« und wissen zugleich, daß wir es nicht sind. Das ist der alte Sinn des Wortes »Sünde« – die Unvollkommenheit. Wir können diese Unvollkommenheit, die uns unser Bewußtsein zeigt, mit dem Verstand nicht überwinden; es gibt keine Verstandesaussage, mit der wir uns der Welt bemächtigen könnten, deren Teil wir sind. Wir können die hier spürbare Begrenztheit dennoch überwinden in einer anderen Identifikation und Hingabe. Das ist der alte Sinn der Worte »Liebe« und »Gnade« im religiösen Sprachgebrauch. Die Brauchbarkeit unserer neuen Begriffsbestimmung läßt sich auch in anderen Bereichen zeigen. Wir können von unseren Erfahrungen hier nur einige kurz angeben.

Leben als Teilhabe ist dann besonders wichtig, wenn wir an »Grenzen der Anpassungsfähigkeit« stoßen – so definiert der Anthropologe Scheidt das Kranksein. Unter Psychiatern sehen neuere Schulen den Patienten als das schwache Glied einer Gruppe, die ihre Spannungen und Konflikte so lokalisiert, daß sie damit eines ihrer Glieder krank machen und damit aus der bisherigen Gemeinschaft ausstoßen kann. Aber auch körperliche Krankheiten, wenn man ihre Unterscheidung von seelischen Zuständen beibehalten will, sind soziale Phänomene. Ist ein Mensch erst einmal krank, bedarf er der mitmenschlichen Gemeinschaft doppelt. Außereuropäische Kulturen wissen das und nehmen Kranke mit ihren Familien in die Klinik auf. Wir isolieren Kranke, die im Krankenhausbetrieb vielfach nur noch Träger von objektivierten Krankheitsbildern sind. Etwas Ähnliches geschieht in der Justiz, wo ein Straffälliger mit seiner Straftat abgesondert wird, wo er Mitmenschlichkeit gerade dringend braucht, weil vielleicht gerade schon ihr Fehlen ihn hat fehlen lassen.

Das gilt erst recht und ganz besonders dann, wenn wir Menschen unsere Begrenztheit unabweisbar spüren: beim Sterben und der vorher gewußten Begegnung mit dem Lebensende, dem Tod. Auch hier haben außereuropäische Kulturen nie vergessen, daß wir einander beim Sterben brauchen; auch das Sterben des einzelnen ist ein sozialer Vorgang. Das bedeutet gerade nicht Lebensverlängerung beim isolierten Sterbenden, die oft genug nur der Erfüllung eines falsch verstandenen Berufsethos von Medizinern oder gar unverhüllt dem »Fortschritt der Medizin« dient, keineswegs aber mehr der Mitmenschlichkeit.

Wir möchten an diese Zusammenhänge, die wir nur eben anführen können, eine letzte Erörterung anschließen, bei der sich die Fruchtbarkeit der neuen Perspektive besonders deutlich gezeigt hat. Sie ergab sich für die Frage nach dem Todestrieb. Freud hatte bekanntlich gelehrt, daß es den Todestrieb gäbe, andere Psychologen bestreiten das. Wie wird dieses Problem jetzt gesehen?

Als das menschliche Bewußtsein entstand – auch dies eine Kollektivleistung, an der wir teilhaben –, erfuhr es das Lebensende als jedem einzelnen bevorstehend. Das muß nach unserem Verständnis zu einer Selektion geführt haben, die zur bedingten Annahme des Todes führte; wer nur den Tod und weiter nichts sieht, ist vor Angst nicht lebensfähig.

Wir nehmen den Tod im allgemeinen unter den Bedingungen von Krankheit, Lebensschwäche oder Lebensmüdigkeit an. Daneben akzeptieren wir ihn seit altersher als Bestandteil einer risikoreichen Lebensführung. Das ist bei uns in den Industrienationen fast nur noch (außer ein paar Sportarten) das Autofahren. Vor 150 Jahren war noch die Mutterschaft mit der Gefahr des Kindbettfiebers ein solches Risiko.

Die Bereitschaft, den Tod bedingt anzunehmen, schwankt. Wie alle biologischen Merkmale unterliegt auch sie der Variation. Sie reicht von der so gut wie unbedingten Ab-

lehnung des Todes, der Thanatophobie oder Todesfurcht, bis zur Annahme fast unter jeder Bedingung – nach einem unfreundlichen Wort, nach einer eingebildeten Enttäuschung. Das ist die Thanatomanie, die Todessehnsucht.
Für die Menschheit als Gruppe ist nur wichtig, daß sie insgesamt den Tod akzeptieren kann. Wie schwer oder wie leicht der einzelne ihn nimmt, spielt keine entscheidende Rolle. Es gibt in der Tat eine (durch Kultur und Tradition entscheidend mitgeformte) allgemeine, bedingte Bereitschaft zum Tod. Sie kann sich in einzelnen Fällen – mit denen der Psychologe häufiger zu tun hat, als es dem allgemeinen Bild entspricht – zu einer Todessehnsucht unter fast allen Umständen steigern. Freud ist diesem Phänomen sicher begegnet.
Eine Psychologie, die den Menschen als Einzelwesen sah, mußte in dieser Todessehnsucht einen naturgesetzlich verankerten Trieb und diesen als notwendigen Teil des Menschseins sehen – damit also auch in jedem Menschen vorhanden. Andere hatten aber ebenso recht, wenn sie in anderen Menschen nicht eine Spur von einem Todestrieb fanden und deshalb leugneten, daß er zum Besitz jedes Menschen, also zum Bestand notwendiger menschlicher Eigenschaften, zählte.
Unsere Auffassung überwindet diesen Gegensatz. Wir sehen die Bereitschaft zum Tod als biologisch begründete Fähigkeit des Menschen und als Bestandteil der menschlichen Situation. Daraus folgt nunmehr aber nicht mehr, daß jeder Mensch diesen Zug aufweist. Hier liegt genau das gleiche vor wie für die Sexualität. Für das Kollektiv genügt es, daß eine ausreichende Anzahl seiner Mitglieder geschlechtlich aktiv ist und dafür die erforderlichen Eigenschaften besitzt; damit ist über Grad und Weise nichts gesagt, in denen Sexualität bei dem einzelnen Mitglied auftritt oder nicht auftritt. Weder biologische noch, wie wir meinen, kulturelle Normen legen hier den einzelnen fest.
Diese Ausführungen sollten zeigen, daß unsere – nach unserem biologischen Verständnis unabweisbare – Neufassung des Begriffs Leben auch für andere davon berührte Bereiche fruchtbare, neue Perspektiven bringt. Diesen Nachweis wollten wir liefern, ehe wir uns nun der Naturgeschichte der Lebewesen zuwenden.

Die Grundschicht des Lebendigen

Lebewesen ohne Zellkerne:
Bakterien, Blaualgen, Viren

Bakterien sind so winzig, daß sie überall vorkommen. Operationssäle beispielsweise schützt man durch Überdruck gegen ihr Eindringen. Laboratorien dagegen arbeiten mit leichtem Unterdruck, damit keine gefährlichen Erreger hinausgelangen.
Für jede Substanz, die von Lebewesen erzeugt wird, gibt es Bakterien, die sie zersetzen – und für eine Menge anderer Naturstoffe dazu. Ein cleverer Israeli züchtet Bakterien zur Tankerreinigung, einen Bakterienstamm, der Erdölreste zersetzt. (Das geht in einem Prozeß, bei dem die Bakterien Energie einsetzen. Was kein Bakterium kann, ist die Gewinnung von Energie aus Erdöl durch Vergärung.)
Menschen bedienen sich der Bakterien und Hefen seit undenklichen Zeiten zur Herstellung von Bier und Wein, beim Brotbacken mit Hefe oder Sauerteig, bei der Verarbeitung von Milch. Heute sind daraus ganze Technologien entstanden. In all diesen Fällen müssen unerwünschte Mikroorganismen nach Möglichkeit ferngehalten werden, am besten durch Erhitzen wie etwa bei der Joghurt-Herstellung; dann erst gibt man die erwünschten Bakterien dazu.

Will man Lebensmittel für längere Zeit haltbar machen, muß man sie erhitzen und verschließen. Das tut jede Hausfrau, die Obst in Gläser oder Dosen einmacht. Weil Bakterien so klein sind, sind ihre Leistungen so spezifisch, sie können nur wenige Enzyme als Vorrat haben. Weil sie so klein sind, gibt es sie überall, und deshalb sind an jeder beliebigen Stelle Bakterien vieler Typen anzutreffen. »Im allgemeinen genügt ein Gramm eines Gartenbodens, um ein Bakterium zu finden, das einen beliebigen Naturstoff zu verwerten vermag«, heißt es dazu in einem Lehrbuch. Die Mikrobiologen brauchen deshalb ihre Untersuchungsobjekte im Gegensatz zu den Botanikern und Zoologen nicht lange zu suchen. Sie brauchen sie im allgemeinen nur zu kultivieren. Dazu werden in Nährböden mit bestimmten Nahrungsangeboten Bakteriengemische geimpft und so die gewünschten Arten herangezogen.

Stoffwechselvorgänge laufen an Oberflächen ab. Ein Kubikmillimeter hat sechs Quadratmillimeter Oberfläche. Ein Kubikmillimeter aus Bakterien, von denen tausend auf einen Millimeter kommen, ergibt 1000 x 1000 x 1000 Bakterien mit je sechs Flächen (wenn wir sie als Würfel berechnen) von je $\frac{1}{1000}$ Quadratmillimeter. Das ergibt sechsmal 10^8 x 10^{-3} = eine Million Quadratmillimeter. Die Fläche für Stoffaustausch mit der Umgebung ist eine Million mal größer, als sie bei einem Lebewesen von einem Millimeter Länge wäre.

Das gibt dem Bakterienstoffwechsel die Intensität, mit der Erreger sich so schnell ausbreiten und Schaden anrichten können. Zum Glück sind die meisten Bakterien für uns nicht schädlich, und zum Glück besitzen wir im allgemeinen auch gegen die schädlichen unter ihnen Abwehrstoffe. Die meisten Bakterien leben im Boden. Man sieht sie nicht, doch kann man manche von ihnen riechen. Der typische Geruch frisch umgebrochenen Bodens beispielsweise beruht auf den Streptomyzeten, die in ihm pilzartige Fäden bilden.

Pflanzen und Tiere haben bei der Besiedlung des Landes die obersten Schichten aufgelockert und damit die Lebensbedingungen und die Siedlungsflächen für Bakterien um Größenordnungen gesteigert. Sie liefern die organischen Reste, von denen viele Bakterien leben. Ihr Abbau führt zur Humusbildung, die wiederum das intensive Pflanzenwachstum möglich macht. Welche Rolle die Regenwürmer und andere Tiere spielen, die den Boden immer wieder durcharbeiten, wissen wir seit Charles Darwin.

Über die Wechselbeziehungen zwischen Bakterien und höheren Pflanzen haben wir bereits gesprochen. Auch die in Tieren lebenden Bakterien, die Zellulose abbauen, sind uns schon bekannt; in einigen Insekten schließen Hefen diese und andere Nährstoffe auf.

Im Magen der Wiederkäuer leben außer Bakterien auch andere Einzeller, Wimpertierchen und Amöben (die auch zu unserer normalen Darmflora gehören). Zwischen ihnen und ihren Wirten bestehen Wechselbeziehungen, die noch darüber hinausgehen, daß die Huftiere einen Teil der symbiontischen Einzeller verdauen, die in ihrem Innern mit Feuchtigkeit, Wärme und Futter versorgt werden. Auch hier bildet nämlich die Stickstoffzufuhr den Engpaß. Das Gras, das die Huftiere fressen, enthält nicht soviel Stickstoff, als daß damit entsprechend viel Eiweiß gebildet werden könnte. Die Versorgung wird aber ebenfalls von den Wirten gesteigert. Die Wiederkäuer scheiden den Harnstoff, in den die Tiere die Stickstoffabfälle des Eiweißstoffwechsels überführen, nicht gänzlich aus. Ein guter Teil wird aus der Leber über den Blutkreislauf direkt in den Magensaft zurückgeleitet. Er steht somit viel schneller wieder zur Verfügung, als wenn er erst den Weg über die Nieren und den Harn bis in den Boden und dort wieder über die Pflanzenwurzeln in die Pflanzen und mit der Nahrung in die Mägen nehmen müßte. Wir haben hier einen schnellen, im System eingeschlossenen Teilkreislauf vor uns. So etwas ist uns aus jeder Fabrik vertraut, die ihr Gebrauchswasser wieder aufbereitet und wieder verwendet. Der tatsächliche Wasserumsatz ist deshalb viel höher, als insgesamt über die Wasseruhren in das System eingegeben wird. Die Wiederkäuer betreiben in ihrem Innern eine regelrechte Bakterienkultur, in der sie den knappsten Stoff, den Stickstoff, gewinnen und wieder einspeisen. Das nennen wir einen gekammerten Teilkreislauf.

Im tropischen Regenwald liegen ebenfalls gekammerte Teilkreisläufe für Stickstoff vor, zum Beispiel in den Bauten von Ameisen und Termiten, die Zellulose mit Hilfe von Bakterien und vor allem Pilzen in ihren Körpern und in ihren Bauten umsetzen. Termiten und Ameisen sind, wie auch die Wiederkäuer, nur scheinbar echte Pflanzenfresser: Sie lassen das, was sie an Pflanzennahrung aufnehmen oder eintragen, in Einzeller- und Pilzkulturen in eine Eiweißnahrung umwandeln und schaffen so für diese Symbionten ideale Kulturbedingungen. Wir sehen, in welchem zunächst ungeahnten Ausmaß sich Darwins Einsicht bestätigt, daß das Miteinander der Lebewesen ihre Geschichte bestimmt.

Zwischen Blaualgen und Bakterien besteht kein grundsätzlicher Unterschied. Es gibt kriechende Formen, die man trotzdem Bakterien nennt, und auch Bakterien mit Photosynthese. Blaualgen haben meist beides, die Fähigkeit zur Bewegung und Photosynthese; alle verarbeiten CO_2 und viele auch N (Stickstoff). Manche kriechen auf Lichtquellen zu, viele bilden Kolonien oder Fäden. Einige bilden in Seen Wasserblüten, andere leben in warmen und selbst heißen Quellen. Sie können höhere Temperaturen ertragen als alle anderen Lebewesen – möglicherweise wie die Stickstoffbindung als Erbe aus der Frühzeit der Erde. Das gleiche gilt für ihre Widerstandsfähigkeit gegen UV. Auf jungfräulichen Böden, zum Beispiel auf Lava und Vulkanaschen, treten sie als Pioniere auf. Die produktionsbiologisch wichtigsten sind diejenigen unter ihnen, die mit anderen Algen, vielen Tieren und Tierlarven im Plankton der Meere treiben. Andere leben im Meer in Tiefen, in denen das Licht zur Photosynthese nicht mehr ausreicht, und ernähren sich von zerfallender oder gelöster organischer Substanz. Einige von ihnen bilden mit Pilzen zusammen Flechten, die wir noch besprechen werden (als einen weiteren Fall der Produktion durch Zusammenwirken und Zusammenleben verschiedener Lebewesen).

Blaualgen sind an den vielleicht ältesten, sicher aber hochproduktivsten Ökosystemen beteiligt, die Menschen für ihre Ernährung eingerichtet haben, denn es gibt sie in allen Sumpfreisfeldern im tropischen Asien. Sie binden in diesen Feldern bis zu 50 Kilogramm Stickstoff pro Hektar und Jahr und düngen damit Wasser und Reis. Zu diesen beiden Partnern kommen vielfach noch Krebse, die Unkraut fressen, das neben dem Reis wächst, Fische, die sich von beiden ernähren, und Enten, die wieder die Algen fressen (und wieder zur Düngung beitragen; auch bei uns fanden »Aquarianer« früher die meisten und die größten Wasserflöhe in Dorfteichen und Gewässern mit Enten).

Bakterien und Blaualgen sind älter als die Lebewesen, mit denen sie in vielfache und enge Beziehung getreten sind. Ob das bei einer weiteren Klasse kernloser Organismen, den Viren, auch zutrifft, ist ungewiß.

Viren sind Nukleinsäuren (DNS oder RNS) mit einer Hülle. Sie enthalten nicht die Enzyme, die sie für ihre eigene Vermehrung brauchen. Sie können deshalb ihren Stoffwechsel nur im Verbund lebender Zellen anderer Organismen abwickeln. Sie steuern dabei die Biosynthesen der Wirtszellen nach ihren eigenen Bedürfnissen und verhalten sich wie selbständig gewordene Gene, die sich fremde Zellen zu eigen machen. Ob sie so etwas wie verwilderte Gene sind (und sich am Ende immer wieder bilden können) oder ob sie Urformen aus der Frühzeit sind, die es aufgegeben haben, eigene Zellen auszubauen, ist nicht geklärt.

Viren sind als Erreger praktisch bedeutsam. Vermutlich spielen sie auch eine Schlüsselrolle für die vielfältigen Funktionsstörungen, die wir zusammenfassend als Krebs bezeichnen. Die Erforschung der Viren hat unabhängig davon entscheidende Einsichten über die Zusammenhänge von Eiweißstruktur, Enzymleistungen und Eigen- und Fremdsynthesen erbracht. Das sind Grundmechanismen des Lebendigen, die, unabhängig von jeder unmittelbaren praktischen Bedeutung, wichtig sind. Für das Verständnis der Geschichte der Biosphäre trägt aber die Kenntnis der Viren ebenso wenig bei, wie sie selbst für die Evolution oder im Gesamthaushalt der Natur eine Rolle spielen.

Das wird oft dort unterschätzt, wo Kenntnis der molekularbiologischen Mechanismen als Schlüssel zum Verständnis der Evolution angesehen wird. Das ist der Fall, wenn man bei der Erforschung der Viren das wichtigste Arbeitsgebiet ausgerechnet in der Evolutionsforschung erblickt und, wie manche Autoren, sagt, es habe sich der Schwerpunkt der Evolutionstheorie in die Molekularbiologie verlagert. Für die Gesamtgeschichte der Biosphäre können wir die Viren nur als Randerscheinung einstufen. Ihre Erforschung hat bisher nichts ergeben, was ihnen eine wichtigere Rolle zuweist, und deshalb erübrigt es sich auch, sie im Rahmen dieses Buches ausführlich zu behandeln.

Die Rolle der Sexualität: Lebewesen mit Zellkernen

Vor dreihundert Jahren, im Jahr 1676, besuchte Gottfried Wilhelm Leibniz in Delft den Glasschleifer Antoni van Leeuwenhoek. Der zeigte ihm unter seinen selbstgebauten Mikroskopen lebende »Aufgußtierchen« oder Infusorien. Infusion heißt Aufguß; auf englischen und französischen Speisekarten werden sogar Kräuterteesorten so bezeichnet. Leeuwenhoek glaubte, daß man neue Wirklichkeiten und Welten entdecken könne, ohne eine besondere Fragestellung oder gar Denkansätze zu benötigen: Alles, was man brauchte, seien neue Apparate. Dieser Irrglaube gehört seitdem zum festen Bestand der Wissenschaft.

Seit Leeuwenhoek haben ungezählte Liebhaber-Mikroskopiker, Schüler, Lehrer, Studenten und Forscher »Heuaufgüsse« angesetzt. Heute nimmt man mit Vorliebe trockene Bananenschalen. Wer es ganz eilig hat und größere Mengen Infusorien braucht, wie das bei »Aquarianern« mit Fischnachzuchten der Fall ist, kann sich im Fachgeschäft Infusoriendauerstadien als Granulat in einer Dose kaufen.

Die Infusorien kommen als eingekapselte Dauerstadien überall vor. Deshalb kann man sie jederzeit in einem Heuaufguß »erzeugen«. In ihm findet man dann die Pantoffeltierchen, die mit der wohlkoordinierten Bewegung von Hunderten von Wimpern spiralige Bahnen durch das Wasser ziehen, Beute überwältigen, die noch kleiner ist als sie, Hindernisse vermeiden, das Licht aufsuchen und sich gegenseitig suchen und finden, paaren und teilen.

Um sich von der Existenz der Einzeller überzeugen zu können, braucht man aber keine Mikroskope. Daß das Meerwasser in der Nordsee so trübgrün und braun aussieht, liegt an den vielen Einzellern, die in ihm leben. Sie fehlen dem Mittelmeerwasser und dem Tropenwasser und lassen dies deshalb blau erscheinen. Andere, Kalk absondernde Algen, können Meerwasser weißlich färben. (Das Rote Meer verdankt seinen Namen einer Blaualge, die zusätzliche rote Farbstoffe enthält; vermehrt sie sich in Massen in einer sogenannten »Wasserblüte«, kann sie das Meer über weite Strecken färben.) Schalen von Einzellern, von Globigerinen und von Radiolarien, bedecken weite Strecken des Tiefseebodens; die Kieselgurlager der Lüneburger Heide bestehen aus den Schalen fossiler Diatomeen, die Kreidefelsen von Rügen, von Dover und Calais bestehen überwiegend aus Skeletten von Einzellern.

Die heute lebenden Einzeller liefern weit über 90 Prozent der Primärproduktion im Meer. Das Fett, das viele von ihnen als Speicherstoff erzeugen, trägt sie im Wasser fern vom Land und vom Gewässerboden. Mit ihm sind die küstenfernen Weiten der Meere hochproduktiv geworden, wo immer Nährstoffe genug vorhanden sind. Über die Krebse, die vom Pflanzenplankton leben, findet ihr Öl den Weg ins Fleisch der Heringe, der Thune und der Wale.

Die Einzeller, von denen jetzt die Rede ist, kommen fast überall vor, wo es schon Bakterien und Blaualgen gibt, und dazu an Stellen, wo es von diesen beiden Klassen nur recht wenige Formen gibt, wie zum Beispiel in der Hochsee. Wo sie neben den Bakterien und den Blaualgen leben, haben sie höhere Stoffumsätze und stellen entsprechend höhere Ansprüche an die Lebensbedingungen. Manche Standorte machen sie deshalb den Bakterien und Blaualgen gar nicht streitig, so die heißen Quellen und die Schwefelquellen oder das Eis von Gletschern und Eisbergen, das von Blaualgen auch wieder, wie das Wasser im Roten Meer, rosa gefärbt sein kann.

Die physiologische Leistungsfähigkeit dieser Einzeller hat zur Ausbildung von sehr unterschiedlichen Formen geführt. Ihre Leistungsfähigkeit beruht auf ihrer reichlicheren Ausstattung mit Zellorganen und Zelleinschlüssen. Sie haben alle einen Zellkern. Er enthält die DNS, die bei Bakterien und Blaualgen auch vorhanden, aber im ganzen Zellleib verteilt sein kann. Der Zellkern ist demnach eigentlich nichts Neues: Neu ist an ihm nur die Membran, die die in ihm enthaltene DNS zusammenhält. Wirklich neu sind dagegen andere Gebilde, wie zum Beispiel die Mitochondrien und die Chloroplasten. Die Mitochondrien sind Zellorgane, an denen die oxidative Energiegewinnung, also die Zellatmung, und andere Prozesse ablaufen; sie enthalten die dafür nötigen Enzyme. Die Chloroplasten enthalten die Farbstoffe für die Photosynthese, einen ebenfalls enzymatisch gesteuerten Prozeß.

Mitochondrien und Chloroplasten vermehren sich mit eigener DNS. Ihre Erzeugung wird nicht von der DNS des Zellkerns gesteuert. Das hat zu der Theorie geführt, daß diese beiden Zellbestandteile ursprünglich selbständige Lebewesen waren, und mit anderen, den sie heute einschließenden, eine Symbiose eingegangen sind. Es gibt, was ebenfalls für diese These spricht, Blaualgen, die in Zellen anderer Einzeller, von Flagellaten und Grünalgen, als Plastiden leben, aber noch als Blaualgen ausgemacht werden können.

Nach dieser Auffassung wäre das entscheidend Neue an den Lebewesen mit Zellkern der Einschluß dieser beiden neuen Bestandteile. Damit ließe sich auch dann der Kern erklären, der nichts anderes sei als der Zusammenschluß der alten zelleigenen DNS, die nun mit einer Membran umgeben und so von wechselseitigen Störungen zwischen ihr und der DNS der anderen beiden Zellbestandteile abgeschirmt sei.

Ob Mitochondrien und Chloroplasten durch Einwanderung oder als eigene Leistung ihrer

Besitzer entstanden sind, kann noch nicht sicher entschieden werden; für uns, die wir in der Geschichte des Lebendigen mehr und mehr die Wechselwirkungen zwischen verschiedenen Lebensformen sehen, ist die »Symbiosetheorie« der Zelleinschlüsse aber längst nicht so überraschend, wie sie es bei ihrer Aufstellung für viele Biologen noch gewesen ist.

Lebewesen mit Zellkern heißen »Karyonten« nach dem griechischen Wort *karyon* = Kern, Nuß. Wie die Kerne entstanden sind, wissen wir noch nicht genau, wie wir eben hörten. Wie wichtig sie aber sind, wissen wir. Das wird vor allem bei ihrer Rolle in der Fortpflanzung deutlich.

Fortpflanzung mit Kernverschmelzung kommt natürlich nur bei Karyonten vor. Deshalb galt Informationsübertragung durch Austausch von genetischem Material als ihre Besonderheit. Das wissen wir heute besser. Auch Bakterien können sich paaren und DNS und damit genetische Information austauschen oder übertragen. Bei den Lebewesen mit Kern ist dieser Austausch aber regelmäßiger und notwendiger Bestandteil ihres Lebens – so auffällig und wichtig, daß man darüber die zentrale und steuernde Rolle der Zellkerne bei vielen anderen Lebensvorgängen fast übersieht und vergißt.

Paarung, Verschmelzung von Zellkernen und Austausch von Erbgut – das alles zusammen nennen die Biologen Sexualität. Bei den Einzellern gibt es Sexualität in den verschiedensten Formen, die uns hier im einzelnen nicht näher zu beschäftigen braucht.

Bei manchen Einzellern kommt es vor, daß sich die zwei Zellen zu einer »Zygote« vereinen und erst nach längerer Zeit wieder teilen. Andere leben so für längere Zeit, mit verschmolzenen Kernen und damit dem doppelten Satz an Chromosomen, die in den Kernen enthalten sind. Wir nennen Zellen und Organismen mit dem einfachen Satz nach dem griechischen Wort für einfach »haploid«, die mit dem doppelten Satz »diploid« und kürzen beides mit n (für normal) und 2 n ab.

In der Geschichte der Pflanzen und der Tiere herrschen die Formen mit 2 n vor. Sie bilden Zellen mit dem einfachen Satz von n-Chromosomen nur noch als Keimzellen. Deren Verschmelzung stellt dann wieder den Normalsatz 2 n her.

Durch die Diploidie hat aber nicht nur das Leistungsvermögen der Organismen zugenommen. Auch die Evolution hat mit ihr eine neue Leistungshöhe, ja eine neue Qualität gewonnen. Das hängt folgendermaßen zusammen:

Beim einfachen Chromosomensatz ist jede Erbanlage einfach besetzt, beim diploiden doppelt. Was das bedeutet, sieht man, wenn man weiß, daß jede Erbanlage, jedes Gen, stets in mehr als einer Ausprägung vorhanden ist. Diese Gen-Ausprägungen heißen Allele. Sie üben alle Hauptfunktionen eines Gens in gleicher Weise aus und können deshalb alle seinen Platz im Chromosom am Gen-Ort (»Locus«) einnehmen. In Nebenwirkungen unterscheiden sie sich. Allele gehen aus kleinen Ungenauigkeiten bei der Gen-Verdoppelung hervor. Diese und andere Ungenauigkeiten der Zell- und Kernteilung nennen wir »Mutationen«. Sie sind keine Fehler in dem Sinn, daß sie schädlich sind. Im Gegenteil, es ist für die Lebewesen wichtig, daß in ihnen Bestände verschiedener Allele vorhanden sind. Das sichert die Widerstandsfähigkeit einer Population gegen Umweltschwankungen ganz beträchtlich: Reinerbige Bestände würden in der Natur nicht lange überleben (wie sich an den Reinzucht-Linien der »Grünen Revolution« sehr deutlich zeigt). Die Vielfalt von Erbanlagen und damit auch von Merkmalausbildungen ist also lebenswichtig und wird durch die Diploidie erhöht. Denn, wenn in einer Art ein

Gen zweimal, mit zwei Allelen also, vorliegt, kann ein haploider Organismus immer nur eines von beiden haben. Für einen diploiden Organismus aber ergeben sich bereits vier Möglichkeiten. Das erweitert das Angebot an die Selektion. Bei drei Allelen ergeben sich schon sechs Kombinationen. Daß diese Kombinationsmöglichkeiten auch ausgenutzt werden, dafür sorgt die Befruchtung. In jeder Reifeteilung, in der Geschlechtszellen entstehen, werden einfache Chromosomensätze gebildet und mit denen eines anderen Organismus vereint.

Die zweite Wirkung beruht auf einem anderen Zusammenhang. Allele haben meistens eine unterschiedliche Durchschlagskraft. Blauäugigkeit beim Menschen beruht zum Beispiel auf zwei Allelen für die Augenfarbe Blau. Ist nur eines zusammen mit einem für Braun vorhanden, ist die Augenfarbe braun. Braunäugige Menschen können für diese Augenfarbe reinerbig oder mischerbig sein. Zwei mischerbig braunäugige Menschen können blauäugige Kinder haben. Wir nennen Allele wie das für Blau »rezessiv«, das für Braun »dominant«; die Durchschlagskraft kann aber wieder von der Koppelung mit anderen Genen abhängen, und die Zahl möglicher Koppelungen ist bei Diploiden hoch. Auf diesem Zusammenhang beruht es, daß Allele nicht sofort und nicht alle auf einmal von der Selektion erfaßt werden. Das wird oft übersehen und deshalb nicht entsprechend beachtet.

So glaubte zum Beispiel die nationalsozialistische Regierung des Dritten Reichs, oder gab es jedenfalls vor, sie könne den erblichen Schwachsinn ausrotten, indem sie alle erblich Schwachsinnigen an der Fortpflanzung hinderte. Sie rechnete sich freilich nicht aus, daß sie damit immer nur einen Teil des Allele-Bestandes erfaßte, der Schwachsinn verursacht – nämlich nur die Fälle, in denen zwei solcher rezessiver Allele zusammenkommen und den Träger krank werden lassen.

Uns braucht hier nur die grundsätzliche Tatsache zu beschäftigen, daß durch die Diploidie die Selektion weit weniger direkt wird. Viele Anlagen können sich erhalten und in einer Population ansammeln, die unter augenblicklichen Umständen gar nicht von Vorteil oder von Bedeutung sind. In der Koppelung mit anderen Genen oder unter anderen Bedingungen gewinnen dann gerade diese Anlagen vielleicht an Bedeutung. Damit ist die Plastizität der Evolution ungemein erhöht. Die Mechanismen, die im einzelnen die Weitergabe und Umkombination der Erbanlage regeln, sind faszinierend-interessant. Für ein Verständnis der Evolution als Geschichte der Biosphäre brauchen wir aber wenig mehr als die Einsicht, daß Mutationen für die Population der Organismen lebenswichtig sind und daß die von ihnen bewirkte Variabilität sich durch die Umkombination der Erbanlagen im Fortpflanzungsgeschehen noch vervielfacht. Mutationen wirken sich nicht direkt auf die Evolution aus, sondern füllen die Variabilität der Erbausstattungen der Arten immer wieder auf. An dieser Variabilität setzt die Selektion an. Wäre es anders, hätte Darwin den Selektionsmechanismus und die Mechanik der Evolution gar nicht entdecken können: Von Mutationen wußte er noch nichts.

Wer die Geschichte der Pflanzen- und Tierstämme untersucht, begegnet nicht einzelnen Mutationen. Er sieht die Auswirkungen der Evolutionsmechanismen, die an der Variabilität ansetzen und die durch die Diploidie der Karyonten einen neuen Leistungsstand erreicht haben. Zu welcher Form- und Leistungsfülle das geführt hat, wird uns nun beschäftigen.

Einzeller und Vielzeller:
Algen und Tange

Wenn ein Gartenteich im Frühjahr oder im Sommer plötzlich grün wird, dann handelt es sich bei dieser »Wasserblüte« in den meisten Fällen um die massenhafte Vermehrung von winzigen Geißelalgen. Diese Einzeller sind nach dem vermutlich ältesten Bauplan freilebender Karyonten gebaut: ein Körper mit einer Geißel, meistens mit Chloroplasten, aber auch zur Aufnahme von Nahrungsbrocken und oft mit dem Vermögen befähigt, Licht aufzusuchen; das kann mit einem besonderen lichtempfindlichen Augenfleck verbunden sein. Geißelzellen sind eine alte und bewährte Konstruktion: Sie haben sich als Fortpflanzungsstadien bei den höheren Pflanzen bis zu den Farnen, bei den Tieren bis zu den Säugetieren erhalten.

Daß Geißelzellen sowohl bei Pflanzen als auch bei Tieren vorkommen, zeigt schlagartig die stammesgeschichtliche Stellung der Flagellaten an, wie die Einzeller mit Geißel heißen. Die meisten von ihnen können autotroph leben, das heißt, mit Chloroplasten anorganische Substanz zu organischer synthetisieren. Sie können aber wohl stets auch organische Nahrung fressen. Manche sind darauf ganz angewiesen, weil sie vorübergehend oder dauernd ohne Chloroplasten leben (manche als Parasiten im lichtlosen Innern anderer Tiere). Die Flagellaten und die anderen Einzeller mit Chloroplasten werden bei den »Pflanzen«, die Geißel»tierchen« und weitere Einzeller ohne Assimilationsvermögen bei den »Tieren« aufgeführt.

Die Begriffe »Pflanzen« und »Tiere« sind älter als unsere Kenntnis von der Stammesgeschichte. Deshalb versagen sie vor den nunmehr bekannten Verhältnissen. Man kann nicht alle Lebewesen unter diesen bei-

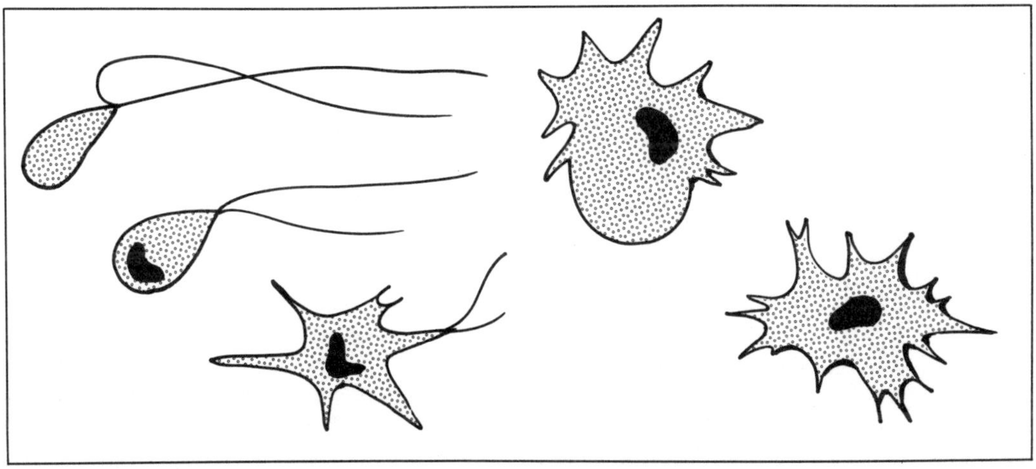

Uralte Zellformen haben sich bis heute bewährt.

Die bewegliche Geschlechtszelle (»Spermatozoid«) eines Bärlapps (links oben) ist ebenso gebaut wie eine Geißelalge (darunter). Diese Alge kann Form und Bewegungsweise einer Amöbe annehmen (rechts). Wechseltierchen (Amöben) kriechen durch fließende Bewegungen ihrer verformbaren Körper (links). Die weißen Blutkörperchen des Menschen (rechts) bewegen sich noch ebenso.

den Begriffen einteilen. Aus vermutlich geißeltragenden Einzellern mit Chloroplasten sind alle anderen Einzeller hervorgegangen und mehrfach vielzellige Organismen entstanden. Einige Flagellaten und andere Einzellergruppen besitzen keine Chloroplasten mehr und ernähren sich von der organischen Substanz anderer Organismen. Das trifft auf die Lebewesen zu, die wir Pilze nennen und gewöhnlich zu den Pflanzen stellen; das gilt auch für alle Tiere. Algen heißen die pflanzlichen Einzeller, die, wie die mehrzelligen Grünalgen, Rotalgen und Braunalgen, soweit sie im Meer leben, auch Tange genannt werden. Sie bilden, ob einzellig oder mehrzellig, eine recht geschlossene Gruppe, vor allem in ökologischer Betrachtung. Die anderen Pflanzengruppen, beginnend mit den Moosen, handeln wir ab, wenn wir das Leben an Land besprechen. Bei der Gelegenheit werden wir auch die Pilze vorstellen.

Die tierischen Einzeller schließen wir an die pflanzlichen an. Wie sich die gewöhnlich benutzten Bezeichnungen auf den mutmaßlichen Stammbaum verteilen, zeigt die Abbildung oben. Die Zusammenhänge sind nicht schwer zu erfassen, soweit sie bekannt sind; man muß sich nur daran gewöhnen, daß die Bezeichnungen Pflanzen und Tiere der neuen Wirklichkeit nicht mehr ganz entsprechen.

In allen größeren Algengruppen gibt es alleinlebende Einzeller neben solchen, die Kolonien oder Fäden bilden, und endlich Formen mit voluminösen Körpern. Sie alle bilden Kohlehydrate, aber nicht immer Stärke; als Wandsubstanzen besitzen sie Polysaccharide wie Pektin, wie die höheren Pflanzen Zellulose, oder Chitin, wie es dann wieder Tiere bilden; in diese Wände oder in diese Zellenzwischenräume können sie Kieselsäure, Kalk oder Magnesiumkarbonat

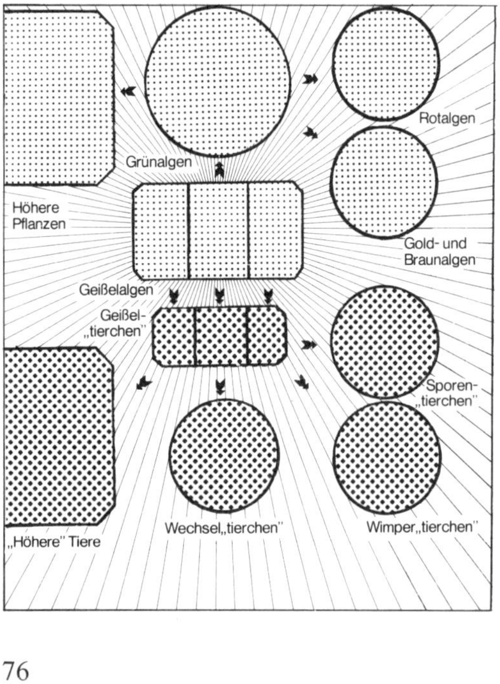

Abstammungsverhältnisse der Lebewesen mit Zellkernen. Rotalgen, Gold- und Braunalgen gibt es als einzellige und mehrzellige Formen, ebenso ihre (vermutliche) Stammgruppe, die Grünalgen. Aus Süßwasser-Grünalgen sind die höheren (Land-)Pflanzen entstanden.
Aus drei Gruppen von Geißelalgen (den vermutlich ursprünglichsten Zellkernbesitzern überhaupt) sind farblose Geißel»tierchen«, die Wechsel»tierchen« (Amöben) und die Sporen»tierchen« (Sporozoa) hervorgegangen – ebenso die mehrzelligen, »höheren« Tiere.

einlagern. Das hängt mit dem Chemismus des Körpers und der Umgebung zusammen. Algen können relativ saure Zellsäfte besitzen und dann ausschließlich CO_2 als Quelle für Kohlenstoff benutzen. Die CO_2-Entnahme aus dem Meerwasser kann zur Ausfällung von $CaCO_2$ um die Algen führen. Bei höherem pH dienen Bikarbonate, bei über 9,5 Karbonate als C-Quelle; bei Kalkmangel wird Kieselsäure als Schalenmaterial genommen. Als Reservestoffe treten neben Kohlehydraten Fette auf. Die Geißelalgen zeigen, wie das bei der ursprünglichsten Gruppe verständlich ist, ein breites Spektrum später aufgeteilter Möglichkeiten: Sie speichern Stärke oder Öl, verstärken die Wände mit Kalk oder Kieselsäure oder belassen sie unverstärkt, beweglich und zur fließenden Fortbewegung des Körpers geeignet.

Es gibt sie, wie bereits erwähnt, im Süßwasser freischwimmend und festsitzend am Boden und auf anderen Substraten, daneben im Blut und im Gewebe von anderen Lebewesen. Im Meer stellen die Peridineen und andere Dinoflagellaten eine der wichtigsten Gruppen der Planktonbewohner.

Die Dinoflagellaten sind weniger anspruchsvoll als die Diatomeen, von denen sie an Bedeutung für die Produktion im Meer weit übertroffen werden. Sie treten dann in größeren Mengen auf, wenn Diatomeen nach Erschöpfung der für sie nötigen Nährstoffkonzentration absterben. Die Dinoflagellaten können von den absterbenden Diatomeen, aber auch, mit weniger Nährstoffen, im Wasser leben.

Den Geißelalgen ähnlich und sicher nah verwandt sind zwei andere Gruppen, von denen eine die Gattung Gymnodinium enthält. Verschiedene Arten dieser marinen Gattung können bei günstiger Nährstoffversorgung plötzlich in Massen auftreten und dann über weite Strecken die Fische vergiften, da sie Stoffe ausscheiden, die bei Fischen als Nervengift wirken.

Kommt es dann zum Zusammenbruch der Algenproduktion, weil die Nährstoffe aufgebraucht sind, dann zehren die abgestorbenen Algen nun den Sauerstoff des Wassers auf, und das kann noch die Fische töten, die das Algengift überlebt haben. Wir haben einmal in Florida eine solche »Red Tide« erlebt (manchmal färben auch diese Algen das Wasser rötlich): mit toten Fischen am Strand, nach jeder Flut neue, Kilometer weit; darunter Bodenfische, die auch der Fachmann kaum jemals in ihren Löchern und noch weit seltener in Sammlungen zu sehen bekommt. Draußen auf dem Meer fuhren wir meilenweit durch Gebiete mit treibenden toten Fischen. Und noch landeinwärts spürten wir die »Red Tide«: Der Seewind trug den Reizstoff der Algen durch die Luft und verursachte tränende Augen und schmerzende Kehlen.

Die Algengruppe mit der weitesten Verbreitung sind die Grünalgen. Sie leben im Süßwasser und im Meer, im Boden, an Baumstämmen, in Flechten, in Tieren; sie stellen Kolonien wie die bekannte Kugelalge Volvox und mehrzellige Pflanzen wie die Armleuchteralgen des Süßwassers, die bei »Seeaquarianern« beliebte Caulerpa und den hellgrünen Meersalat. Mit ihnen haben die Algen in einer ersten Schicht alle Lebensmöglichkeiten für einzellige Algen ohne besondere Ausstattung außer ihren Chloroplasten und dazu die für festsitzende Algen aller Größen erschlossen. Im Meer stellen Grünalgen den Hauptteil des Nano(Zwerg-)planktons, dessen Volumen das der Diatomeen und Flagellaten übertrifft. Wir fassen unter dieser Bezeichnung alle im Meer lebenden Lebewesen zusammen, die kleiner als 0,01 Millimeter sind. Ihre Menge und ihre Bedeutung konnten erst entdeckt werden, nachdem die Rolle des Planktons selbst längst bekannt war. Das Nanoplankton entzieht sich nämlich den meisten Fang- und Meßmethoden, weil seine Angehörigen so klein (bis 0,001 Millimeter!) sind. Es kann deswegen auch nicht von allen Planktonfressern ausgebeutet werden: Wie die meisten Netze der Wissenschaftler sind selbst die meisten Fangeinrichtungen größerer Tiere viel zu grob. Wir werden aber sehen, daß einige sich gerade darauf spezialisiert haben.

Neben den Grünalgen haben die Goldalgen weitere Lebensmöglichkeiten erschlossen. Unter ihnen gibt es kriechende Formen, die aber keine große Rolle spielen. Andere brauchen ganz besonders wenig Licht und scheiden bei ihrem Stoffwechsel besonders viel Kalk ab. Sie können Meerwasser weißlich färben und noch in größeren Tiefen, wo andere Algen das längst nicht mehr können, die Photosynthese ermöglichen. Sie leben auch in Löchern von Gestein, in Kalkgehäusen anderer Tiere und selbst in lebenden Geweben. Zu ihnen zählen die Mitbewohner der Korallen und anderer Meerestiere, von denen wir schon gesprochen haben. Auch ohne Hilfe anderer Lebewesen können Kalkalgen ganze Terrassen aufbauen, wie das »Kalkalgen-Trottoir« des Mittelmeers, oder durch Kalkabscheidung Sand zu Strandstein verfestigen. In der Karibischen See sind wir über ganze Wiesen von Halimeda und ganze Bestände einer Alge geschwommen, die »Neptuns Rasierpinsel« heißt. Die handhohen Pflanzen sehen wie die Miniaturausgaben vorzeitlicher Bäume aus.

Zu den Goldalgen gehören die Diatomeen. Sie galten, ehe man die Bedeutung des Nanoplanktons erkannte, als die wichtigsten Produzenten im Meer und sind nach wie vor die wichtigste Nahrungsgrundlage für marine Krebstiere, Heringe und andere Fische. Sie nutzen stärkere Nahrungskonzentrationen und bilden deshalb die Hauptbestände des Planktons in den Auftriebszonen, in denen nährstoffreiches, kaltes Wasser aus der Tiefe hochkommt.

In wieder neuer Weise ergänzen andere Algen die schon genutzten Lebensmöglichkeiten. Sie tun es dadurch, daß sie mit Farbstoffen Licht auffangen, umwandeln und ausnutzen, das andere Algen nicht oder nicht in dem Umfang nutzen. Zugleich haben sie mit der besonders starken Bildung von wandverstärkenden Polysacchariden ihre Körper so fest und zäh gemacht, daß sie noch in der Brandungszone riesige Bestände bilden. Wir nennen sie nach ihren Farben Braunalgen und Rotalgen. Rotalgen nutzen noch langwelliges Licht, das tiefer in das Wasser dringt, und leben deshalb unterhalb der Zone der Grün- und Braunalgen.

In Japan und Korea werden Braun- und Rotalgen heute noch viel gegessen. In Europa sind Tange als Nahrung für Mensch (in England: Laverbread) und Tier kaum mehr bekannt. Man erntet sie dennoch und gewinnt aus ihnen unter anderem Alginate, die als geschmeidiges Bindemittel für Kosmetika, für Speiseeis und künstliche Wurstdärme verwandt werden. Man hatte ihre Wirkung entdeckt, weil die Hände der Fischer, die sie in Wind und Wetter (damals noch für andere Zwecke) ernteten, stets glatt und geschmeidig blieben. Die Riesenbestände der Blasen- und Riementange der französischen Felsküsten wurden früher verbrannt, die Asche auf die Felder ausgebracht; sie enthält viele Spurenelemente. Jod und Brom sind zuerst aus Tangasche dargestellt worden.

Für den Stoffwechsel im Meer spielen die Tange und auch die riesigen Kelpwälder der Pazifikküsten keine große Rolle. Sie bilden aber Lebensräume für ganze Gesellschaften von anderen Lebewesen.

Neben den Algenwäldern der nährstoffreichen Küsten sind Braunalgenbestände des Hochmeeres bekannt. Sie treiben vor allem im Atlantik, und zwar in dem an Wasserbewegung armen Zentrum des großen, kreisförmigen Strömungssystems des Nordatlantik. Unter dem Namen Sargasso-Meer ist es seit den Tagen von Kolumbus bekannt und als angebliche Schiffsfalle berüchtigt. Auch in den Tangen des Sargasso-Meeres haben viele Tiere Lebensmöglichkeiten gefunden, die es sonst nicht mitten im Ozean oder sogar überhaupt nicht geben würde.

Fragen wir nun danach, welche Rolle die Algen für die Gesamtgeschichte der Biosphäre gespielt haben, so müssen wir die Lebensgemeinschaft ins Auge fassen, deren Produktion auf ihnen beruht. Das sind die Algen des Meeres, vor allem das Plankton des freien Wassers.

Wir können davon ausgehen, daß die jetzigen Verhältnisse nicht immer bestanden haben: Dinoflagellaten gibt es erst seit dem Perm, Diatomeen erst seit der Kreidezeit, die einen also erst seit dem mittleren Erdmittelalter, die anderen seit Beginn der Erdneuzeit. Das spricht dafür, auch für das Plankton eine Produktionszunahme anzunehmen, und dazu paßt, daß die zuletzt auftretende Gruppe die Diatomeen sind, die Formen mit dem höchsten Stoffumsatz.

Zum Umsatz tragen auch im freien Meer die Zehrer bei. Unter ihnen spielen, neben einer Unzahl von Tieren aus fast allen Stämmen, die kleinen Krebstiere eine schon immer erkannte Schlüsselrolle, in erster Linie die Ruderfußkrebse oder Copepoden. Man hat die Krebse häufig als die »Insekten des Meeres« bezeichnet und damit ihre Rolle in den Nahrungsketten gemeint; so, wie an Land Insekten eine Hauptrolle zwischen den Pflanzen als den Produzenten und den größeren Sekundärkonsumenten spielen, tun das die Krebse im Meer.

Wir sehen ihre Rolle jetzt schärfer. Was die Krebse fressen, kehrt als Stickstoff und und Phosphatdünger sehr schnell in das Oberflächenwasser zurück und steht den Algen sofort wieder zur Verfügung. Planktonalgen, die nicht gefressen werden, sinken in die Tiefe und werden da zersetzt. Die freigesetzten Nährstoffe kommen wieder hoch, aber der vollständige Kreislauf dauert Tausende von Jahren. Der schnelle Umschlag, der die Nährstoffe im Produktionsbereich hält, schafft im Plankton ebenso wie in den Watten und den Riffgemeinschaften überhaupt erst die Möglichkeit zur Produktion in der Höhe, die wir kennen. Auch die Produktion des Planktons ist also eine Gemeinschaftsleistung von Pflanzen und Tieren, und auch diese Gemeinschaft mußte erst entstehen: Weder Dinoflagellaten noch Diatomeen noch die von beiden hauptsächlich lebenden Copepoden hat es vor dem Erdmittelalter gegeben. Das heißt nicht, daß es nicht schon früher Plankton und Planktonfresser gegeben hat. Geißelalgen und Grünalgen sind sicherlich älter; Radiolarien, tierische Einzeller des Planktons, kennen wir als fossile Schalen seit dem Devon. Wir müssen sie aber als ältere Schicht sehen, zu der eine jüngere, umsatzstärkere Schicht leistungsfähiger (und anspruchsvoller) Organismen getreten ist, die heute die Hauptrolle spielt – die Schicht der Diatomeen und Copepoden, zu denen sich dann als ihre Hauptzehrer die Heringsfische gesellt haben.

Ebenso wie für Savannen und Regenwälder, die erst mit Huftieren und anderen Säugern, Insekten und Vögeln in ihrer heutigen, hochproduktiven Form entstehen konnten, haben wir nun auch für das Plankton und damit die großen Ökosysteme der Meere ihren historischen Charakter erkannt. Das gleiche gilt, wie schon angeklungen und noch weiter zu besprechen ist, auch für die Korallenriffe. Die Algen, die in ihnen in gekammerten Teilkreisläufen beteiligt sind, stammen wahrscheinlich von Kalkalgen (Coccolithoporiden) ab. Dafür spricht, so meinen wir, daß auch die freilebenden Coccolithoporiden mit weniger Licht als andere Algen auskommen, was sie für das Leben im Gewebe geeignet, »präadaptiert«, erscheinen läßt. Coccolithoporiden gibt es anscheinend auch erst seit dem Jura. Frühestens dann könnten demnach die Korallen entstanden sein, die mit Hilfe der symbiontischen Algen so schnell wachsen, wie es für den Bau von Riffen in der Brandungszone nötig ist.

Auf Produzenten angewiesen: Tierische Einzeller, Pilze und Flechten

Auf vermoderndem Laub in Teichen finden wir die Amöbe, die »Formlose«, umherkriechend. Sie streckt ihr Zellplasma wie Füßchen in die Richtung, in die sie will, und fließt dann mit dem Rest des Körpers nach. Erwischt sie dabei ein Pantoffeltierchen oder ein Bakterium, dann fließt sie um die Beute ganz herum, schließt sie in eine Plasmablase ein und verdaut sie im Innern ihres Zelleibs.
Die Amöben haben zum Lebensprinzip gemacht, was bei tierischen Flagellaten manchmal vorkommt: die Formveränderung zum Kriechen und zum Fressen. Nicht alle von ihnen sind nackt. Manche tragen einfache Schalen, aufgebaut aus verkitteten Sandkörpern oder, auch ganz aus eigenem Material gebaut, andere, hochkomplizierte »Kunstformen der Natur«. Dies ist auch der Name eines Buches, in dem Ernst Haeckel seine Naturbegeisterung und Kenntnis in handgezeichnete Abbildungen umgesetzt hat, darunter auch Radiolarien, über die er grundlegende Arbeiten veröffentlicht hat. Radiolarien schweben im Wasser und strecken fädige Fußfortsätze durch die Öffnungen ihrer Zellen. An ihnen fangen, mit ihnen fressen sie ihre Beute. Manche von ihnen beherbergen dazu symbiontische Algen.
Die Foraminiferen, eine andere Gruppe mit oft komplizierten und wie Kunstwerke anmutenden Gehäusen, kriechen am Boden. Sie sind, wie das bei der Entstehung der ganzen Gruppe als Bodentiere zu erwarten ist, älter als die Radiolarien, nämlich bereits aus dem Kambrium bekannt.
Neben den Wechseltierchen, wie die Amöben wegen ihres Formwechsels heißen, bilden die Wimper- oder Aufgußtierchen eine weitere große Gruppe von tierischen Einzellern. Sie haben von den beiden Bewegungsweisen der Flagellaten, der Formveränderung und dem Antrieb durch Anhänge, den zweiten ausgebaut. Sie schwimmen oder strudeln aber nicht mit einer Geißel, sondern mit Hunderten von Wimpern. Ihre bekanntesten Angehörigen sind die Pantoffeltierchen, die wir schon erwähnt haben. Daneben gibt es wie bei den Flagellaten festsitzende Formen, die ihre Nahrung aus dem Wasser heranstrudeln und, wie ebenfalls unter den Flagellaten und den Amöben, Darmbewohner und Parasiten. Eine vierte Gruppe ist ganz parasitisch. Ihre Angehörigen vermehren sich in den Geweben und Gewebeflüssigkeiten ihrer Wirte wie alle Parasiten mit sehr hohen Nachkommenzahlen. Diese sind für die Parasiten nötig, weil die Wahrscheinlichkeit nicht allzugroß ist, daß die Nachkommen dort wieder hingelangen, wo die Eltern gelebt haben. Die Einzeller, von denen hier die Rede ist, bilden aus ihren Körpern nach einer Zellverschmelzung Hunderte von kleinen Fortpflanzungs- und Verbreitungszellen, sogenannte Sporen. Sie heißen danach Sporozoa. Ihre Generationen folgen einander im Abstand von drei, vier oder fünf Tagen und machen sich beim Wirt als Fieberschübe bemerkbar. Die bekannteste Krankheit dieser Art ist die Malaria, das Wechselfieber.
Wie die autotrophen »pflanzlichen« Einzeller haben auch die heterotrophen »tierischen« Einzeller verschiedene ökologische Zonen ausgebildet: die von Brockenfressern, von Strudlern, von Parasiten, um nur einige zu nennen. Sie bilden mit den Bakterien, pflanzlichen Einzellern und Pilzen zusam-

men den Hauptbestandteil der Lebewelt des Bodens und des Humus und spielen damit eine entscheidende Rolle für den Gesamtstoffwechsel der Ökosysteme des Festlandes. Im Meer sind sie ebenso überall wichtige Mitglieder der Ökosysteme.

Neben den bisher genannten Lebewesen gibt es noch eine Klasse, die ebensowenig wie die Einzeller unter den Begriff »Pflanzen« oder den der »Tiere« fallen. Das sind die Pilze. Wir wissen freilich, daß sie alles andere als eine natürliche Gruppe sind. Sie zeigen aber ökologisch grundlegende Ähnlichkeiten, die die Zusammenfassung für Zwecke wie die unseren rechtfertigen.

Die ersten Lebewesen lebten alle von organischer Substanz und von organischer Energie. Mit der Photosynthese und Assimilation von CO_2 und Wasser erschlossen dann die Pflanzen so reiche Produktionsmöglichkeiten, daß davon andere miternährt und auf ihre Weise, durch die schnellere Rückführung von Stoffen, zur Produktionssteigerung beitragen konnten. Beweglich umherkriechend oder aber ihre Nahrung auf dem Wasser fangend, leben so die Tiere. Sie nehmen geformte Nahrung auf. Daneben gibt es noch eine Methode, organische Substanz aufzunehmen und schnell wieder abzubauen und umzuschlagen, und diese Methode ist uralt: die Aufnahme gelöster organischer Substanz. Sie ist mehrfach von Lebewesen wieder aufgegriffen oder allein beibehalten worden, die dabei keine eigene Beweglichkeit brauchen und Formen ausbilden, die weit eher wie Pflanzen denn wie Tiere aussehen, wenn man diese (einmal mehr ihre Fragwürdigkeit erweisende) Einteilung heranzieht: die Pilze.

Auch einige Bakterien wachsen als Fäden, die wie die »Myzelien«, die fädigen Gewebe, anderer Pilze aussehen. Sie werden deshalb auch Strahlenpilze genannt (Aktinomyzeten). Zu ihnen gehören die Formen, die dem Boden seinen Geruch geben. Einige von ihnen rufen beim Rind die »Drusenkrankheit« hervor, bei der sich in Kieferknochen oder anderen Geweben »Drusen« von strahliger Struktur bilden. Das ist die Krankheit, die auch Menschen sich zuziehen können, wenn sie an Grashalmen kauen.

Die Symbionten der Erlenwurzeln, die diese mit Stickstoff versorgen, sind Aktinomyzeten. Zur gleichen Gruppe von Bodenbewohnern gehören die Streptomyzeten. Die aus ihnen gewonnenen Antibiotika erwiesen sich dort als wirksam, wo sich gegen die zuerst (und zuviel) verwandten Penicilline resistente Erregerstämme gebildet hatten.

Alle anderen Pilze besitzen Zellkerne. Aus welchen anderen Lebewesen sie jeweils entstanden sind, vermögen wir in keinem Fall genau anzugeben.

Am ehesten läßt sich die Abstammung der Schleimpilze vermuten. Sie verhalten sich wie Amöben und stammen vermutlich von Amöben ab; sie werden deshalb nicht zu ihnen gerechnet, weil sie einige geradezu abenteuerliche Besonderheiten aufweisen, die keiner anderen Amöbe eigen sind. Sie beginnen ihre Lebensläufe als begeißelte Schwärmer, die im Boden oder zwischen feuchtem Laub flüssige Nahrung suchen und dabei auch Bakterien und andere Mikroorganismen zersetzen. Sie verlieren dann die Geißeln und leben eine Zeitlang wie Amöben. Dann verschmelzen diese Amöben und bilden zusammenhängende Gewebe. Diese wachsen zu Fruchtkörpern empor, die bis zu einem Zentimeter hoch sein können. Zu diesen merkwürdigen Lebewesen gehört zum Beispiel die Lohblüte, die früher in den Lohgruben der Gerber handgroße Schaumflokken bildete und sonst auf Baumstümpfen und anderen Plätzen vorkam. Aber wo gibt es heute bei uns noch Baumstümpfe, zumal von Eichen, aus deren Rinde Gerberlohe gewonnen wurde? Deshalb sind zum Beispiel auch die Hirschkäfer in Mitteleuropa mit den Eichenstümpfen immer seltener geworden.

Die Fruchtkörper, die die Schleimpilze bilden, erheben sich aus dem Boden oder der Flüssigkeit, in der sie wachsen. Das sichert den Sporen, die aus ihnen entstehen, eine weitere Verbreitung. Die Sporen keimen zu den begeißelten Schwärmerstadien aus. (Ähnliches gibt es auch bei einigen Bakterien, die ebenfalls Zellager und Fruchtkörper bilden, aber keinen Zellkern und keine amöboiden Stadien haben.) Fruchtkörper sind auch das Kennzeichen aller anderen Pilze, die eben nach ihnen benannt werden (lateinisch *fungi*, griechisch *mykes* – beide Worte kommen in zahlreichen wissenschaftlichen Bezeichnungen vor).

Eine Geschichte der Pilze, die Auskunft über die Herkunft der weiteren Gruppen gäbe, liegt noch nicht vor. Wir können sie deshalb nur mit einigen ihrer biologisch wichtigen Vertreter aufführen. Ihre Rolle für die Geschichte der Biosphäre ist aber deutlich, ja unübersehbar. Wir unterscheiden Niedere Pilze, Schlauchpilze und Ständerpilze.

Die Niederen Pilze sind ganz offensichtlich im Wasser entstanden und immer noch heimisch, haben aber auch das Land besiedelt. Der Erreger des Kartoffelkrebses gehört zu ihnen.

Weil Pilze auf organische Nahrung angewiesen sind, befallen sie häufig andere Lebewesen schon, wenn diese noch leben. Das macht sie zu Parasiten, zu deren Merkmalen es gehört, daß sie normalerweise ihren Wirt nicht umbringen, denn das würde ihnen ja nur selber schaden. Trotzdem versucht aber jeder Züchter von Fischen und Molchen, ein »Verpilzen« von Laich und Tieren zu vermeiden, wie es zum Beispiel beim Befall von Saprolegnia auftritt, die zu den Niederen Pilzen gehört. Tritt sie auf, zeigt sie gewöhnlich eine bereits vorliegende Schwächung der Tiere an, die sie befällt. Man kann Saprolegnia, wie viele andere Mikroorganismen auch, durch Ködern »erzeugen«, in diesem Fall am ehesten durch eine tote Fliege, die man mit ausgebreiteten Flügeln, die Beine nach unten, auf die Wasseroberfläche legt. Von den landbewohnenden Niederen Pilzen verdienen die Köpfchenschimmel Erwähnung. Sie besiedeln unter anderem den Kot von Säugern, zum Beispiel auch Pferdeäpfel, und beschleunigen dessen Abbau.

Ähnlich leben Schimmelpilze, die zu den Schlauchpilzen gehören. Die Schlauchpilze sind nach dem Bau ihrer Fruchtkörper benannt. Zu den Schimmelpilzen gehören die Penicillium-Arten, über deren Bedeutung nichts mehr gesagt zu werden braucht. Aber nicht jeder weiß, daß auch die Pilze des Roquefort und des Camembert zur Gattung Penicillium gehören. Mehltau und einige Erreger von Baum»krebsen« sind Schlauchpilze, ebenso die Morcheln, Lorcheln und Trüffeln. Am wichtigsten sind von ihnen die Hefen, von denen die Bäcker- und Bierhefen der gleichen Art angehören. Ihre Fähigkeit, Zucker durch Gärung abzubauen (und dabei CO_2 freizusetzen), nutzen die Menschen seit uralten Zeiten. Bei der Herstellung berauschender Getränke kommt es auf das Zersetzungsprodukt Alkohol an, beim Lockern des Brotteiges auf das Abbauprodukt CO_2. Man findet Hefen in der Natur an allen Stellen, an denen zuckerreiche Säfte frei werden: im Nektarsaft der Blüten, als Rußtau auf Blättern, die mit Honigtau überzogen sind – und im Darm einiger Insekten an der Zelluloseverarbeitung beteiligt.

Die Speisepilze, nach denen man sich das erste Bild der Pilze überhaupt macht, gehören zu der dritten Hauptgruppe, den Ständerpilzen. Was wir sehen, sammeln und essen, sind Fruchtkörper. Jeder weiß, daß sie nur zu bestimmten Jahreszeiten und an typischen Standorten auftreten. Sie zeigen damit ihre Bindung an Bäume an, mit deren Wurzeln ihr im Boden befindliches Geflecht, das Myzel, oft in Verbindung steht. Damit dieses Myzel nicht beschädigt wird, empfehlen Pilzbücher entweder, die Pilze abzuschneiden, oder aber, sie ohne Messer herauszudrehen; die neuesten scheinen beide Methoden zu billigen, wenn das Myzel überhaupt nur geschont wird. In dieser unklaren Empfehlung spiegelt sich wider, daß wir über die genaue Natur der Beziehung zwischen Pilzen und höheren Pflanzen längst nicht soviel wissen, wie das unserem jetzt erwachenden Interesse für solche Wechselwirkungen entspricht. Bisher wurde der Pilzwuchs der Wurzeln höherer Pflanzen, die Mykorhiza, vielfach mehr als Kuriosität denn als ihre Lebensgrundlage gesehen. Das fällt auch bei ihrer Behandlung in den Lehrbüchern auf. In einer »Mykologie – Grundriß für Naturwissenschaftler und Mediziner« finden wir zur Mykorhiza auf 340 Seiten fünf Zeilen über die der Orchideen und eine Zeile darüber, daß sie bei Waldbäumen vorkommt.

Was hier zum Ausdruck kommt, ist nicht Mangel an Kenntnis, sondern Mangel an Verständnis für die ökologischen Zusammenhänge und die Bedeutung der Mykorhiza in ihnen. Die Tatsachen sprechen hier eine völlig eindeutige Sprache.

Mykorhiza-Pilze umgeben mit ihrem Myzel die Wurzeln höherer Pflanzen oder dringen sogar in diese ein. Diese besonders innige Beziehung (mit sichtlich entsprechender Leistungssteigerung) liegt bei den Orchideen vor (deren Samen nur mit den passenden Pilzmyzelien zusammen aufgezogen werden können) sowie bei den Heidekrautgewächsen. Orchideen sind neben den Korbblütlern und den Leguminosen (diese mit Knöllchenbakterien!) die artenreichste Pflanzengruppe vergleichbaren Ranges. Heidekrautgewächse zählen in aller Welt zu Pionierpflanzen auf mineralarmen Böden. Zu ihnen gehören auch die Rhododendren.

Die Pilze liefern den höheren Pflanzen Stickstoff und Phosphor. Sie beziehen von ihnen Kohlehydrate. Die Lehrbücher nennen das »wechselseitigen Parasitismus« und verkennen damit vollständig die weiterreichende ökologische Bedeutung, die die Mykorhiza anscheinend von Anfang an für die Besiedlung des Landes durch höhere Pflanzen gespielt hat.

Wir finden nämlich Mykorhiza bei den ursprünglichsten der noch lebenden Landpflanzen außer den Moosen, den Urfarnen, dann bei Bärlappgewächsen, bei Natternzungen und anderen höheren Farnen. Sie gehört ebenso zu den Nadelbäumen, Laubbäumen und Gräsern. Daß die Riedgräser, die im Nassen stehen, die Kreuzblütler und die Nelkengewächse keine haben, wird als Ausnahme vermerkt.

Das heißt doch eindeutig, daß die Mykorhiza für die höheren Pflanzen ganz offenbar notwendig ist; nicht unbedingt für jede einzelne, nicht unter allen Umständen, aber ganz offensichtlich für die Pflanzengesellschaften insgesamt und für ihren jetzigen Produktionsstand.

Weil wir das bisher nicht begriffen haben, ist unsere Bewirtschaftung der Tropenböden vielfach die reine Ausbeutung, und weil wir diese Wechselbeziehungen bisher kaum beachtet und viel zu wenig erforscht haben, gibt es noch keine Theorie und keine ausreichenden Praktiken zur Wiederaufforstung tropischer Böden. Warum sie zu lebensfeindlichem Gestein verbacken, wenn mit den Pflanzen auch der Humus vernichtet und nach Wegfall der Pflanzendecke sofort weggespült wird, haben wir schon erörtert. Jetzt wird uns klar, daß für eine Wiederaufforstung der Boden nicht nur mechanisch bearbeitet, sondern auch mit Mikroorganismen geimpft werden müßte, und zwar mit den jeweils passenden – wobei man vermutlich einige Sukzessionsstadien vor der Klimax-Phase des reifen Waldes anfangen müßte. Hier liegen theoretische und praktische Aufgaben von höchster Bedeutung. Wir hoffen, daß sie in Angriff genommen werden, sofern sich die Einsichten noch weiter verbreiten, daß Leben immer auch Zusammenleben ist. Wir können diese Einsichten hier so zusammenfassen:

Die *ganze Pflanzendecke* des Festlandes besteht aus Pflanzen, die nicht nur auf Bakterien, sondern auch auf Pilze angewiesen sind; die ganze Pflanzendecke, so betonen wir, denn die Flechten, die dort Boden und Fels bedecken, wo kein Gras, kein Strauch, kein Kraut und kein Baum wächst, bestehen aus Algen und Pilzen. So gesehen ist das ganze Festland von Pilzen besiedelt, die dabei mit verschiedenen anderen Pflanzen wechselseitige Beziehungen eingegangen sind.

Die Ständerpilze, die diese Rolle spielen, sind offensichtlich erst an Land entstanden (anders als die Niederen Pilze und die Schlauchpilze). Wie die anderen Pilze bilden auch sie aufragende Fruchtkörper, aus denen die Sporen leichter und weiter verteilt werden können, als wenn sie unmittelbar am Myzel, im Boden oder Wuchssubstrat, ausgestreut würden. Wieviel Myzel hinter dem steckt, was wir als Pilze aus dem Boden kommen sehen, kann jeder abschätzen, der die Geschwindigkeit ihres Wachstums kennt: Man kann in der Pilzsaison bei gutem Pilzwetter täglich neu nachgewachsene Pilze treffen.

Die Flechtenforschung ist in den letzten Jahren in der Bundesrepublik wie in anderen Industrieländern plötzlich wichtig geworden. Was bisher unter Botanikern als Nebenfach für Außenseiter galt, ist heute ungemein aktuell. Flechten sind nämlich höchst empfindliche Indikatoren für die Luftverschmutzung, und zwar für den Säuregehalt der Luft. Übersteigt die Konzentration an Schwefelverbindungen im mittelfristigen Durchschnitt 150tausendstel Gramm SO_2 pro Kubikmeter, gehen die Flechten ein.

Bei uns wachsen Flechten an Bäumen und auf Steinen. Sie bestimmen nicht das Bild der Landschaft. Anders ist es schon im Hochgebirge, wo Felsen dichte Überzüge tragen können, oder in Wäldern auf der Westseite von Gebirgen. Wer den Westhang des Schwarzwaldes, die Westhänge der Vogesen oder des Schweizer und Französischen Jura kennt, erhält auch in Mitteleuropa eine Vorstellung davon, wie stark Flechten das Aussehen der Pflanzenwelt bestimmen können.

Das verblaßt aber alles gegen die arktischen Tundren. Die Tundren bedecken ein Zehntel der Festlandsflächen. In ihnen leben fast tausend Arten an Blütenpflanzen, darunter Blaubeeren und Preiselbeeren (Ericaceen!), ein paar Weiden, Erlen und selbst eine Birke, die wie die anderen Tundrapflanzen am Boden kriecht.

Die Pioniere und das Fundament dieser Pflanzengesellschaften sind aber die Flechten. Flechten bestehen aus Algen und Pilzen. Die Algen sind Blau- und Grünalgen, die Pilze vor allem Schlauchpilze und einige Ständerpilze. Die Pilze schaffen die Verbindung zum Substrat und bestimmen die Wuchsform, die Algen liefern über die Photosynthese Energie für beide. Flechten können auf nacktem Fels, trockenem Boden und sterilem Gestein Fuß fassen. Sie bilden dann im Lauf der Zeit ein Substrat, in dem andere Pflanzen wurzeln. Sie aber liefern die Hauptproduktion, von der Rentiere leben; das »Rentiermoos« ist eine Flechte.

Bekannt ist das schon lange. Flechten und Tundren galten aber als Randerscheinung; merkwürdig, aber keineswegs für die Biosphäre typisch, als Besonderheit von Gegenden, die wenig Aufmerksamkeit fanden. Jetzt sehen wir in ihnen – gerade umgekehrt – den sichtbaren Ausdruck der Gemeinsamkeit, die allen Ökosystemen der Biosphäre zugrunde liegt, was uns aber über dem Studium der Einzelformen bisher nicht deutlich geworden war.

Bakterien unter sich, Algen und Pilze bilden vollständige Ökosysteme. Alle anderen bauen auf ihnen auf. Die Flechten sind nicht eine Ausnahme und Besonderheit, sondern ein typisches Modell von allgemeiner Geltung. Wohin wir blicken, sehen wir nun die Lebewesen miteinander leben. Das verfolgen wir nun weiter bei den höheren Pflanzen und Tieren. Dafür ist es zweckmäßig, die Verhältnisse im Meer und an Land gesondert zu besprechen.

Überschichtung im Meer und an Land

Die Entfaltung im Meer

Das Meer als Lebensraum

Für uns Menschen sind die Meere Handels- und Verkehrsweg zwischen den Kontinenten. Zugleich bieten sie uns ihre Strände zur Erholung an. Wer von uns zum Baden an das Meer fährt, bevorzugt meistens Sandstrände. Wer schnorcheln will, sucht Felsen auf: Sie bieten dem Auge unter Wasser mehr.

So spiegeln sich in den menschlichen Interessen die Unterschiede wider, die den Lebensraum Meer kennzeichnen. Die Hauptunterschiede, die seine tierischen Bewohner aufweisen, sind die zwischen den Formen, die ihre Nahrung aus dem Wasser oder im Wasser fangen, und solchen, die sie sich am oder im Boden suchen. Bei den Bodenbewohnern besteht der wichtigste Unterschied darin, ob sie auf harten oder weichen Böden leben. Hart sind die Böden, die steil abfallen und aus Fels bestehen. Flachböden bestehen gewöhnlich aus Sand oder Schlamm und sind weich. Auf Weichböden wachsen Seegräser, ins Meer zurückgekehrte Landpflanzen. Sie spielen für die Produktion im Meer keine große Rolle. Ihre Wiesen bieten aber vielen Tieren Lebensraum und Schutz.

Algen und Tange wachsen auf weichen Böden im allgemeinen nur, wo ihnen Felsbrocken und Steine Halt geben. Ihr Hauptgebiet sind die Felsküsten. Hart- und Weichböden können von Diatomeenrasen, Bakterien und anderen kleinen Produzenten bewachsen sein.

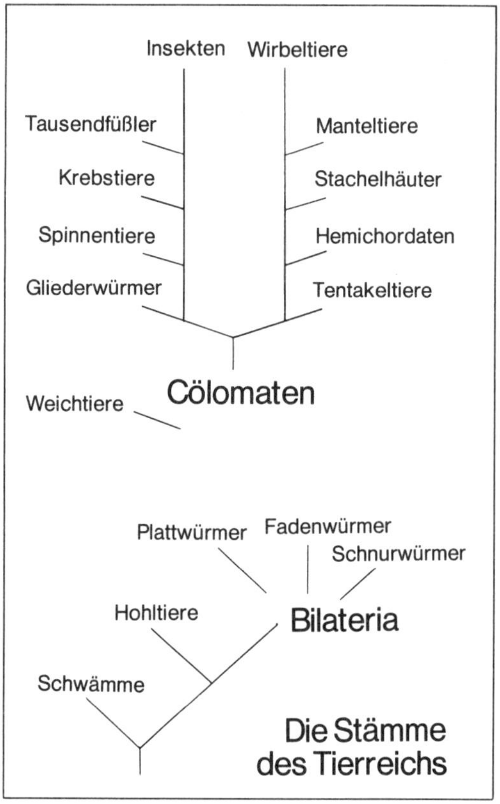

Die Stämme des Tierreichs sind hier in der Anordnung dargestellt, wie sie sich aus der internationalen Diskussion als wahrscheinlichster Zusammenhang ergibt. Trotz der Unsicherheit einzelner Verwandtschaftsbeziehungen ist die Überschichtung als Hauptzug eindeutig: Zu den ersten Stämmen sind leistungsfähigere und anspruchsvollere Tiere getreten, die die Aufgaben des Recycling schneller und auf höherer Energiestufe erfüllen. Das bestimmt ihren sogenannten Evolutions»erfolg«.

Hauptproduzenten im Meer sind die pflanzlichen Planktonarten. Ihre Dichte hängt vom Nährstoffgehalt des Wassers ab und wirkt sich auf den Anfall an organischer Substanz für den Boden aus. Die Nordsee ist nährstoffreich, ihr Wasser trüb von Plankton und schwebenden Schlickteilchen; der Boden besteht vielfach aus Schlamm und Schlick. Die Ostsee und das Mittelmeer sind vom Zustrom nährstoffreichen Tiefseewassers abgeschnitten: Ihr Wasser ist klarer und blau, ihre Flachböden werden von oft strahlend hellem Sand gebildet. In den Tropenmeeren kommt es zur Schlammbildung dort, wo Flüsse große Mengen an organischer Substanz und andere feine Partikel ablagern oder wo die Wurzeln von Mangrovepflanzen ihre abgefallenen Blätter und deren Zerfallsprodukte festhalten.

Verfolgen wir die Geschichte der Tiere im Meer, so treffen wir immer wieder auf Planktonfresser, die am Boden leben oder selbst im Wasser treiben oder schwimmen. Bewegliche Bodentiere gleiten und kriechen auf Hart- und Weichböden herum; Sand- und Schlickböden beherbergen dazu zahllose Formen, die im Boden leben und dabei mehr schlängeln und wühlen. Wir werden eine erste Schicht von zumeist kleineren Formen kennenlernen, die zusammen mit dem Plankton des offenen Wassers und dem organischen Material am Boden das Nahrungsangebot für größere Tiere bilden, die mit den verschiedensten Lebensweisen und Körperkonstruktionen die verschiedenen Lebensräume besiedelt haben.

Die größte Nahrungsquelle im Meer ist das Plankton. Es kann daher nicht wundernehmen, daß die beiden Tierstämme, die schon immer (aber aus anderen Gründen) an den Beginn der Vielzellerreihe gestellt werden, Planktonfresser sind.

Erste Integrationsstufe:
Die Schwämme

Der Taucher schwamm an die Kugel heran, die ihn beinahe überragte. Er nahm aus seinem Gürtel eine Plastikflasche und quetschte aus ihr eine dunkle Flüssigkeit. Die verteilte sich im Wasser und verschwand in der Seitenfläche der Kugel. Wenige Sekunden später stieg eine etwas hellere, aber scharf sichtbare Wolke oben mitten aus der Kugel wie ein Strahl nach oben.

Die Kugel war ein Schwamm, der wenige Meter tief auf einem Sandboden vor Jamaika stand. Die Szene mit dem Taucher wurde in einer Fernsehserie über das Leben im Meer gezeigt. Sie demonstrierte besser als jede Beschreibung, welche Pumpleistung ein solcher Schwamm vollbringt.

Schwämme bestehen aus Skelettgerüsten, in denen Zellen ein System von Hohlräumen aufgebaut haben. Natürlich kommen die Zellen zuerst, denn sie scheiden, während sie die Gänge und Kammern aufbauen, auch die Skelettelemente aus – aus Kalk, Kieselsäure oder einem schwefelhaltigen Protein, dem Spongin. Die aktivsten Zellen kleiden die Kammern des Systems aus. Sie tragen einen Kragen und darin eine Geißel und heißen danach Kragengeißelzellen. Ihre Geißeln schlagen im Takt, und damit erzeugen sie den Wasserstrom, der das Ganze durchspült. Die Nahrung fängt jede Zelle selbst, nimmt sie über den Kragen in ihr Inneres und verdaut sie da. Es gibt Einzeller, die genau wie diese Kragengeißelzellen gebaut sind. Es gibt auch koloniebildende Einzeller, die Nahrung aus dem Wasser fangen. In diesem Fall aber schlägt und fängt jedes Tier für sich. Die Schwämme sind durch den Zusammenschluß von solchen Zellen entstanden, die ihren Geißelschlag koordiniert haben. Es brauchte keine neue Fähigkeit hinzuzukommen als die zu dieser Koordination. Damit war bereits ein entscheidender biologischer

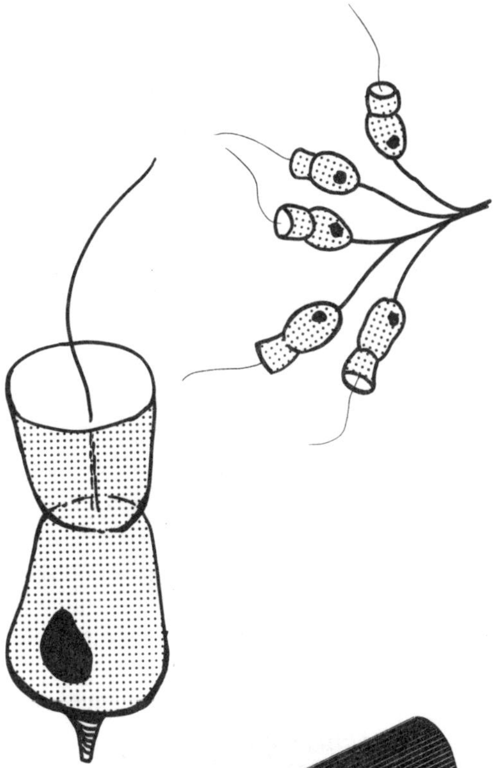

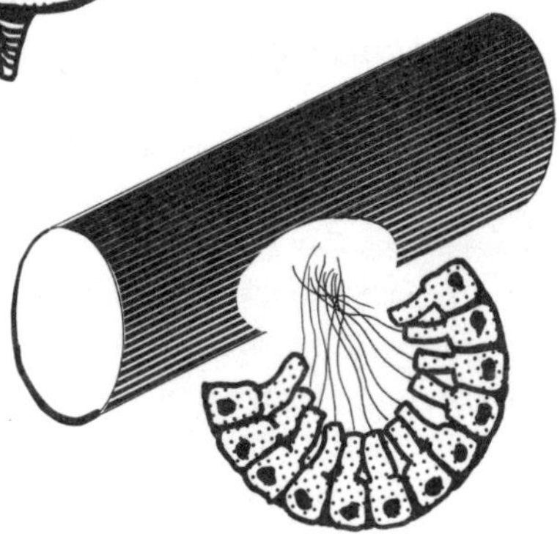

Es gibt Geißeltierchen, die Nahrung mit der Geißel heranstrudeln und an der Oberfläche eines Zell»kragens« aufnehmen. Viele dieser festsitzenden Tierchen leben in Kolonien, deren Angehörige ihre Geißeln unabhängig und selbständig benutzen.
Schwämme bestehen aus Kolonien solcher Zellen, die mit koordinierten Schlägen ihrer Geißeln Wasser durch gemeinsam gebildete Hohlräume und Kanäle bewegen und daraus ihre Nahrung einzeln entnehmen (unten rechts).

Vorsprung vorhanden. Einzelne Strudler wie die Geißeltierchen sind darauf angewiesen, daß eine Strömung ihnen Nahrung an die Geißel trägt; die Schwämme erzeugen eine solche Strömung selbst.

Es braucht nur eine kleine Kolonie von Kragengeißelzellen eine Furche zu bilden oder diese zu einem Rohr zu schließen, dann funktioniert dieses Prinzip. Die einfachsten Schwämme macht nicht viel mehr als eben das aus.

Schon damit können Schwämme auch an Stellen leben, an denen Einzeller verhungern müßten: in den Stillwasserecken und Stillwasserzonen. Deshalb finden wir sie noch heute in den Winkeln von Meereshöhlen und in der Tiefsee. Es gibt außer den Muscheln keine andere Tiergruppe, die soviel Wasser durch sich pumpen kann wie die Schwämme. Die aber haben höhere Ansprüche an die Nahrungsdichte. So haben sich die Schwämme ihre ökologische Zone bis heute erhalten.

In ihren Zellagen lagern die meisten Schwämme Skelettnadeln ab. Sie sind zuerst aus Kalk entstanden, der im Meerwasser reichlich vorhanden ist. Daneben gibt es Kieselschwämme. Kieselsäure benutzen die Lebewesen im Meer vielfach als Alternative zum Kalk, und das hat verschiedene physiologische Gründe. Eine Folge ist aber stets, daß Formen mit Kieselskeletten auch in der Tiefsee leben können. Unter dem hohen Druck ist Kalk dort so löslich, daß kaum ein hier lebendes Tier Kalk aus dem Wasser gewinnen kann und tote Kalkskelette dort entkalkt werden. Glasschwämme mit ihren Kieselskeletten können da jedoch leben. Daß sie zart und zerbrechlich sind, macht in der geringen Wasserbewegung der Tiefsee nichts aus. Mit Spongin-Schwämmen hat die Gruppe dann aber auch wieder in der Brandungszone Fuß gefaßt. Sie sind elastisch und widerstandsfähig, wie wir von den Badeschwämmen wissen.

Der Bau der Schwämme ist in ihrer Geschichte komplexer geworden. Es handelt sich aber immer nur um die Vermehrung ihres Grundbestandteils, der Kammer mit den Geißelzellen und den Zu- und Abfuhrgängen. Man kann lebende Schwämme durch ein Sieb streichen und damit ihre Zellen isolieren. Sie fügen sich hinterher aber wieder zum Schwamm zusammen. Ihre Integration geht nicht sehr weit: Sie haben zwar ihre Strudelbewegungen koordiniert, sonst aber kaum etwas. Was sie damit erreicht haben, behaupten sie bis heute. Sie bleiben dabei auf die Nahrung beschränkt, die sie mit ihren einzelnen Zellen fangen und aufnehmen können. Größere Nahrung müssen sie passieren lassen. Andere Bewegungen als die der einzelnen Geißeln stehen ihnen nicht zur Verfügung.

Alle anderen Tiere sind aus Zellen gebaut, die weit stärker, nämlich zu Geweben, integriert sind. Damit stehen ihnen Muskeln zur Verfügung, die zu ganz anderen Leistungen fähig sind als einzelne Zellen. Und ebenso können sich Zellen nun zur gemeinsamen Verdauung und anderen Stoffwechselleistungen zusammenschließen. Von nun an ist die Geschichte der Tiere eine Geschichte der Gewebetiere, der Histozoa.

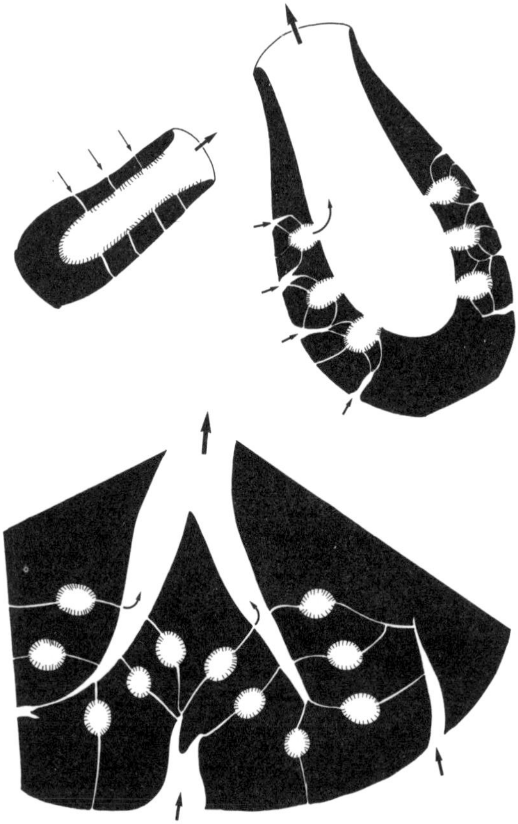

Bei den einfachsten Schwämmen kleiden die Kragengeißelzellen die Innenwand eines einzigen Hohlraums aus, in den das Wasser durch mehrere Poren eintritt und aus einer größeren Öffnung heraustritt. Bei größeren Schwämmen ist eine größere Zahl solcher Kolonien um einen weiteren, gemeinsamen Hohlraum angeordnet oder das Kanalsystem noch weiter ausgebaut. Die Badeschwämme gehören zum letzten Typ.

Bessere Planktonfänger: Die Hohltiere

Zwischen den Korallenstöcken am Südstrand von Eilat, ja schon vor den Kaimauern des Hafens der Glasboden-Boote findet man auf dem Sandboden gewöhnlich etwas liegen, das wie handgroße Blumenkohlabfälle mit nervösen Zuckungen aussieht. Wer Glück hat, findet diese Gebilde auch in einem größeren Schauaquarium. Sieht man näher hin, erkennt man Quallen, die auf der Schirmfläche liegen und ihren Körper und die Fransen um den Mund zuckend bewegen. Schwimmt man in Eilat etwas weiter hinaus und in die Tiefe, sieht man am Boden gelbliche und weiße Polster, die wie Steingartenstauden wirken und über die ebenfalls ständig rhythmische Bewegungswellen laufen. Schwimmt man hier näher heran, erkennt man Hunderte von einzelnen Polypen, von denen jeder acht Ärmchen, weniger als einen Zentimeter lang, in das Wasser streckt. Die Arme strecken sich und falten sich mit leichter Schraubenwindung auseinander, mit der entgegengesetzten wieder zur Faust zusammen. Es handelt sich dabei um die Korallenart Xenia.

Beide sind Hohltiere wie die Seerosen und die Seefedern, die Schirmquallen und die Korallen. Schirmquallen, bis zu einem halben Meter breit, sieht man zu bestimmten Zeiten regelmäßig von den Kieler Fördedampfern aus. Seerosen findet man, wenn man bei Niedrigwasser an der Nordsee Buhnen und Dückdalben unterhalb der Miesmuschelbestände untersucht. Korallenriffe gibt es in den Tropen und Seefedern noch bis in die tiefsten Tiefseezonen. Mit anderen Worten: Auch die Hohltiere haben sich alle Lebensräume im Meer erschlossen und diese bis heute behauptet. Ihr Körper besteht aus einer äußeren und einer inneren Gewebelage. Sie umschließen einen großen Hohlraum, der zugleich Magen und Darm, Atemhöhle und manchmal auch Geschlechtsweg ist. Der Körper hat fast immer Fortsätze – Arme, Tentakel. Und er zuckt rhythmisch, das gehört zum Grundbauplan.

Vermutlich dienen die Vergrößerungen der Körperoberfläche durch Fortsätze und die rhythmischen Kontraktionen ursprünglich und noch heute der stärkeren Diffusion von Gasen und Nährstoffen durch die Körperwand. Daß sich Hohltiere, deren Gewebe zu über 90 Prozent, bei manchen zu 98 Prozent, aus Wasser besteht, von organischen Substanzen ernähren, die im Meerwasser gelöst sind (Aminosäuren, Zucker), ist schon immer vermutet worden. Jetzt ist es erwiesen. Man könnte es sich sonst auch nicht anders erklären, daß im Innern von Höhlen große Flächen von dichtsitzenden Seerosen oder Seenelken (nebeneinander vertragen sich die beiden übrigens nicht, vor allem nicht in Aquarien) besetzt sein können. Derartig viel geformte Nahrung, wie sie fangen könnten, kann sicher nie in solch eine Höhle gelangen.

Die Mehrzahl der Hohltiere fängt zusätzlich Nahrung aus dem Wasser. Die ersten von ihnen haben vermutlich am Boden oder auf Felswänden gelebt. Heute leben noch die sehr kleinen Hydroidpolypen so, die meisten in Kolonien, fast immer mit einer Hülle. Manche leben einzeln, einige nackt, davon einige im Süßwasser. Der »Aquarianer« kennt und fürchtet die Süßwasserpolypen, weil sie Jungfische fangen oder aber den Fischen die Wasserflöhe wegfressen. Von den Koloniebildnern im Meer bauen einige massive Kalkskelette.

Auch die Korallenpolypen leben in Kolonien. Einige formen Skelette aus organischer Substanz und leben unabhängig vom Kalk auch in der Tiefsee. Andere verwenden Kalk, einige in großen Mengen. Das sind die Riffbildner, die wir bereits erwähnt haben.

Andere Hohltiere aus der Korallenverwandtschaft, die Seerosen, sind größer und

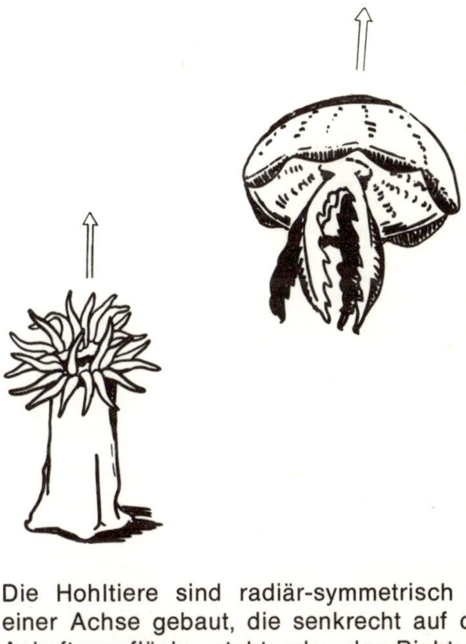

Die Hohltiere sind radiär-symmetrisch zu einer Achse gebaut, die senkrecht auf der Anheftungsfläche steht oder der Richtung ihrer Pumpbewegung (entgegen der Schwerkraft) entspricht.

leben allein. Sie können mit ihren größeren Tentakeln auch größere Beute fangen und mit ihren weichen, aber zähen Körpern selbst den Brandungsbereich bewohnen. Korallen und Seerosen pflanzen sich mit Eiern fort, aus denen Larven mit Wimpern schlüpfen. Diese setzen sich fest und wachsen zu Polypen und Seerosen heran.

Die Hydroidpolypen schnüren in der Regel einzelne Mitglieder von den Kolonien ab, die sich dabei zu selbständig schwimmenden, kleinen Quallen umwandeln. Diese legen dann die Eier, aus denen wieder Larven und Polypen werden.

Bei der dritten großen Gruppe der Hohltiere ist es umgekehrt, denn hier ist das Quallenstadium die Hauptsache. Mit diesen Formen haben die Hohltiere die Planktonnahrung dort erschlossen, wo sie am reichlichsten ist, nämlich im offenen Meer, vor allem in kälteren Zonen. Aus den Eiern der Quallen werden kleine Polypen, diese heften sich am Boden fest und schnüren von sich wieder Quallen ab.

Die Cassiopeia, die wir zuvor geschildert haben, lebt als Qualle am Boden. Daneben gibt es Polypen, die im freien Wasser treiben. Das sind die Staatsquallen – die zu den bezaubernsten und den gefährlichsten Geschöpfen der Ozeane gehören. Wir haben es erlebt, daß an der Atlantikküste bei Arcachon Menschen mit Hubschraubern in Kliniken geflogen werden mußten, nachdem sie durch die Berührung mit den vielen meterlangen Fäden der »Portugiesischen Galeere«, einer Blasenqualle, Schocks erlitten hatten. Vermutlich sind das vielfach Allergieschocks, die dann vorkommen, wenn Menschen früher, oft, ohne es zu wissen, bereits einmal mit Quallen oder anderen Nesseltieren in Berührung gekommen waren und Antikörper gegen sie ausgebildet hatten. Im Meer trieben einzelne Exemplare, die aber ausreichen, um ganze Badestrände in Angst zu versetzen. Das kommt zum Glück nicht allzuhäufig vor.

Die Staatsquallen sind Kolonien, in denen einige Tiere den Auftrieb liefern, indem sie ihren Körper mit einer leichten Flüssigkeit oder mit Gas gefüllt haben, in beiden Fällen von ihnen selbst aus Drüsen ausgeschieden. An diesen Tragtieren hängen andere, die einen nur mit der Fortpflanzung befaßt, die anderen mit der Verdauung und einige in Form langer Tentakel mit dem Nahrungsfang. An diesen Fäden sitzen die Nesselzellen, denen die Hohltiere auch den Namen Nesseltiere verdanken.

Die Nesselkapseln können auf den leisesten Reiz hin Fortsätze ausstülpen, die Beute oder Feinde festkleben lassen, sie umwickeln oder aber anbohren und mit einer Giftladung versehen. Solche Einrichtungen gibt es schon bei Einzellern, aber Hohltiere können damit auch größeren Lebewesen gefährlich werden.

Auch die adaptive Radiation der Hohltiere zeigt uns, wie Lebewesen in den vorgegebenen Umgebungen neue, zusätzliche Lebensmöglichkeiten für sich und andere erschließen können. Hydroidpolypen finden sich auf allen Substraten, Quallen und Staatsquallen im offenen Wasser, einige Seerosen und Seefedern auch auf Weichböden. Dazu haben die Steinkorallen Riffe und Inseln aufgebaut, die schon immer nicht nur die Biologen beschäftigt haben. Das große Barriere-Riff von Australien ist auf jeder Weltkarte eingezeichnet. Es bildet die größte Struktur, die jemals von Lebewesen errichtet wurde.

Die Riffkorallen vermögen dies, wie schon erzählt, dank der Symbiose mit Algen, mit denen sie einen gekammerten Teilkreislauf bilden. Wie für die Savanne und den tropischen Regenwald haben wir eine Gemeinschaftsleistung vor uns, die grundlegend bedeutsam für das ganze Ökosystem ist, dem die Partner angehören.

Abfallfresser und Parasiten:
Niedere Würmer

Die Hohltiere führen uns beispielhaft vor, wie eine Gruppe sich alle Lebensmöglichkeiten im Meer erschließt und dazu noch zusätzlich neue schafft. Einige Schwämme und einige Hohltiere leben im Süßwasser. Auf das Land konnten sie mit ihrer Ernährungsweise natürlich nicht gelangen. Das verhält sich bei den Gruppen, die wir jetzt besprechen, anders.

Diese Gruppen sind als Detritus-Fresser entstanden. Mit Detritus bezeichnen wir die Substanz, die im Meer den Humus des Landes vertritt: totes, zerfallenes und schon zersetztes organisches Material mitsamt den Lebewesen, vorwiegend Bakterien, die es aufarbeiten. Detritus liegt. Wer ihn frißt, muß sich selbst bewegen.

Die Hohltiere sind auf einen Punkt hin gebaut, mit einer Achse, die senkrecht zum Boden steht. Auch dort, wo sie die Schwerkraft im Wasser überwinden, passiv durch Auftrieb, aktiv durch pumpende Kontraktionen der Körperscheibe, sind sie auf eine solche Achse orientiert, um die herum der Körper mit radiärem Bau gegliedert ist.

Die Tiere, die wir jetzt behandeln, kriechen über Flächen oder im Substrat. Ihre Achse ist die Bewegungsachse, ihr Körper unterscheidet sich vorn und hinten. Vorn liegen die Organe der Orientierung, meist auch der Mund. Die Körper sind symmetrisch, mit zwei einander entsprechenden Hälften rechts und links von der Körperachse. Wir nennen diese Tiere deshalb auch Bilaterier, Zweiseiter. Zur ersten Schicht der Bilaterier gehören zwei große Gruppen, die Plattwürmer und die Rundwürmer. Das könnte dem Unterschied vom Hartboden, auf dem die Tiere gleiten können, zum Weichboden entsprechen, in dem die Tiere schlängelnd kriechen. Es ist aber nicht erwiesen, daß die beiden Gruppen so entstanden sind: Bei ihrer geringen Körpergröße können sie sich ohnehin überall, auch im freien Wasser oder im Körper anderer Tiere, nach Belieben fortbewegen.

Die Hauptgruppe der Plattwürmer sind die Strudelwürmer, denen zur Fortbewegung ursprünglich Wimpern dienten. Die kleineren Strudelwürmer, bis zu etwa 2,5 Zentimeter lang, gleiten noch immer so. Die größeren – sie werden bis zu 15 Zentimeter lang – kriechen mit Muskeln ihres platten Körpers. Plattwürmer sind Allesfresser, Abfallbeseitiger, einige Räuber im oder am Boden oder auch im freien Wasser. Sie leben im Meer, im Süßwasser, in Aquarien, an Land, einige als Außen- oder als Innenparasiten. Manche können sich ungeschlechtlich durch Teilung vermehren.

Strudelwürmer haben einen bedeutsamen Anteil am Umschlag von organischer Substanz, besonders im Wasser. Ihre parasitischen Vertreter schlagen eine Brücke zu zwei Plattwurmgruppen, die nur Parasiten enthalten. Von ihnen haben die Saugwürmer

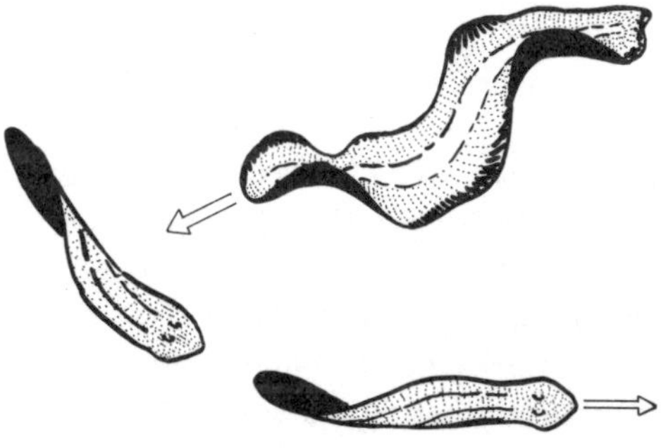

Die Plattwürmer bewegen sich wie alle Bilaterier über Flächen und sind in ihrem Bau durch diese Bewegungsachse bestimmt. Bei den Plattwürmern bewirken Kontraktionswellen des Körpers die Bewegung; das ist bei schwimmenden Formen besonders sichtbar.

noch Mund und Darm. Sie leben in Körperhöhlen anderer Tiere, wie die Leberegel im Gallengang der Schafe, die dort ihre Nahrung einsaugen und noch freilebende Larven besitzen. Die andere Parasitengruppe ist weit stärker umgebildet: Das sind die Bandwürmer. Sie leben im Darminhalt anderer Tiere, nehmen deren verdaute Nahrung durch ihre Körperaußenfläche auf und haben selber weder Mund noch After. Das zeigt, wie klein der Unterschied zwischen den Körpergeweben, der Haut außen und der Haut des Darmes ist: Die Außenhaut kann noch die Darmfunktion erfüllen.

Beide Parasitengruppen befallen Meerestiere, leben aber auch in Landtieren – vermutlich schon als Parasiten in ihren Wirten an Land gelangt.

Ebenso weit verbreitet sind von der zweiten großen Gruppe der niederen Würmer die Fadenwürmer oder Nematoden. Sie haben eine glatte Außenhaut als Schutz und auch als Widerlager für die Muskeln, mit deren Kontraktionen sie schlängeln, kriechen, graben und schwimmen können. Sie ernähren sich zum größten Teil von Säften, zu deren Gewinnung sie Pilzhyphen, Bakterien und auch höhere Lebewesen anbohren. Andere können ihre Nahrung ganz verschlingen oder von totem oder lebendem Gewebe Stücke abreißen und abbeißen. An Land leben manche Parasiten von Pflanzen (Rübenälchen), Tieren oder Menschen (Spulwürmer, Erreger der Elephantiasis).

Außer den Fadenwürmern gehören zu den Rundwürmern noch andere Parasiten von Meerestieren und Landtieren, die Kratzer. Weitere, als Wurmverwandte schwer erkennbare Formen sind unter anderen die Rädertiere. Diese bis zu 3 Millimeter großen Tierchen leben im Meer, im Süßwasser und auch an Land, zum Beispiel in Moosen. Sie sind heute allgemeiner bekannt als Bestandteile der Lebensgemeinschaften der Tropfkörper von Kläranlagen. Rädertiere sitzen fest oder schwimmen und strudeln mit ihrem Räderorgan Nahrung in ihre Kaumägen.

Die Rädertierchen zeigen uns noch einmal exemplarisch, was die Leistung dieser ersten Schicht von Vielzellern ist: Sie führen Stoffe in die Produktion zurück, indem sie Abfall aufarbeiten. Sie warten dabei nicht, bis die Produzenten tot sind oder ihren Abfall ausscheiden. Die niederen Würmer setzen mit ihrer Tätigkeit vielfach bereits im oder am lebenden Körper oder selbst im Gewebe an. Das ist für die befallenen Organismen nicht immer angenehm. Die biologische Bedeutung liegt aber darin, daß wenigstens ein Teil der Kreisläufe nach Möglichkeit abgekürzt wird.

Man findet diese Tiere überall dort, wo Abfall anfällt. Mit ihm zusammen bilden sie die Nahrung für weitere, größere Konsumenten.

Alles in einer Gruppe: Schnecken, Muscheln, Tintenfische

Auf dem Sandboden vor der Hauptinsel der Islas de Rosario, einem Korallen-Archipel vor der Küste Kolumbiens, haben wir einmal an einem Vormittag in einer Stunde für fünf Leute zum Essen Caracolles gesammelt. Caracolles sind die Schnecken, die man auf deutsch Sturmhauben nennt. Man findet ihre kopfgroßen Gehäuse auf den Andenken-Vertikos von Kapitänswitwen oder neuerdings in Boutiquen zum Verkauf. Sie sind die größten Schnecken, die es gibt. Die größten Muscheln sind die Tridacna – oder Riesenmuscheln. Diese findet man manchmal als Taufbecken in friesischen Dorfkirchen, wo sie ein seefahrendes Gemeindemitglied gestiftet hat; sie können zwei Meter lang sein.

Die größten Tintenfische klaftern achtzehn Meter, von Armspitze zu Armspitze gemessen. Erzählungen, daß Riesentintenfische Menschen ins Meer gezogen haben, sind leider keine Fabeln.

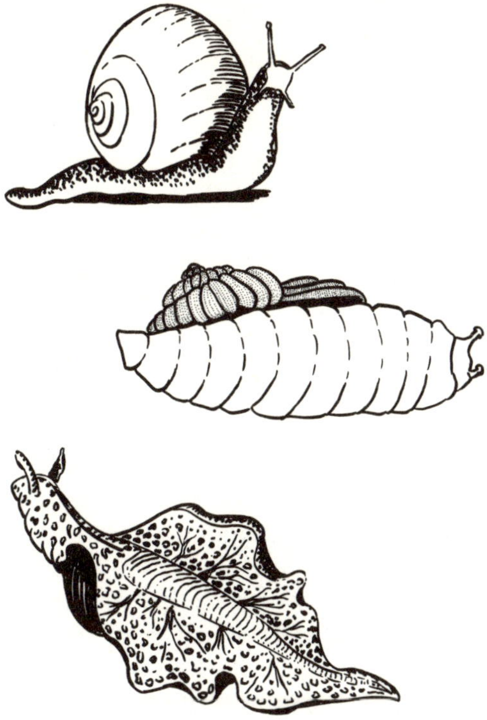

Schnecken tragen ihre Eingeweide »huckepack« über dem Fuß, ihrer Kriechsohle. Die Wellenbewegungen (Bildmitte: eine kriechende Schnecke von unten) sind auch hier bei schwimmenden Formen besonders deutlich.

Schnecken, Muscheln und Tintenfische sind die drei großen Gruppen der Weichtiere. Ihre Geschichte zeigt, welche Möglichkeiten für größere und leistungsfähigere Tiere im Meer entstanden waren.

Die Schnecken vertreten die ursprünglichste Lebensweise der Weichtiere. Sie kriechen auf breiten Sohlen vor allem auf Hartböden (und haben so nicht nur das Süßwasser, sondern auch das Land besiedeln können). Sie tragen im Mund eine Raspelzunge und können damit Nahrung abschaben und zerkleinern. Damit weiden sie Algen und anderen kleinen Aufwuchs ab. Andere können auch größere Beute angreifen. Die Netzreusenschnecken bohren Muscheln an, indem sie aus Munddrüsen Schwefelsäure ausscheiden und ihre Zunge wie einen Bohrer verwenden. Durch das Loch in der Schale geben sie dann ihre Verdauungssäfte in die Muschel und saugen ihren Inhalt heraus.

Andere Schnecken haben als Mundwerkzeuge Giftstachel, die auch Menschen gefährlich werden können, wie zum Beispiel die pazifischen Sturmhauben.

Neben den kriechenden Schnecken mit Gehäuse gibt es auch im Meer Nacktschnecken, von denen einige Arten mit Riesenbeständen im freien Wasser leben. Von ihnen ernähren sich die einen vom Phytoplankton, die anderen vom Zooplankton. Sie werden wiederum von Fischen und von Walen gefressen und nehmen neben den Krebsen einen wichtigen Platz in den Nahrungsketten der Ozeane ein.

Die Hauptplanktonfresser unter den Weichtieren sind aber die Muscheln. Sie brauchen sich dazu kaum zu bewegen und können sich so ganz in eine Schale einhüllen. Die Beweglichkeit ist gesichert, weil die Schale zweiklappig ist. Mit ihr bohren sich die meisten Muscheln in den Untergrund. Wer eine Vorstellung davon bekommen will, welche Rolle Muscheln im Haushalt des Meeres spielen, der sehe sich bei Niedrigwasser an der Küste um. Er findet eine ganze Zone, blauschwarz mit Miesmuscheln besetzt.

Muscheln filtern bei Tag und Nacht Wasser durch ihren Körper. Es passiert ihre Kiemen, deren Wimpern auch für die Wasserbewegung sorgen, bei manchen durch die Pumpbewegungen der fleischigen Wasserschläuche des Körpers unterstützt. Die Kiemen wirken auch als Reusen, die das Plankton abfiltrieren. Bodennahrung wird von den Schnecken, das Plankton von einigen Schnecken und Muscheln genutzt.

Die Schnecken konnten auch an Land gehen, die Muscheln natürlich nicht. Jetzt stand im Meer nur noch eine Lebensweise offen: die Jagd auf größere Beute. Sie wird von den Tintenfischen ausgeübt, im freien Wasser und am Boden.

Es ist nicht sicher, was die ersten Tintenfische gefressen haben. Wir haben von ihnen die Schalen, wissen aber wenig über die Weichkörper und nichts Direktes über die Lebensweise. Vermutlich haben sie die Schale mit selbstgebildetem Gas gefüllt und sind so geschwommen. Der Schulp, den die Sepia als Schalenrest in ihrem Inneren trägt, ist ebenfalls ein Auftriebsorgan: Er enthält Flüssigkeit, die leichter ist als Wasser oder Gas. Wenn in der Vergangenheit Tintenfische zum Leben am Boden zurückgekehrt sind, haben ihre Schalen die regelmäßige Form aufgeben können, die beim Schwimmen wegen des Gleichgewichts erforderlich ist, oder sie haben sie ganz aufgegeben wie die Kraken. Die heutigen Tintenfische fangen mit ihren Armen Beute, die sie mit Saugnäpfen an ihren Armen festhalten. Eine sehr altertümliche Form, das Perlboot Nautilus, hat keine Saugnäpfe und frißt mit seinem Schnabel Aas. Waren auch die ersten Tintenfische Aasfresser? Sind die Tintenfische als Aasfresser entstanden, die die Leichen der nun entstandenen größeren Tiere aufsuchten und dabei zum Schwimmen übergingen? Sind sie in dieser Rolle durch andere Tiere später abgelöst worden, so daß sich nur noch die von ihnen halten konnten, die Räuber und so schnell und gewandt geworden waren, daß sie sich gegen die Konkurrenz anderer Räuber behaupten konnten?

Wir können diese Fragen noch nicht beantworten, sollten aber stärker als bisher den Untergang so vieler Tintenfischgruppen im ökologischen Gesamtzusammenhang mit den Änderungen sehen, die in der Produktivität des Meeres mit dem Aufkommen der Diatomeen und anderer Lebewesen verbunden waren.

Allen Weichtieren – von denen wir einige kleinere Gruppen nicht behandelt haben – ist gemeinsam, daß ihr Körper in einen Fortbewegungsteil und einen Eingeweidesack gegliedert ist. Sie haben außerdem Atemorgane, Kiemen und einen Blutkreislauf, der dem Stoffwechsel im Körper dient. Das Nervensystem ist höchst unterschiedlich entwikkelt. Bei den Muscheln, die oft nicht mehr als lebende Wasserpumpen ohne große Umweltkontakte sind, genügen ein paar Nervenfasern und Knoten. Die Tintenfische besitzen zur Steuerung ihrer acht oder zehn Arme zwei Augen, deren Bau und Leistungsfähigkeit im Formen- und Bewegungssehen erst

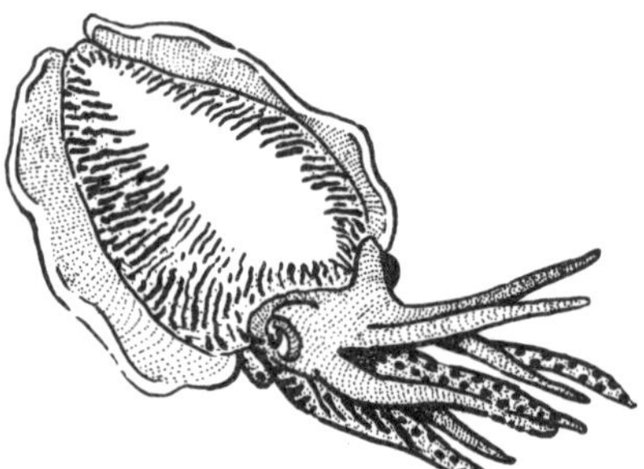

Viele Tintenfische tragen als Rest der Schale in ihrem Körper einen Schulp, der wie die gasgefüllte Schale der ausgestorbenen Ammoniten Auftrieb verleiht. Bei der abgebildeten Sepia sind die Spalten zwischen den Kalklamellen des Schulps mit Gas gefüllt. Das Gasvolumen und damit der Auftrieb werden durch Flüssigkeit geregelt, die in den Schulp hineingepreßt wird.

wieder von den Wirbeltieraugen erreicht wird, weiter ein Gehirn und eine Lern- und Dressurbegabung, wie sie kein anderes wirbelloses Tier im Meer besitzt.
Wir werden eine arbeitsteilige Gliederung des Körpers mit besonderen Versorgungs- und Steuerorganen auch bei den anderen Tieren treffen, mit denen wir uns nun zu befassen haben.

Gesteigerte Ansprüche: Die Gliederwürmer

Schnecken tragen ihre Eingeweide »huckepack«. So stören sich Bewegung und Verdauung nicht. Muscheln und Tintenfische haben das im Prinzip beibehalten. Bei allen anderen Tieren ist die konstruktive Lösung für eine Arbeitsteilung zwischen Darm und Bewegungsapparat anders. Hier liegt der Darm als Rohr mitten im Körper, umgeben von einem flüssigkeitsgefüllten Hohlraum, der sekundären Leibeshöhle (die primäre bildet der Darmhohlraum). Auch so können die Tiere sich bewegen, ohne daß die Darmbewegungen gestört werden, und der Darm kann seine Transportbewegungen machen, ob sich sein Besitzer nun selbst bewegt oder nicht.
Diese beiden Möglichkeiten finden wir verwirklicht. Die sekundäre Leibeshöhle nennen wir Cölom, die Tiere, die sie haben (oder von solchen abstammen, das Cölom aber wieder aufgegeben haben), Cölomaten. Alle Tiergruppen, die wir noch behandeln, sind Cölomaten.
Entstanden ist das Cölom offensichtlich zum Eingraben in den Boden. So verwenden es noch viele Formen, ganz mit dem gleichen Prinzip, mit dem sich Seerosen in den Boden eingraben (die dazu ihre primäre Leibeshöhle benutzen): Der vordere Körperabschnitt bohrt sich in den Grund und wird dann mit Körperflüssigkeit gefüllt. Er schwillt an, gibt dem Tier Halt und vergrößert das Bohrloch.

Die Spritzwürmer (Sipunculiden) und Quappwürmer (Echiurida) haben Merkmale bewahrt, die wir zur ursprünglichen Ausstattung der Cölomaten rechnen. Sie haben eine zweigeteilte sekundäre Leibeshöhle, die beim Eingraben in den Boden als Schwellkörper dient. Sie fressen mit Tentakeln. Von den Hauptlinien der Cölomaten haben die einen das Eingraben mit dem (dann vielfach unterteilten) Cölom beibehalten, die anderen die Ernährung mit Tentakeln.

Dann wird der Körper weiter vorgeschoben, wobei die Cölomflüssigkeit nach hinten gedrückt wird. Wird sie dann wieder nach vorne gepumpt, schwillt dort der Körper wieder an. Die Leistung dieses Apparates wird verbessert, wenn der Körper und mit ihm das Cölom in Abschnitte unterteilt ist. So sind die Regenwürmer gebaut, und ihre Fortbewegung zeigt uns heute noch die Funktion, die wir als die ursprünglichste Leistung des »segmentierten« Körpers ansehen. Die Körperflüssigkeit wird hier so verschoben (durch Öffnungen in den Wänden der Cölomabschnitte), daß man Kontraktionswellen über den Körper laufen sieht. Sie laufen rückwärts, und das Tier kommt voran. Die Wirkung der Kontraktionswellen wird durch Fortsätze unterstützt, die aus den Körpersegmenten nach außen ragen. Bei den Regenwürmern

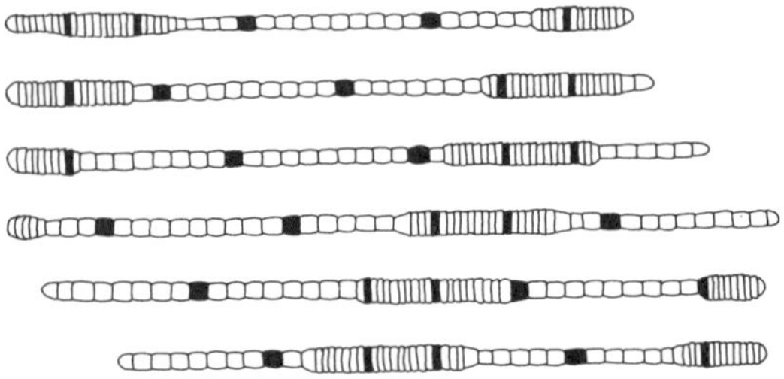

Regenwürmer kriechen mit Kontraktionswellen, die rückwärts über den Körper laufen. Die Markierung einiger Segmente zeigt, wie die einzelnen Körperabschnitte schubweise vorwärts gleiten.

sind das Borsten, bei den Meeresborstenwürmern Anhänge, die Borsten tragen. Die Blutegel, die dritte Gruppe der Gliederwürmer, bewegen sich anders: Sie saugen ihre Körper vorne fest und krümmen sie dann, setzen das Hinterende fest und strecken sich. Dazu sind Kontraktionswellen unnötig, und so haben sie das Cölom aufgegeben.

Die Meeresborstenwürmer leben meist in Röhren, die sie in den Boden graben. Man sieht daran den Unterschied zu Strudelwürmern und anderen Angehörigen der ersten Schicht. Sie können meistens zeitweilig ohne Sauerstoff auskommen und können sich deshalb tief in den Schlamm eingraben (oder in Abfälle außerhalb oder innerhalb anderer Tiere). Die Borstenwürmer brauchen bei ihrer Größe und ihrem Stoffwechsel ständig Sauerstoff. Sie graben Röhren und durchspülen sie. Andere bauen Röhren aus verkittetem Sand oder aus Stoffen, die sie selbst ausscheiden. Sie strecken ihre Kopftentakel dann ins Wasser, die wie Fächer gebaut sind und mit denen sie die Nahrung aus dem Wasser fangen.

Die Borstenwürmer spülen ihre Röhren, indem sie ihre Körper Kontraktionswellen erzeugen lassen oder sie schlängeln. Sie schlängeln sie in aufrechten oder aber auch in seitlichen Windungen. Das seitliche Schlängeln hat dann, unterstützt von den Körperanhängen, für ihre Bewegung außerhalb ihrer Bauten Bedeutung erlangt, denn so können sie kriechen und vor allem schwimmen. Manche von ihnen schwimmen zum Laichen hoch ins freie Wasser. Die Körperfortsätze sind dann verbreitert und bilden effektive Ruder. Manche kleineren Würmer leben ständig im Plankton. Andere nehmen gleichzeitig an beiden Lebensweisen teil. Bei ihnen bildet sich der hintere Körperteil zum Schwimmen um und bricht, mit reifen Geschlechtszellen voll beladen, vom Vorderkörper ab. Dieser bleibt am Boden, und die Hinterleiber steigen hoch zur Oberfläche. Sie treten dort in ungeheuren Massen auf und streuen die Geschlechtsprodukte in das Wasser.

Diese Vorgänge sind hormongesteuert, Zeitgeber ist der Jahresrhythmus; Auslöser aber und Orientierungspunkt für die Wurmteile ist der helle Mond. Deshalb finden diese Massenschwärme in der Südsee zur Vollmondzeit der wärmsten Monate statt. Die Polynesier versammeln sich dann am Strand, schöpfen den Palolo, wie sie den Wurm nennen, aus dem Wasser und essen die eiweißreiche Nahrung roh, gebraten und gekocht.

Vermehrung des Planktons:
Die Krebse

Zu den Gliederwürmern sind dann im Meer die Gliederfüßer getreten. Beide werden als Gliedertiere zusammengefaßt. Bei den Gliederfüßern stehen die Beine zumindest mit ihren äußeren Abschnitten nach unten. Sie bewegen die Träger ohne Schlängeln des Körpers fort. (Abgesehen von einem »lebenden Fossil« an Land, Peripatus, bei dem aufrechte Wellen über den Körper laufen. Das Seitenschlängeln findet sich nur bei den

Meeresborstenwürmern und den Tausendfüßlern und ist nicht etwa Grundbesitz aller Gliedertiere.)

Die Mundgliedmaßen der Gliederfüßer sind komplizierter als die der Gliederwürmer, denn immer ist ein Paar Scheren dabei. Nach ihnen heißt die erste Gruppe Chelizeraten. Zu dieser Gruppe gehören die Pfeilschwanz»krebse« und die Spinnentiere.

Die Pfeilschwanzkrebse spielen heute keine Rolle mehr. Im Erdaltertum waren sie im Meer das, was heute die Krebse sind, die am Boden leben. Im Erdmittelalter sind die Krebse an ihren Platz getreten und haben dazu zahlreiche neue Plätze eingenommen. Die Spinnentiere handeln wir im nächsten Kapitel, bei den Landtieren, ab.

Die Krebse haben außer den Mundgliedmaßen auch ihre Beine in den Dienst der Ernährung gestellt; sie tragen außerdem noch Kiemen und vorübergehend auch die Eier. Das läßt sich im Wasser trefflich bewerkstelligen, wirft aber an Land Probleme auf. Dort leben denn auch nur ein paar Flohkrebse und die Asseln. Die Krebse haben vor dem Mund eine querliegende Platte, die die von den Beinen nach vorn geschobene Nahrung aufhält. Dieses »Labrum« besitzen neben ihnen auch ihre nächsten Verwandten. Diese haben das Land besser als die Krebse erobern können – erfolg- und folgenreicher als irgendeine andere Gruppe, außer den Wirbeltieren. Es sind die Tracheaten, zu denen die Tausendfüßler und Insekten gehören.

Sie bilden mit den Krebsen zusammen die Gruppe der Mandibulaten, genannt nach ihren Mundgliedmaßen, den Mandibeln. Sie stellen im Meer und an Land die wichtigsten Konsumenten, durch deren Tätigkeit allein die Produktionsmöglichkeit der Pflanzen voll ausgenutzt und die organische Substanz hinreichend schnell umgesetzt werden kann.

Die Krebse haben ihren Kopf mit einer Hautfalte umgeben. Sie dient beim Eingraben in den Schlamm wie eine Pflugschar und formt eine Arbeitskammer um den Mund und die Mundgliedmaßen. Die Krebse haben mit unzähligen kleinen Formen den Schlamm, mit kletternden Formen die Hartböden und seine Pflanzen und Tierstöcke, vor allem aber mit schwimmenden Formen das freie Wasser besiedelt. Wer das Wort Krebse hört, denkt an Hummer und Langusten. Diese sind für den Stoffwechsel des Meeres fast gleichgültig. Wenn der Meeres-

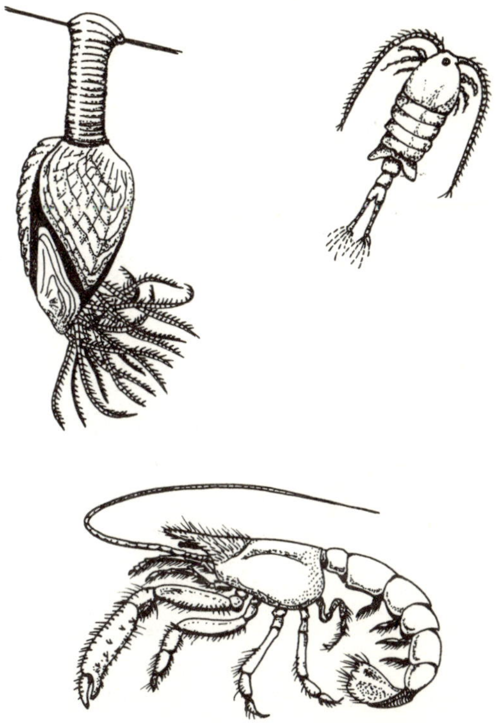

In der Geschichte der Krebstiere sind zu den Weichbodenbewohnern und Abfallfressern größere Aasfresser und Räuber getreten, die auch Hartböden und Lebensräume außerhalb des Meeres besiedelt haben. Ökologisch noch wichtiger sind die festsitzenden (abgebildet eine Enten»muschel«) und vor allem die selbst schwimmenden Planktonfresser (abgebildet ein Ruderfußkrebs).

biologe von Krebstieren spricht, meint er winzige Formen wie die Ruderfußkrebse und die immer noch relativ kleinen wie den Krill, von dem bisher die Bartenwale und vielleicht in Zukunft wir Menschen leben. Kleinere und kleinste Krebse konnten das freie Wasser und die Hochsee besiedeln. Mit ihren Beinen fangen sie das Plankton. Sie sind es vor allem, die die Produktivität der Diatomeen nutzen und durch den schnellen Umsatz ihrer Nährstoffe wiederum erhöhen oder überhaupt erst möglich machen. Was das für die Kreisläufe im Meer bedeutet, brauchen wir nicht noch einmal zu betonen. Die Heringe, die wichtigsten nächsten Glieder in den Nahrungsketten der Ozeane, haben den Aufstieg ganzer Nationen begründet. Holland ist mit dem Heringsfang Seemacht geworden; Amsterdam ist, wie das Sprichwort sagt, auf Heringsgräten gebaut, die Hanse hatte ihre Macht auf Heringsfang und Heringshandel begründet.

Außer den freischwimmenden Krebsen gibt es Parasiten, die auch bei Fischen an den Schuppen und auf den Kiemen sitzen. Ihnen gilt das Interesse der Putzerfische, die auf der Suche auch in die Kiemenhöhle großer Fische schlüpfen. Die Schiffshalter, die sich von ihren Putzgästen mitschleppen lassen, sitzen vielfach gleich in der Mund- und Kiemenhöhle der Haie und der Schwertfische fest.

Festsitzende Planktonfänger sind die Seepocken, deren weiße Kalkgehäuse man an Felsküsten oberhalb der Muschelbänke sieht. Verwandte von ihnen sitzen an Treibholz und in der Haut von Walen. Mit einem Werk über solche Krebse hatte Charles Darwin seinen Ruf als Meeresbiologe und Zoologe endgültig gefestigt.

Die Krebse, die man von Speisekarten kennt, spielen eine nützliche Rolle als Aasfresser und Gesundheitspolizei am Boden. Das gilt für Hummer und Langusten, mehr noch für Kurzschwanzkrabben. Die Langschwanzkrebse haben wie die Hummer Höhlen, die sie vor allem nachts verlassen. Andere Krebse haben auch auf den Weichböden Höhlen gefunden: leere Schneckenhäuser. Sie bergen ihren Hinterleib in ihnen und haben dessen Panzer reduziert. So können sie sogar die Ebbe überdauern, ohne dem Wasser nachlaufen zu müssen. Im Schnekkenhaus hält sich Wasser genug für ihre Kiemen, die am Schwanzteil sitzen.

Die Kurzschwanzkrebse oder Krabben haben den Schwanzteil ihres Panzers unter den Rumpf geklappt. Das schafft eine Feuchtkammer für die Kiemen. So können diese Krabben auch an Land umherlaufen.

Wir haben einmal auf einer Koralleninsel im Karibischen Meer gelebt. Am Bootssteg lebten unten am Boden die Langusten. Sie kamen in der Dämmerung ins Freie. Dann fingen wir uns eine für den Kochtopf. Die Krabben saßen oben an der Wasserlinie, oft auch draußen. Sie waren sofort zur Stelle, wo Abfall in das Wasser kam. Damals ging uns ihre Rolle als Gesundheitspolizei und für den Stoffumschlag im Meer auf. An den Abfallplätzen trafen sie gewöhnlich mit Schlangensternen zusammen, Abfallfressern aus der anderen großen Cölomatenlinie. Deren Geschichte wollen wir nun verfolgen.

Neue Planktonfänger: Eine Reihe von Zwischenformen

Wer auf einem Tangblatt ein weißes Netz mit Maschen unter einem Millimeter findet, der hat eine Kolonie Moostierchen vor sich. Und wer in einem schwäbischen Steinbruch aus dem Schiefer eine Muschel zu klopfen glaubt, hat einen Muschelling oder Armfüßler vor sich. Beide gibt es seit dem frühesten Erdaltertum, seit dem Kambrium. Sie heißen wissenschaftlich Bryozoen und Brachiopoden (was genau das gleiche heißt wie Moostierchen und Armfüßler) und sind die ur-

sprünglichsten Mitglieder der zweiten großen Cölomatenlinie.
Gemeinsam ist ihnen, daß sie festsitzende Tiere sind, ein Gehäuse besitzen und Tentakel ins Wasser strecken. Wir haben bei der Besprechung des Cöloms erwähnt, daß Darm und Körper nunmehr zu unabhängigen Bewegungen fähig sind (was weder bei den Hohltieren noch den niederen Würmern der Fall ist). Die Cölomaten, die mit Bryozoen und Brachiopoden angetreten sind, bewegen ihren Körper gar nicht von der Stelle. Sie müssen als erste Planktonfänger dieser zweiten Schicht im Meer hervorragende Lebensbedingungen gehabt haben. Heute gibt es von ihnen nicht mehr viele. Das ist für die Brachiopoden besonders auffallend: Sie waren so ungemein zahlreich im Erdaltertum und noch im Erdmittelalter.
Sie sind, darüber sind sich die Gelehrten einig, von den Muscheln verdrängt worden. Warum? Weil die Brachiopoden so sehr störungsanfällig sind. Sie müssen ihre Tentakel in das Wasser strecken. Erschrecken sie, dann ziehen sie sie ein. Vielleicht haben sie früher ungestörter fressen können. Heute können Planktonfänger ihre Tentakel meist nur noch nachts benutzen. Tagsüber gibt es zu viele Mitesser, die ihnen die eben gefangene Nahrung von den Armen picken oder die Arme selbst abbeißen. Die Arme der Armfüßler sind ja nicht geschützt wie die der Korallen und Seerosen, und selbst die stehen meistens nur nachts fängig. Muscheln dagegen filtern Tag und Nacht, ununterbrochen.
Wir müssen annehmen, daß die koloniebildenden Bryozoen die ursprünglichste Lebensweise der Tentakel-Tiere vertreten. Sie sind an feste Unterlagen gebunden. Die Armfüßler leben einzeln und können sich auch mit einem Stiel im weichen Boden verankern. Sie graben nicht und schlängeln nicht, und deshalb ist ihr Körper und Cölom auch nicht so unterteilt wie bei den Gliedertieren. Wenn Bryozoen und Brachiopoden die Tentakel einziehen, ist ihr Mund blokkiert. Sie können dann nicht fressen und auch kein Wasser durch den Körper pumpen – zum Atmen oder zur Exkretion. Das muß ihren Stoffwechsel behindern und begrenzen. Das können wir daraus erschließen, daß andere Tiere hier einen neuen Weg im wortwörtlichen Sinn beschritten und es damit sehr viel weiter gebracht haben.
Dieser neue Weg besteht aus einer Wasserpassage, unabhängig vom bisherigen Mund. Wir finden sie bei anderen koloniebildenden Tieren, die mit Tentakeln in Gehäusen sitzen, den Flügelkiemern oder Pterobranchiern. Ihr Mund liegt auf der linken Körperseite, und gegenüber liegen ein paar Ausfuhröffnungen. Den alten Darm, der zwischen die Tentakel führt, haben sie noch. Er ist mit Zellen angefüllt und stützt den Vorderteil. Benutzt wird nur der neue, linke Mund.
Vermutlich ist er erst als Wasserpassage entstanden, die quer zur Darmrichtung verlaufen ist, und hat dann alle Mundfunktionen übernommen. Das heißt, zum Fressen wird er nicht immer benutzt. Die Tiere können nämlich aus ihrem Gehäuse kriechen, soweit ihr Anheftungsstiel ihnen das erlaubt. Sie kriechen auf der Mundseite des Körperteils, der vor dem Mund liegt. Diese Fläche scheidet einen Schleim aus, an dem Nahrung kleben bleibt, und ein Verdauungsferment. Die so gefangene und verdaute Nahrung wird durch die Haut hindurch aufgenommen.
Schleim zum Nahrungsfang finden wir auch noch bei anderen Angehörigen dieser Entwicklungslinie, und das ist, wie wir sehen werden, auch für uns Menschen von Bedeutung. Die Aufnahme von Nahrung durch die Haut ist für eine erst in den letzten Jahrzehnten richtig bekannt gewordene Wurmgruppe die einzige Ernährungsweise. Diese Würmer, die Bartwürmer, konnten bisher

Der alte und der neue Mund der festsitzenden Cölomaten mit Tentakel. Bei Moostierchen (oben links Ausschnitt aus einer Kolonie) liegt der Mund zwischen den Tentakeln. Zieht sich ein Tier in sein Gehäuse zurück, ist der Mund blockiert. Bei den Hemichordaten (oben rechts Lebensbild einer Pterobranchie, eines »Flügelkiemers«) liegt der neue Mund hinter den Tentakeln. Durch ihn und eine gegenüberliegende Öffnung (bei anderen Formen mehrere) kann unabhängig von den Tentakeln Wasser den Körper passieren. Pterobranchier können ihr Gehäuse verlassen, soweit der Anheftungsstiel das erlaubt, und durch die Fläche ihres Kriechfortsatzes vor dem Mund Nahrung aufnehmen.

von den Fachleuten nicht eingeordnet werden. Manches spricht dafür, daß sie in die Verwandtschaft der Tiere gehören, von denen wir gerade sprechen.

So, wie die koloniebildenden Bryozoen in den Brachiopoden einzeln lebende Gegenstücke haben, die auch die Weichböden besiedeln können, haben sich auf der Evolutionsstufe der Pterobranchier einzeln lebende Weichbodenbewohner gebildet, die Eichelwürmer oder Balanoglossiden. Sie haben kein Tentakel mehr und benutzen den Vorderteil als Schwellkörper zum Eingraben. Die Lage des neuen Mundes und der Kiemenöffnungen gegenüber entsprechen denen der Pterobranchier, ebenso ist der stillgelegte Vorderdarm als Stütze für das Vorderende noch vorhanden. Diese Parallelität ist wichtig, weil sie uns noch ein drittes Mal begegnen wird, nämlich bei der Wirbeltierentwicklung.

Zuvor stoßen wir aber noch auf eine Gruppe, die wieder ökologisch wichtig ist. Das kann man von den Bryozoen, den Brachiopoden, den Pterobranchiern und den Balanoglossiden nicht sagen. Man nennt die Pterobranchier und Balanoglossiden zusammen Hemichordaten, weil sie schon »halbe Chordaten« sind. Die Chordaten sind die Gruppe, zu der die Wirbeltiere gehören. Die Übereinstimmung zwischen Hemichordaten und Chordaten besteht vor allem in der Zahl der Cölomabschnitte, die in den beiden Gruppen drei beträgt (wobei sich nicht alle Experten über die Zählung einig sind). Vermutlich war die Ausgangszahl wie bei den Bryozoen zwei, und mit der Neumundbildung hat sich dann der vordere unterteilen müssen, so daß es nunmehr drei sind.

Drei Cölomabschnitte haben auch die Stachelhäuter, die Echinodermen, und Neumundtiere oder Deuterostomier sind sie auch. Wie man aber die Verwandtschaftsverhältnisse zwischen diesen drei, den Hemichordaten, den Stachelhäutern und den Chordaten, genau zu beurteilen hat, weiß man noch nicht. Bisher war es auch wirklich sehr schwer. Die Stachelhäuter, die es heute gibt, sehen so sehr viel anders aus als alle anderen Tiere. Sie sind alle mit einer Fünfer-Symmetrie gebaut. Die alten Zoologen hatten sie deshalb als »Radiata« mit den Seerosen zusammengestellt. Man sieht daraus, daß äußere Ähnlichkeiten nicht immer sichere Kriterien sind. Inzwischen weiß man völlig sicher, daß sie mit den Hohltieren direkt nichts zu tun haben und ohne jeden Zweifel zu den Deuterostomiern gehören.

Wir wissen ebenfalls, daß die fünf fünfstrahlig gebauten Stachelhäutergruppen, die Haar-, Schlangen- und Seesterne, die Seeigel und Seegurken, von zweiseitig symmetrischen Stachelhäutern abzuleiten sind, die fossil gut bekannt sind. Das machte den Anschluß etwas leichter. Bei einigen dieser Fossilien glaubte man, ein paar Kiemenöffnungen zu sehen. Das war zu erwarten – die lebenden Stachelhäuter haben keine, aber ihre Vorfahren müssen sie gehabt haben. Dann aber entdeckte und beschrieb Jeffries in London einige Fossilien, die alle Zweifel beseitigten und die Zugehörigkeit der Stachelhäuter zu den Deuterostomiern unübersehbar demonstrierten. Sie haben Kalkplatten wie die anderen Stachelhäuter, Tentakel wie andere Deuterostomier und eine große Kiemenkammer mit einer Reihe von Kiemenöffnungen. Sie waren seßhaft, und zwar mit einem kalkigen, gelenkigen Stiel.

Die Stachelhäuter haben den Tentakelfang beibehalten und in ihrer Geschichte die Kiemenkammer und die Kiemenspalten aufgegeben. Das werden wir sofort etwas näher verfolgen. Die Chordaten, die uns dann noch zu besprechen bleiben, haben den Kiemenapparat als Filter ausgebaut und die Tentakel aufgegeben. Auch das werden wir verfolgen. Wir fangen mit den Stachelhäutern an.

Entfaltung auf neuer Stufe: Die Stachelhäuter

Hätte die Patrouille gleich geschossen, wäre dieses Buch wahrscheinlich nie geschrieben worden. So aber rief sie erst, und so konnte der von uns, der, hell vom Mond beschienen, nachts vor der Sinaiküste im Wasser trieb, an Land kommen. Die israelischen Soldaten hatten wohl geahnt, daß hier kein Froschmann mit feindlichen Absichten herumschwamm. Und in der Tat ging es um die Federsterne.

Federsterne sieht man tagsüber in den oberen Wasserschichten selten. Breiteten sie hier die Arme aus, so kämen die Korallenbar-

Die Stachelhäuter haben ihre Geschichte mit festsitzenden Planktonfressern mit Kiemendarm und Stiel und Außenskelett aus Kalkplatten begonnen. An deren Stelle sind dann Formen mit fünf neuen Fangarmen um den neuen Mund getreten. Von ihnen führen die Haar- und Federsterne noch heute die ursprüngliche Lebensweise. Die Seesterne sind Räuber, die Schlangensterne Abfallfresser; Seeigel mit harter Körperschale und Seegurken mit biegsamem Körper fressen vor allem Aufwuchs und Kleinlebewesen.

sche und fräßen ihnen Beute und Arme ab. Deswegen sitzen sie dann in Verstecken. Wer sie tagsüber sehen will, muß tiefer tauchen, als Korallenbarsche hinunterschwimmen.

Wir hatten herausgefunden, daß die Fächer der Feuerkorallen quer zur Strömung stehen. Das warf die Frage auf, was an den gleichen Stellen nachts die Federsterne tun. Und richtig: Wo man tagsüber keine sah, saßen sie nun in Hülle und Fülle. Sie hielten sich mit einigen Armen fest und hatten alle übrigen zum Fang ausgebreitet. Die Scheiben, die sie so bildeten, standen exakt planparallel zu den Fächern der Korallen, auf deren Kanten sie gekrochen waren. Sie können so Nahrung fangen, die niemand erreichen kann, weil sie über die Korallenfächer hinweggetrieben wird. Ihre mit Kalkplatten versteiften Arme sind so beweglich, daß sie mit ihnen kriechen und schwimmen können, und fest genug, um in der Strömung ein Planktonnetz zu bilden. Tagsüber rollen sie sich in ihren Verstecken zusammen.

Die Federsterne und die Haarsterne führen

noch heute die Lebensweise, mit der die Geschichte der Stachelhäuter angefangen hat, und zeigen zugleich, was aus ihren Fangtentakeln alles werden konnte. Ihnen sind andere Stachelhäuter vorangegangen, und weitere gefolgt. Wir müssen einen Blick auf beide werfen.

Die Vorläufer der Feder- und Haarsterne und aller anderen fünfstrahligen Stachelhäuter waren noch zweiseitig symmetrisch, wie wir schon erwähnt haben. Die ersten waren gestielt, andere frei beweglich – mit ihren Fangarmen als Fortbewegungsmittel.

Dann, bereits im Erdaltertum, bildete eine Stachelhäuterlinie neue Tentakel um den neuen Mund, in der Fünfzahl. Diese waren offensichtlich als Fanggerät und auch als Atemfortsätze so wirkungsvoll, daß Kiemenspalten und alte Tentakel verschwinden konnten. Von nun an beherrschten die Fünfstrahler die Szene.

Sie lebten zunächst weiter festgewachsen. Die bekanntesten von ihnen sind die Seelilien, von denen viele auf Treibholz verankert waren.

Die heutigen Seelilien, Haar- und Federsterne sind größtenteils nur in der Jugend noch gestielt und festgewachsen. Später kriechen sie umher, ohne den Nahrungsfang mit den Tentakeln aufzugeben.

Ihre Vielzweckarme tragen auf der der Strömung abgewandten Seite Furchen, und in diesen Furchen wird das, was sie gefangen haben, mit Schleim verklebt und mit kleinen, beweglichen Fortsätzen fortbewegt.

Haben Sie einmal einem Seestern unter die Arme gesehen? Da bewegen sich Hunderte dieser kleinen Füßchen. Sie bewegen jetzt nicht mehr Substanzen über den Körper, sondern den Körper über das Substrat. Die Seesterne kriechen auf ihnen. Sie brauchen keine Nahrung mehr aus dem Wasser zu fangen. Sie fressen am Meeresboden, und zwar Muscheln. Auch dazu benutzen sie ihre Arme und die vielen Füßchen. Sie saugen sie an beiden Muschelschalen fest und ziehen daran – stundenlang. Sobald die Muschel ihre Schale auch nur etwas öffnet – spätestens, um ein wenig Atemwasser zu bekommen –, ergießt der Seestern Verdauungssekret in sie. Dann hat er sie bald überwältigt, stülpt seinen Magen aus und schlürft die Muschel ein. Seesterne sind die Todfeinde von Austernzuchten und Miesmuschelbänken. Man fängt sie mit Schleppbalken und Tauen daran. Früher haben die Fischer sie zerkleinert und ins Meer zurückgeworfen. Dann aber sprach sich herum, daß dies die beste Methode zur Seesternvermehrung ist. Bei ihnen kann nämlich jeder Arm wieder einen ganzen Seestern bilden.

Die Seesterne haben die Muscheln als Nahrung erschlossen. Die Schlangensterne sind weniger wählerisch, sie fressen Schlamm und Abfall aller Art. Sie brauchen dazu keine Hilfsmittel. Ihre Arme sind ohne Fortsätze und Füßchen und dienen so, wie sie sind, dem Kriechen. Damit sind aber noch immer nicht alle Nahrungsquellen für Stachelhäuter ausgeschöpft, denn es gibt außerdem noch die Algen- und Bakterienrasen auf Felsen und im Sand. Hier kann man Seeigel und Seegurken nebeneinander grasen sehen. Die Seeigel haben in ihrem Mund einen Kau- und Raspelapparat, den sie etwas ausstülpen können. Sie haben keine Arme nötig. Was bei den Sternen Arme sind, ist hier Körperwand. Die Anordnung der Löcher für die Füßchen, die sie beibehalten haben, und die zu Stacheln ausgezogenen Kalkfortsätze zeigen noch die Fünfzahl. Andere Seeigel leben im Sand und Schlamm und fressen deren organische Anteile und anderes. Die Seegurken besitzen ebenfalls einen aus den Armflächen gebildeten Körper, der aber – anders als bei den Seeigeln – beweglich ist. Sie winden sich, und sie kriechen auf zwei oder drei ihrer fünf Flächen, haben also die Radiär-

symmetrie der anderen abgewandelt. Sie fressen Aufwuchs auch in Ritzen und Spalten, in die die Seeigel nicht hineinkönnen. Andere fressen Sand, scheiden diesen wieder aus und leben von dem, was im Sand eßbar ist. Einige endlich fangen wieder Nahrung aus dem Wasser. Sie strecken dazu einen Fangapparat hoch, der aus ehemaligen Füßchen um den Mund herum gebildet ist.
Sie konnten die Ernährungsweise ihrer Vorfahren wieder aufnehmen: Diese Rückkehr ist in der Evolution möglich. Den alten Fangapparat, die fünf Arme, konnten sie aber nicht wieder verwenden. Der war inzwischen Körperwand geworden. Sie mußten einen Fangapparat neu ausbilden. Evolution kann nie völlig rückwärts verlaufen.

Mit Kiemendarm und Ruderschwanz: Die Chordaten

Der Dichter Adalbert von Chamisso war von Beruf Naturforscher. Er war in Berlin Adjunkt am Botanischen Garten, später Leiter des Herbariums und Ehrendoktor der Philosophie der Universität Berlin. Vorher, von 1815 bis 1819, hatte er an einer wissenschaftlichen Weltumseglung teilgenommen, die die russische Regierung veranstaltete (ähnlich der, die später Charles Darwin mitmachte).
Auf dieser Reise entdeckte Chamisso, was ihm später auch den Doktortitel eingebracht hat: den Generationswechsel der Salpen. Chamisso hielt die Salpen noch für Weichtiere, beobachtete aber die Fortpflanzung zutreffend. Die Tiere, die im Wasser treiben, erzeugen nicht gleich wieder ihresgleichen. Selbständig lebende Formen wechseln mit einer Generation ab, deren Angehörige Ketten bilden. Salpa democratica hat der schwedische Zoologe Forskål deshalb eine Art genannt, als er erkannte, daß diese Tiere von Haus und Natur aus in Kommunen leben. Die Salpen gehören mit den Seescheiden zu den Manteltieren, und auch sie bilden, wie die meisten Gruppen dieser Stammlinie, ursprünglich Kolonien. Sie heißen Manteltiere oder Tunicaten, weil sie von einem Gallertmantel umgeben sind, meistens aus zelluloseähnlicher Substanz. Ihr Hauptmerkmal ist, was die Zoologen ihren Kiemendarm nennen. Der Vorderarm ist von einer so großen Anzahl von Spalten durchsetzt, daß er mehr einen Korb als einen Schlauch bildet. Durch ihn wird Wasser durchgepumpt und die Nahrung abgefiltert. Das macht Tentakel überflüssig.

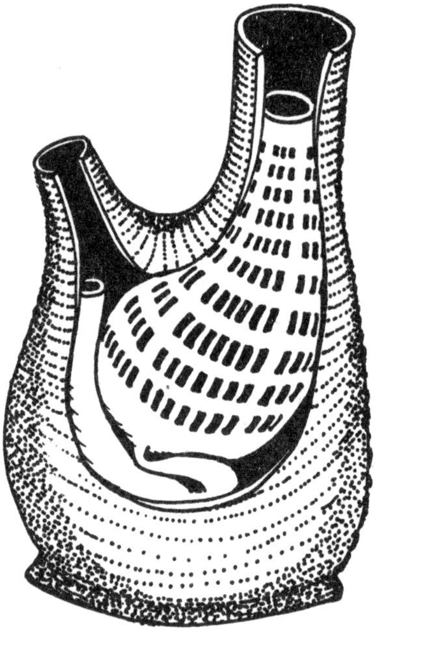

Seescheiden enthalten in ihrem Mantel (daher Manteltiere) den von zahlreichen Öffnungen durchbrochenen Kiemendarm. Das Wasser tritt durch einen Körperschlauch ein und durch die Kiemendarmöffnungen aus. Die ihm entnommene Nahrung passiert den Darm, der in den abführenden Körperschlauch mündet.

Die Tunicaten haben mit den Seescheiden (Ascidien) feste Substrate besiedelt: Sie leben dort in Kolonien oder auch einzeln. Die Salpen sind ins freie Wasser gelangt, auch als Kolonien. Eine dritte Gruppe lebt ebenfalls pelagisch, schwimmend in einem selbstgebildeten, geräumigen Gehäuse. In dieses Gehäuse ist ein Filter eingebaut. Mit ihm fangen diese Tunicaten Nanoplankton, das sonst nur wenige Tiere nutzen können. Bei allen wird Schleim vor dem Darmeingang erzeugt und ihre Nahrung mit dem Schleimband in den Darm befördert. (Der Schleim wird zwar verdaut, geht aber nicht verloren; er stellt einen Transportkreislauf im Körper dar.)

Als Nano-(Zwerg-)Plankton bezeichnen Meeresbiologen die Lebewesen, fast ausschließlich pflanzlicher Natur, die 0,01 bis 0,001 Millimeter groß sind. Sie lassen sich mit menschlichen Geräten kaum erbeuten. Deshalb wurde erst in den letzten Jahren deutlich, daß die Gesamtmenge des Nanoplanktons das Volumen der Diatomeen und Dinoflagellaten insgesamt übertrifft. Das erklärt den Evolutionserfolg der Tunicaten, die mit dem Schleimband eine Fangmethode mit sehr geringem Energieaufwand besitzen. Sehr groß können sie damit freilich nicht werden. Seescheidenlarven und Salpenlarven treiben wie die Eier, aus denen sie schlüpfen, im Wasser. Die meisten Larven bilden vorübergehend einen Schwanz aus, mit dem sie gezielt schwimmen können. Das hilft den Larven der Seescheiden, wenn sie sich festsetzen. Einige Seescheidenlarven kommen ohne den Schwanz aus – ohne daß wir wüßten, warum. Bei den Salpen sind Larvenschwänze seltener, die Tiere der dritten Gruppe, die Nanoplanktonfresser, behalten sie ihr ganzes Leben lang. Vermutlich ist dieser Schwanz ursprünglicher Besitz aller Tunicatenlarven.

Dieser Schwanz verdient unser größtes Interesse. Er besitzt etwas Muskulatur und als Versteifung einen Stab aus prallgefüllten Zellen. Dieser Stab heißt Chorda. Nach ihm heißen die Tiere, die ihn besitzen, Chordaten und die Manteltiere auch Urochordaten, von dem griechischen Wort *uros* für Schwanz. Die Tunicaten brauchen dieses Bewegungsorgan nur eine kurze Zeit, nur zwischen dem treibenden Larvenstadium und dem Erwachsenenleben. Sie haben mit ihren Kiemendärmen als Filterapparate die Hartböden und das freie Meer besiedelt. Auf den Weichböden gibt es einige Ascidien, aber nicht viele. Diese sind im allgemeinen von Chordaten dieser Evolutionsstufe frei.

Nicht ganz. An Stellen mit bestimmter Korngröße, bestimmten Strömungsverhältnissen und regelmäßigem Nahrungsanfall in der

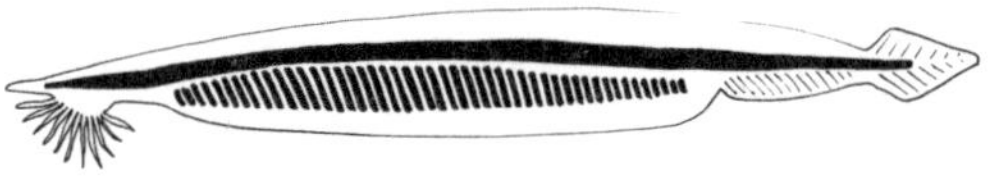

Sein Entdecker Pallas hielt das Lanzettfischchen im 18. Jahrhundert für eine Schnecke. Erst im vorigen Jahrhundert erkannte man, daß diese kaum zehn Zentimeter langen Tiere mit Kiemendarm (mit zahlreichen Spalten) und Rückensaite ursprüngliche Bauplanmerkmale der Wirbeltiere besitzen.
Amphioxus (»an beiden Enden spitz«) lebt in Sandböden und läßt, auf dem Rücken liegend, das Mundfeld mit seinen Cirren zum Nahrungsfang ins Wasser ragen (unten).

Strömung leben fingerlange Tiere, die einen Kiemendarm wie Tunicaten und einen Fortbewegungsapparat mit einer Chorda haben. Er reicht vom Körperende bis zum Kiemendarm, ist also nicht mehr ein bloßes Anhängsel. Und er tritt auch nicht nur vorübergehend auf, sondern ist lebenslanger Besitz seiner Träger. Das ist verständlich: Seine Besitzer leben im beweglichen Substrat. Sand ist am Meeresboden ständig in Bewegung, wo es Strömungen gibt. Nur Strömungen tragen aber genug Nahrung heran. Wer hier im Sand lebt und aus dem Wasser Nahrung fangen will, muß seinen Mund immer aus dem Boden strecken können. Bewegt sich der Sand, muß das Tier folgen und sich wieder richtig einbetten können. Es muß die Sandbewegung kompensieren und das sein ganzes Leben lang. Das Tier, das so lebt, heißt Lanzettfischchen oder Amphioxus (»an beiden Enden spitz«) oder Branchiostoma (der »Kiemenmund«). Es wurde vom Entdecker Pallas für eine Schnecke gehalten. Als sich die Klassifikation der Meerestiere im vorigen Jahrhundert klärte, erkannte man, was man da vor sich hatte: Tiere vom Bautyp, aus dem die Wirbeltiere entstanden sind.

Amphioxus fördert seine Nahrung mit einem Schleimband in den Darm. Der Schleim enthält jodhaltige Eiweiße. In der Geschichte der Wirbeltiere ist der Transport mit Schleim relativ bald aufgegeben worden. Die Drüse, die ihn produziert, ist von Blutgefäßen umgeben und gibt, wie viele Drüsen, nunmehr ihre Sekrete ins Blut ab. Wir sind noch heute auf jodhaltige Sekrete dieser Drüse angewiesen und nennen sie bei uns die Schilddrüse.

Die Larven von Amphioxus leben frei im Wasser und fressen dort auch schon anders als die Larven der festsitzenden Seescheiden. Sie tragen ihren Mund noch auf der linken Körperseite und vier Kiemenspalten gegenüber auf der rechten. Dann rückt der Mund in die Körperachse, und die Kiemenspalten vermehren sich und umgreifen den Vorderdarmabschnitt. Sie dehnen ihren Bereich nach hinten aus. Das ergibt eine bis über die Körpermitte nach hinten reichende äußere, wassergefüllte Kammer – eine Art Wasserkissen, wie es schon die ersten im Boden lebenden Cölomaten in ihrem Cölom um den Darm ausgebildet hatten. So vereinen sich in Amphioxus Vergangenheit und Zukunft.

Wirbeltiere im Meer

Anfänge im Süßwasser: Panzerfische und Quastenflosser

Die Hauptstationen der Wirbeltiergeschichte sind bekannt, seit Amphioxus als Vertreter der Ausgangsschicht ihrer Entfaltung erkannt ist. Bei Amphioxus wird der Körper von einer Rückensaite, der *Chorda dorsalis*, versteift. Bei den Wirbeltieren treten festere Skeletteile dazu: als Wirbel, als Hautverknöcherungen, als Kiemenbögen, als Schädelkapsel. Aus dem Silur kennen wir Panzerfische, deren genaue Untersuchung wir schwedischen Paläontologen verdanken. Sie haben die Stücke Lage um Lage geschliffen und so mit allen Hohlräumen rekonstruieren können. Daher wissen wir, daß diese Wirbeltiere noch keine Kiefer besaßen. Sie haben Plankton und Detritus gefressen, die sie dem Atemwasserstrom entnahmen.

Einige von ihnen haben den Atemwasserstrom durch die Nase geleitet, andere atmen durch die hinteren Kiemenöffnungen ein und aus. So konnten sie den Mund zum Saugmund machen, mit Hornzähnen bewehren und sich als Fischräuber (ohne Panzer) bis heute halten – die Schleimfische und die Neunaugen.

Alle anderen Panzerfische dieser ersten Schicht wurden vom späten Silur an durch Fische mit Kiefern abgelöst. Die Kiefer sind umgebildete Kiemenbögen und konnten ihre neue Aufgabe übernehmen, als die zwischen ihnen gelegene Kiemenspalte als Einatemöffnung verkleinert wurde. Als solche ist sie noch bei den Haien und Rochen und in Spuren bei anderen Fischen erhalten. Sie heißt, weil sie Wasser auch ausspritzen kann, wenn die Öffnung gereizt wird, Spritzloch.

Die Kiefer versteifen den Mundrand, der Zungenbeinbogen senkt und hebt den Mundbogen. Damit stand den Wirbeltieren ein sehr viel kräftigerer Pumpmechanismus als bisher zur Verfügung. Mit ihm können auch größere Beutestücke bewältigt werden. Viele Fische, Wassersalamander und einige Schildkröten (die Fransenschildkröten in Brasilien zum Beispiel) fressen noch heute so: Der Mundbogen wird abgesenkt, der Mund geöffnet, und der so erzeugte Sog reißt Wasser und Beute hinein.

Im Mundinnern entstanden Zähne, die die so eingesaugte Beute halten. Auf den Kiefern haben sie sich bei den meisten Wirbeltieren erhalten. Als Hautgebilde können Zähne sogar ersetzt werden. Mit ihnen fängt der große Durchbruch der Wirbeltiere an, zunächst im Wasser, bald auch an Land.

Von den ersten Fischen mit Kiefern (den Placodermen) blieben die einen dem Bodenleben ihrer Vorfahren treu und daher auch gepanzert. Sie wurden im Devon von heute noch lebenden Fischen abgelöst. Eine andere Linie, die Acanthodier, nutzten den versteiften Mund dazu, im freien Wasser nach Beute zu jagen. Sie lebten so bis in das Perm und wurden dann erst von Knochenfischen abgelöst.

Mit der Leistungszunahme der Freßorgane ging die der Fortbewegung einher. Antriebsorgan war die Rumpf- und Schwanzmuskulatur. Hinzu kamen Flossen zuerst als Gleitflächen in der Brustregion, dann weitere. Sie wurden bei den Acanthodiern mit Stacheln, bei den Placodermen mit Innenskeletten versteift. Bei den Stammformen der heute noch lebenden Knorpelfische und Knochenfische waren daraus fleischige Flossen mit einem kräftigen Innenskelett geworden. Sie bilden insgesamt einen Nebenantrieb, der zu dem Hauptantrieb von Rumpf und Schwanz dazugetreten ist. Diese Evolutionsstufe wird heute noch vom Quastenflosser Latimeria vertreten, dem totgeglaubten Urfisch aus Südafrika.

Aus diesen Paddelflossen sind die Kriechbeine der Landwirbeltiere entstanden.

So ausgestattet, haben sich die heute noch lebenden Fische in zwei Linien entfaltet. Die einen sind die Knorpelfische, zu denen Haie und Rochen gehören. Die anderen heißen Knochenfische. Zu ihnen gehören die Lungenfische, die im Erdaltertum und noch im

In ein ursprüngliches Unterwasserfoto einer Latimeria sind hier die Flossenskelette eingezeichnet. Latimeria besitzt wie die ausgestorbenen Quastenflosser Paddelflossen, die als Ruder dienen und mit Skeletten aus Achse und Blatt versteift sind. Aus den paarigen (Brust- und Bauch-)Flossen der Quastenflosser sind die Beine der Landwirbeltiere entstanden. Rücken- und Afterflossen fielen weg.

Die Quastenflosser mußte man für ausgestorben halten. Die letzten ihrer Fossilien sind 60 Millionen Jahre alt. 1938 ging ein Quastenflosser als »lebendes Fossil« ins Netz. Heute wissen wir, daß diese über eineinhalb Meter langen Tiere bei den Komoren nördlich von Madagaskar leben. Sie tragen den Namen Latimeria. Unsere Zeichnung ist nach einem Foto angefertigt, das ein französischer Taucher von einem an die Angel gegangenen und für die Aufnahme wieder freigelassenen Tier gemacht hat.

Erdmittelalter weit verbreitet waren, jetzt aber nur noch in Südamerika, in Afrika und in Australien vorkommen: In den anderen Gegenden sind sie durch modernere Fische und Wassersalamander verdrängt und ersetzt worden. Ebenso lebten vom Devon bis ins Erdmittelalter die Quastenflosser, die, anders als die Lungenfische, einen viel breiteren Mund mit zahnbewehrten Kiefern haben. Aus ihnen sind noch im Devon die anderen Knochenfische und die Landwirbeltiere entstanden. Sie selbst mußten als ausgestorben gelten. Mit dem Ende der Kreidezeit hörten die Fossilien auch auf der Linie auf, auf der sie seit dem Devon im Meer lebten.

Wenn heute ein Tourist in Afrika hinter einem Busch die noch warmen Knochen eines eben gegessenen Sauriers entdeckte, wäre die Sensation nicht größer, als sie es 1938 war. Damals brachte ein Fischdampfer das erste Exemplar des Quastenflossers Latimeria ans Tageslicht. Nach dem Krieg sind mehr gefunden worden, und zwar bei den Komoren nödlich Madagaskars. Das erste (konservierte) Exemplar kam 1966 zu wissenschaftlichen Untersuchungen in die Bundesrepublik.

Was wir an ihm über die Geschichte der Wirbeltiere gelernt haben, ist mit in diese

Die Wasserwirbeltiere: Die Geschichte der Wasserwirbeltiere hatte von den Panzerfischen bis zu den Barschen das Süßwasser zum Hauptschauplatz; auf allen erreichten Evolutionsstufen sind zahlreiche Formen in das Meer eingeschwommen. Zu ihnen sind später Rückkehrer vom Land getreten, dessen Wirbeltiere von Quastenflossern des Süßwassers abstammen.

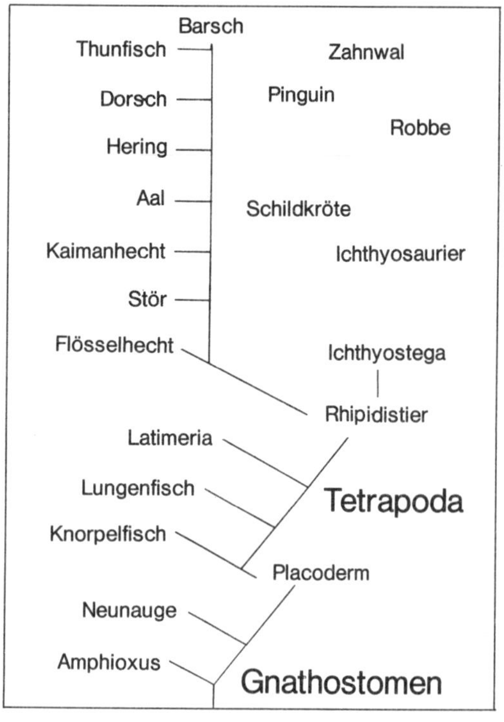

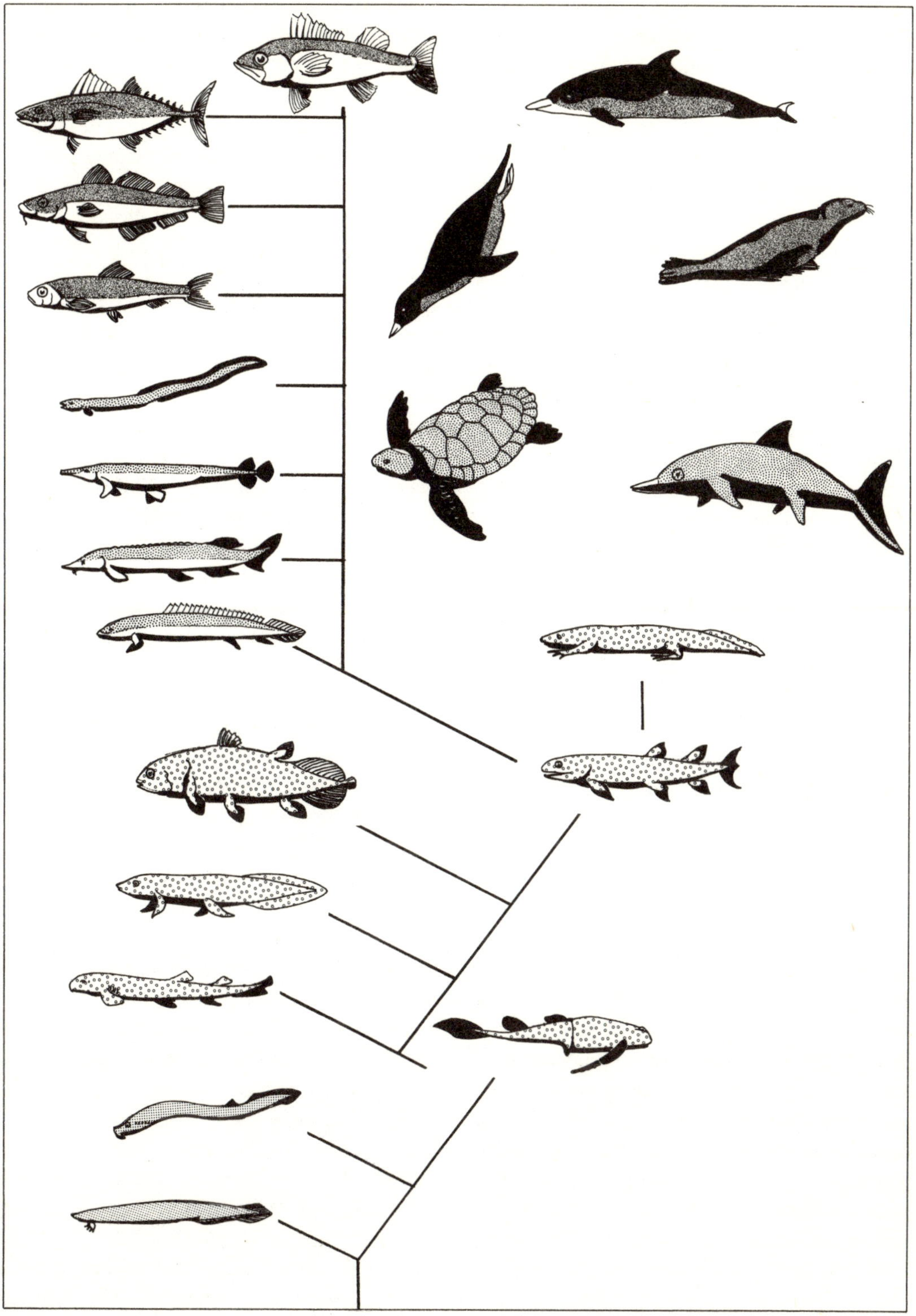

Darstellung eingegangen. Aus der Auffindung der Latimeria ersehen wir erneut, wie lückenhaft die paläontologischen Befunde sind. Latimeria ist kein »kleiner Fisch«, das kleinste bisher geangelte Exemplar ist einen Meter lang, unseres 1,60 Meter. Und dennoch ist aus den Erdschichten der 60 Millionen Jahre, die seit Ende der Kreidezeit verflossen sind, nicht eine Spur dieser Fische gefunden worden. Wie die Landwirbeltiere entstanden sind, werden wir später erörtern. Hier interessiert uns die Geschichte der anderen Fische. Sie setzt im Devon mit den ersten Knochenfischen im engeren Sinn ein. Von ihnen leben noch die Flösselhechte in Afrika und die Störe, beide (bis auf die Löffelstöre) Bodenfische.

Im Trias und im Jura treten an ihre (und der noch älteren Acanthodier) Stelle Fische, die sich bereits von ihrer Schwimmblase tragen lassen und so das freie Wasser mit geringerem Energieaufwand besiedeln konnten. Von ihnen leben noch der Schlammfisch Amia im Süßwasser und die Kaimanhechte im Süß- und Meerwasser Amerikas. Von der Kreide an bestimmen in einer explosionsartigen Entfaltung die modernen Fische das Bild, nach ihrem endständigen Mund Teleosteer genannt. Die Ursache für ihren Evolutionserfolg liegt darin, daß bei ihnen die Wirbel sich zur Wirbelsäule zusammenschließen und nunmehr diese Wirbelsäule als Innenskelett mit der Muskulatur zusammenwirkt. Bis dahin hatten die Hauptplatten und Schuppen als Außenskelett gedient.

Jetzt fallen diese schweren Schuppen weg. Die leichter gewordenen Fische können nunmehr die Weiten der Gewässer mit besseren Schwimmleistungen als je zuvor besiedeln. Auch die weiter im Süßwasser und mit Bodenbindungen lebenden Fische profitieren davon und bilden immer bessere Schwimmapparate aus. Sie tun das in drei Hauptlinien, von denen eine ganz aufs Süßwasser beschränkt bleibt. Die beiden anderen gehen überwiegend oder zum Teil ins Meer. Wir werden sie sofort beschreiben.

Die Evolutionsschritte der Wirbeltiere, die wir eben skizzierten, haben sich mit größter Sicherheit im Süßwasser abgespielt. Neben der Entstehung der Landpflanzen, die über das Süßwasser erfolgt ist, hat dieser Lebensraum damit ein zweites Mal eine Schlüsselrolle für die Entstehung der Landlebewesen und damit der Ökosysteme höchster Leistungsfähigkeit gespielt. (Welche Rolle er bei der Entstehung der Insekten gespielt hat, läßt sich noch nicht beurteilen.) Sowohl die Knochen – und damit die Skelette der Wirbeltiere – als auch die Nieren – und damit wiederum zentral wichtige Stoffwechseleinrichtungen – sind offensichtlich als Anpassungen an das Süßwasser entstanden. Diese Zusammenhänge stellen sich folgendermaßen dar:

Das Süßwasser hat eine weit geringere Salzkonzentration als das Seewasser. Manche Meerestiere können eine weitgehende Aussüßung des Wohngewässers vertragen. Miesmuscheln und manche Meeresfische, um nur einige zu nennen, leben in der Ostsee noch dort, wo der Salzgehalt nur noch wenige Promille beträgt. Sie bleiben dann vielfach kleiner als in der Nordsee. Viele Meerestiere können sich nicht umstellen. Andere Süßwassertiere haben grundsätzlich neue Lösungen für auftretende biochemische und biophysikalische Probleme gefunden. Diese beruhen darauf, daß Wasser durch lebendige Membranen zum Ort geringerer Salzkonzentrationen durchtritt. Meerestiere nehmen deshalb im Süßwasser Wasser auf und brauchen darum Mechanismen, um es wieder ausscheiden zu können. Diese Funktion haben bei den Wirbeltieren wie bei anderen Tieren die Nieren übernommen.

Mit dem eintretenden und wieder ausgeschiedenen Wasser strömt in die Körper

Kalk ein, das im Süßwasser häufigste Mineral. Die frühen Wirbeltiere scheiden ihn im Körper durch besondere Zellen aus und lagern ihn im Körper ab. Das erste Gewebe, in dem dies vor sich ging, war die Körperhaut. Das führte zur Bildung von Panzern. Diese haben gleichzeitig den Vorteil, daß sie den größten Teil des Körpers gegen die Wasseraufnahme abriegeln und diesen auf Kiemen und Darm beschränken. Der Panzer bildet außerdem einen mechanischen Schutz und ein Außenskelett, und der so abgelagerte Kalk bildet gleichzeitig ein körpereigenes Reservoir für Phosphor, der in den ursprünglich verwendeten Kalkverbindungen enthalten war.

Zum Außenskelett ist dann bei den Wirbeltieren die Kalkablagerung im inneren Bindegewebe getreten, das sonst – und bei den Embryonen noch zuerst – mit Knorpel versteift war. Dieses Innenskelett wurde dann zur Ansatzfläche und zum mechanischen Gegenspieler der Bewegungsmuskeln und damit zum Bestandteil des Bewegungsapparates. Mit ihm ausgestattet, konnten die Wirbeltiere später auch das Land besiedeln. Das werden wir im nächsten Kapitel verfolgen. Wir müssen uns zunächst den Wirbeltieren zuwenden, die aus dem Süßwasser erneut das Meer besiedelt haben, und dann denen, die vom Land aus, nach einem weiteren Umweg, wieder ins Meer zurückgekehrt sind.

Meistens verkannt:
Haie und Rochen

Wer als Schiffbrüchiger im Meer treibt, droht mitten im Wasser zu verdursten, denn das salzige Meerwasser entzieht dem Körper Wasser. Trinkt er Meerwasser, wird der Zustand noch schlimmer: Der Salzgehalt des Körpers erhöht sich und bindet immer mehr Wasser des Gewebes.

Tiere, die an das Süßwasser angepaßt sind, müssen sich bei der Rückkehr in das Meer erneut umstellen. Sie müssen nunmehr mit der höheren Salzkonzentration des Meeres fertig werden.

Die Knochenfische und die ehemaligen Landtiere haben dazu leistungsfähige Salzausscheidungsmechanismen. Die vermutlich

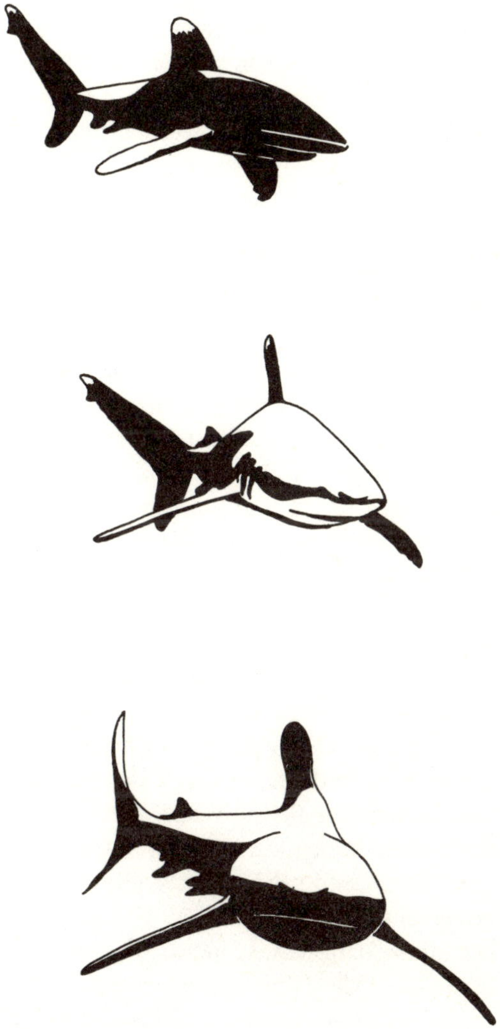

Angreifender Hai.

ersten Rückkehrer aus dem Süßwasser benutzen einen anderen physiologischen Trick. Sie speichern im Blut und in den Geweben organische Verbindungen, die die Konzentration der Körperflüssigkeiten der des Meerwassers angleichen, für den Körper aber chemisch neutral sind. Das tun die Knorpelfische, die Harnstoff und einen verwandten Stoff, das Trimethylamin, im Blut und im Gewebe bis zu 3 Prozent Konzentration erreichen lassen. Diese Konzentration vertragen andere Wirbeltiere nicht. Die Haie und die Rochen leben damit. Schwimmen sie, wie das Sägefische, manche Haie und viele Rochen tun, dann wiederum in Flüsse ein, senken sie den Harnstoffgehalt so weit, daß ihre physiologischen Mechanismen mit dem Restunterschied fertig werden.

Die Fähigkeit zur Harnstoffspeicherung ist vermutlich alter Besitz der Wirbeltiere. Die Lungenfische in Afrika und Südamerika speichern Harnstoff ebenfalls in ihren Körpern, wenn sie, während der sommerlichen Trockenzeiten eingegraben, in dem dann ausgetrockneten Schlamm ihrer Wohngewässer verbringen. Sie können dort, in einen Schleimmantel eingehüllt, bis zu zwei Jahren oder länger liegen und wachen erst wieder bei Süßwasserzufuhr auf. Öffnet man einen solchen Schleim- und Schlammkokon, entströmt ihm ein stechender Ammoniakgeruch – genau der gleiche Geruch, den tote Haie und auch Rochen aufweisen, wenn man sie auch nur etwas liegen läßt. Auch eine Froschart auf den Philippinen, die im Seewasser lebt und laicht, regelt den Körpersalzhaushalt auf gleiche Weise. Alle anderen Wirbeltiere haben die Fähigkeit dazu verloren. Für sie sind solche Harnstoffkonzentrationen giftig.

Mit dieser Umstellung haben die Knorpelfische auch die Fähigkeit aufgegeben, Knochen als kalkausscheidendes Gewebe aufzubauen. Sie leben mit dem knorpligen Innenskelett. Schuppen und Deckknochen außen auf dem Körper haben sie nicht. Sie können in dem Knorpel Kalk ablagern und ihm große Festigkeit verleihen; aus ihren Wirbelsäulen macht man Spazierstöcke. Hartteile können sie also, wo es nottut, durchaus bilden. In der Haut tragen sie kleine Zähne; die Zähne, die die Haut der Kiefer überziehen, bilden bei den ersten Haien und noch bei der Mehrzahl der heute lebenden rauhe und feste Flächen zum Zermahlen ihrer Nahrung. Bei den Räubern unter ihnen sind sie größer, die Einzelzähne spitzer geworden, und meistens stehen nur noch ein oder zwei Reihen von ihnen aufrecht. Sie bilden die schrecklichen Reiß- und Beißgebisse, in denen jeder ausgefallene Zahn sofort durch einen schon dahinter liegenden ersetzt wird.

Die Haie sind ursprünglich Bodenfische, und heute noch lebt ihre Mehrzahl so. Frühzeitig haben einige von ihnen den Tintenfischen im freien Wasser nachgestellt. Als dann die Knochenfische in großer Zahl ins freie Meer ausschwärmten, folgten ihnen Haie nach. Die Namen Heringshai und Makrelenhai zeigen diese Beziehung an. Eine weitere Nahrungsquelle für große Raubfische bildeten dann, noch wieder später, die ins Meer eingeschwommenen Säugetiere. Robben haben in Haien neben den Raubwalen ihre größten Feinde. Diesen Haien, die natürlich auch Menschen angreifen, verdankt die ganze Gruppe ihren Ruf. Einige Haie und einige Rochen haben direkt die Nahrung erschlossen, von der die meisten Hochseefische leben: Walhai und Riesenhai sowie die großen Teufelsrochen leben von Garneelen, von Flügelschnecken und von kleinen Fischen. Sie gewinnen sie, indem sie ungeheure Wassermengen durch ihren Mund und die vergrößerten Kiemenspalten leiten und mit Reusen im Mund die Nahrung aus ihm filtern.

Diese Knorpelfische, die ihre Nahrung in der

Hochsee finden, brauchen zumeist auch für die Fortpflanzung nicht mehr in flachere Gewässer zu schwimmen. Usprünglich legen Haie und Rochen Eier ab – wenige, in eine Hornschale eingeschlossen (in der der Embryo zunächst gegen das Seewasser abgekapselt ist). Manche Haie und Rochen tragen die Eier in ihrem Körper aus, und einige von ihnen bilden gar keine Eischalen mehr. Die Jungen nehmen dann nicht nur Sauerstoff, sondern auch Nahrung auf – zerfallene Dotter anderer Eier, die sich nicht entwickeln, oder Ausscheidungen aus der Wand des Fruchtbehälters. Das tun sie über lange Kiemenfäden oder über eine plazentaartige Verbindung zwischen Dottersack und Wand des Uterus. Das hat bereits vor zweieinhalbtausend Jahren der griechische Gelehrte Aristoteles beschrieben.

Von Haien, Rochen und Seekatzen (einer dritten, artenarmen Gruppe von Knorpelfischen) gibt es etwa 400 Arten. Ihre Schwestergruppe, die Knochenfische, umfassen rund 20 000 Arten, die aus Knochenfischen entstandenen Vierfüßler und Vögel etwa ebenso viele. Von zwei gleich alten Stammlinien, die aus der gleichen Wurzel stammen (ausgewiesen durch den beiden gemeinsamen Besitz von Flossen mit einem bestimmten Bau des Innenskeletts und anderen Merkmalen), hat die eine einhundertmal so viele Arten ausgebildet wie die andere. Die Einbeziehung der fossilen Arten ändert dies Zahlenverhältnis nicht. Woran liegt das? Beide Linien haben bis heute überlebt – insofern ist ihr Evolutionserfolg gleich. Die Knorpelfische haben nicht etwa überhaupt keine weitere Entwicklung erfahren, wie das bei einigen anderen alten Linien von Pflanzen und Tieren der Fall ist. (Diese heißen deshalb »Lebende Fossilien«; sie konnten lange Zeiträume unverändert überdauern, weil ihre früh ausgebildeten Lebensweisen bis heute unverändert möglich sind.)

In der Geschichte der Knorpelfische hat sich durchaus einiges ereignet, und sie haben bis heute, in der jüngsten Erdgeschichte, neue Formen hervorgebracht. Der unübersehbare Unterschied zwischen ihnen und den Knochenfischen muß andere Gründe haben. Wir sehen sie in folgendem:

Die Knorpelfische haben mit der Bildung von Knochen auch die Hautknochen und damit unter anderem die meisten Schädelknochen aufgegeben und verloren. Ihre Kiefer bestehen aus vier Stücken: zwei Oberkieferästen und zwei Unterkieferästen. Sie formen einen leistungsfähigen, relativ grobschlächtigen, aber für bestimmte Ernährungsweisen ausreichenden Mundapparat. Mit ihm können sie bis heute Brockennahrung bewältigen; einige wenige fressen große Mengen kleinerer Tiere. Die Knochenfische und ihre Nachfahren auf dem Land traten ihren Eigenweg mit einer Unzahl von Schädelknochen an, die jeden Studenten zunächst einmal zur Verzweiflung bringen, wenn er sie lernen will. Diese Vielzahl ermöglichte aber ihren Besitzern die Ausbildung von allen möglichen Ernährungsweisen und an sie angepaßte Mund- und Schädelkonstruktionen. Die Knochenfische haben damit die Kleinlebewelt im Wasser und die Pflanzen, das Plankton, die Algen am Boden und sogar die kleinsten Tiere zu fressen gelernt. Auch für das Leben an Land bot dieser abwandlungsfähige Schädel eine Fülle von Möglichkeiten.

So sehen wir, wie mit zunächst vergleichbarer Grundausstattung – die Knorpelfische konnten und können mit ihrer Garnitur an Schädelelementen ja bis heute leben – erhebliche Unterschiede an Evolutionsmöglichkeiten verbunden waren. Das zeigt der Vergleich von Knorpel- und Knochenfischen ganz besonders deutlich, und das macht die Knorpelfische zu einem Lehrbeispiel der Evolutionsbiologie.

Drei große Wellen: Die Knochenfische

Die Knochenfische haben, um damit zu beginnen, die Fortpflanzung im freien Meer anders bewältigt als die Knorpelfische. Auch von ihnen sind die meisten als Bodenlaicher aus dem Süßwasser gekommen. Die meisten Meeresbarsche laichen noch heute am Boden, so die Anemonenfische im Schutz der Seerosen, die sie bewohnen. Die Knochenfische sind ins Meer gekommen, als die inneren Häute ihrer Eier bereits den hohen Salzgehalt abwehren konnten. Sie brauchen deshalb keine dicken oder festen Kapseln, und deshalb konnten sie auch die Eileiter aufgeben, in denen die Eier auf dem Weg aus dem Eierstock ins Freie mit Gallerthüllen umgeben werden, wie das noch bei den Lungenfischen und auch bei den Molchen und Fröschen geschieht – dort allerdings als Schutz gegen den niedrigeren Salzgehalt des Süßwassers. Die Eileiter mit dieser Drüsenfunktion sind bei den Wirbeltieren ursprünglich der Engpaß, der die Zahl der Eier begrenzt, die abgelegt werden können. Mit seiner Beseitigung sind die riesigen Eimengen möglich, die Süßwasserfische wie die Karpfen und viele Meeresfische produzieren. So legen Heringe und Dorsche Eimillionen ab. Die Eier können natürlich nicht viel Dotter mitbekommen, und deshalb schlüpfen dann die jungen Fische noch sehr klein. Sie müssen deshalb andere Nahrung fressen, als ihre Eltern bewältigen können. Sie finden sie im Plankton reichlich und nutzen damit eine Nahrungsgröße aus, die ihren Eltern und damit den Fischen sonst verschlossen war. So bilden Fischeier und Larven einen Bestandteil des Planktons, von dem wieder zahlreiche andere Tiere leben. Dennoch geht die Gesamtrechnung für die Fischarten, die die vielen Eier produzieren, auf.

Von den drei großen Linien der Knochenfische haben zwei das Meer erneut besiedelt. Zur ersten Linie zählen die Aale und die Heringsfische. Die Aale sind gleichsam als Fußgänger ins Meer gekommen, sie schwimmen wenig und leben am Boden. Das trifft für die Muränen und die Röhrenaale zu, die wir bereits eingangs geschildert haben. Es gibt von ihnen mehr als zwei Dutzend Familien. Einige von ihnen, die Echten Aale, haben wiederum das Süßwasser als Platz erschlossen, an dem sie als Aalfresser und Räuber am Boden leben. Zur Fortpflanzung kehren sie nach wie vor ins Meer zurück. In Indonesien und in Ostasien laichen die Aale dicht vor ihren Küsten. Die europäischen und die nordamerikanischen Aale suchen noch heute jene Stelle auf, die einst vor der Küste der beiden Kontinente lag. Als Nordamerika und Europa dann immer weiter auseinander rückten, verlängerten die Aale ihre Schwimmstrecke. Sie treffen sich heute mitten im Atlantik in der Sargasso-See.

Die Heringsfische sind im Meer an der Oberfläche geblieben. Einige von ihnen leben noch im Süßwasser, andere kehren zum Laichen in Flüsse oder auf den Schelf zurück. Sie haben das Plankton als unerschöpfliche Nahrung erschlossen und sind die ökologisch und für die Fischerei wichtigste einzelne Fischgruppe. Sie fressen vornehmlich die Copepoden, die Ruderfußkrebse, die in unvorstellbaren Mengen vom noch reichlicheren pflanzlichen Plankton leben, in erster Linie den Diatomeen. Wie diese sind sie deshalb auf die produktivsten Meeresgebiete mit kälterem und nährstoffreicherem Tiefenwasser beschränkt.

Außer den Aalen am Meeresgrund und den Heringsfischen an der Oberfläche haben Angehörige dieser ersten Welle von Meeresfischen auch bereits die Tiefsee besiedelt. Damit waren alle großen Lebensräume des Meeres bereits einmal von Wirbeltieren eingenommen.

Die zweite große Linie der Fische ist auf das

Süßwasser beschränkt geblieben. Die dritte Linie stellt dafür die beiden weiteren großen Einwandererwellen, mit denen Fische die Nahrung des Meeres nutzen.
Zu den planktonfressenden Heringsfischen sind als weiterer großer Schub die Dorschfische getreten. Sie fressen größere Beute, vor allem am Grund, aber auch im freien Wasser: Muscheln, Krebstiere, Würmer, Stachelhäuter, aber auch kleinere Fische vieler Arten. Auch Dorsche sind auf relativ ertragreiche Gewässer angewiesen und somit vorwiegend Charakterfische kälterer Meere.
Das ließ noch Raum für einen dritten Schub. Er wird von den Barschfischen gestellt. Das sind die Fische mit dem höchstentwickelten Schwimmvermögen. Sowohl an Körperbeherrschung als auch an Schnelligkeit übertreffen die Barsche alle anderen Fischgruppen. Das geht einher mit einem hochentwikkelten und reich differenzierten Verhalten, das sie zu Haustieren der Verhaltensforschung werden ließ. Wer Buntbarsche des Süßwassers oder ihre Verwandten der Felsküsten und Korallenriffe des Meeres beim Nestbau und bei der Brutpflege beobachtet, weiß nicht, was er mehr bewundern soll: die Fähigkeiten, mit winzigen Bewegungen der Flossen jede Schwimmlage zu meistern oder gezielt nach Nahrung noch in engen Spalten zu suchen, die Bindung eines Elternpaares aneinander und ihre oft gemeinsamen Bemühungen um Laichplatz, Laich und Junge. Korallenbarsche und Schmetterlingsfische leben oft in Paaren, schwimmen mit ihren Jungen in Trupps, bilden enge Gemeinschaften mit gemeinsamen Wohnhöhlen, schließen in ihre Trupps Putzfische aus anderen Arten ein. Die kleineren von ihnen fressen im Sand und von Tangen und Felsen alles, was dort lebt und wächst, die größeren unter ihnen sind pirschende Räuber; weidende Pflanzenfresser, Korallenfresser mit Knackgebissen und jagende Zackenbarsche leben so miteinander. Die Formenvielfalt ist so groß wie die Zahl der Lebensweisen, die hier möglich sind, und niemand unter den Fachleuten übersieht sie ganz. Einzelne Entwicklungslinien können wir verfolgen, wie zum Beispiel die, in der die Plattfische die räuberische Lebensweise der Zackenbarsche auf Flachgründe des Meeres übertragen haben.
Als Räuber haben die Barschfische unter Ausnutzung ihres Schwimmvermögens dann noch einmal die Hochsee erschlossen: als Räuber, die weite Strecken zurücklegen müssen, um in den nährstoffarmen, wenig dicht besiedelten Gebieten der warmen Meere genug Beute zu finden und sie dann ebenso im schnellen Schwimmen zu jagen und zu schnappen. So durchstreifen Thune und Schwertfische die weiten Ozeane, ihr Fleisch mit kräftigen Fasern, reich durchblutet, mit Körpertemperaturen bis zu zehn Grad über der des Meeres. Wir werden Parallelen dazu unter den Vögeln und den Säugern sehen: der über riesige Strecken segelnden Albatrosse und der weite Entfernungen zurücklegenden Delphine.
Heringsfische, Dorsche und Thune sind wirtschaftlich wichtig, weil sie in großen Mengen vorkommen und als Schwarmfische leicht zu befischen sind. Die Heringe schwimmen blindlings in Stellnetze. Dorschen muß der Mensch mit Angeln oder Schleppnetzen nachstellen. Die räuberischen Thune beißen auf Blinker, wenn ihre Freßlust durch gleichzeitig vorgeworfene Köder erweckt wird, oder ziehen auf ihren Laichzügen unter der Küste in riesige, von Netzwänden gebildete Todesfallen. Heringe speichern Energie als Fett in ihren Muskeln und sind deshalb so gut zum Räuchern; Dorsche haben den Fettvorrat in ihrer Leber, ihr mageres Fleisch läßt sich besser kochen und zur Konservierung trocknen; Thune und Makrelen lagern Fett wiederum in ihren Muskeln ab und ent-

falten ihren Wohlgeschmack am besten beim Grillen. So spiegeln noch Fang und Verwertung ihre Eigenschaften wider, mit denen sie im Meer eine ökologische Zone nach der anderen erschlossen haben.

Rückwanderer vom Land: Schildkröten, Robben, Wale

Zu den Fischen haben sich im Meer weitere Wirbeltiere gesellt, die einen noch größeren Umweg gemacht haben: Kriechtiere, Vögel und Säuger, die aus Landtieren zu Meeresbewohnern geworden sind.

Was Wassertiere im Wasser erreichen konnten, das haben die Fische erreicht. Die luftatmenden Abkömmlinge von Landtieren, die Vögel und die Säuger unter ihnen mit ihrem neuen Stoffwechselniveau und ihrer ständig aufrecht erhaltenen Eigenwärme, haben neue Lebensweisen hinzugefügt. Diese Schicht hat die der Fische überlagert, ohne daß es erkennbar zu Verdrängungen der älteren gekommen ist. Dagegen scheinen innerhalb der jüngsten Schicht, der der ehemaligen Landwirbeltiere, solche Verdrängungen passiert zu sein. Die Meeressaurier sind jedenfalls verschwunden. An ihrer Stelle leben im Meer Robben und Wale. Wir wissen nicht, ob diese Meeressäuger die Meereskriechtiere noch angetroffen und zum Aussterben gebracht haben. Im Fossilnachweis klafft eine Lücke zwischen den letzten Sauriern in der Kreide und dem Auftreten der ersten Meeressäuger. Eine andere Ursache für das viel erörterte Aussterben der Meeressaurier in der Kreidezeit könnte darin liegen, daß in dieser Zeit die Tintenfische weitgehend verschwunden sind, vermutlich abgelöst durch die in großer Zahl ins offene Meer einschwimmenden Knochenfische. Vielleicht konnten die Meeresreptilien diese Umstellung nicht mitmachen? Dafür traten dann später Vögel und Säuger auf, die die Fische als neue Nahrungsquelle nutzten.

Wir können diese Fragen hier nur stellen. Sie ergeben sich jetzt erst aus unserem neuen Ansatz. Bisher ist das Tatsachenmaterial für diese Art von Fragen noch nicht ausgewertet worden, weil jeder Spezialist die Ursache für das Aufblühen und Vergehen in der Gruppe sucht, an deren Schicksal er interessiert ist.

Wir können deshalb hier nur registrieren. Die Ichthyosaurier (lebendgebärend wie die Hochseehaie und so vom Land völlig unabhängig) und andere Meeresechsen sind vergangen. Geblieben sind die Galapagos-Leguane, ein paar Arten Meeresschildkröten und die Seeschlangen, die echten. Bei Nessie wollen wir uns nicht festlegen.

Den Meereskriechtieren sind Meeressäuger gefolgt. Seekühe, die es im Süßwasser gibt, haben auch die Meergraswiesen entdeckt. Otter, die ebenfalls ihre Verwandten im Süßwasser haben, sammeln in den Tangwäldern der Pazifikküsten Seeigel und fressen sie. Die großen Gruppen aber sind die Robben und die Wale.

Robben sind Fisch- und Muschelfresser. Sie suchen ihre Nahrung im Wasser, leben aber sonst an Land. Sie sind fast ausnahmslos an kalte Meere und Strömungen und deren Fettweiden gebunden.

Demgegenüber haben sich die Wale zunächst – nämlich mit den Zahnwalen – auch die warmen Meere erschlossen. Sie können, anders als die Robben, ganz im Wasser leben und brauchen überhaupt nicht mehr an Land zu gehen. Sie sind schnelle Schwimmer wie die Thune, deren Körperumriß dem ihrigen nicht zufällig ähnelt: Sie zeigen, wie auch die Hochseehaie, die Form, die von den hydrodynamischen Gesetzen für schnelle Schwimmer erzwungen wird.

Seit Mitte des Tertiärs haben die Delphine ihre Sozial- und Kommunikationssysteme entwickelt, in denen sie sich gegenseitig beistehen in Gefahr und bei Geburten, beim Jagen und im Spiel. In diese ihre Gemeinschaft schließen sie Menschen ein: Delphine haben Menschen vorm Ertrinken gerettet und gegen Haie geschützt, und in Neuseeland hat ein Delphin Kinder von sich aus auf sich reiten lassen.

Die Zeitangaben können wir machen, weil sich an den fossilen Schädeln die Gehirngröße feststellen läßt. Die Technik, aber vor allem diese Fragestellung, hat Dr. Tilly Edinger aus Frankfurt entwickelt, nachdem sie seit 1934 in den USA arbeiten mußte.

Bei den Zahnwalen haben die Gehirne Größen erreicht, wie sie kein anderes Tier aufweist. Sie sind mit denen der Menschen nicht direkt vergleichbar, weil sehr viel Hirnsubstanz dem Hören dient. Die Orientierung im Raum und die soziale Kommunikation nur mit Lauten ist aber sehr viel aufwendiger als die optische, was die Zahl der benötigten Gehirnzellen betrifft. Im Wasser aber ist sie weitaus besser als das Sehvermögen: Die Sicht ist nie sehr weit, der Schall kann ganze Meere überbrücken.

Neben den Zahnwalen sind die Bartenwale aufgeblüht. Sie sind nach den Hornplatten im Mund benannt, mit denen sie relativ kleine Nahrung aus dem Wasser fangen: den Krill, das sind Garneelen, Flügelschnecken und anderes mehr. Sie überspringen damit einige Stationen der Nahrungsketten, an deren Ende sie als Räuber erst gestanden haben. Deshalb können sie so groß werden.

Sie sind mit ihrer Ernährung darauf angewiesen, wenigstens einen Teil des Jahres in den Gebieten hoher Nährstoff- und Nahrungsdichte zu verbringen. Das macht sie zu Wanderern zwischen der Nord- und Südpolarregion und die Antarktis zum Hauptlebens- und Fanggebiet. Die Leistungen, die hier gefordert werden, sind beträchtlich. Deshalb mußten die Wale so groß werden.

Über die Bartenwale kann man als Biologe nur mit tiefer Betroffenheit und Trauer schreiben. Das hat nichts mit falscher Romantik oder Gefühlsduselei zu tun. Bei den Walen hat sich früher als bei anderen Tieren gezeigt, wohin menschliche Unbesonnenheit führt. Es wäre leicht möglich gewesen, genug von ihnen und damit auf die Dauer einen lebensfähigen Walfang zu erhalten. Jetzt ist es für einige Arten vermutlich zu spät. Ob wir den Krill jetzt selber essen können, wissen wir noch nicht. Leider können wir nicht diejenigen auf Krill-Diät setzen, die für unser Versagen verantwortlich sind.

Außer den Meeressäugern beteiligen sich auch Vögel an der Ausnutzung der Nahrung aus dem Meer. Sie sind natürlich alle noch ans Land gebunden, wenigstens für die Zeit der Eiablage. Für die Seevögel hatte man schon länger entdeckt, daß ihr Vorkommen mit der Nährstoffkonzentration zusammenhängt. Amerikanische Biologen haben ausgezählt, wie oft am Tag im Atlantik Albatrosse getroffen werden. Diese Zahlen entsprachen sehr genau den Unterschieden in der Planktondichte.

Daneben gibt es aber einen noch weit deutlicheren, qualitativen Unterschied. Die Albatrosse leben, mit ihren riesigen Flügeln weite Strecken im energiesparenden Segelflug zurücklegend, über den warmen Meeren. Sie sind auf Winde angewiesen und überqueren daher den windstillen Tropengürtel nur selten nach Norden. Hier oben aber leben andere Fleischfresser: die Alken und die Lummen mit vielen anderen Tauchern, Sturmvögeln und Möwen. Sie haben auf der Südhalbkugel ihre Gegenstücke, unter ihnen die nur dort vorkommenden Pinguine. Sie alle sind Weidegänger der kalten, nährstoffreichen Auftriebswasser.

Dieser Zusammenhang ist vielen von uns durch die Verhältnisse in Peru bekannt geworden. Hier leben im Humboldt-Strom riesige Sardinenmengen. Die Kormorane und anderen Vögel, die von ihnen leben, haben auf ihren Inseln und Wohnplätzen auf dem Festland Felsen von Guano aufgehäuft. Alexander von Humboldt hat die ersten Proben nach Europa gebracht, Justus von Liebig ihren Wert als Dünger erkannt. Bis in dieses Jahrhundert hinein war der Guano die wichtigste neue Stickstoffquelle für die europäische Landwirtschaft – und die europäischen Pulvermühlen.

Hier haben die Guanovögel im großen wiederholt, was schon immer ihre Rolle im Gesamthaushalt der Biosphäre ist: Sie überführen einen Teil der Meeresproduktion ans Land. Der andere Weg wird überall befahren: Jeder Strom trägt Sedimente, jeder Kubikmeter Wasser auch organische Substanz vom Festland in das Meer. Zurück gelangt in langem Zeitraum manches, wenn sich Küsten heben und trockenfallen. Vögel entnehmen dem Meer laufend Nahrung und scheiden ihre stickstoffhaltigen Abfälle an Land aus. Das spielt auf ozeanischen Inseln, vor allem auf Koralleninseln, eine Rolle, weil diese sonst kaum andere Stickstoffquellen haben. So steht denn am Abschluß unserer Betrachtung der Geschichte der Tiere im Meer eine Erinnerung daran, daß Meer und Land nicht nur in der Geschichte der Lebewesen, sondern auch im Stoffwechsel verbunden sind.

Ein Blick zurück:
Die Überschichtung

Wir werfen einen Blick zurück auf die Geschichte des Lebens im Meer. Unser produktionsbiologischer Ansatz hat uns gezeigt, warum im Meer immer neue Tiergruppen entstehen konnten. Zu den vorhandenen kamen neue Formen mit höherer Leistung, höheren Ansprüchen und stärker differenziertem Körperbau hinzu. Sie haben die Hauptnahrungsquellen des Meeres, das Plankton und den Detritus, in immer wieder neuer Weise genutzt und zugleich das Nahrungsangebot und die Produktion im Meer wiederum gesteigert. Auch und gerade festsitzende Tiere erzeugen Eier und Larven, die im Wasser treiben; das Plankton besteht heute zum guten Teil aus ihnen. Sie beschleunigen den Stoffumsatz und schaffen damit Voraussetzungen für eine intensive Produktion: Diatomeen und Copepoden bilden nicht nur eine Nahrungskette, sondern einen produktiven ökologischen Verbund. In den Korallenriffen bilden die gekammerten Teilkreisläufe von symbiontischen Algen im tierischen Gewebe die Grundlage für die Produktivität dieser Ökosysteme.

Wir können bei diesem ersten Versuch, das Leben im Meer so zu erfassen, fünf Schichten unterscheiden. Es ist jedoch noch unendlich viel zu tun, bevor sie genau abgegrenzt und alle einzelnen Untergruppen eingeordnet werden können. Zur ersten Schicht rechnen wir die Mikroorganismen und die Einzeller mit relativ geringem Stoffumsatz. Zu ihnen sind als zweite Schicht Vielzeller getreten, die noch gelöste Nahrung aus dem Meerwasser, auch durch die Außenhaut, aufnehmen und auch andere Stoffwechselvorgänge weitgehend noch über die Außenhaut abwickeln. Dazu rechnen wir die Hohltiere und die niederen Würmer, die zum Beispiel auch noch ohne Sauerstoff im Schlamm oder im Abfall leben können – zumindest zeitweise.

Die dritte Schicht wurde von den Weichtieren und den Cölomaten aufgebaut – von Tieren mit stärker funktionsgegliedertem Körper und größeren Umweltansprüchen. Innerhalb der Cölomaten haben die primären Wasserwirbeltiere, die Fische, eine vierte Schicht begründet. Zu ihnen sind als deutlich überlegene, fünfte Leistungsschicht die Wirbeltiere getreten, die vom Land in das Meer zurückgekommen sind.

Diese Schichten sind nicht in starren Kategorien geordnet, sondern durchlässig. Die

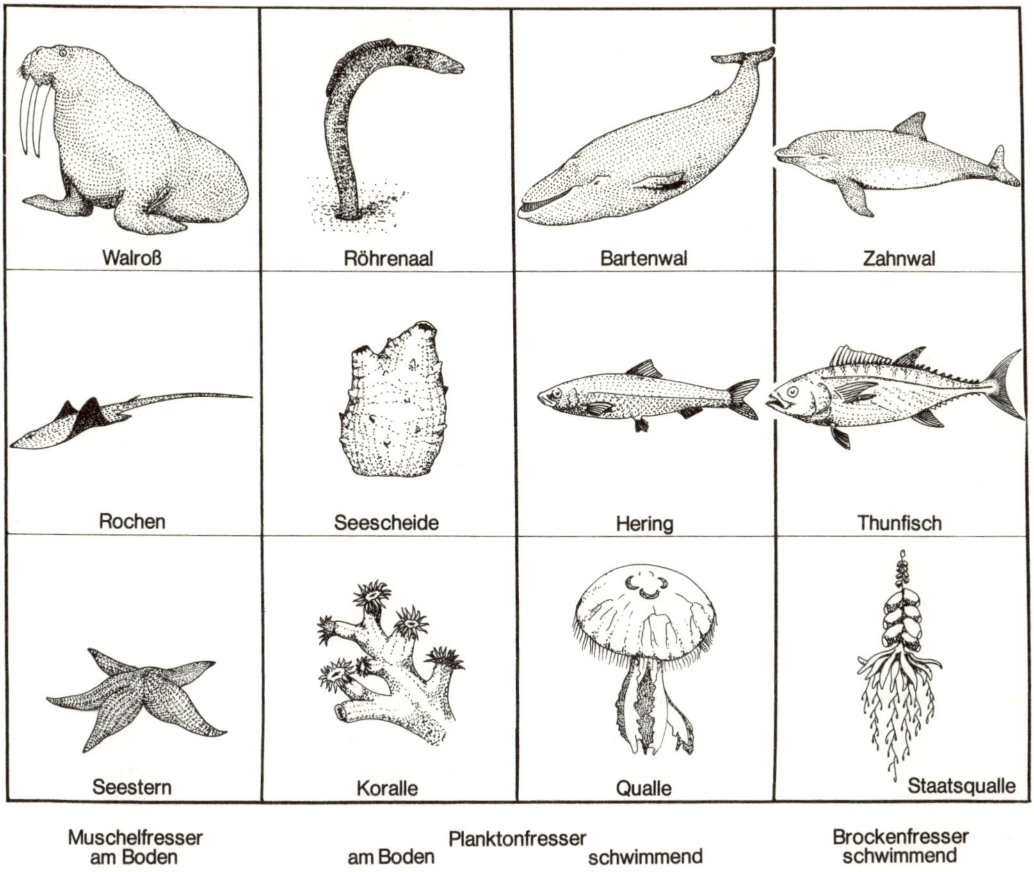

Vier Beispiele der Überschichtung im Meer.

Riffkorallen gehören mit ihrer Stoffwechselleistung einer höheren Schicht als andere Hohltiere an. Ebenso gehören vermutlich die Krebstiere des offenen Meeres in eine Schicht mit Diatomeen und Heringsfischen. Das läßt sich vorerst nicht genauer angeben; hier müssen vergleichende Messungen die physiologischen und ökologischen Werte der verschiedenen Schichten erst ermitteln. Dann wird sich auch die Frage beantworten lassen, ob Tiere in ihrer Geschichte »absteigen«, das heißt ein niedrigeres Stoffwechselniveau als ihre Vorfahren einnehmen können. Und ebenso wird sich dann neu die Frage nach den Parasiten stellen lassen. Gehören, um das konkret zu fragen, Bandwürmer der Intensitätsstufe an, auf der ihre Wirte leben? Haben die Bandwürmer eines Warmblüters einen intensiveren Stoffumsatz als die eines Fisches? Wir stellen damit eine alte Frage neu. Sie wurde bisher als Frage nach der »Entwicklungshöhe« oder dem »Evolutionserfolg von Tiergruppen« gestellt und nahm dann Formen an wie die, ob zum Beispiel die Tintenfische oder die Stachelhäuter »höher« entwickelt wären. Daß man die Frage so nicht stellen kann, war aus verschiedenen Gründen bisher schon recht klar; sie ließ sich damit aber nie ganz unterdrücken. Jetzt sehen wir, daß ein Maßstab für dieses »Höher« nicht eine Gruppe oder Linie allein zu entnehmen ist. Es gibt objektiv angebbare Stufen oder Schichten, aber sie sind eine Sache der Ökosysteme; genauer gesagt, es gibt innerhalb der Ökosysteme die Schichten in Raum und Zeit nebeneinander, so wie sie sich in der Geschichte fast immer überlagert haben.

Die Schichten, die im Meer selbst, von durchgehend im Meer lebenden Linien der Lebewesen erreicht und gebildet worden sind, sind durch zwei weitere Schichten überlagert worden: durch die der Fische, die aus dem Süßwasser, und die der Landwirbeltiere, die von den Kontinenten kamen. Sie beide haben neue Schichten nur anregen, nicht allein aufbauen können. Ohne Krebse und Diatomeen, also Aufsteiger aus einer älteren Meeresschicht, hätten die Heringe ihre Bestände nicht ins offene Meer entsenden können. Und ähnlich sind die Wale auf Fische und damit auf sie und andere Vertreter aus älteren Schichten angewiesen.

Wir müssen es mit diesem Ausblick hier bewenden lassen. Uns ging es hier nur um den Nachweis, daß die Wechselbeziehungen zwischen den Lebewesen den Schlüssel für die Geschichte ihrer einzelnen Gruppen enthalten. Dieser Nachweis erscheint uns hinreichend, und wir werden diesen auch auf die Geschichte der Lebewesen an Land anwenden.

Vorher stellen wir aber noch eine Frage, die uns aus praktischen Gründen interessiert: Wie groß ist die Produktionsreserve des Meeres, die wir noch für die menschliche Ernährung nutzen können? Das gibt uns außerdem Gelegenheit, einige grundlegende Fragen der Produktionsbiologie und Ökologie zu erörtern.

Ein Blick nach vorn: Mehr Nahrung aus dem Meer?

Die Meere liefern etwa ein Prozent der menschlichen Ernährung. Fachleute schätzen, daß sich der gegenwärtige Fang – etwa 60 Millionen Tonnen im Jahr – auf 100 Millionen steigern, vielleicht verdoppeln läßt. Die Zucht und Aufzucht von Meeres- und Süßwassertieren könnte bis zum Jahr 2000 auf 40 Millionen Tonnen gesteigert werden. Davon würde der Großteil aber auf Süßwasseranlagen entfallen. Es ist demnach unrealistisch, die Zukunft der Menschheit durch »Nahrung aus dem Meer« gesichert zu sehen. Dennoch müssen wir selbstverständlich alles tun, um die möglichen Nahrungsquellen des Meeres auszunutzen.

Dabei muß ein zweiter Punkt beachtet werden. Die vermehrte Nutzung des Meeres fordert zum größten Teil beträchtliche Investitionen. Billiger als andere Nahrung ist Nahrung aus dem Meer, die so beschafft wird, nicht. Dann ist sie aber keine Hilfe für die Menschen, die heute bereits hungern. Sie hungern ja zum größten Teil, weil sie keine Nahrung kaufen können. Wie sollten sie den Fischereinationen mehr Nahrung aus dem Meer abkaufen können? Es geht also gar nicht in erster Linie um die Steigerung des Fischfangs und anderer Methoden der Meeresnutzung durch die Industrienationen, die in der Entwicklung der Fischerei und der Meerestechnik tonangebend sind.

Wer das übersieht und das Ernährungsproblem nur als technisch-ökologisches Problem ansieht, verkennt die tatsächlichen Zusammenhänge. Es gibt aber auch Versuche, die Fischerei und Meereswirtschaft dort zu entwickeln, wo fühlbarer Nahrungs- und vor allem Eiweißmangel herrschen, und Meereswirtschaft und Fischerei Abhilfe schaffen können. Darüber werden wir noch etwas hören, und damit wollen wir uns der Frage nach der Produktivität im Meer zuwenden.

Die Primärproduktion im Meer ist wie überall Sache pflanzlicher Organismen. Diese brauchen Wasser, Licht, Wärme, CO_2 und andere Nährstoffe, darunter N (Stickstoff) und P (Phosphor). Wasser gibt es im Meer überall, Licht überall an seiner Oberfläche. Die aktive photosynthetische Schicht der Meeresalgen ist dementsprechend bis zu hundert Meter stark – weit weniger dort, wo nährstoffreiches Wasser für starkes Planktonwachstum sorgt, das wiederum das Licht stärker absorbiert. Die Lichtverteilung ist unterschiedlich: In den Tropen ist sie im Jahresgang gleichmäßig, und die Tage sind immer etwa zwölf Stunden lang. Außerhalb der Wendekreise schwanken Lichtstärke und Tageslänge stärker. In den Polargebieten wechseln Langtage mit extrem kurzen Tagen und sogar Wochen anhaltender Dunkelheit ab. Die Lichtmenge ist insgesamt geringer, da die Sonne vielfach niedrig steht und ein weit größerer Teil ihrer Strahlung nicht ins Wasser dringt. Ebenso ist die Jahreswärmemenge hier erheblich kleiner und dazu ebenfalls zyklisch im Jahresgang verteilt.

Nährstoffe sind im Meer überall vorhanden, aber ungleichmäßig verteilt. Das Tiefenwasser, in das alle organischen Reste absinken, kommt vor allem unter den hohen Breitengraden und vor den Westküsten der Kontinente hoch. Sobald es in die lichterfüllten Oberflächenschichten tritt, dient es dem Plankton als Nahrung; das Wasser, das dann in die warmen Gürtel weiterfließt, ist sehr viel nährstoffärmer und wegen des niedrigen Planktongehalts durchsichtig und blau.

In flachen Nebenmeeren wie der Nordsee verbleibt der Abfall innerhalb des Beckens und wird durch kürzere Kreisläufe wieder in die obere Wasserschicht gebracht. Deshalb sind solche Meere besonders produktiv.

Aus der unterschiedlichen Verteilung der Nährstoffe ergeben sich Unterschiede der pflanzlichen Produktion von der Größenordnung 1 : 100. Der Fischfang entspricht in einem produktiven Meer wie der Nordsee etwa einem Prozent der Primärproduktion, in Tropenmeeren aber kaum mehr als einem Tausendstel davon. Die Nutzungsrate, bezogen auf die gleiche Wassermenge, schwankt also zwischen 1 und 100 000. Wie kommt das?

Der Fischfang gilt vorwiegend Endverbrauchern oder den »Endgliedern« der Nahrungsketten im Meer. Wie überall werden im Meer Pflanzen von Tieren, den »Primärverbrauchern«, gefressen und diese wiederum von anderen. Die Kette von Erzeugern zu Primär- und Sekundärverbrauchern oder Zehrern kann verschieden lang sein. Zum Schluß fallen alle Glieder wieder den Reduzenten anheim. Sie arbeiten alle organische Substanz auf und setzen die Nährstoffe wieder frei, die die Pflanzen aufnehmen.

Ein Tier wandelt nur etwa 10 Prozent seiner Nahrung in eigene Körpersubstanz um. 90 Prozent werden im Betriebsstoffwechsel als Energiequelle verwertet. Die Wärme, die dabei entsteht, wird nach außen abgegeben, ein Teil der Energie ist in den Ausscheidungen noch gebunden. Die Nährstoffe, die in der Nahrung enthalten sind, gehen zu 90 Prozent wieder ins Freie. Wir sehen Tiere deshalb im gesamtökologischen Zusammenhang als die Lebewesen, die 90 Prozent der von Pflanzen einmal verarbeiteten Nährstoffe wieder zur neuen Produktion, zum neuen Einfangen von Sonnenenergie freisetzen und dafür 10 Prozent für sich behalten. Die Menge und Masse der Zehrer ist immer geringer als die ihrer Nahrung. Das gilt im Verhältnis von Pflanzen zu Tieren und auch zwischen den einzelnen Stufen der Konsumenten. Wir nennen die Folge dieser Stufen deshalb auch Nahrungspyramiden.

Die Nahrungsketten können unterschiedlich lang sein. Heringe leben in Gewässern, in denen sie so viele kleine Krebstiere finden, daß sie davon in großen Mengen satt werden. Ein heringsgroßer Lippfisch im Mittelmeer oder gar ein Hochseefisch mitten im Pazifik werden von den kleinen Krebsen, die sie finden, nicht satt. Sie müssen sich an Beutetiere halten, die nicht so sehr viel kleiner als sie selber sind, und es denen überlassen, die noch kleineren Krebse zu suchen. Das verlängert die Nahrungsketten.

Je geringer die Primärproduktion, desto geringer die Masse der Endglieder der Nahrungsketten. Je länger die Nahrungsketten, desto kleiner die Zahl der Endverbraucher.

In produktiven Meeren können Nahrungsketten kurz sein. Deshalb sind mehr größere Endverbraucher da, und diese bilden fischbare Bestände. Das haben wir bei den Fischen bereits erwähnt. In Tropenmeeren sind fischbare Arten knapp, und ihre Angehörigen sind weit verteilt. Das macht den Zugriff für den Menschen ungleich schwerer und ist auch der Grund, daß hier die Fischereiausbeute soviel niedriger ist.

Solange die Endverbraucher durch den Fischfang nicht überfischt sind, schöpfen wir ab, was andere Lebewesen für uns anreichern. Greifen wir ihre Bestände an, wie das an vielen Stellen für einzelne Arten und die großen Bartenwale gilt, tritt keine andere Tierart an ihre Stelle.

Die Fischereiausbeute hat in den letzten Jahrzehnten zugenommen. Hier gibt es auch durchaus noch Reserven, besonders in einigen Meeren der südlichen Halbkugel und anderen Hochseegebieten. Die obere Grenze des ständigen Fischerei-Ertrages (der also die Bestände nicht stärker befischt, als es ihrer Zuwachsrate entspricht) wird auf 100 Millionen Tonnen geschätzt. Größer ist der Anteil einfach nicht, den wir der obersten Stufe der Nahrungspyramiden entnehmen können.

Eine Verbreiterung der Pyramide insgesamt ist ausgeschlossen. Meeresbiologen hatten früher geglaubt, Meere oder wenigstens abgeschlossene Meeresteile düngen zu können. In der Tat kann das die Primärproduktion etwas erhöhen. Davon gelangen aber nur Bruchteile von Prozenten zu den Fischen, die wir essen. Vor Jahren hat ein dänischer Zoologe den erstaunten Fachkollegen vorgerechnet, daß die vorgeschlagene Düngung der Nordsee fast nur den Schlangensternen auf ihrem Grund zugute kommen würde. Das läßt der gezielten Steigerung der Produktion einzelner Arten erhöhte Bedeutung zukommen – der Meerwirtschaft, wie diese Form der Fischerei genannt und schon seit langem mit Austern praktiziert wird. In der Bucht von Arcachon, die über die Hälfte aller französischen Austern liefert, kann man bei Ebbe große Flächen sehen, auf denen Holzgestelle mit Dachziegeln stehen. Auf ihnen setzen sich die Austernlarven fest, die dann im nährstoffreichen Wasser heranwachsen – zur letzten Mast kommen sie dann in Kästen. Hier stellen Menschen also nur die Siedlungsfläche, die Nahrung lassen sie das Meer herantragen.

Ein anderes Fischereiverfahren haben wir in Hongkong kennengelernt. Hier haben Fischer Käfige im Meer, in die sie junge Meerbrassen und Zackenbarsche setzen. Die Besatzfische kaufen sie, wie das bei uns Teichwirte mit Forellen und Karpfen ebenfalls tun; allerdings kommen die Besatzfische hier nicht aus Brutanstalten, sondern werden im Meer gefangen. Als Futter dienen vor allem kleine Fische, die für die menschliche Ernährung wenig brauchbar sind. Damit wird die Gesamtausbeute aus dem Meer nicht erhöht, aber es werden nicht nutzbare Fänge in hochwertige Fische umgewandelt. Ziel muß auch hier sein, andere Nahrung einzubringen. Im Golf von Akaba liefen dazu Versuche, Meerbarben ebenfalls in Netzkäfigen zu halten und mit handelsüblichem Fischfutter zu mästen. Das enthält aber auch im-

mer noch hauptsächlich Fischmehl, das aus dem Meer stammt. Erst sein Ersatz durch eiweißreiche Pflanzenstoffe oder die Verwendung von Abfallprodukten der Landwirtschaft würde eine wirkliche, zusätzliche Produktion bedeuten. Die Einleitung von Abwässern ins Meer scheint zwar die allgemeine Produktivität zu heben; aber auch hier gilt, daß der Fischertrag dadurch nicht spürbar steigt. Deshalb muß auch hier die gezielte Fütterung ausprobiert werden. Ein solches Projekt bereiten wir gerade zusammen mit einigen anderen Stellen vor.
Das ist ein anderes Bild als die Entwürfe großer Meeresfarmen, die man in Büchern über Meerestechnik sehen kann. Solange noch die Küsten ganzer Länder und Inselreiche, wie sie in Südostasien reichlich vorhanden sind, Möglichkeiten für Kleinbetriebe ohne großen Kapitalaufwand bieten, lenken solche utopischen Entwürfe nur von den wirklichen dringlichen Aufgaben ab.

Die Entfaltung an Land

Höchstleistungen außerhalb des Wassers
Die Lebewesen sind im Wasser entstanden und haben an Land ihre leistungsfähigsten Formen entwickelt. Die Wirbeltiere, die ins Wasser zurückgekehrt sind, sind den dort verbliebenen an Leistung überlegen.
Wir lernen daraus bereits zweierlei. Die Ausbreitung vom Wasser an das Land war kein Zwang in dem Sinn, daß Lebewesen aus dem Wasser vertrieben worden wären. Sie haben es zusätzlich in Besitz genommen und verwandelt. Was sie dabei als Anpassungen ausbildeten, machte sie den ursprünglichen Wassertieren überlegen. Wir sehen noch einmal, daß Evolution ein Zuwachsprozeß ist und daß evolutorische Umwege etwas einbringen.
Die einfachsten Lebensformen können im Wasser und an Land existieren. Boden und Luft müssen feucht genug sein. Trockenzeiten überdauern sie mit praktisch stillstehendem Stoffwechsel. Grünalgen bilden Überzüge auf Felsen und Bäumen, Bakterien sind überall vorhanden.
Ihre Lebensmöglichkeiten haben sich mit der Entstehung höherer (im Wortsinn wie im übertragenen Sinn!) Pflanzen und Tiere verbessert und vermehrt. Die höheren Pflanzen und die Tiere bereiten den Boden auf und schaffen unzählige neue Standorte und Siedlungsmöglichkeiten für ihre niederen Verwandten, auf die sie angewiesen bleiben. So haben höhere und niedere Organismen auch Landstriche besiedelt, in denen Wasser nur vorübergehend an der Oberfläche zur Verfügung steht.
Die höheren Pflanzen schicken Wurzeln in die Tiefe und ragen in die Höhe. Die Wurzeln holen Wasser aus der Tiefe und beziehen immer tiefere Bodenschichten in die Kreisläufe des Lebens ein; Grundwasser und Nährstoffe im Boden werden zusätzlich erschlossen. Die aktiv photosynthetische Schicht der Blätter hat in einem tropischen Regenwald eine Mächtigkeit von beinahe 100 Meter. Dazu sind Stützgewebe nötig. Im Wasser werden die Produzenten, überwiegend Einzeller, und viele Konsumenten passiv getragen. An Land müssen die Pflanzen ihre Blätter selber tragen. Sie verwenden dazu Holz als Skelettgewebe, die Gräser Kieselsäure als Versteifung. Das bindet vor allem in den Holzgewächsen einen Teil ihrer Produktivität; für den Unterhalt wird einige Energie verbraucht, wodurch die Höhe der Gehölze begrenzt ist. Viele Holzskelette der

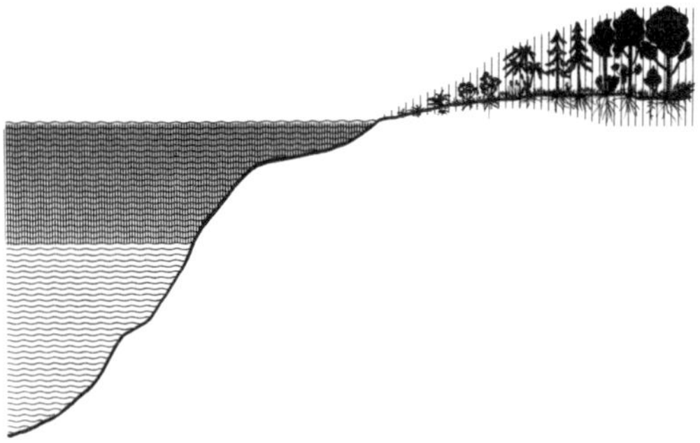

Die Lebewesen haben das Land vom Wasser aus besiedelt. Im Meer ist die photosynthetisch aktive Schicht etwa 100 Meter mächtig (bei einer mittleren Wassertiefe von rund 4000 Meter). An Land ist die von Wurzeln, Stämmen und Ästen der Bäume mit ihren Blättern gebildete Schicht etwa gleich stark. Zum Aufbau dieser Stoffwechsel-Schicht an Land gehörten außer den Pflanzen die Mikroorganismen, die den Stickstoff binden, sowie die Tiere, die den Boden durcharbeiten und die pflanzlichen Stoffe für die abbauenden Mikroorganismen aufarbeiten.

ersten Landpflanzen (die mit den Wurzeln noch im Wasser standen) sind zu Kohle geworden; sie konnten nicht schnell genug in die Kreisläufe zurückgeführt werden.

Heute wird Holz im Regenwald von den Termiten und anderen Insekten und ihren Larven zerkleinert, zersetzt und für die Tätigkeit von Bakterien aufbereitet, mit Hilfe von zelluloseabbauenden Bakterien und anderen Mikroorganismen in den Verdauungstrakten dieser Holzzerstörer. Diese beginnen ihr Werk vielfach schon, wenn die Bäume noch stehen, und führen es nach ihrem Fall zu Ende. Die Gräser werden von Huftieren abgebaut – auch wiederum mit Hilfe von Mikroorganismus in ihrem Innern.

Die produktivsten Landpflanzen, die Blütenpflanzen, sind als Windbestäuber entstanden, unabhängig vom Wasser als Transportmittel für die Geschlechtszellen. Dann aber haben Insekten die Bestäubung übernommen; zu ihnen sind andere Bestäuber getreten – Vögel, Fledermäuse und andere Tiere. Sie entstammen Gruppen, die als Insektenfresser angetreten sind, und in denen dann, wie bei den Insekten, Pflanzenfresser dazugekommen sind. Erst mit den Pflanzenfressern unter den Säugern sind die Grasländer die hochproduktiven Ökosysteme des Landes geworden, die die meisten Proteinreserven enthalten. Wir können sowohl im Wasser als auch an Land mehrere historische Schichten unterscheiden. Wie sie entstanden sind, werden wir jetzt sehen.

Eigener Wasserhaushalt: Die Gefäßpflanzen

Bakterien, Pilze und einige Algen wachsen an Land überall da, wo es wenigstens zeitweise feucht genug für sie ist. Sie benötigen nicht unbedingt Wasser, aber eine sehr hohe Luftfeuchtigkeit. Das gleiche gilt für die Moose. Die Flechten sind dank ihres gekammerten Teilkreislaufes unempfindlicher. Sinkt die Luftfeuchtigkeit, trocknen diese Pflanzen ein, ihre Lebensprozesse kommen praktisch zum Stillstand. Bei entsprechender Feuchtigkeit quellen sie wieder auf, und ihre Lebensvorgänge werden wieder aktiviert. Man nennt sie deshalb »wechselfeuchte«, poikilohydre Pflanzen.

Einige Moose besitzen Leitungsbahnen, mit denen sie Bodenwasser in ihren Körpern verteilen können. Andere Pflanzen haben Gewebestränge zu förmlichen Gefäßen ausgebaut, die gleichzeitig als Stützgewebe dienen. Mit ihnen konnten im Wortsinn wie im übertragenen Sinn »höhere« Pflanzen entstehen.

Die ersten Landpflanzen standen vermutlich noch im Wasser und erhoben nur ihre Sprosse hoch in die Luft. Dabei verdunstete Wasser aus ihren Blättern, wie das noch heute bei allen Pflanzen geschieht. Dieses Wasser muß durch die Wurzeln nachgeführt werden. Der Wasserdurchtritt durch die Pflanzenkörper folgt ursprünglich aus dem Gefälle zwischen dem Feuchtigkeitsgehalt des Bodens und dem der Luft. Wird dieser Unterschied zu groß oder der Wassernachschub zu gering, welken die Pflanzen. Fast alle Landpflanzen besitzen eine Wachsschicht auf den Blättern, die die Verdunstung herabsetzt. Weil die Verdunstung der Motor des Wasser- und Stofftransportes durch die Pflanze ist, darf sie nicht zum Stillstand kommen. Die Pflanzen ermöglichen sie durch Spaltöffnungen, deren Öffnung über an- und abschwellende Schließzellen geregelt wird.

Zur so herabgesetzten und gesteuerten Verdunstung ist die aktive Wasseraufnahme aus dem Boden getreten. So konnten Pflanzen auch trockenere Standorte und Böden besiedeln. Damit vergrößerte sich der Bereich, in dem Pflanzen aktiv den Wasserdruck in ihrem Innern und damit ihre Lebensvorgänge in Gang halten können. Zu den wechselfeuchten Moosen sind so die eigenfeuchten höheren Pflanzen auch auf trockeneren Böden getreten. Ihr Lebensbereich wird nicht so sehr von absoluten Feuchtigkeitswerten als vielmehr von Relativwerten bestimmt. Luft nimmt um so mehr Wasser auf, je wärmer sie ist, und der Boden bindet es um so fester, je mehr Lehm er enthält; das sind nur zwei der vielen Zusammenhänge, die über die Wasserführung und damit die Lebensmöglichkeiten der Pflanzen entscheiden. Bei den Blütenpflanzen sind sie noch einmal entscheidend verbessert worden, denn bei ihnen ist zum passiven Wasserdurchfluß, der auf dem Feuchtigkeitsgefälle zwischen Boden und Luft beruht, ein aktives Pumpvermögen getreten. Wir können es als den Wurzeldruck messen, mit dem Wasser aus den Wurzeln in den Sproß gedrückt wird. Der Druck wird noch durch die Tätigkeit der Begleitzellen verstärkt, die an den Leitungsröhren selber liegen. Das führt dazu, daß noch im feuchten Regenwald Pflanzen Wasser aktiv in die feuchtigkeitsgesättigte Luft ausscheiden. Lianen können Wasser weit über 100 Meter pumpen – und das in einer Stunde. Kein Wunder also, daß Urwaldindianer Lianen aufhacken und als Wasserquelle benutzen.

Im weitporigen Holz der Eichen steigt Wasser 20 bis 45 Meter in der Stunde, im engporigen Holz der Buche ein bis vier Meter. In Nadelhölzern ist die Steigleistung geringer, meist nur wenig mehr als ein Meter pro Stunde. Deshalb enthält der Bast (in dem die Leitungsbahnen liegen) mehr Wasser im Querschnitt. Das wieder führt dazu, daß Rehwild in Mischwäldern Nadelholz mehr entrindet als Laubbäume.

In krautigen Gewächsen kann Wasser Steiggeschwindigkeiten erreichen, die etwa 60 Meter in der Stunde entsprechen. So können Pflanzen an einem Tag das Mehrfache ihres eigenen Wassergehalts umsetzen. Für Sonnenhänge am Kaiserstuhl sind Umsätze vom Zwölffachen des Eigengewichts der Pflanzen gemessen worden. Eine Pflanze der Trockensteppe Turkestans kann in einer Stunde siebenmal soviel Wasser abgeben, als sie selbst enthält.

Verdunstungsschutz, aktive Wasseraufnahme auch aus trockeneren Böden und endlich der aktive Wassertransport noch über das Ausmaß des Verdunstungsumsatzes hinaus sind zunächst Anpassungen an immer trockenere Standorte. Zugleich erlauben sie eine fast beliebige Steigerung der Assimilation, soweit Licht, Wärme und Nährstoffe vorhanden sind. Zur Assimilation gehört Wasser in drei Funktionen. Es ist erstens als Zell- und Gewebswasser nötig, ohne das alle Lebensvorgänge aufhören. Zweitens wird in der Photosynthese Wasser als Wasserstofflieferant benötigt, und drittens muß Wasser als Transportmittel alle die Nährstoffe für die Zellen heranführen, die für die Stoffwechselprozesse in ihnen erforderlich sind und ohne die auch die Kohlehydrat-Synthese nicht weiterlaufen kann.

Die Assimilation, die Bindung von Sonnenenergie in den energiereichen Kohlehydraten, ist in der Geschichte der Pflanzen als Energiequelle für die Proteinsynthesen entstanden. Dann aber hat die Kohlehydratsynthese ein solches Ausmaß erreicht, daß Stickstoff und Phosphor zu Mangelfaktoren geworden sind. Der Stickstoff wird zur Proteinsynthese, der Phosphor zur Energieübertragung in allen Pflanzen- und Tierzellen benötigt. Hier liegt die Bedeutung der Tiere.

Die Pflanzen können Wasser zur Produktion organischer Substanz nur soweit nutzen, wie ihnen alle anderen Substanzen zur Verfügung stehen. Was im Boden an Stickstoff und an Phosphor ist, verbrauchen sie schneller, als Mikroorganismen allein heranschaffen oder aus abgestorbenem Pflanzenmaterial wieder freisetzen können. Die Tiere setzen pflanzliche Substanz schneller wieder um und geben insbesondere Stickstoff schnell in die Kreisläufe zurück. Die Assimilationsleistung der Pflanzen und ihr durch schnelle Wasserleitung intensivierter Stoffwechsel konnte nur deshalb zur Steigerung der Gesamtleistung der Ökosysteme führen, weil Tiere für den schnelleren Umschlag der Minimumfaktoren sorgen. Die Produktivität der Ökosysteme des Landes ist eine Gemeinschaftsleistung von Pflanzen und Tieren.

So haben die Pflanzen über die nassen und feuchten Standorte hinaus, an die sie zuerst gebunden waren, trockenere Gebiete besiedeln können, gemeinsam mit Mikroorganismen und mit Tieren. Sie haben ihre Wurzeln immer tiefer ins Erdreich gesenkt und damit zusätzlich zum Oberflächenwasser auch Grundwasser in die biologischen Kreisläufe einbezogen. Dabei haben sie zusätzliche Nährstoffe erschlossen.

Wie sehr Pflanzen durch ihre Wurzeln zur Verwitterung anstehenden Gesteins beitragen, kann man auf jeder Wanderung durch ein Mittelgebirge sehen: Baumwurzeln kriechen in die feinsten Spalten und sprengen vom Gestein ganze Blöcke ab.

Mit der Ausbreitung der Pflanzendecke in der Fläche ist ihre Wirkung in die Tiefe einhergegangen. Beides findet seinen sichtbaren Ausdruck in der Höhe der Pflanzenschicht. Bäume werden bis zu 60 Meter hoch, in einzelnen Fällen wachsen sie noch höher. Die Mächtigkeit der Schicht, in der in Blättern Photosynthese abläuft, entspricht der Größenordnung der photosynthetisch aktiven Algenschichten im Meer.

Mit diesem Ausbreitungsgeschehen sind bei den Pflanzen zahlreiche andere Anpassungen einhergegangen. Wir besprechen sie bei einem kurzen Überblick über die Geschichte ihrer einzelnen Gruppen.

Die ältesten Gefäßpflanzen sind die Bärlappe, die Schachtelhalme und die Farne.

Das wichtigste Bauplanmerkmal der höheren Landpflanzen sind ihre Gefäße. Sie bilden gleichzeitig das Stützgewebe und liegen ursprünglich im Innern von Wurzel und Sproß. Deshalb können Gefäßpflanzen, wie die höheren Pflanzen nach ihren Leitungen heißen, zu Bäumen heranwachsen. Bereits die ersten Psilophyten des unteren Devons, die noch auf Oberflächenwasser angewiesen waren, also mit ihren Wurzeln ganz im Wasser standen, wuchsen 1/2 Meter hoch, im mittleren Devon bereits 1 Meter. Von ihnen gibt es heute nur noch zwei Gattungen in den Tropen. Zu ihnen sind bald die Bärlappgewächse gekommen, heute über 1000 Arten, die meisten davon in den Tropen und viele davon auf anderen Bäumen. Unsere einheimischen Bärlappgewächse sind Kräuter. Die heutigen Bärlappgewächse wachsen nicht mehr in die Dicke. Ihre Verwandten der Karbonzeit, die Siegelbäume und die Schuppenbäume, bildeten wie unsere Nadel- und Laubbäume im »sekundären Dickenwachstum« etwa 40 Meter hohe Stämme von 5 Meter Dicke. Zusammen mit Kalamiten (die zu den Schachtelhalmen gehören) und einigen Baumfarnen bestimmten sie das Landschaftsbild der Steinkohlezeit und die Zusammensetzung der damals entstandenen Kohlelager.

Von Schachtelhalmen gibt es heute nur noch eine Gattung. Sie versteifen ihre Wedel mit Kieselsäure und werden deshalb als Zinnkraut zum Metallputzen benutzt.

Eine ganze Gruppe recht früh entstandener Gefäßpflanzen fassen wir unter dem Namen Farne zusammen. Von ihnen hat eine Gruppe im Erdaltertum große Baumfarne gestellt; sie ist heute aber nur noch durch etwa 300 kleine Formen vertreten. Zu ihnen zählen Natternzunge und Mondraute. Eine zweite Gruppe hat an dem Rückgang der Farne am Ende des Erdaltertums teilgenommen, seit der Trias aber einen neuen Aufschwung erlebt. Die 9000 Arten, die es heute gibt, existieren zum größten Teil in den Wäldern, die seitdem die Samen- und Blütenpflanzen gebildet haben.

Die dritte Gruppe sind die Samenfarne (Cycadeen). Von ihnen gibt es heute rund zweihundert Arten – die meisten Bäume. Aus dem Mark einiger von ihnen wird Sago gewonnen; von anderen werden die Blätter seit altersher in Kult und Kirche als Palmwedel gebraucht.

Bestandsbildend sind von den bisher abgehandelten Gefäßpflanzen nur wenige, landschaftsbestimmend keine. Diese Rolle haben sie an die anderen Samenpflanzen abgegeben.

Fortpflanzung ohne Wasser: Die Samenpflanzen

Wie sich vielzellige Pflanzen vermehren, verfolgen wir am besten im Vergleich. Wir beginnen ihn mit den Tangen und erinnern uns daran, daß die Diploidie, der Besitz von zwei Garnituren Chromosomen, ursprünglich nur vorübergehend auftrat.

Die meisten Tange sind diploid. Sie erzeugen in Reduktionsteilungen Sporen, die zu haploiden Pflanzen des gleichen Baus auskeimen. Diese haploiden Pflanzen bilden (ebenfalls haploide) Geschlechtszellen, die Gameten. Von ihnen vereinigen sich immer je zwei zu einer diploiden Zygote. Aus der Zygote entsteht ein diploider Tang. Nach den Verbreitungszellen, die sie erzeugen, nennt man die haploiden Pflanzen Gametophyt, die diploiden Sporophyt. Bei einzelnen Tangen sehen Sporophyt und Gametophyt völlig gleich aus.

Bei anderen sind sie verschieden. Dabei ist manchmal der haploide Gametophyt größer, bei anderen der diploide Sporophyt. Die jeweils größere Generation spielt ökologisch die wichtigere Rolle. Bei manchen Tangen lebt der Gametophyt auf dem Sporophyt und wird von ihm ernährt. Bei den Blasentangen ist er überhaupt nicht mehr zu erkennen, so daß es aussieht, als bilde der Sporophyt hier die Gameten.

Die Differenzierung der sich abwechselnden Generationen geht mit einer Differenzierung der Gameten einher. Die weiblichen sind meist größer und mit Nährstoffen versehen, die männlichen klein und beweglich. Sie haben noch die Geißel als Antriebsorgan, die mit den ersten Einzellern entstanden ist. Die Gameten brauchen deshalb Wasser, um in ihm zu den Eizellen schwimmen zu können.

Noch bei den Moosen, den Bärlappen, Schachtelhalmen und den meisten Farnen sind Sporo- und Gametophyt vorhanden und sichtbar ausgebildet. Bei den Moosen bestehen ihre Polster aus haploiden Gametophyten. Die diploiden Sporophyten wachsen meistens als gestielte Kapseln auf ihnen. Nun wissen wir aus dem Vergleich von höheren Pflanzen mit unterschiedlich vielen Chromosomensätzen, daß mit der Zahl der Chromosomensätze die Leistungsfähigkeit der Organismen wächst. Es kann also nicht wundernehmen, daß die Moose mit ihren haploiden Polstern bei der Eroberung des Landes nicht so sehr weit gekommen sind. Wo allerdings der Grundwasserspiegel hoch liegt, höher als 50 Zentimeter unter dem Boden, sind sie den höheren Pflanzen noch heute überlegen und bilden Moore.

Bei den Gefäßpflanzen stellt ihre diploide, besser ausgestattete Generation die Hauptpflanzen. Sie bilden leistungsfähige Pflanzen mit Wurzel, Sproß und Blättern, Leitungs- und Stützgewebe; Stoffwechselorgane und Fortpflanzungsorgane können auf verschiedene Sprosse verteilt sein. All das ist bei den Moosen nur angedeutet; es scheint, als könne ein einfacher Chromosomensatz einfach nicht genug Information für eine solche Vielfalt enthalten. Die Sporophyten bilden Sporen, aus denen unscheinbare Vorkeime entstehen. Diese bilden Eizellen und Spermien – und auch hier müssen die Spermien zu den Eizellen schwimmen. Aus ihnen entstehen nach der Befruchtung wieder kräftige, diploide Sporophyten. Deshalb sind auch Bärlappe, Schachtelhalme und die Farne, die nicht Samenfarne sind, noch an Wasser für die Fortpflanzung gebunden.

Wie sieht dieser Vorgang bei den Samenpflanzen aus? Hier bilden die Pflanzen, die wir sehen, Sporen aus: weibliche große und männliche kleine. Bei Nadelbäumen geschieht das in zweierlei Zapfen, die auf den gleichen Pflanzen oder aber getrennt, zweihäusig, wachsen können. Bei Blütenpflanzen gibt es diese Unterschiede auch.

Die weiblichen Sporen bleiben, wo sie sind, und wachsen aus zum Embryosack mit einer oder mehreren Eizellen. Die männlichen Sporen fallen in die Luft und lassen sich vom Wind verfrachten. Diejenigen, die in die Nähe einer weiblichen Makrospore gelangen, wachsen dort aus. Sie wachsen auf die Eizelle zu, und ein Kern dieses ausgewachsenen Gametophyten vereinigt sich mit der Eizelle, dem Produkt des fast völlig reduzierten weiblichen Gametophyten. Die befruchtete Eizelle wächst ein wenig heran und stoppt dann ihre Entwicklung. Sie bildet schließlich in der Hülle, die den weiblichen Gametophyten umgibt, den Samen.

Außer dem Keim enthält die Samenhülle noch ein Nährgewebe, das Endosperm. Es entsteht aus der Vereinigung eines zweiten Zellkerns des Pollenschlauchs, des männlichen Gametophyten, mit zwei weiteren (von insgesamt acht) Zellen des weiblichen Gametophyten. Aus dieser Zellvereinigung geht eine triploide Zelle mit drei Chromosomensätzen und aus dieser wiederum ein triploides Gewebe hervor. Keimling, Nährgewebe und Samenhülle können abfallen und, wenn sie Feuchtigkeit aufnehmen, auskeimen. Die Wand des Embryosacks enthält bei den Bedecktsamern weitere Nährstoffe, das Fruchtfleisch. Um die Samen herum bildet bei den Bedecktsamern die Hülle des Embryosacks eine weitere Schale. Sie kann hart sein wie bei Nüssen oder fleischig wie bei Tomaten und Äpfeln.

Die männlichen Sporophyten der Blütenpflanzen nennen wir Staubblätter, die weiblichen Narbe oder Griffel. Ursprünglich standen sie immer zusammen, umgeben von Hüllblättern, und die männlichen Sporen brauchten nur auf die Griffel zu fallen. Offenbar hat sich aber bald durchgesetzt, daß entweder Pollen und Eizellen an verschiedenen Stellen der gleichen Pflanze oder sogar auf verschiedenen Individuen erzeugt wurden, oder zumindest die Narben das Auskeimen von Pollenkörnern aus der eigenen Blüte auf die eine oder andere Weise verhindern. Mit anderen Worten: Die Fremdbestäubung hat sich gegenüber der Selbstbestäubung durchgesetzt. Nach all dem, was wir aus der Tier- und Pflanzenzucht und auch von Menschen über die Nachteile der Inzucht wissen, erscheint das nur natürlich.

Zur Pollenübertragung durch den Wind ist schon bei Samenfarnen die durch Insekten getreten. Zuerst haben wohl Käfer die Pollen als eiweißreiche Nahrung entdeckt. Wenn sie von einer Blüte zur anderen krabbeln oder fliegen, nehmen sie etwas Pollen mit. Das war für die Pflanzen (weil es Fremdbestäubung garantiert) so vorteilhaft, daß die Blüten zu auffallenden Organen wurden, die Insekten anlocken. Dabei hilft Duft und Farbe. Als Schutzmaßnahme wurden der Embryosack und die Samenanlage versenkt – die sollten von Insekten ja nicht angegriffen werden. Ein weiterer Schritt zum Ausbau dieser Beziehung war die Produktion von Nektar als Nahrung für die Blütenbesucher. Nektar enthält Kohlenwasserstoffe, hauptsächlich Zucker. Den können Pflanzen leichter bilden und entbehren als Pollen, die als Geschlechtszellen DNS, RNS und andere Eiweiße enthalten. Mit den Nektarien der Blütenpflanzen sind dann ganze Insektengruppen entstanden und aufgeblüht.

Das sind noch nicht alle Dienste, für die die Pflanzen Insekten und andere Tiere in Anspruch genommen haben. Sie lassen sie nicht nur die Pollen übertragen, sondern auch noch in vielen Fällen ihre Samen verbreiten. Dem dient das Fruchtfleisch. Es verlockt Tiere, die Früchte zu essen. Die Samen bleiben unverdaut und werden von den Tieren irgendwo ausgeschieden – mitsamt dem Kot, der noch die Stelle, wo sie danach keimen, düngt.

Was sind nun die Vorteile dieses Fortpflanzungsgeschehens? Man denkt, wenn man sich diese Frage stellt, zunächst an die größere Sicherheit, in der die Samenanlagen heranreifen und die bessere Ausstattung, die den Keimen auf ihren Lebensweg mitgegeben werden kann. Aber Moose und Farne pflanzen sich auch ohne diese Sicherungen fort und wachsen überall da, wo für sie geeignete Standorte sind; auch ihre Sporen können durch die Luft beliebig weit reisen und sind dann nicht einmal auf einen schon vorhandenen Sporophyten zum Keimen angewiesen.

So wichtig – und vor allem interessant – aber diese Sicherungen auch sind: Entscheidend sind sie zunächst nicht. Die für die Pflanzen selbst und damit für die ganze Biosphäre wichtigste Folge ist, daß die Befruchtung von stehendem Wasser unabhängig wird. Die männlichen Gameten brauchen nicht mehr im Wasser auf die weiblichen zuzuschwimmen. Der männliche Gametophyt wächst auf dem weiblichen Sporophyt dem weiblichen Gametophyt entgegen, und die Vereinigung vollzieht sich als Verschmelzung von Zellkernen, die nicht mehr in freien Schwärmern liegen.

Nur und erst dadurch, daß die Fortpflanzung vom Wasser in der Form von Oberflächenwasser unabhängig wurde, konnten die Samenpflanzen die Steigerung ihres Wasserhaushalts und ihrer Wasserleitleistungen ganz ausschöpfen und die trockenen Gebiete besiedeln, die ihnen nunmehr offenstanden. Dabei kommt es gar nicht auf die Insektenbestäubung an: Das zeigen die Nadelbäume, die sie nie gehabt haben, die Gräser sowie die meisten unserer Waldbäume, die wieder zur Windbestäubung zurückgekehrt sind. Warum sie das getan haben, werden wir noch besprechen. Daß aber nur Pflanzen, die von der Windbestäubung unabhängig sind, die artenreichen Tropenwälder aufbauen konnten, haben wir bereits im Eingangskapitel geschildert.

Neue Beziehungen zu Tieren:
Die Blütenpflanzen

Von den ersten Samenpflanzen, noch mit Windbestäubung, haben sich die Koniferen bis heute als Bestandsbildner erhalten. Zu ihnen gehören die Araukarien aus Südamerika, die man bei uns als »Zimmertannen« pflegt und deren quirlförmig gestellte Blätter an die Wuchsform von Tannenzapfen erinnern. Vor allem aber gehören dazu unsere Nadelbäume, die nach wie vor die Böden und die Klimagürtel behaupten, in denen Laubbäume nicht oder nur in einzelnen Arten für ihre Ansprüche genügend Wärme finden. Laubbäume müssen ihre Blätter abwerfen, wenn es trocken wird, und das wird es auch, wenn es friert. So flächige Gebilde wie Blätter können im allgemeinen von ihren Besitzern gegen Frost nicht geschützt werden. Blattnadeln sind kompakt und können Frost vertragen. Sie stehen deshalb, wenn es wärmer wird, sofort wieder zur Produktion

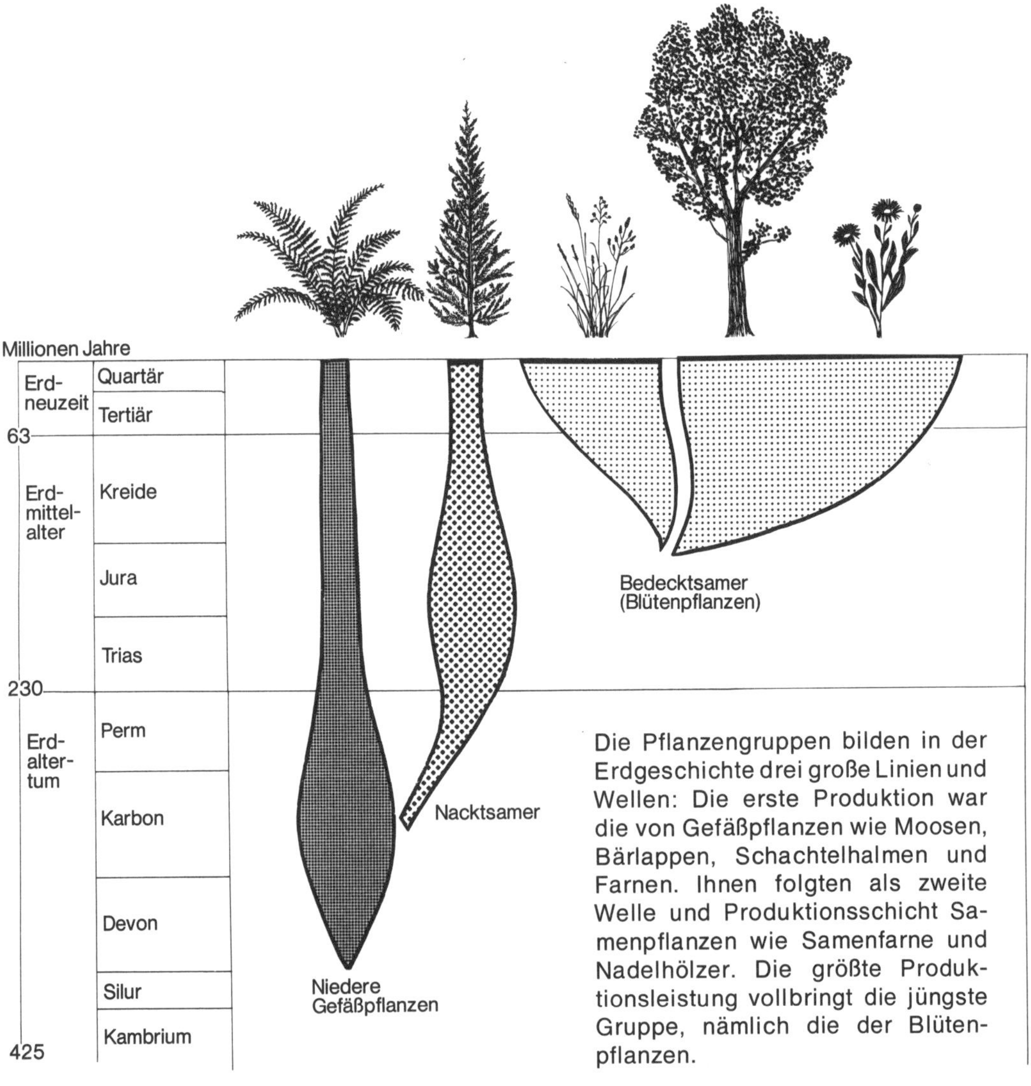

Die Pflanzengruppen bilden in der Erdgeschichte drei große Linien und Wellen: Die erste Produktion war die von Gefäßpflanzen wie Moosen, Bärlappen, Schachtelhalmen und Farnen. Ihnen folgten als zweite Welle und Produktionsschicht Samenpflanzen wie Samenfarne und Nadelhölzer. Die größte Produktionsleistung vollbringt die jüngste Gruppe, nämlich die der Blütenpflanzen.

zur Verfügung. Laubbäume müssen dann erst wieder Blätter bilden. Sie müssen es durch erhöhte Produktion im Sommer und durch Speicherung von Nährstoffen ausgleichen. Dazu benötigen sie insgesamt, über das Jahr verteilt, mehr zugeführte Energie in Form von Licht und Wärme. Die Nadelbäume brauchen weniger und sind deshalb genügsamer im Anspruch an die Jahreswärmesumme. Krautige Pflanzen gibt es unter den Nadelbäumen nicht, wohl aber Zwergformen. Wo immer es Boden und Klima erlauben, sind ihre Bestände deshalb von Laubbäumen, Kräutern und Gräsern durchsetzt und begleitet.

Die Laubbäume sind wahrscheinlich in Gebirgsgegenden entstanden, in denen sich keine Ablagerungen bilden, weil das Wasser abläuft und sich Sande und Lehme nicht langsam absetzen können. So erklären manche Botaniker die Tatsache, daß wir aus der Frühzeit der bedecktsamigen Blütenpflanzen keine Fossilien haben. Die ursprünglichste Gruppe unter ihnen sind die Magnoliengewächse. Nicht alle von ihnen haben die sonst für die Blütenpflanzen typischen Leitgefäße: Sie sind bei ihnen erst mehrfach entstanden. Zu den Magnoliengewächsen gehören Bäume wie Magnolie, Lorbeer-, Zimt- und Pfefferbaum, verschiedene Kräuter wie die Hahnenfußgewächse, Lianen, Parasiten und Wasserpflanzen wie die Seerosen; sie haben also sofort alle möglichen Lebensweisen und Lebensformen verwirklicht. Aus den Magnoliengewächsen sind die anderen Klassen der Blütenpflanzen hervorgegangen. Über die ökologische Differenzierung und Leistungen der einzelnen Gruppen liegen kaum Angaben vor. Diese Fragestellung ist für die Botanik noch zu neu.

So läßt sich nicht mehr angeben als die Verwandtschaft von Hauptgruppen, nicht aber der ökologische Charakter ihrer Geschichte. Über die verschiedenen Wuchsformen, die innerhalb der Hauptgruppen mehrfach entstanden sind, können wir aber mehr sagen. Wo Bäume geschlossene Bestände bilden, sorgen Kräuter und Schlingpflanzen dafür, daß Zeit und Raum optimal genutzt werden. In unseren Wäldern nützen die Kräuter die erste Frühjahrswärme, um in der Streuschicht rasch auszukeimen, zu treiben und zu blühen. Bis die Bäume (deren tiefere Wurzeln erst später warm werden) ihr Laubdach bilden, haben Anemone, Primel, Veilchen und andere schon geblüht. Sind Bäume in einem Windbruch umgefallen, schließen Kräuter, Brombeeren und Waldrosen die Lücke, bis Bäume nachgewachsen sind. Während die Kräuter die zeitlichen Lücken füllen, nutzen die Kletterpflanzen die räumlichen aus. Besonders an den Rändern feuchter Auwälder trägt jeder Baum auch bei uns einen Überzug von Waldreben, und noch im tiefen Schatten gedeiht als Kletterpflanze der Efeu. In den Tropen sind Kletterpflanzen und Epiphyten so häufig, daß man unter ihnen die Träger manchmal kaum noch sieht. Sie finden auf ihm oftmals nicht nur Halt, sondern entnehmen ihm auch Saft und Nährstoffe. Was immer ein Baum an Reserven hat, wird ihm von anderen nach Kräften abgezapft.

Alle erwähnten Pflanzen sind Zweikeimblättler, benannt nach den zwei Keimblättern, in denen die Nährstoffe im Samen gespeichert sind. Außer ihnen gibt es die Einkeimblättler, bei denen nur ein solches Blatt vorhanden ist.

Dieser Unterschied ist zufällig und sagt über die wichtigen Unterschiede beider Gruppen nichts aus. Die einkeimblättrigen sind aus zweikeimblättrigen Wasserpflanzen, vermutlich den zu den Magnoliengewächsen zählenden Seerosen, entstanden. An ihrer Basis stehen die Binsen. Sie haben kein Dickenwachstum, keine Bastschicht am Sproß, kein Vermögen, Holzgewebe zu bilden, und nur wenig gefiederte Blätter – Anpassungen an das Wasserleben also, die dann aber zur Grundlage einer neuen Pflanzengruppe an Land geworden sind. Zu dieser Gruppe gehören die Lilien und die Orchideen, die Bananen und zahlreiche Lianen, die Palmen, sodann wieder mit Holzbildung im sekundär verdickten Stamm Drachenbaum, Aloe und Yucca, vor allem aber die Gräser. Gräser gewinnen Halt durch Kieselsäure. Sie brauchen keine Kraft für die Bildung und auf den Unterhalt von Holz zu verwenden und können bei Trockenheit verdorren. Lebendig bleiben die Vegetationskegel, die von den verdorrten Blättern geschützt werden. Vorrat speichern sie in den Wurzeln. Sobald es feucht wird, treiben sie wieder aus, und die ganze Wuchskraft der Blütenpflanzen geht dann in die Produktion frischer, grüner Pflanzensubstanz über. Die zweite Anpassung an Trockenzeiten bilden ihre Samen: Körner mit reichlicher Ausstattung an Eiweiß (Kleber) und Stärke (Mehl) im Endosperm. Gräser besiedeln mit ihren flachen Wurzeln Böden, deren Wasserführung für Bäume nicht ausreicht, vor allem bei stark im Jahresgang wechselnder Regenmenge.

Ihre immense Produktionskraft wird von Huftieren genutzt, die ihre Blätter abweiden. Von der Reservebildung in den Körnern leben die Nager. Was sie den Gräsern an Körnern entführen, machen sie offenbar dadurch wett, daß sie sie verschleppen, in Bauten eintragen und damit, für den Preis ihres eigenen Konsums, insgesamt wohl zur Sicherung des Fortbestandes beitragen.

Weil bei den Gräsern keine Produktionskraft in das Holz geht, können sie so viel Grünsubstanz und damit wiederum reichlich Stärke produzieren. Weil sie mit wechselnder Wasserführung ihrer Standorte leben, müssen sie viel Vorrat in den Körnern bilden und dazu in der Vegetationszeit kräftig wachsen. Diese Produktionskraft der Grasländer bildet später die Grundlage für die Jagd, noch später für die Ackerwirtschaft und die Viehhaltung des Menschen.

Wir wollen uns dies noch einmal vergegenwärtigen: Aus Landgehölzen sind wieder Süßwasserpflanzen geworden. Aus ihnen wiederum sind erneut Landpflanzen ohne Holz entstanden, die Gräser. Diese haben mit dem wiederholten Übergang ans Land Eigenschaften ausgebildet, die ihnen erlauben, besser als alle anderen Klassen von Landgewächsen Trockenzeiten zu überdauern und dabei dennoch hochproduktiv zu bleiben. So gingen aus dem mehrfachen Wechsel zwischen Wasser und Land die Pflanzen hervor, die für die Ernährung der Säugetiere und der Menschen die ausschlaggebende Bedeutung erlangt haben.

Erste Abfallfresser: Würmer und Schnecken

Pflanzen konnten das Land besiedeln, indem sie sich gegen die Verdunstung schützten und ihren Wasserhaushalt zu regulieren lernten. Genau das gleiche mußten die Tiere tun.

Die meisten Tierstämme sind im Meer entstanden. Die knappe Hälfte von ihnen besitzt Vertreter auf dem Land. Vom artenreichsten Tierstamm, dem der Gliedertiere, leben die meisten Arten, die Insekten, auf dem Land. Auch in dieser Beziehung erweist sich: Das Meer ist die Heimat, aber auf dem Festland hat das Leben seine größte Leistungsfähigkeit erreicht.

Natürlich können Schwämme, Hohltiere und Muscheln nicht außerhalb des Wassers leben. Sie fressen Nahrung, die sie aus dem Wasser filtern, und das bindet sie an das Wasser. Aber auch räuberisch lebende Meerestiere können an das Meer gebunden sein, kein Stachelhäuter kann es beispielsweise verlassen. Tintenfische kriechen ab und zu an Land. In Schottland ist einmal der Hund eines am Strand sammelnden Meeresbiologen von einem Oktopus angefallen und fast ins Meer gezogen worden. Das ist aber eine Ausnahme.

Entscheidend sind hier gar nicht so sehr die mechanischen Zusammenhänge, an die man zuerst denkt. Natürlich kann sich ein Organismus ohne Skelett an Land nicht halten, wenn er dafür gebaut und daran angepaßt ist, daß das Wasser seinen Körper trägt. Das ist freilich eine Frage der Größenordnung. Würmer bis zur Größe von Regenwürmern (von den unendlich vielen mikroskopisch kleinen ganz zu schweigen) leben an Land so gut wie im Wasser. Andererseits aber können die großen Wale trotz ihres Skeletts an Land nicht mehr existieren: Ihr Körpergewicht (das im Wasser nur etwa $^1/_{20}$ von dem beträgt, was es an Land ausmacht), lastet so schwer auf ihnen, daß sie dort ihren Brustkorb nicht mehr zur Atmung bewegen können.

Aber auch Tiere mit einem ausreichenden Skelett, so wie die Krebse es in ihren Panzern haben, können nicht ohne weiteres das Wasser mit dem Land vertauschen. Dabei ist die Ernährung nicht das Hindernis: Abfallfresser und Räuber finden überall, was sie benötigen, und Pflanzen gab es an Land sehr bald mehr als im Meer.

Die Hindernisse sind die Atmung und die Ausscheidung. Auch hier gibt es Größenabhängigkeiten. Kleine Tiere können, wenn sie in feuchter Umgebung leben, über die Haut genügend Gas abgeben und aufnehmen. Und ähnlich steht es mit der Abgabe anderer Stoffe. Deshalb haben Einzeller und Plattwürmer, die Fadenwürmer und die Regenwürmer das Land besiedelt, und zwar vor allem seinen Boden, ohne besondere oder auffällige Änderungen von Lebensweise oder Körperbau.

Sie alle miteinander stellen dort wie schon im Wasser die Schicht der Abfallfresser, die zum Abbau und Umsatz der Pflanzenstoffe beitragen.

Ihnen haben sich von den Weichtieren die Schnecken zugesellt, die, anders als Muscheln und Tintenfische, das Wasser verlassen können. Sie atmen über ihre Mantelhöhlen, in denen bei Wasserschnecken die Kiemen liegen. Sie sind reich mit Gefäßen ausgestattet und werden feucht gehalten. Schnecken sind, wie jeder weiß, an Feuchtigkeit gebunden. In Trockenzeiten kapseln sie sich ein, ebenso bei Frost. Die Abfallstoffe ihres Stickstoffhaushalts scheiden sie als Harnsäure aus, oder sie bilden daraus Guanin, das sie in ihrer Niere ablagern können. Beide Verfahren benötigen fast kein Wasser. Wir werden gleich noch mehr darüber hören.

Von den Gliederfüßlern sind zu den Abfallfressern, die an Feuchtigkeit gebunden sind, die Asseln getreten. Asseln sind Krebse. Die nächsten Verwandten unserer Kellerasseln (die man außerhalb von Häusern unter Steinen und moderndem Holz findet) leben im Meer. Die Landasseln atmen mit Kiemen in feuchgehaltenen Kiemenhöhlen. Für Tiere ihrer Größe und Aktivität reicht die Leistung dieser Kiemenlungen aus, wenn sie an feuchten Stellen leben. Bei anderen Asseln ist die direkte Aufnahme von Atemluft dazugekommen.

Mit diesem Atemprinzip arbeiten auch die Spinnentiere und die »Tracheaten«, die Tausendfüßler und die Insekten. Bei ihnen wird Luft durch Atemöffnungen (Stigmen) und Röhren (Tracheen) ins Körperinnere und bis an die Organe gebracht. Das sichert ihre Sauerstoffversorgung weit besser, als wenn der Sauerstoff erst im Blut gelöst, in ihm transportiert und dann wieder aus ihm entnommen würde. So erreicht der volle Sauerstoff-Partialdruck der Luft die Muskeln und die inneren Organe. Deshalb konnten die Insekten eine so leistungsfähige Muskulatur entwickeln.

Diese Luftzuleitung läßt sich aber nicht beliebig steigern. Die Tracheen können bestimmte Längen und Dicken nicht übersteigen, weil sonst der Luftfluß nicht mehr funktioniert. Deshalb können Spinnen und Insekten nicht größer werden, als sie sind. Mit dieser Atmung sind sie aber von der Bindung an Feuchtigkeit frei – so frei, wie sie dies in anderen Funktionskreisen erreichten.

Die Spinnen und ihre Verwandten, darunter die Milben und die Skorpione, sind Räuber. Sie sind mit den Insekten nicht so nah verwandt, wie das bei oberflächlicher Betrachtung scheinen mag; da stehen die Krebstiere den Insekten näher (weil beide Mundgliedmaßen haben, die Mandibeln heißen und zum Kauen dienen. Die nächsten Verwandten der Insekten sind die Tausendfüßler). Die Spinnentiere gehören in den Verwandtschaftskreis, den die ausgestorbenen Trilobiten des Erdaltertums und die heute nur noch in wenigen Arten im Meer lebenden Pfeilschwanz»krebse« bilden.

Die Spinnentiere bewältigen ihre Beute größtenteils, indem sie Verdauungssäfte über sie ergießen und die verflüssigte Nahrung einsaugen oder einschlürfen. Sie sind auch mit den Insekten nicht nah verwandt, so sind aber die Hauptgruppe von ihnen, die Spinnen selbst, den Insekten und ihrer Geschichte eng verbunden: Insekten sind die Hauptbeute der Spinnen.

Spinnen stellen den Insekten ursprünglich am Boden nach. Sie erbeuten sie lauernd oder im Sprung. Manche Bodenspinnen spannen Stolper- und Klebfäden aus, andere spinnen ihre Beute ein. So haben sie schon bald gelernt, ihr ursprünglich anderen Zwekken dienendes Spinnvermögen (sie hüllen damit ihre Eikokons ein) auch für ihre Ernährung zu verwenden. Das erreicht seinen Höhepunkt in den Radnetzen, und mit dieser Jagdmethode sind die Spinnen ihren Beutetieren in den Luftraum gefolgt.

Ehe wir die Geschichte der Insekten verfolgen, die sie dorthin geführt hat, wollen wir eben einen Blick auf die Tiere werfen, die ihrerseits wieder von den Abfallfressern leben. Schnecken, Regenwürmer, Asseln – das ist das Futter, das man Salamandern gibt, und in der Tat müssen wir diese Lurche als Angehörige der ersten Leistungsschicht von Landbewohnern nennen. Wie ihre Nahrungstiere sind auch die Salamander an Feuchtigkeit und für die Fortpflanzung sogar noch an Wasser gebunden. Sie sind nachts unterwegs und müssen Trockenheit und Hitze meiden.

Wer je Salamander gehalten hat, weiß, daß ihre Lebensintensität nicht allzuhoch ist, obwohl es selbst in Sibirien Salamander gibt. Sie erscheinen im Frühjahr in den Wasserlachen und Tümpeln und legen ihre Eier als Laichsäcke ab. Aus ihnen schlüpfen Larven, die sich bald verwandeln. Wenn der Sommer vorbei ist, verkriechen sie sich wieder. Sie können gar nicht anders als gefroren überwintern. Wo sollten sie eine frostfreie Stelle finden in einem Gebiet, dessen Boden im Dauerfrost erstarrt ist und nur im Sommer etwa einen Meter tief auftaut? Noch dort aber, um Werchojansk am Kältepol, leben die Sibirischen Winkelzahnsalamander. Sie bilden mit dieser Lebensweise ein Gegenstück zu Tieren, die in Trockengebieten anderer Art leben – Kröten etwa – in den Wüsten Westaustraliens. Diese Kröten wachen zum aktiven Leben auf, wenn es regnet, und verbringen die meiste Zeit des Jahres im Boden in einer Art Trockenstarre.

Diese Wirbeltiere gehören dem gleichen physiologischen Typ von Landbewohnern an wie von den Pflanzen die Moose und wie viele der wirbellosen Tiere, von denen sie leben. Innerhalb eines nicht sehr großen Bereiches von Lebensbedingungen sind sie aktiv; der entscheidende Faktor ist die Feuchtigkeit, denn groß ist ihre Aktivität nicht. Trockenzeiten können sie ohne Schaden, aber auch ohne aktive Lebensfähigkeiten überdauern. Genau wie bei den Pflanzen ist die weitere Geschichte der Tiere an Land dadurch bestimmt, daß die Empfindlichkeit gegenüber der Trockenheit abnimmt. Zugleich aber wird die Überschreitung der hinausgeschobenen Grenzen für viele von ihnen tödlich. Das gilt allerdings noch nicht für die meisten Insekten, die, anders als die frostempfindlichen Asseln, auch Frost vertragen und bei jedem Sonnenstrahl wieder zum aktiven Leben erwachen können.

Tiere erobern die Luft: Die Insekten

Wenn die Bauern wissen wollen, wie das Wetter am nächsten Tag wird, müssen sie abends nur nach den Mistkäfern sehen. Erscheinen diese, um den tagsüber angefallenen Maultierkot zu beseitigen, wird der nächste Tag schön. Bleiben sie in ihren Erdlöchern, droht mit Sicherheit Regen.

Jean-Henri Fabre, Lehrer und Insektenforscher, erwähnt das in seinen »Souvenirs entomologiques« als eine von Tausenden von Tatsachen, die er über das Leben der Insekten zum größten Teil durch eigene Beobachtungen zusammengetragen hat. Was er über das Verhalten der Grabwespen herausgefunden hat, steht heute in Schulbüchern. Jean-Henri Fabre ist 1915, im Alter von fast 92 Jahren, gestorben. Er hat die Biologie der Insekten untersucht, als sich die wissenschaftliche Entomologie und Zoologie um das Leben der Tiere und die Wechselbeziehungen zwischen Pflanzen und Tieren noch kaum kümmerte. Heute, im Zeitalter der Verhaltensforschung und Ökologie, wissen wir erst wieder zu würdigen, was er geleistet hat.

Die Mistkäfer sind exemplarisch für ihre ganze Gruppe, die Insekten. Was wir bisher von Landtieren besprochen haben, lebt im Boden oder auf ihm und ist vielfach nur nachts aktiv. Insekten sind auch und vor allem tagsüber aktiv, und viele von ihnen können sich hoch über den Boden erheben. Die Mehrzahl von ihnen frißt an Pflanzen: saugt ihre Säfte, zernagt Blätter und Holz oder holt sich aus den Blüten den Nektar, den sie eigens für ihre Besucher erzeugen. Dank ihrer geringen Größe konnten sich Insekten auf Pflanzenteile spezialisieren. Mit ihren unterschiedlichen Mundgliedmaßen konnten sie jede Art von Nahrung nutzen. Sie sind damit zu den wichtigsten Gliedern der Nahrungsketten und Kreisläufe nach den Mikroorganismen und den Pflanzen geworden. Sie tragen entscheidend dazu bei, daß alles, was Pflanzen produzieren, auch wieder umgeschlagen wird. Vor allem in den Regenwäldern sind Insekten die bei weitem wichtigsten Zehrer und Recycler.

Insekten haben damit die größten Nahrungsvorräte erschlossen, die es auf dem Land gibt und so zu der Produktivität der Pflanzen entscheidend beigetragen. Ganze Gruppen von Blütenpflanzen gäbe es nicht ohne Insekten als Bestäuber, ganze Insektengruppen wie die Schmetterlinge und viele Hautflügler nicht ohne Blüten, die ihnen Nahrung liefern.

Weil es so viele Insekten, auch an Individuenzahl, gibt, müssen sich viele Pflanzen gegen sie schützen. Sie tun das unter anderem mit Chemikalien, die sie selbst erzeugen. Das nutzen wiederum wir Menschen aus: Aus Chrysanthemen stellen wir Pyrethrine, aus Tabakpflanzen nikotinhaltige Brühen als Mittel gegen Insekten her.

Pflanzen locken aber auch Insekten an. Im Wald lassen bei uns Bärenlauch und Taubnessel, Lungenkraut und Veilchen ihre Samen von Ameisen verschleppen, die das wegen der ölhaltigen Gewebe dieser Samen gern tun. So haben auch die niedrigwachsenden Pflanzen, die nicht wie die Beeren der

Sträucher von Vögeln oder die Flugsamen der noch höheren Bäume vom Wind weit genug fortgetragen werden, einen Weg zur Verbreitung ihrer Samen gefunden.
Die Blütenpflanzen locken ihre Bestäuber mit Farbe und Duft: Die dazu von Pflanzen produzierten ätherischen Öle benutzen wir Menschen schon seit langem in vergleichbarer Funktion.
Die Geschichte der Insekten ist ein besonders eindrucksvolles Lehrstück für die Wechselbeziehungen zwischen Pflanzen und Tieren. In ihnen haben auch diejenigen Insekten ihren Platz, die nicht Pflanzenstoffe fressen. Unter ihnen gibt es Räuber, die zum überwiegenden Teil von anderen Insekten leben. Sie führen damit die in ihnen gespeicherte Substanz wieder in die Kreisläufe zurück (in denen sie früher oder später ohnehin landen würden) und halten die Zahl der Pflanzenfresser kurz. Sie werden dabei von den ungezählten Parasiten unterstützt, die zum größten Teil ihre Eier in andere Insekten, deren Larven oder schon deren Eier legen. Zahlreiche Insekten legen ihre Eier auch in das Gewebe anderer Tiere oder auch von Pflanzen ab.
Das bewirkt, daß die Bestände an pflanzenfressenden Insekten in allen ungestörten Ökosystemen ein gewisses Ausmaß nirgends überschreiten. Sie fressen etwa fünf Prozent der Produktion, nicht mehr. Man hat das bisher als einen Kompromißwert gesehen, der zwischen den Ansprüchen der Pflanzen und denen der pflanzenfressenden Insekten auf schwer verständliche Weise zustande gekommen ist. Mit unserem gesamtökologischen Verständnis erscheint der Insektenfraß in diesem Ausmaß als ein Kennwort der gemeinsamen Produktionsleistung von Pflanzen und Tieren. Dies etwa, so vermuten wir, entspricht dem Produktionsanteil, der ohne Schaden für die Pflanzen sofort wieder umgesetzt werden kann, so daß die in ihm enthaltenen Nährstoffe sofort wieder zur neuen Produktion verfügbar sind. Das bedarf der genauen Untersuchung. Unübersehbar ist auch hier, wie die historisch-ökologische Betrachtungsweise altvertraute Perspektiven ändert. Das wird auch in dem folgenden Zusammenhang deutlich.
Wir sind es gewohnt, Pflanzen und Tiere im Zusammenhang von Nahrungsketten zu sehen. Sie führen von Pflanzen über Pflanzenfresser zu Fleischfressern, dann zu Abfallfressern und zuletzt zu den Mikroben, die allen Abfall wieder aufbereiten. Historisch gesehen aber sind meistens die Abfallfresser älter und erst aus ihnen Pflanzenfresser und Räuber entstanden. Das gilt jedenfalls für die Geschichte der Insekten, der wir uns jetzt wenigstens in ihren Hauptzusammenhängen zuwenden.
Die Geschichte der Insekten beginnt dort, wo auch die anderen Landtiere wohnen: am Boden. Und wie die Regenwürmer, die Asseln und die meisten Schnecken, von den kleineren Platt- und Fadenwürmern ganz zu schweigen, sind auch die ältesten Insekten nachtaktive, an Feuchtigkeit gebundene, kleine Tiere, noch ohne Flügel. Zu ihnen gehören die Springschwänze, die im Boden und im Moos leben, und die Silberfischchen, die wir auch in unseren Häusern kennen. Viele von ihnen leben von den eiweißreichen Pilzhyphen.
Würmer atmen durch die Haut, Krebse und Schnecken durch die Haut innerer Höhlen, die ursprünglich Kiemenhöhlen waren. Insekten atmen durch Röhren, die Außenluft unmittelbar an die Organe und die Muskeln bringen. Deshalb pumpt ein Maikäfer vor dem Abfliegen: Er schafft damit den nötigen Sauerstoff in den Muskeln.
Diese Luftröhren heißen Tracheen. Die Insekten haben sie von ihren Vorfahren ererbt. Wir finden Tracheen nämlich auch bei ihrer Schwestergruppe, den Tausendfüßlern. Bei-

de, Tausendfüßler und Insekten, teilen auch eine andere Fähigkeit. Sie fällen (wie das auch unabhängig von ihnen die Spinnen können) die Abfälle ihres Eiweißstoffwechsels als Harnsäure fast ohne Wasser aus. Sie bilden die Harnsäure in den schlauchförmigen »malpighischen Organen«, die in den Enddarm münden. Dort wird das Wasser, das dazu benötigt wird, zurückgewonnen. Damit von Wasser unabhängig und mit einem festen Außenskelett (ebenfalls gemeinsames Erbe) aus Chitin versehen, konnten die Tracheaten noch die trockensten Gebiete besiedeln, wenn sie nur Nahrung fanden. Die Hundertfüßler fressen Abfälle, die Tausendfüßler leben als Räuber.

Der größte Schmetterling hat eine Spannweite von 32 Zentimeter, die längste Schmetterlingsraupe und der größte Käfer erreichen 15 Zentimeter Länge. Insekten können nicht größer werden, und zwar aus zwei Gründen. Erstens begrenzt das Außenskelett die Ausmaße. Größere Tiere müßten mehr Muskeln haben, als dann in ihrem Innern Platz finden könnten. Zweitens läßt sich Luft in den Tracheen zwar sehr effektiv über kurze Wege, nicht aber über längere leiten. In beiden Fällen haben die Bauprinzipien der Wirbeltiere weiter geführt: Am Innenskelett haben mehr Muskulatur und Ansatzflächen Platz, die Atmung über den Blutkreislauf ist zwar indirekt, aber steigerungsfähiger als die direkte Luftzufuhr. Deshalb stellen die Säuger an Land die großen Pflanzen- und Fleischfresser und die Insekten die kleinen, wodurch auch die jeweiligen Artenzahlen bedingt sind.

All das fängt bei den Insekten mit Formen an, die sich nicht allzusehr von den Tausendfüßlern mit neun oder zehn Körperabschnitten mit Beinen unterscheiden, die es auch gibt. Die Insekten sind aus Formen mit drei Beinpaaren entstanden. Vor diesem dreigeteilten Körperabschnitt liegt der Kopf, dahinter der Hinterleib. Bei Larven kann auch der hintere Körperabschnitt Beine tragen.

Zu den ungeflügelten Abfallfressern, mit denen die Insekten angetreten sind (wobei die Nahrung vielfach aus Bakterien und Pilzen besteht, die den Abfall unmittelbar nutzen), sind dann aber geflügelte Formen getreten. Vermutlich waren die Flügel zunächst nur Gleitflächen. Ungeflügelte Insekten, vor allem Springschwänze, findet man in großer Zahl im Luftplankton. Sie lassen sich ebenso vertreiben und verbreiten wie die Spinnen, die das durch Fäden eigens noch erleichtern. Bei den Insekten haben die Flügel diesen Vorgang bewirkt. Vielleicht waren die Flügel zuerst auch ein Mittel, mit dem ihre Besitzer von den höher werdenden Pflanzen durch die Luft und damit schneller herab zum Boden gelangen konnten, wenn Gefahr drohte.

Dann aber sind aus Gleitflächen aktiv bewegte Flügel, aus dem passiven Gleiten vielfache Flugleistungen entstanden. Die erste Gruppe der geflügelten Insekten kann die Flügel nicht oder nur durch Schrägstellen nach hinten führen (was zum Beispiel beim Eindringen in Verstecke eine Rolle spielt). Was man mit diesen Flügeln aber in der freien Luft tun kann, zeigen die Libellen. Sie fliegen damit allein oder bei der Paarung im Tandem blitzschnell und zielsicher. Viele von ihnen jagen auch in der Luft, andere fressen als fliegende Erwachsene nicht, sondern leben von dem, was ihre gefräßigen Larven im Wasser erbeutet und in Körpervorräten angelegt haben. Alle anderen Insekten können ihre Flügel vielfältiger gebrauchen und falten. An ihrer Basis stehen die Steinfliegen, deren Larven wie die der Libellen im Wasser leben, und eine Reihe von Insekten mit noch sehr an den Boden gebundener Lebensweise. Unter ihnen sind Räuber wie die Ohrwürmer und die Fangheuschrecken, vor allem aber Tiere mit na-

genden und mit schabenden Mundwerkzeugen: die Schaben, die Termiten, die Heuschrecken.
Schaben leben überall, meist in nicht allzu großer Zahl. Heuschrecken gibt es ebenfalls weltweit.
Zu einem Schrecken (womit ihr Name nichts zu tun hat; der kommt von schricken, einem anderen Wort für springen) sind die Wanderheuschrecken geworden, die in den Tropen und Subtropen zeitweise in Massen auftreten und dann in Riesenzügen von Larven und geflügelten Erwachsenen ganze Landstriche kahlfressen können. Die Massenvermehrung und die Regelung der Bestandsdichte über die Massenwanderung in andere Landstriche gehört zu dem Ökosystem der Savannen und Grassteppen, die durch starke Schwankungen in Produktion und Zehrung gekennzeichnet sind und dementsprechend grobe Regelungen verkraften.
Termiten können auf viel stillere Weise Schrecken verbreiten: so, wenn sie Holz von innen zernagen und aushöhlen und ganze Häuser und Bauwerke zusammenfallen lassen. Sie tun dann nichts anderes als das, was sie mit Bäumen schon seit undenklichen Zeiten tun. Sie sind dazu in der Lage, weil sie zu ihren nagenden Mundgliedmaßen in ihrem Eingeweidetrakt einzellige Symbionten haben, die Zellulose für sie verdauen können. Mit dieser Gemeinschaftsleistung haben die Termiten den Hauptanteil daran, daß in tropischen Regenwäldern Holz nicht lange zu liegen und zu modern braucht: Es wird sehr schnell wieder in die Kreisläufe zurückgeführt – oft schon, ehe ein Baum überhaupt umgefallen ist.
Noch eine zweite große Gruppe von Insekten ist mit ihrer Lebensweise sichtlich an das Substrat gebunden. Das sind die Tiere mit saugenden Mundgliedmaßen, die damit Säfte aus Pflanzen und Tieren pumpen. Blattläuse, die zu ihnen gehören, bohren ihre Rüssel gezielt in die Leitgefäße der Pflanzen. Man kann ihnen den Rumpf abschneiden und den Pflanzensaft, den Rüssel und Kopf weiter einsaugen, zu Untersuchungen abnehmen. Das ist weitaus leichter, als ein

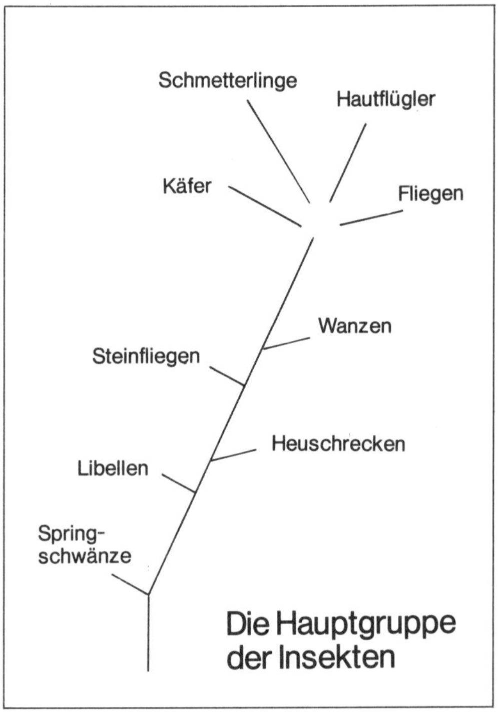

Die Hauptgruppen der Insekten: Die Insekten sind als ungeflügelte Abfall- und Pilzfresser entstanden. Die geflügelten Insekten erschlossen sich den direkten Zugriff auf Pflanzensubstanz in größerem Umfang mit schabenden und saugenden Mundgliedmaßen. Sie sind damit die wichtigsten »Recycler« im Haushalt der Landökosysteme geworden und tragen entscheidend zu ihrem Produktionsniveau bei. Bei den höheren Insekten erfüllen vor allem die Larven diese Aufgabe. Die Erwachsenen spielen vielfach als Blütenbestäuber eine unentbehrliche Rolle im Leben der Blütenpflanzen. Auf allen Evolutionsstufen sind weitere Abfallfresser, Räuber und Parasiten entstanden.

Heuschrecken und andere Insekten führen auf allen Altersstufen die gleiche Lebensweise und haben den annähernd gleichen Körperbau; bei den Erwachsenen kommen Flugvermögen und Fortpflanzung hinzu. Käfer, Schmetterlinge, Hautflügler und Fliegen nutzen als Larven ganz andere Nahrung als ihre erwachsenen Tiere. Das ist möglich, weil sich ihr Körperbau während der Puppenruhe völlig verändert. Diese Doppelrolle im Haushalt der Natur macht ihren Evolutionserfolg aus.

menschliches Instrument in das Leitgefäß einzuführen. Zu dieser Gruppe gehören ferner die Schildläuse und Wanzen und einige andere Insektengruppen mehr.

Den schabenden und den saugenden Insekten ist gemeinsam, daß das Fliegen bei der Nahrungsaufnahme keine große Rolle spielt. Wanderheuschrecken fliegen zu neuen Futterflächen. Aber ihre ungeflügelten Larven finden auch zu Fuß neue Nahrung. Zum Schluß gehen die Schwärme in jedem Fall unter, ob mit oder ohne Flugvermögen. Termiten fliegen nur zum Hochzeitsflug, bei Schildläusen sind nur die Geschlechtstiere geflügelt (sie besitzen einen Generationswechsel von geflügelten und ungeflügelten Formen).

Seit dem Übergang vom Karbon zum Perm gibt es Insekten, die vom Fliegen bei der Ernährung noch weit vielfältiger Gebrauch machen als die Libellen auf der Jagd. Bei ihnen gehen die Erwachsenenstadien nicht, wie bei allen bisher besprochenen Insekten, in einer Reihe von Wachstumsschritten, jeder mit einer Häutung eingeleitet, aus Larven hervor. Vielmehr geben die Larven die

Beziehungen zur Außenwelt weitgehend auf, verstecken sich, kapseln sich noch ein und bilden eine Puppe.
In den Puppen zerfällt das Larvengewebe. Aus Anlagen, die in den Larven inaktiv vorhanden waren, entstehen jetzt die Organe der Käfer, Fliegen und Schmetterlinge, die dann aus den Puppen schlüpfen.
Durch diese radikale Metamorphose verbunden, können Larven und Erwachsene weit größere Unterschiede ausbilden und aufweisen als bei den Formen, deren Larven schon immer annähernd wie die dazugehörigen Erwachsenen aussehen und leben. Engerlinge und Käfer, Maden und Fliegen, Mückenlarven und Moskitos, Raupen und Schmetterlinge haben in Lebensweise und Körperbau kaum mehr etwas miteinander gemeinsam.
So konnten sich denn die Insekten mit vollkommener Verwandlung alle Lebensmöglichkeiten noch einmal erschließen, die Insekten überhaupt offenstanden – und neue dazu. Die ersten unter ihnen waren offenbar Räuber, wie es heute noch viele Käfer sind. Käfer waren aber als Pollenfresser (eine der eiweißreichsten Nahrung, die Pflanzen zu bieten haben) an der Entstehung der Insektenblüten beteiligt. Ihre Maden sind nicht mehr wie die Larven anderer Insekten durch außenliegende Flügelanlagen behindert: Sie konnten die Wurmform erhalten, mit der sie in ihre Nahrung selber eindringen können. Es gibt kaum eine Pflanze, kaum ein Tier, die oder das nicht bereits im Leben, und erst recht nicht nach dem Tod, von Larven dieser Insekten befallen würde. Käfermaden leben vielfach im Holz, oft auf Holzsorten und Bäume spezialisiert – weswegen mit den Eichenstümpfen auch die Eichenbockkäfer bei uns so selten werden.
Fliegen sind insgesamt Allesfresser, ihre Maden vielfach Parasiten. Flöhe saugen und stechen. Die Hautflügler leben wohl ursprünglich von tierischer Nahrung; die Bienen und andere Hautflügler haben sich auf die Nahrung spezialisiert, die die Blütenpflanzen ihnen bei der Pollenübertragung bieten. Sie nutzen diese Nahrungsquelle gemeinsam mit den Schmetterlingen.
Wir können der Vielfalt der Insekten und ihrer Rolle für die Biosphäre nicht im einzelnen nachgehen. Was wir für eine Analyse ihrer Wechselbeziehungen der Stammesgeschichte der Pflanzen und der pflanzenfressenden Insekten im einzelnen entnehmen können, hat unser Kollege Zwölfer untersucht und dargestellt (vergleiche Anhang). Wir wollen nur noch an einem Beispiel zeigen, wie grundlegend wichtig solche Wechselbeziehungen für die ganzen Ökosysteme sind.

Gekammerte Teilkreisläufe:
Die Insektenstaaten

Ameisen errichten als Gemeinschaftswerke ihrer Völker Bauten, die vieles mit denen der Termiten gemeinsam haben. Ihre Rolle als Abfallbeseitiger ist uns allen ebenso bekannt, wie es ihre Erdnester in unseren Gärten und die Hügel der Waldameisen in unseren Wäldern sind. Wie eng ihre Beziehungen zu anderen Lebewesen sind, zeigt ihr Verhältnis zu den Blattläusen. Blattläuse sitzen auf Pflanzen und bohren deren Saftgefäße an. Sie scheiden einen stark konzentrierten, zuckerhaltigen Saft aus (vielleicht, weil sie mehr Zucker aus der Pflanze saugen, als sie brauchen, bis sie aus ihrem Saft genügend andere Nährstoffe, so zum Beispiel Eiweiße, erhalten?). Den Saft holen sich Ameisen.
Andere Ameisen tragen Pflanzenteile in ihre Bauten ein. Das tun vor allem die tropischen Blattschneider-Ameisen. Für Tiere, die ursprünglich und vor allem Eiweißnahrung brauchen und dazu andere tote und lebende Tiere fressen, ist das eine auffällige Erscheinung. Aber die Blattschneider fressen die

Blätter nicht. Sie tragen sie vielmehr in ihre Bauten ein und verarbeiten sie dort zu einem Brei. Auf diesem Brei wachsen Pilze, und deren Fäden bilden dort, wo die Ameisen sie abbeißen, Knöllchen, die sogenannten »Kohlrabi«. Diese werden von den Ameisen gefressen (siehe Abbildung Seite 34).

Pilze verfügen über eiweißreiche Substanz. Verwandte der Blattschneider-Ameisen fressen unter anderem Insektenkot (auf dem vermutlich ebenfalls Pilze wachsen). Die Blattschneider sind dazu übergegangen, diese Pilze in ihren Bauten zu züchten und dazu Blätter als Pilznahrung einzutragen.

Ameisen sind bei ihrer Nahrungssuche wählerisch. Was für Blätter werden sie wohl eintragen? Sicher werden sie stickstoffreiche bevorzugen: Das sichert einen hohen Pilzertrag. Wir haben in der Literatur bisher keine genauen Angaben darüber gefunden, können uns aber aus einigen Mitteilungen doch ein Bild machen.

Es gibt die sogenannten »Ameisenpflanzen«, bei denen Insekten in hohlen Pflanzenteilen, nämlich in ihren holzigen Dornen, leben. Diese Ameisenpflanzen gehören alle zu den Akazien, also Schmetterlingsblütlern. Die aber sind, dank ihrer Wurzelbakterien, besonders reich an Stickstoff. (Die Ameisen halten die Wirtspflanzen dafür frei von Schlingpflanzen; es haben also beide Teile etwas vom Zusammenleben.)

Für die Blattschneider-Ameisen ist bekannt, daß sie ganze Plantagenbestände entblättern können. Sowohl Kaffee als auch Tee und Gummibäume sind Pflanzen mit wohlausgebildeten Mykorhizen, mit stickstoffvermittelnden Pilzen an ihren Wurzeln. Kein Wunder also, daß die Ameisen über ihre Blätter herfallen.

Das spielt nun nicht nur für sie selber eine Rolle: Was Bäume mit Bakterien- oder Pilzzufuhr an Stickstoff aufnehmen, kommt nicht nur ihnen selbst zugute. Von unseren Erlen (auch wieder mit Bakterienknöllchen) ist bekannt, daß der hohe Stickstoffgehalt ihrer Blätter nachweislich in den Boden gelangt und damit anderen Pflanzen zur Verfügung steht, wenn diese Blätter abfallen. So sorgen auch die Blattschneider-Ameisen für eine beschleunigte Stickstoffrückführung, wenn sie vor allem stickstoffhaltige Blätter in ihre Bauten holen.

Sie schlagen also Stickstoff in einem gekammerten Teilkreislauf um, indem sie den stickstoffverarbeitenden Pilzen in ihren Bauten ideale Kulturbedingungen geschaffen haben. Das ist die Bedeutung dieser Ameisen und vieler Termiten für die Ökosysteme, in denen sie leben, und führt weit über die unmittelbar beteiligten Partner hinaus.

Wir vermuten, daß auch die Pflanzengallen kleinere gekammerte Teilkreisläufe enthalten. Pflanzengallen entstehen, wenn Insekten (Gallmücken und andere) ihre Eier in Pflanzengeweben ablegen. Die Pflanzengewebe ändern sich dann so, daß Gallen entstehen. Man hat das als Abwehrreaktion gedeutet (die Pflanze markiert damit den Aufenthaltsort der Parasiten, und andere Insekten können so wieder ihre Eier in die Gallen legen; deren Larven fressen dann wiederum die Gallinsektenlarve) oder aber als unerklärbare »Fremddienlichkeit« der Pflanze. Es gibt aber Befunde, die dafür sprechen, daß die Bildung der Gallen auch für die Pflanze einen Vorteil darstellt – oder vielmehr schon der Befall durch Gallinsekten selbst.

Nun enthalten auch Pflanzengallen Pilze. Geben die Gallenbewohner Stoffe ab, die im Verein mit dem Stoffwechsel der Pilze auch für die Wirtspflanze von Nutzen sind? Wenn man Bäume mit mehreren Gallen in jedem Blatt sieht, kann man einen solchen Zusammenhang auch von der Größenordnung der Stoffwechselmengen durchaus annehmen.

Auf diese Frage scheint es noch keine Antwort zu geben.
Es geht uns nur darum, zu zeigen, wie sehr die Einsicht in Wechselbeziehungen als Grundlage ganzer Ökosysteme vieles in einem neuen Licht erscheinen läßt. Vielleicht sieht nun die Rolle der pflanzenfressenden Insekten überhaupt anders aus.
Wir gehen nunmehr zur Besprechung weiterer historischer Zusammenhänge über, bei denen die Rolle der Insekten eindeutig und offensichtlich ist. Wir treffen sie in der Geschichte der Landwirbeltiere, die ohne die Wechselbeziehungen zwischen ihnen, den Insekten, anderen Landtieren und den Pflanzen nicht darzustellen, geschweige denn zu erklären ist.

Wirbeltiere des Landes

Noch an Gewässer gebunden: Die Lurche

Die Landwirbeltiere sind aus Quastenflossern unter den Fischen entstanden. Was dazu nötig war, um an Land zu leben, hatten sie: Gliedmaßen, die sie tragen konnten, eine Lunge zum Atmen von Luft, einen Verdunstungsschutz in Form des Hautpanzers und notfalls die Fähigkeit, Trockenzeiten in einer Trockenstarre zu überdauern. Das können die afrikanischen und südamerikanischen Lungenfische, und das können Frösche und Salamander. Sicher haben die Quastenflosser das auch gekonnt.
Warum haben die Quastenflosser die Kontinente betreten? Die beste Antwort ist vermutlich die, die Bergsteiger auf die Frage geben, warum sie auf Berge klettern: Weil es sie gibt. Alle Meerestiere, die dazu in der Lage waren, sind an Land gegangen, manche direkt, manche über das Süßwasser. Der zweite Weg führt, wie schon erwähnt, weiter. Im Süßwasser müssen die Tiere nämlich Mechanismen haben, mit denen sie den Wasserhaushalt regeln. Gehen sie an Land, kommt ihnen das zugute. Wie sich das bei den Wirbeltieren abspielte, schildern wir gleich.
Auch heute verlassen viele Fische ihre Wohngewässer. Aale wandern über Land und erreichen Teiche, die weder Zu- noch Abfluß haben. Man hat sie früher so oft in Gärten gefunden, daß der Glaube aufkam, sie fräßen Erbsen. In Afrika und anderswo wandern Büschelwelse über Land, in Asien die zu den Barschen gehörenden Kletterfische.
Die Schlammspringer der tropischen und subtropischen Meeresküsten jagen am Strand Strandflohkrebse und andere Beute. Manche von ihnen graben Löcher (die sich mit Grundwasser füllen), leben dort und legen ihre Eier da ab. All das steht zwar mit dem Meer noch in Verbindung, ist aber nicht mehr eigentlich das Meer.
Solche Grenzüberschreitungen gibt es in der Natur überall. Das ist als Folge des Konkurrenzdrucks unvermeidbar – und eben das hält die Evolution in Bewegung.
Heute kann das nicht mehr weit führen: Das Land ist von Landwirbeltieren besetzt. Vor 400 Millionen Jahren war das noch nicht der Fall. Wer damals an Land kroch, dem stand es offen.
Es sieht so aus, als seien Landwirbeltiere entstanden, sobald das Land für sie bewohnbar war und Nahrung bot. Das war anscheinend bald der Fall, als erst einmal Landpflanzen in größerer Zahl entstanden waren und mit ihnen auch wirbellose Tiere. Die

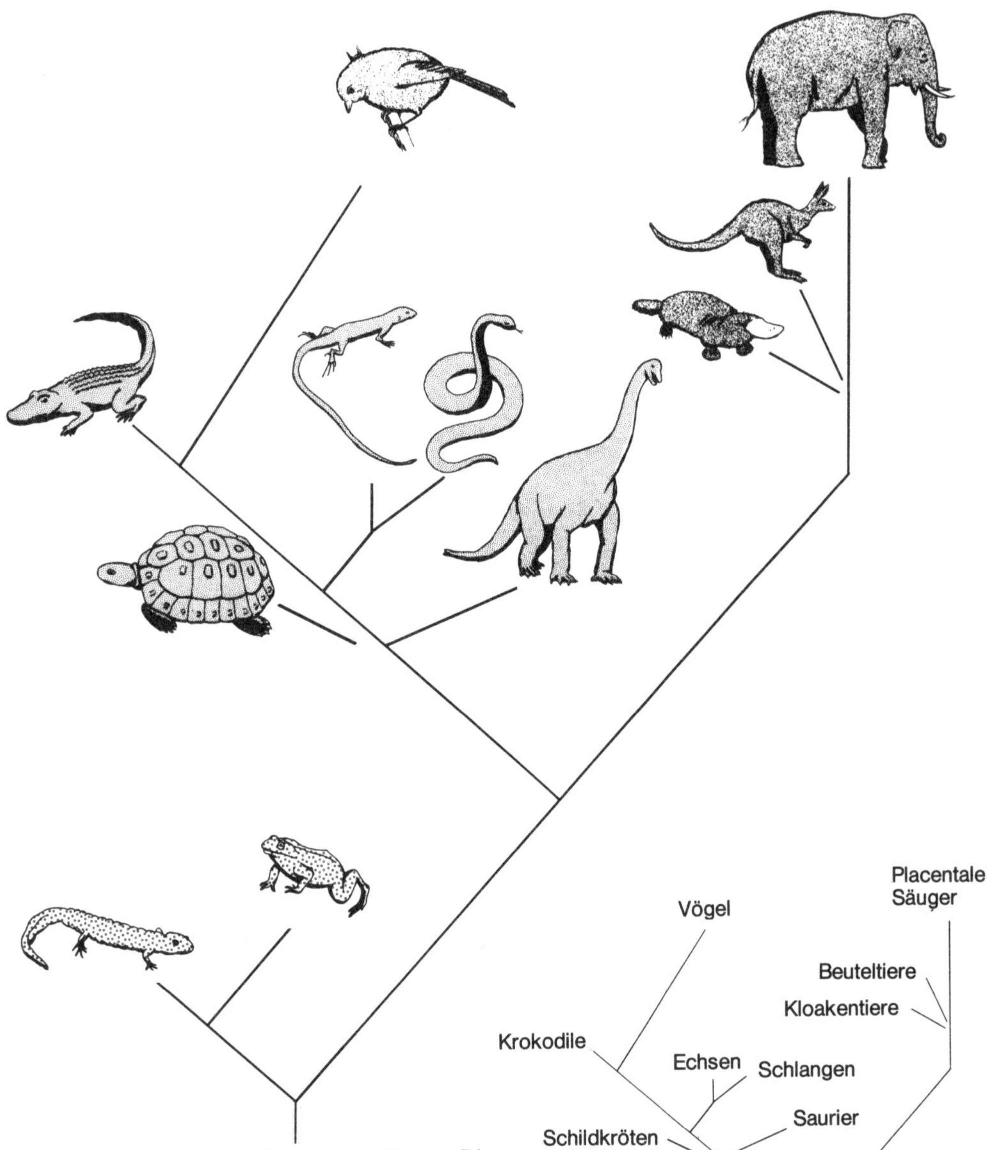

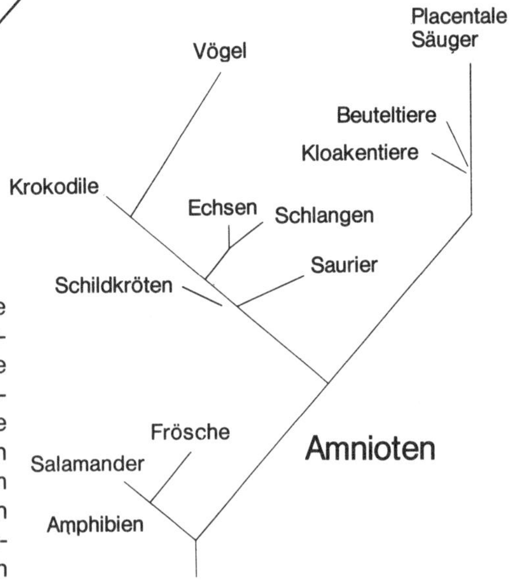

Die Hauptgruppen der Landwirbeltiere: Die aus Quastenflossern des Süßwassers entstandenen Landwirbeltiere haben bald die Hauptlinien der Amphibien und der Amnioten gebildet. Von den Amphibien spielen die Frösche eine Doppelrolle: Die Erwachsenen fressen an Land Kleintiere, die Larven im Wasser Algen und Aas. Pflanzenfresser an Land sind erst unter den Amnioten entstanden. Der genaue Anschluß der Schildkröten und der Kloakentiere ist ungewiß.

Entwicklung der Landpflanzen setzt im oberen Silur vor etwa 400 Millionen Jahren mit Formen ein, die noch mit den Wurzeln im Wasser stehen. Ihnen folgen die Moose und andere Pflanzen, die wirklich an Land wachsen. Ende des Devons treten die ersten Samenpflanzen unter den Farnen auf. Die ältesten Landwirbeltiere kennen wir aus dem oberen Devon. Anschließend, in der Steinkohlenzeit, bilden sich die großen Kohlenlager. Das können wir als Zeichen dafür ansehen, daß hier die Produktion gewaltig zunahm, die Zehrung und damit die Rückführung der organischen Substanz aber nicht Schritt hielt – sonst wäre nicht soviel unzersetzt abgelagert worden.

Der große Durchbruch der geflügelten Insekten, die mehr als jede andere Tiergruppe für die Rückführung von pflanzlicher Substanz tun, setzt um die Wende der Karbonzeit zum Perm ein. Alfred Sherwood Romer, ein Wirbeltierforscher der Harvard Universität, nahm als Ursache für die Entstehung der Landwirbeltiere Trockenzeiten an: Diese hätten ihre Vorfahren gezwungen, über Land neue Gewässer aufzusuchen, wenn ihre Wohntümpel austrockneten. Es gibt aber keinen Anhaltspunkt dafür, daß in der fraglichen Zeit im Devon Trockenzeiten häufiger waren als zuvor. Durch unsere eigenen Forschungen sind wir zu einer anderen, aber ähnlichen Auffassung gelangt. Noch heute leben die ursprünglichsten Salamander in Gebieten, in denen es nur im Sommer Gewässer gibt; den Rest des Jahres sind sie ausgefroren. Haben die ersten Landwirbeltiere diese Gewässer besiedeln können, als sie die Fähigkeit ausbildeten, an Land zu überwintern? Dafür spricht, daß sehr viele Salamander wärmerer Gegenden das Wasser überhaupt nicht mehr verlassen.

Salamander leben noch heute so, wie die ersten Landwirbeltiere gelebt haben müssen: nachts unterwegs, an Feuchtigkeit gebunden, langsam und nicht besonders unternehmungslustig und aktiv. Sie fressen Asseln, Regenwürmer, Schnecken, und man hält sie in einem Terrarium mit Moos. Das entspricht durchaus ihrer Zugehörigkeit zu einer Lebensschicht des Landes, deren Vertreter insgesamt wenig aktiv sind und Trokkenheit sowie Frost zumeist passiv ertragen können. Die schnellere Beute, die es an Land dann auch bald in der Form von Insekten gab, erlangen Salamander freilich kaum. Dafür entstanden andere Landwirbeltiere.

Die einen sind die Frösche. Sie sind vom Jura an fossil bekannt, also erst nach dem Auftreten geflügelter Insekten. Sie bleiben aber noch an Feuchtigkeit, für die Fortpflanzung größtenteils ans Wasser gebunden. Sie können Hitze ertragen und haben ihre Hauptverbreitung in den Tropen (wo es so gut wie keine Salamander gibt). Trockenheit können sie in Trockenstarre überstehen. Insekten, die dann aktiv sind, bleiben von Fröschen und von Kröten unverfolgt. Diese wurden erst von Kriechtieren als Nahrung erschlossen.

Die Kaulquappen der Frösche fressen Algen und andere Wasserpflanzen. Sie nutzen damit, auch bei uns, die Produktivität solcher Gewässer, in denen es keine oder nur wenig Fische gibt. Vor allem die zahllosen Tümpel, Teiche und Wasserflächen, die sich nur im Frühjahr bilden, wenn die Schneeschmelze Flüsse übers Ufer treten läßt, werden so genutzt. Das sind ökologische Zusammenhänge, die wir in unserer Kulturlandschaft mit ihren regulierten Flüssen kaum mehr sehen. Wer einmal Kaulquappen im Wildwasser oder Frösche und Kröten im Überschwemmungsgebiet nicht kanalisierter Flüsse beobachtet hat, wird diese ihre Rolle im Gesamthaushalt der Natur sofort erfassen.

Erwachsene Frösche mit ihrer unbedeckten Haut und Froschlaich mit seinen Gallertehüllen könnten das Leben außerhalb oder fern von Gewässern nur in begrenztem Umfang meistern. Die zahllosen Lebensmöglichkeiten, die es dort für Wirbeltiere gab und gibt, erschlossen erst die Kriechtiere und ihre Nachfahren.

Fortpflanzung ohne Wasser: Die Amnioten

Salamander scheuen das Sonnenlicht im allgemeinen. Eidechsen liegen mit Vorliebe in der Sonne. Einen Salamander kann man gemächlich mit der Hand greifen. Bei einer Eidechse muß man ganz schön schnell sein.

Faßt man sie an, spürt man einen Hauptunterschied sofort. Salamander sind kalt und feucht, Eidechsen trocken und glatt: Sie besitzen Schuppen.

Eidechsen und Schlangen sind Schuppenkriechtiere. Krokodile und Schildkröten, die beiden anderen Hauptgruppen der lebenden Kriechtiere, besitzen Panzer. Ihre Haut ist nicht mehr in dem Umfang Stoffwechselorgan wie bei den Lurchen. Sie kann deshalb schützende Hartgebilde tragen.

Schuppen und Panzer setzen den Wasserverlust herab. Kriechtiere regeln ihren Wasserhaushalt über die Nieren, die leistungsfähiger als die Fisch- und Amphibiennieren sind und so mit sehr viel weniger Wasser auskommen. Das müssen wir kurz besprechen.

Lurche scheiden die Abfälle des Stickstoffhaushalts als Harnstoff aus. Die heute lebenden Kriechtiere bilden Harnsäure wie die Spinnen und die Insekten. Diese Säure bindet pro Molekül doppelt soviel Stickstoff wie der Harnstoff. Außerdem kann sie aus übersättigter Lösung ausgefällt werden und ist dann physiologisch inaktiv. Auch Kriechtiere und Vögel resorbieren das Nierenwasser im Enddarm zurück (in den die Harnleiter münden). Die weiße Harnsäure wird als Brei oder trocken ausgeschieden.

Andere, ausgestorbene Kriechtiere und die aus ihnen entstandenen Säuger haben die Harnstoffbildung beibehalten. Sie gewinnen aber auch dort so viel Wasser zurück, daß sie mit relativ wenig davon auskommen. Wir wollen den Mechanismus dafür gleich hier besprechen, weil vieles an ihm gemeinsamer Besitz von Kriechtieren, Vögeln und Säugern ist.

Kriechtiere, Vögel und Säuger können ihren Blutdruck sehr genau regeln. Dazu gehört die Fähigkeit, den Blutdurchfluß durch die Gefäße dadurch zu verändern, daß sie verengt oder ausgeweitet werden. Damit kann auch mehr Sauerstoff in die Organe gepreßt werden, und damit können die Muskeln zu erhöhter Aktivität gebracht werden. Eine solche Aktivität ist ein »Mikro-Zittern«, das keine Bewegung, aber Wärme erzeugt. Pythonschlangen, die sich um ihre Eier winden, brüten so. Vögel und Säuger erhöhen auf diese Weise ihre Körpertemperatur immer oder fast immer über die der Umgebung.

Erhöhter Blutdruck, schnellerer Blutumlauf, erhöhte Sauerstoffversorgung der Organe und damit erhöhter Stoffwechselumsatz erfordern und ermöglichen auch größere Leistungen der Nieren. Dabei werden außer Wasser und Salzen auch andere Stoffe aus dem Blut ausgeschieden, die der Körper aber noch braucht, zum Beispiel Glukosen und Aminosäuren. Bei den Warmblütlern können sie anschließend, noch in den Nieren, in Schleifen der Harnleiter, wieder in das Blut zurückgenommen werden. Dabei wird so viel Wasser aktiv zurückgepumpt, daß der Harn auf eine Konzentration eingedickt wird, die stärker ist als das Blut, dem es entstammt.

Durch dieses Verfahren wird der Körper auch mit fremden Stoffen fertig, für die er keine speziellen Ausscheidungsmechanismen haben kann. Er benötigt sie nicht, weil einfach alles ausgeschieden und dann erst selektiv zurückgenommen wird, was der Körper behalten soll.

Sinkt der Blutdruck ab, läßt auch die Nierenleistung nach – und damit auch die Ausscheidung der giftig wirkenden Stoffwechselendprodukte.
Mit diesen Leistungen der Exkretion sind die höheren Landwirbeltiere vom Wasser weit unabhängiger, als das die Lurche sind. Hinzu kommt, daß auch ihre Larven nicht mehr wie die der Lurche noch im Wasser leben müssen. Sie schwimmen, wie man gerne sagt, in Ei und Uterus in einer flüssigkeitsgefüllten Blase, die an die Stelle eines Teiches oder Tümpels getreten ist. Auch das müssen wir etwas näher ansehen.
Kriechtierembryonen und die der Vögel und der Säuger speichern Harn in einer Blase (»Allantois«), die aus dem Körper ragt. Das macht die ständige Beseitigung des Harnstoffs überflüssig, die bei den Fischen und Amphibienlarven über den Harn, die Kiemen und die Haut erfolgt. Sie brauchen deshalb nicht mehr frei im Wasser zu leben und benötigen Haut und Kiemen auch nicht mehr zum Atmen. Sie haben dafür einen anderen Mechanismus, und nach ihm heißen sie mit ihrem wissenschaftlichen Namen Amnioten.
Diesen Mechanismus bewirkt die Schafhaut, das Amnion. Nach ihm werden Kriechtiere, Vögel und Säuger als Amnioten bezeichnet. Das Amnion ist aus der Dotterhaut entstanden und enthält viele Gefäße, deren Blut den Dottervorrat zum Embryo transportiert. Häute mit viel Gefäßen dienen auch dem Gasaustausch. Manche Fische atmen durch den Darm, und die Lungen sind als gasgefüllte Darmaussackungen entstanden. So hat auch das Amnion den Gasaustausch übernommen. Bei den Kriechtieren und Vögeln atmet der Embryo über das Amnion und durch die Eischale die Außenluft. Bei den Säugern tauscht wiederum das Amnion die Gase mit der Wand des Fruchtbehälters aus. Amnion und Uteruswand bilden dazu gemeinsam engverwachsene Gewebe aus, den Mutterkuchen. In ihm treten nicht nur Gase aus den Gefäßen des Embryos in die des Fruchtbehälters und umgekehrt, sondern auch Nährstoffe. Das Säugerei braucht deshalb keinen Dotter mehr.
Allantois und Amnion sind offensichtlich schon entstanden, als die Kriechtiere ihre Eier noch ins Wasser legten. Als die Erwachsenen vom Wasser unabhängig wurden, brauchten sie aber dann nicht mehr die Eier ins Wasser zu legen. Feuchte Stellen, wie sie Krokodile und Wasserschildkröten bevorzugen, genügen. Andere Kriechtiere und die Vögel versehen ihre Eier mit soviel Wasser, daß sie sogar an trockenen Stellen abgelegt werden können. Bei den Säugern sorgt wiederum der Mutterkörper für den Wassernachschub.

Der Amniotenembryo liegt in der Höhle, die das Amnion aus der äußeren Dotterhaut bildet. Das geschieht, wenn der Embryo von der Oberfläche in die Tiefe des Eies sinkt. Embryo und Amnion werden vom Dotter (unterhalb des Embryos) und der Allantois, der embryonalen Harnblase, umlagert. Mit beiden ist der Embryo durch die Nabelschnur verbunden.

Die Amnioten tragen diese Bezeichnung zurecht: Das Amnion hat die Voraussetzung dafür geschaffen, daß auch die letzten Bindungen ans Wasser wegfielen und ihre Besitzer das trockne Land besiedeln konnten.

Leben mit Sonnenwärme: Die Kriechtiere

Die ursprüngliche Nahrung der Kriechtiere sind sicherlich die Insekten gewesen. Noch heute stellen sie die Hauptnahrung der Eidechsen. Einige von ihnen, die Geckos, jagen nachts. Die meisten aber sind vor allem tagsüber aktiv. Sie sind auf die Zufuhr von Sonnenwärme angewiesen (Geckos gibt es deshalb nur in den warmen Ländern). In kältere Regionen dringen Eidechsen vor, die ihre Eier nicht ablegen, sondern im Mutterleib austragen: So können sie der Sonne nachkriechen. Das tun bei uns die Bergeidechsen, die deshalb noch in größeren Höhen und auch in Skandinavien vorkommen. Das gleiche gilt auch für einige Schlangen – darunter für unsere heimische Kreuzotter. Manche Eidechsen fressen große Beute und werden selbst recht groß, von den Waranen der Komodo-Waran zum Beispiel drei Meter lang.

Andere Eidechsen fressen Pflanzen. Das sind zum Beispiel einige tropische Leguane. Offenbar brauchen auch sie deshalb mehr Sonnenwärme. Das schließen wir auch daraus, daß die Inseleidechsen des Mittelmeergebietes meistens dunkel gefärbt sind. Sie leben auf so kleinen Felseninseln, daß sie von den Insekten dort nicht satt werden könnten. Sie fressen Blüten (vermutlich wegen der eiweißreichen Pollen) und nehmen durch die dunkle Haut zusätzlich Sonne auf: Dunkle Farben, Kleider und Häute haben diese Wirkung. (Der gleiche Zusammenhang liegt im übrigen auch bei den Schildkröten vor: Die fleischfressenden Sumpfschildkröten kommen auch noch in den Gebieten vor, in die die wärmebedürftigen Landschildkröten, die Pflanzen fressen, nicht vordringen können.)

Unter den Eidechsen gibt es zahlreiche grabende Formen ohne Beine. Aus einer solchen Echsengruppe sind die Schlangen entstanden. Die ursprünglichsten unter ihnen sind Wühlschlangen, manche von ihnen völlig blind. Auch die Augen der anderen Schlangen zeigen, daß ihre Vorfahren die Augen etwas rückgebildet hatten.

Von den Wühlschlangen leben manche ständig in Ameisenbauten. Die Zahl ihrer Arten ist nicht groß. Den entscheidenden Durchbruch haben die Schlangen erst erfahren, als sie größere Beute zu bewältigen lernten, die dann mit den Säugetieren reichlich vorlag. Von den Nattern fressen viele auch Fische, Frösche, Eidechsen und andere Schlangen. Säuger überwältigen die Schlangen mit zwei, manchmal kombinierten Methoden. Sie pakken sie mit ihren Zähnen und umschlingen sie, oder sie injizieren Gift in ihren Körper. Das Gift ist Speichel, dessen verdauende Wirkung durch blut- und gewebszersetzende und nervenlähmende Stoffe noch gesteigert ist. Giftige und ungiftige Schlangen bilden eine Gruppe, deren Artenzahl die der Eidechsen noch übertrifft.

Außer den Echsen und den Schlangen leben von den vielen Kriechtieren der Vergangenheit nur noch die Schildkröten und die Krokodile. Schildkröten sind vielleicht als Abfall- und Aasfresser entstanden. Landschildkröten fressen außer Pflanzen auch Kot, manche Wasserschildkröten Aas; Indianer benutzten deshalb angeleinte Schnappschildkröten, um in Gewässern nach Ertrunkenen zu suchen. Schildkröten haben keine Zähne. Die Zähne, die ihre Vorfahren besaßen, taugten als Beißorgane noch zu wenig; sie sind erst später, bei den Schlangen und dann wieder bei den Säugern Beiß- und Reißorgane geworden. Die Schildkröten haben

Schildkröten sind Amnioten, deren genaue Verwandtschaft mit den anderen Linien ihrem so stark abgeänderten Körperbau nicht eindeutig zu entnehmen ist. Mit ihren scharfen Schneidekiefern haben sie sich an Land und im Wasser eigene Lebensweisen erschlossen. Einige (wie die abgebildete Suppenschildkröte) leben im Meer.

dafür aber scharfe Kieferränder mit hornigen Schneidladen. Mit ihnen konnten sie dann auch wieder im Wasser Fische packen oder an Land Pflanzen abschneiden. In jedem Fall scheinen sie ihre Nahrung von Lebewesen bezogen zu haben, die nicht beweglich waren. Sie wurden deshalb selber langsam. Als dann größere Tiere entstanden, die ihnen selbst gefährlich wurden, konnten sie ihr Heil nicht mehr in der Flucht suchen: Sie umgaben den steifgewordenen Rumpf mit einem Panzer.

Die Krokodile sind Großbrockenfresser. Sie packen ihre Beute mit den Zähnen, zerkleinern sie aber dann durch drehende Bewegungen des Körpers. Sie können so selbst große Tiere in das Wasser ziehen. Sie spielen deshalb nicht nur eine Rolle innerhalb des Stoffkreislaufs der Gewässer, sondern führen ihnen durch Landtiere, die sie hineinziehen, zusätzlich Nährstoffe zu.

Die heutigen Kriechtiere sind nur noch ein Abglanz dessen, was einst von ihren Verwandten die Kontinente und ihre Gewässer und die Meere füllte.

Die ausgestorbenen Reptilien, die Saurier, umfaßten riesige Formen. Vermutlich haben die Pflanzenfresser unter ihnen den Räubern zur Nahrung gedient, so daß mit dem Untergang der einen auch die anderen verschwinden mußten. Die Theorien über ihren Untergang sind uferlos. Die meisten Forscher führen ihn direkt auf Änderungen der Umwelt zurück und denken dabei an Klimaveränderungen oder sogar erhöhte kosmische Strahlung mit vermehrten Erbschäden.

Wir sind überzeugt, daß das Aussterben der Saurier an Land ebenso wie das der Ichthyosaurier im Meer in dem ökologischen Gesamtzusammenhang gesehen werden muß, den wir mit den Begriffen der Schichten und der Überschichtung jetzt erst erfassen. Die Angehörigen verschiedener Schichten können nebeneinander existieren: Zur Ablösung, das heißt zum Aussterben der Älteren, kommt es innerhalb einer Schicht. So deuten wir jedenfalls vorerst, daß von den großen Räubern im Meer die Haie noch bis heute da sind: Sie leben mit ihren relativ geringen Nahrungsansprüchen neben den Delphinen (gehen sich dabei aber durchaus aus dem Weg: Delphine vertreiben jedenfalls Haie mit Rammstößen und haben so auch schon Menschen vor Haien gerettet).

Die Meeressaurier dagegen, die ebenfalls zunächst zusammen mit Haien gelebt haben, sind von den Delphinen ersetzt worden. Zwischen den letzten Meeressauriern und den ersten Zahnwalen klafft aber eine Zeitlücke, ebenso wie zwischen den letzten Landsauriern und den ersten pflanzenfressenden Säugern. Wir neigen daher zu der Auffassung, daß zunächst eine Änderung im Pflanzenbestand und in der Nahrungsgrundlage die Saurier an Land und auch im Meer aussterben ließ, ehe dann Säuger sich an die veränderten Verhältnisse anpassen und die

Rolle von Pflanzenfressern an Land und Fischfressern im Meer übernehmen konnten. Vielleicht liegt der entscheidende Wechsel an Land darin, daß Koniferen vordrangen und den auf weichblättrige Pflanzen angewiesenen Sauriern damit die Nahrungsgrundlage genommen wurde. Es gibt bis heute keine Tiere, die Koniferen in großer Menge abweiden. Als dann die Laubbäume und in großer Menge Gräser kamen, gab es schon keine Dinosaurier mehr.

Das, wie gesagt, sind erst Vermutungen. Wir sind aber überzeugt, daß auch das Aussterben in Zukunft als Folge von Wechselbeziehungen zwischen den Lebewesen und gesamtökologischen Veränderungen gelten muß.

Wirbeltiere in der Luft: Die Vögel

Krokodile und Vögel haben gemeinsam, daß sie ihre Brutplätze und Nester mit Stimmgewalt behaupten. Ein Unterschied allerdings liegt darin, daß der Gesang der Vögel meist lieblicher klingt. Die Krokodile sind aber die nächsten, heute lebenden Verwandten der Vögel.

Wir können innerhalb der Amnioten zwei Hauptlinien unterscheiden. Die eine hat die ursprüngliche Nahrung, Insekten und andere meist kleine Tiere, beibehalten. Sie umfaßt die Therapsida, ausgestorbene Reptilien (darunter einige wenige größere Pflanzenfresser) und die aus ihnen – ebenfalls noch als Insektenfresser – entstandenen Säuger.

Zur anderen Linie gehören die großen Saurier, die Schuppenkriechtiere und die Krokodile. Die Krokodilverwandten der Vergangenheit (»Pseudosuchier«) waren weit vielgestaltiger: Es gab Landtiere unter ihnen, die auf zwei Beinen liefen, und baumbewohnende Formen. Von solchen Formen müssen wir die ihnen ursprünglich im Körperbau sehr ähnlichen Vögel ableiten.

Das Bindeglied ist der Urvogel Archäopteryx. Er wurde wenige Jahre nach Erscheinen von Darwins großem Buch entdeckt. Daß Vögel aus Reptilien entstanden sind, war bereits klar. Durch Darwins Erkenntnis war bereits gesichert, daß Formenähnlichkeiten dieser Art auf Abstammungsgemeinschaften beruhen. Der Formenvergleich hatte auch längst ergeben, daß sowohl Vögel als auch Säuger verschiedenen Reptilien und erst über diese den Lurchen nahestehen.

Archäopteryx hat noch Zähne im Kiefer und noch einen Schwanz aus mehreren Wirbeln, zugleich aber schon Federn. Er entspricht damit ganz genau dem Bild, das man sich von einem Vogelahnen machen mußte. Wie aber sehen wir die Entstehung der Vögel als biologischen Vorgang?

Wir können davon ausgehen, daß es baum-

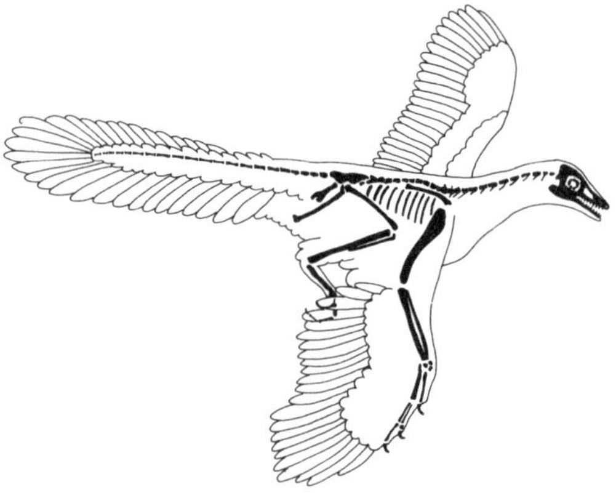

Der Urvogel Archaeopteryx aus den Plattenkalken der Jurazeit wurde kurz nach dem Erscheinen von Darwins Buch gefunden. Er zeigte, daß es tatsächlich Formen gegeben hat, die Reptilienmerkmale (zum Beispiel Zähne und einen Schwanz aus mehreren Wirbeln) mit Vogelmerkmalen vereinen, wie das Darwins Theorie von der Abstammung fordert. (Rekonstruktions-Zeichnung aus der Zeitschrift »Natur und Museum«, Frankfurt, 1976.)

lebende Pseudosuchier gab, die ihre Vorderbeine anders als die Hinterbeine benutzten, wenn sie kletterten. Und ebenso können wir ihnen Hautgebilde zuschreiben, die wie Haare oder Dunen zwar nicht dem Fliegen, aber dem Wärmeschutz dienten. Auch Flugsaurier hatten, wie wir heute wissen, solche Hautgebilde und, wie daraus zu schließen ist, einen erhöhten Stoffwechsel und eine erhöhte Eigentemperatur.

Als Schlüsselvorgang für die Entstehung der Vögel können wir annehmen, daß ihre Vorfahren die Luft zwischen Zweigen und Boden als Fluchtweg entdeckten. Das ist in vielen Gruppen baumlebender Tiere geschehen. So gibt es Baumfrösche, die auf den Spannhäuten ihrer gestreckten Finger und Zehen in flachem Winkel von den Bäumen gleiten. Flugechsen können das mit einer Haut, die von verlängerten Rippen versteift wird. Eichhörnchen bremsen und steuern ihren Sprung mit ihren Schwänzen, Flughörnchen haben eine Flughaut zwischen Vorder- und Hinterbeinen, Flattermakis und Fledermäuse wieder Häute zwischen ihren Fingern.

In keinem Fall standen jedoch Hautgebilde zur Verfügung, die zu Teilen der Gleitflächen und des entstehenden Flugapparates werden konnten. Das aber ist bei den Vögeln der Fall. Kein Wunder, daß sie die erfolgreichsten Flieger unter den Wirbeltieren geworden sind.

Wenn Tiere, die auf Bäumen leben, vor ihren Feinden plötzlich durch die Luft entfliehen können, eröffnet das für sie ganz neue Möglichkeiten. Und zugleich setzt das eine neue Selektion in Gang. Sie hat bei den Vögeln aus dem gebremsten Fallen ein Gleiten, dann ein Flattern und zum Schluß ein Fliegen in zahlreichen, an unterschiedliche Lebensweisen angepaßten Varianten gemacht. Die Hautgebilde sind zu Federn, ihre Besitzer mit dem ganzen Körperbau zu Hochleistungsfliegern geworden.

Das alles ist einsichtig und wirft keine grundsätzlichen Fragen auf. Warum aber die Vogelahnen auf den Bäumen waren, ist längst nicht so deutlich und präzise anzugeben, wie wir den Säugerahnen den Übergang zur Insektenjagd bei Nacht zuschreiben können.

Sicher haben die Vogelahnen und die ersten Vögel auch Insekten gefressen. Das tun zahlreiche Vögel und unter ihnen gerade die ursprünglichen noch heute. Daneben könnten früh die Früchte anziehend gewesen sein. Früchte müssen so etwa in der Zeit der ersten Vögel entstanden sein – dazu bestimmt, gefressen und verbreitet zu werden. Baumfrüchte sind im allgemeinen rot wie auch die Blüten, die von Vögeln und Säugern befruchtet werden. Rot ist die erste Farbe, die Wirbeltiere von den Grautönen und Schwarz und Weiß unterscheiden können. Ist es ein Zufall, daß für Kinder meistens Rot die Lieblingsfarbe ist, daß noch im Russischen »krassnyi« sowohl »rot« als auch »schön« bedeutet (und der Rote Platz deshalb bereits seit Jahrhunderten so heißt)? Rot haben die Pflanzen wohl ausgebildet, weil ihnen rote Karotinoide und Anthozyane leicht zur Verfügung standen und stehen und weil es im Blattgrün einen optimalen Kontrast bildet.

Vögel sind Augentiere, was die Nahrungssuche betrifft. Nur die Eulen jagen – nachts! – mit dem Gehör. Das Gehör verwenden die Vögel sonst, genauso wie die Frösche und die Krokodile, vor allem oder nur in Verbindung mit selber erzeugten Lauten und im Funktionskreis der Fortpflanzung. Sie rufen damit einander, und sie markieren mit der Stimme Nist- und Brutplätze. Bei vielen hat die Stimme dann andere soziale Funktionen übernommen: die Stimmführung der Jungen, die Meinungsbildung über Vorhaben des Schwarms und andere Formen der Kommunikation.

Ebenso ungeklärt wie die genauen biologi-

Eigenwärme und Federkleid ermöglichen den Pinguinen das Leben noch auf dem Eis der Antarktis und den Fischfang in eisig kaltem Wasser. So können diese Vögel einen für andere Wirbeltiere unwirtlichen Kontinent bewohnen.

schen und ökologischen Bedingungen der Entstehung der Vögel ist diese Seite ihrer weiteren Entfaltung. Wir brauchen hier aber auch nur auf ein paar Grundzüge ihrer Geschichte hinzuweisen. In ihr sind mit den Laufvögeln, den Straußen, Kasuaren und anderen, Tiere entstanden, die auf das Fliegen selbst verzichtet haben und mit seinen Begleitanpassungen bis heute sehr gut leben. Zu ihnen gehört der Lauf nur auf den Hinterbeinen, das Federkleid und vor allem die ständig selbst erzeugte Körperwärme. Andere haben die Flügel zur Fortbewegung unter Wasser benutzt, und darauf haben sich die Pinguine so spezialisiert, daß sie nicht mehr fliegen können. Sie beweisen um so eindrucksvoller, welche Möglichkeiten das Federkleid als Wärmeschutz und die Eigenwärme als Wärmelieferant eröffnet haben: Sie brüten noch in den Schneestürmen der Antarktis.
Die Greifvögel zeigen uns, wie die Nester der Vögel vom Boden (wo noch die Hühnervögel brüten) erst auf Unterlagen wie Felsvorsprünge, dann auch auf Bäume verlagert werden konnten. Sie bleiben dort zunächst noch flach, zweidimensional, wie auch die Nester, die die Störche bauen. Die Singvögel haben dann dreidimensionale Nester zu bauen gelernt bis hin zu den Beutelnestern der Beutelmeisen und der Weberfinken, die eine vollendete Beherrschung des dreidimensionalen Raumes zeigen. Das ist als Parallele zu der Primatengeschichte wichtig.
Es muß uns dieser knappe Abriß hier genügen. Wir können nur noch kurz darauf verweisen, daß gerade die Greifvögel und die Eulen enge ökologische Beziehungen zu den Säugern, zumal den Nagern, und deren Geschichte haben. Unter den Singvögeln finden sich Scharen von Insektenfressern, die den erwachsenen Kerbtieren und den Larven nachstellen. Das ist seit Rachel Carsons Buch »Der stumme Frühling« und der noch anhaltenden Auswirkung der chemischen Schädlingsbekämpfung auf die Vogelwelt uns allen bewußt.

Vierfüßer mit Eigenwärme: Die Säuger

Amboß und Hammer sind zwei kleine Knochen im Ohr der Säuger. Sie leiten den Schall vom Trommelfell in das Innenohr weiter. Sie entsprechen zwei Knochen, die bei den Kriechtieren das Gelenk zwischen Unterkiefer und dem Gehirnschädel bilden. Das stellte der Anatom Reichert beim Vergleich der Embryonen bereits 1838 eindeutig fest. Der Unterkiefer der Säuger ist an einer anderen Stelle mit dem Schädel verbunden.
Wenn schon die Säugetiere, aus welchen Gründen auch immer, ein neues Gelenk zwischen Unterkiefer und Schädel bekamen – wie geht so eine Umkonstruktion vor sich? Hatten die Zwischenformen eine Zeitlang zwei Gelenke, oder verschwand das alte, ehe sich das neue bildete? Dann hätten manche Tiere ohne ein Gelenk gelebt.
Und wenn das alte Gelenk überflüssig wurde – weshalb gerieten seine Elemente dann ins Ohr?

Oder wurden die beiden Knochen dort so sehr benötigt, daß sie der Kiefer hergeben mußte? Wie aber sollte solch eine Umbildung geregelt werden?
Das sind die Fragen, die sich beim Formenvergleich ergeben, die sich aber mit den Mitteln des Formenvergleichs nicht beantworten lassen. Das hat viele zu der Auffassung geführt, es müsse unbekannte Evolutionsmechanismen geben, oder es seien die Umbildungen von Pflanzen und von Tieren überhaupt nicht zu erklären.
Wir wollen uns ansehen, wie sich der Übergang von den Reptilien zu den Säugern heute darstellt, wenn man Funktion und Lebensweise einbezieht.

Im Schädel eines Säugerembryo ist die Geschichte der Kiefergelenke und der Gehörknöchelchen sichtbar. Der Unterkiefer bildet mit einem anderen Schädelknochen (beide weiß) das neue Gelenk. Er war bei den Reptilien über einen hinteren Ast an einer anderen Stelle angelagert. Dieser Ast wird bei den Säugern größtenteils (punktiert) zurückgebildet. Erhalten bleibt der hintere Teil und sein Gelenkpartner (beide weiß). Diese beiden Knochen sind nun als Hammer und Amboß Teile des schalleitenden Apparates, der über den Steigbügel (dunkel) zur Labyrinthkapsel des Schädels führt.

Die Säugerahnen unter den Reptilien gingen aufrecht und trugen ihren Kopf vermutlich auch im Stehen frei. Das ist ein Unterschied gegenüber den heute lebenden Kriechtieren wie den Eidechsen und auch den Krokodilen, die sich nur für die Fortbewegung auf die Beine stellen und meist nur dann den Kopf vom Boden abheben.
Bei den heutigen Reptilien sitzen die Beine seitlich am Körper. Bei vielen ausgestorbenen, darunter auch den Säugerahnen, rückten sie unter den Leib. Das ist konstruktiv keine allzugroße Umstellung. Sie fordert aber einen verbesserten Gleichgewichtssinn und ein schnelleres Reaktionsvermögen. Das Reaktionsvermögen hängt von der Geschwindigkeit der Nervenleistung ab und die wiederum von der Temperatur. Es kann gut sein, daß dieses Aufrichten des Körpers schon mit der Erzeugung von Eigenwärme Hand in Hand ging.
Am Kopf der Säugerahnen änderte sich die Ansatzrichtung der Kaumuskeln. Die bisher gleichmäßigen Zähne differenzierten sich: Fangzähne vorn, Kauzähne hinten. Auch das ist keine grundsätzliche Umkonstruktion, sondern kann schrittweise erfolgt sein. Mit der vergrößerten und in anderer Richtung ansetzenden Muskulatur entstanden am Unterkiefer neue Fortsätze für ihren Ansatz. Einer davon kam in Kontakt mit dem Schädel. Hier entstand ein neues Gelenk, es gab dann tatsächlich Tiere mit zwei Unterkiefergelenken auf jeder Seite. Wir kennen ihre Schädel aus Südafrika, die uns aus der jüngeren Triaszeit erhalten sind.
Die Funktionsweise dieser Schädelknochen wird deutlich, wenn man Vögel mit zwei Paaren von Kiefergelenken zum Vergleich heranzieht. Der Unterkiefer macht hier eine Wippbewegung. In der einen Lage gewinnt er Halt und Führung in dem einen Gelenk, in der anderen Lage im entsprechenden Gelenk.

Bei den Säugern hat das neue Gelenk die Unterkieferführung ganz übernommen. Das alte wurde für den Kiefer überflüssig. Wie aber gelangte es dann ins Ohr?
Die Antwort ist einfach. Die Kieferknochen gehörten funktionell schon immer zum Ohr – sie hatten schon immer Schall zum Ohr geleitet. Das Ohr liegt im Schädel und steht mit dem Skelett in Verbindung, wodurch ihm die Bodenerschütterungen zugeleitet werden. Bei Salamandern und bei Eidechsen nehmen sie sowohl den Weg über die Vorderbeine, den Brustgürtel und die Wirbelsäule als auch über die Kiefer. Vögel haben noch Sinnesorgane für Erschütterungen in den Beinen! Der frei getragene Kopf der Säuger leitet keine Bodenwellen weiter. Die frei gewordenen Knochen aber stellen eine Verbindung zwischen Trommelfell und Innenohr her und nehmen nun die Schwingungen des Trommelfells auf. Weil sie jetzt klein werden, können sie sehr viel feinere Schwingungen aufnehmen – selbst die leisen Geräusche, die die Luft überträgt.
So ausgerüstet, können Säuger nachts Insekten jagen, wenn das Gehör bei der Beutesuche hilft. Die Eigenwärme macht es ihnen möglich, auch in kühlen Nächten unterwegs zu sein; sie sorgt auch für die Betriebstemperatur, die zur schnellen Reizleitung in den Nerven, zur schnellen Arbeit der zentralnervösen Steuerung und zu erforderlichen schnellen Fangbewegungen notwendig ist. Die ausgestorbenen Säuger der ersten Phase haben ursprünglich Insekten gefressen. Von der zweiten Säugerschicht, den Beuteltieren, leben die basisnächsten Angehörigen ebenfalls so. Und noch die dritte Schicht der Säuger, die der Plazentalier, ist mit nächtlichen Insektenjägern angetreten.
So entwickelten sich die Kieferknochen im Ohr – und darin spiegeln sich auch die Schlüsselvorgänge der Säugetierentstehung. Ihr namengebendes Merkmal, das Säugen, hat dabei nicht die Hauptrolle gespielt. Wir stoßen auf die Fortpflanzung der Säuger erst bei der Bezeichnung Plazentalier für ihre dritte, jüngste und modernste Schicht.
Die ersten Säuger haben Eier gelegt, das tun noch heute Schnabeltiere und Schnabeligel. Die Jungen, die aus ihnen schlüpfen, lecken eine Art Milch, die ihre Mütter aus Drüsen am Bauch auspressen. Die Drüsen sind nur wenig umgebildete Talgdrüsen – nichts Neues, nur eine Änderung von schon Vorhandenem. Die ausgestorbenen Multituberculaten hatten bereits Beutel. Ameisenigel und Schnabeltier haben sie vielleicht wieder aufgegeben, weil sie ihre Eier in Höhlen ablegen.
Die heutigen Beuteltiere legen ihre Eier nicht mehr ab. Sie behalten sie in ihrem Leib, bis die Jungen als noch ganz unfertige Embryonen schlüpfen. Sie kriechen nach der Geburt bauchaufwärts in den Beutel. Dort nehmen sie eine Milchpapille in den Mund und schließen ihn fest. Die Milch wird ihnen in den Mund gespritzt; saugen tun auch sie nicht.
Bei den Plazentaliern hat sich der Aufenthalt der Jungen im Uterus verlängert. Das ist möglich, weil die Eihäute eine Verbindung mit der Wand des Fruchtbehälters, der Uterusschleimhaut, eingehen können. Das gibt es auch bei Fischen, bei Schlangen und bei Eidechsen in ähnlicher Form. Diese Verbindung hat sicher zuerst nur dem Gasaustausch gedient – auch unvermeidlich, da Gase immer vom Ort höherer Konzentration zum Ort niederer diffundieren. Und als dann Nährstoffe den gleichen Weg fanden, brauchten die Eier nicht mehr mit Dotter versorgt zu werden; an die Stelle der einmaligen Mitgift trat die laufende Versorgung.
Nahrung, Schutz, Wärme – all das wird den Embryonen im Mutterleib zuteil. Da diese Versorgung nach der Geburt nicht abgebrochen wird, bestehen die Bindungen zur Mut-

ter weiter, auch wenn die Nabelschnur bei der Geburt zerreißt. Diese Bindung und die mit ihr einhergehende Entwicklung der Kontaktfähigkeiten bestimmen die weitere Geschichte der Säugetiere.
Begonnen hat sie damit, daß kleine, pelzige Tiere nachts Insekten jagen konnten. Ihre Eigenwärme erlaubte ihnen das, ihr Gehör leitete sie dabei. Noch heute leben die Spitzmäuse, die Igel und – ständig im Dunkel ihrer Gänge und Bauten und deshalb blind – die Maulwürfe so.
Spitzmäuse erzeugen und hören Laute im Ultraschallbereich. Fledermäuse finden ihre Beute mit den Echos der Ultraschallaute, die sie ausstoßen. Dieses Radarsystem läßt sie auch noch im schnellsten Flug jedes Hindernis erkennen und vermeiden – ähnlich, wie die Delphine im Wasser eine Ultraschall-Echo-Orientierung benutzen.
Wir können die ökologische Zone der ersten Säuger, erschlossen und bestimmt durch die Insektenjagd bei Nacht, als Ergänzung der Lebensweisen der Eidechsen und Vögel sehen. Diese beiden Gruppen stellen den Insekten vornehmlich bei Tag nach, die Vögel suchen sich ihre Beute auch im Gezweig und in den Klimazonen, in denen wechselwarme Kriechtiere nicht so aktiv sein können.
Aus den Insektenfressern an der Basis der plazentalen Säuger sind andere Fleischfresser, das heißt größere Räuber und Jäger größerer Beute, hervorgegangen; an Jagdtrieb und Gefräßigkeit sind bereits die Spitzmäuse unerreicht. Zur Hauptlinie, die so entstanden ist, gehören nicht nur die Landraubtiere, sondern auch die Wasserraubtiere, die Robben. Das ist leicht verständlich: Sie sind zur Jagd im Wasser übergegangen und dabei in verschiedenem Ausmaß zu Wassertieren geworden. Zu dieser Linie gehören auch die Huftiere.
Die zweite große Gruppe von Pflanzenfressern unter den Säugern sind die Nagetiere, die unmittelbar aus Insektenfressern entstanden sind.
Mit diesen beiden Gruppen befassen wir uns noch etwas genauer.

Neue Beziehungen zu Pflanzen: Huftiere und Nager

Natürlich haben auch die Säuger die Pflanzennahrung selber erschlossen. Zahlreiche Blütenpflanzen drängen ihre Früchte geradezu als Nahrung auf. Das Laub der Bäume und die Kräuter kommen dazu. Dann aber bildeten sich die weiten Graslandschaften, auf denen die meisten Huftiere weiden.
Die Geschichte der Pferde zeigt beispielhaft die Entwicklung kleiner Waldbewohner und Laubfresser zu Steppentieren. Die Zähne wurden höher, ihr Belag härter, die Form dem reibenden Zermahlen der kieselsäurehaltigen Gräser angepaßt. Die Beine wurden länger, die Berührungsfläche der Zehen mit dem Boden kleiner, die Zehenspitzen durch Hufe geschützt.
Die tropischen Savannen werden hauptsächlich von Paarhufern bevölkert, und zwar von Wiederkäuern. Sie füllen sich bei Tag die Mägen und können dann bei Nacht oder auch in einem Versteck in Ruhe wiederkäuen. Das bedeutet nicht, daß sie dann die Nahrung ein zweites Mal kauen; sie kauen sie jetzt überhaupt erst, denn nach der Aufnahme wird sie zumeist ungekaut verschluckt.
Man weist bei der Frage nach der Bedeutung des Wiederkäuens zumeist darauf hin, daß so die Zeit des Fressens auf der freien Fläche kürzer ist. Das trifft zwar für unsere Rehe zu, die sich zum Kauen in ein Versteck zurückziehen. Ob sie dort sicherer sind als auf freier Fläche, scheint aber gar nicht einmal klar zu sein; auf die Savannentiere, die zum größten Teil gar keine Verstecke aufsuchen können, trifft diese Aussage kaum zu. Die wirkliche Erklärung liegt darin, daß

symbiontische Einzeller die eigentliche Verdauung der Pflanzennahrung leisten, die dazu Zeit für eine innige Durchmischung mit der Nahrung brauchen. Dabei kommt das frische Gras, das mit Speichel vermengt ist, mit dem schon länger im Magen weilenden zusammen. Dieses ist mit Bakterien durchsetzt, mit Flagellaten und mit anderen Protozoen. Die Bakterien und die Flagellaten bauen die Zellulose ab. Die Masse wird beim Wiederkäuen portionsweise in den Mund gewürgt und dort noch einmal gründlich durchgewalkt und wieder eingespeichelt.

Dann kommt sie wieder in den Magen, und jetzt erst nimmt sie ihren weiteren Weg. In dieser Zeit tun die Bakterien ihr Werk. Von ihnen leben die anderen Einzeller. Sie vermehren sich so stark, daß eine Kuh am Tag zwei bis drei Kilogramm Einzeller als Eiweißnahrung zu sich nimmt. Sie unterhält in ihrem Innern eine Mischkultur von Einzellern. Diese wandeln Zellulose in Eiweiß um, das die Huftiere aufnehmen und verdauen können.

Bei den Pferden, die keine Wiederkäuer sind, wird die Zellulose im riesigen Blinddarm auch wieder mit Bakterien vergoren. Die Hasen, Kaninchen und die übrigen Nager verarbeiten ihre Nahrung ebenfalls mit Bakterienhilfe und kauen sie auch wieder; nur führt der Weg zur zweiten Darmpassage außen herum. Sie scheiden ihren Blinddarminhalt aus und nehmen ihn gleich wieder in den Mund. Erst nach der zweiten Darmpassage handelt es sich um ausgelaugten Kot.

Die Gemeinschaftsleistungen von Bakterien, Einzellern und ihren Wirten bilden mit der Wuchskraft der Gräser das Geheimnis der Produktivität der Savannen und der Grasländer. Gras wächst dort, wo nicht genug Wasser für Wald vorhanden ist. Grasland erzeugt aber sehr viel mehr Fleisch als der Wald. Warum das so ist, haben wir jetzt erkannt.

Die Zehrung fördert wiederum den Graswuchs. Die natürlichen Antilopenbestände der afrikanischen Savannen, an denen dieser Vorgang am besten untersucht ist, weiden so, daß alle Grassorten gleichmäßig abgefressen und, was ebensowichtig ist, zum Nachtreiben von frischem Gewebe angeregt werden. Vermutlich ist ebenso abgestimmt, daß so viel Stickstoff im Harn abgegeben wird, daß auch die Gräser ihren Anteil bekommen.

Von diesem neuen gesamtökologischen Verständnis her werden sich die Unterschiede in Verbreitung und Lebensweise der verschiedenen Huftiere besser deuten lassen. Pferde und Nashörner, beide Unpaarzeher, bewohnen trockenere Steppen und Grasländer und wohl im allgemeinen Gebiete mit geringerer Primärproduktion. Von den Paarzehern sind die nicht wiederkäuenden Schweine Waldbewohner, die Flußpferde Wassertiere. Zu den Wiederkäuern gehören als größere Gruppen die Kamele und Lamas, die an Gebiete mit wenig Wasser und niedriger Produktion angepaßt sind. Die Giraffen bewohnen trockenere und saftigere Lebensräume, die Hirsche vorwiegend Waldlandschaften; die größte Gruppe sind die Huftiere mit Hörnern, von denen die Schafe und Ziegen die genügsameren, die Antilopen und Rinder die anspruchsvolleren sind. Am wichtigsten für die Menschen sind die Rinder geworden.

Ziegen und Schafe nutzen Weidemöglichkeiten, von denen Rinder nicht satt werden. Rinder können auf Almen und Wiesen grasen, deren Böden und Wasserversorgung für den Getreideanbau nicht ausreichen.

Damit schaffen sie Nahrung für den Menschen. Auch die »Heiligen Kühe« Indiens spielen in der Nahrungsbilanz und Volkswirtschaft eine positive Rolle. Wo Rinder aber auf Land weiden, das Getreide tragen könnte, ist ihre Haltung und ihr Verzehr, gesamtökologisch und im Rahmen einer globalen Nutzungsplanung gesehen, Luxus: Von dem Getreide, das auf diesen Weiden wachsen könnte, würden weit mehr Menschen satt. Das gilt erst recht für die Aufzucht von Schweinen mit Futtergetreide, an dessen Stelle Brotgetreide erzeugt werden könnte. Bei der Veredelung des Schweines gehen rund 90 Prozent der Produktion verloren.

Man kann heute vielfach die Forderung hören, wir sollten auf den Fleischgenuß völlig verzichten. In dieser Form geht diese Forderung zu weit. Die Nutzung sonst nicht nutzbaren Futters über die Huftiere wird ihren Platz behaupten. Berechnungen und Versuche haben aber ergeben, daß das nicht immer europäisches Vieh zu sein braucht oder sein dürfte. Die Savannen Ostafrikas können mit den einheimischen Antilopen mehr Fleisch erbringen als mit importiertem Vieh, weil die Antilopen die Grasnarbe so abweiden, daß ihre Produktivität erhalten bleibt; Rinder fressen manche Sorten ganz, andere gar nicht und zerstören so die Nahrungsgrundlage. Das gleiche gilt für die Schafzucht Australiens: Die Schafe zertreten mit ihren Klauen die Pflanzendecke, die an die weicheren Pfoten der Känguruhs angepaßt ist. Aber die Einfuhr von Känguruhfleisch nach Europa ist durch die Fleischlobby verhindert worden, und so werden in Australien die Känguruhs weiter in Massen abgeschossen, um Weidegründe für Schafe zu schaffen. Hier stoßen ökologische Einsichten direkt auf wirtschaftliche und politische Widerstände.

Die zweite große Pflanzenfressergruppe unter den Säugern, die Nager, nutzen vor allem die Gräser und ihre Körner. Huftiere fressen Laub und Gras. Sie sind mit den Raubtieren eng verwandt. Nachdem wir wissen, daß sie Eiweißfresser sind, kann uns auch das nicht mehr verwundern.

Die Nager und die Huftiere bilden die Grundlage nicht nur für die Existenz der Raubtiere unter den Säugern. Auch zahlreiche Vögel und die Schlangen nutzen sie als Nahrung. Raubtiere unter den Säugern wiederum nehmen auch andere Nahrung: Füchse fangen auch Maikäfer, Bären Fische und Krabben. Andere Raubtiere sind ganz zum Fressen oder sogar zum Leben im Wasser übergegangen (Pflanzenfresser auch, die Flußpferde zum Beispiel und die Seekühe).

Bei den Wasserraubtieren und den Walen sehen wir noch einmal den Unterschied zwischen Gebieten unterschiedlicher Primärproduktion. Die fetten Gewässer der Aufwallküsten und Randmeere, ihr dichter Fischbesatz und ihre Muschelbänke werden von Robben und Walrossen genutzt. Die wärmeren Meere werden von den Delphinen durchstreift. Bartenwale findet man auf Fettweiden des Planktons der hochproduktiven

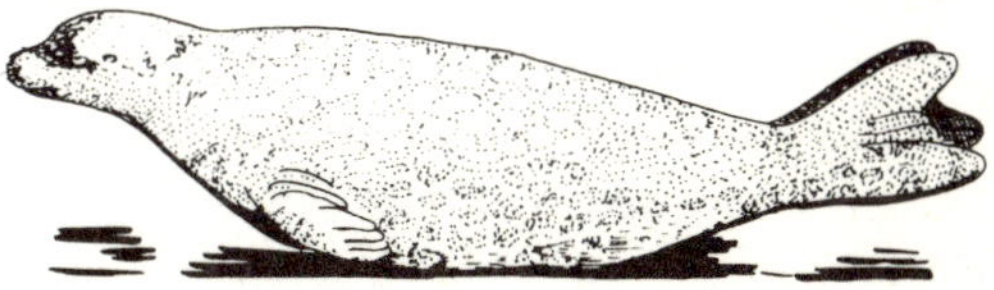

Robben schlafen an Land und werfen dort auch ihre Jungen. Manche von ihnen wandern durch ganze Meere; die meisten sind aber verhältnismäßig seßhaft.

Zahnwale jagen vor allem Tintenfische und Fische und legen dabei, besonders in nahrungsarmen Meeren, weite Strecken zurück. Sie brauchen überhaupt nicht mehr an Land und können das Wasser auch gar nicht mehr verlassen.

kalten Meere. Wegen der jahreszeitlichen Produktionsunterschiede müssen sie weite Wanderungen ausführen (ähnlich wie manche der besonders großen Robben).

Auch die anderen Säuger leisten auf die unterschiedlichsten Weisen ihre Beiträge zum Stoffwechsel der Biosphäre. Wir können uns hier nur noch mit den Primaten befassen. Vorher wollen wir noch auf einige allgemeinere Zusammenhänge eingehen. Wir tun das vorwiegend für diejenigen unserer Leser, die über den Verlauf der Evolution hinaus auch mehr über die zur Regel gewordenen Zusammenhänge wissen wollen. Die gegenwärtige Literatur über Evolution mißt der Kenntnis von solchen Regeln mehr Bedeutung bei als der konkreten Analyse des Verlaufs. Wir sehen, wie wir immer wieder betonen, die Kenntnis solcher Regeln nicht als Selbstzweck an, sie sind für uns das Mittel, den Ablauf zu erkennen und zu analysieren. Natürlich müssen wir dazu aber vergleichen und aus dem Vergleich allgemeine Schlüsse ziehen. Nur müßten wir für eine gründliche Behandlung weit mehr an Detailfragen einführen, als es dem Ziel und Umfang dieses Buches entspricht. Deshalb muß hier notwendigerweise manches verkürzt wiedergegeben werden, was eine ausführliche Diskussion verdiente.

Was ist Evolutionserfolg?

Für Insektenforscher sind die Insekten die erfolgreichste Tiergruppe: Es gibt mehr von ihnen, als alle anderen Tiergruppen an Arten zusammen aufweisen. Säugetierforscher halten ebenso selbstverständlich die Säuger für die erfolgreichsten Lebewesen: Sie zeigen unleugbar die höchsten individuellen Leistungen in Stoffwechsel und Verhalten. Es gibt darüber, wie man diese Leistungen mißt und wertet, eine Fülle an Literatur – und zahllose Kontroversen.

Wie sieht die Frage nach dem Evolutionserfolg aus, wenn man Evolution als Sache der gesamten Biosphäre sieht? In unserer Sicht »hat« keine einzelne Gruppe eine »eigene« Evolution. Alle Gruppen nehmen mit ihrer Geschichte an der Evolution der Biosphäre teil. Insekten und Säuger *sind* Evolutionserfolge. Sie tragen zusammen mit den Blütenpflanzen dazu bei, daß die Ökosysteme des Landes so produktiv sind. Die individuellen Leistungen der Organismen und die Besonderheiten der Arten sind instrumentale Elemente des Gesamtprozesses, als den wir Evolution zu sehen gelernt haben. Jede Gruppe, die einmal entstanden ist, leistet einen ureigenen Beitrag zum Stoffwechsel und der Geschichte der Biosphäre. Ist eine Pflanzengruppe bei der Ausnutzung von Produktionsbedingungen durch eine andere ersetzt worden, die mehr leistet, ist sie ausgestorben; setzt eine Tiergruppe Energie und Substanzen besser um als eine andere, ist sie an deren Stelle getreten. Woran das im einzelnen jeweils lag, muß auch im einzelnen untersucht werden. Das ist bei ausgestorbenen Gruppen noch längst nicht überall unter diesem Gesichtspunkt geschehen. Wir können deshalb keine genauere Antwort geben. Der Gesamtzusammenhang ist aber auch so erkennbar.

Die Gruppen, die bis heute leben, sind höchst unterschiedlich. Manche leben noch heute mit der Lebensweise, mit der sie schon vor Jahrmillionen zu existieren angefangen haben. Unser Quastenflosser Latimeria schwimmt heute noch im Indischen Ozean, während die letzten anderen Quastenflosser im Meer vor 60 Millionen Jahren ausgestorben, die des Süßwassers vor 300 Millionen Jahren verschwunden sind. Die des Süßwassers sind durch die Amphibien ersetzt worden, von denen die großen Wassersalamander heute nicht sehr viel anders leben, als das die letzten Fische unter ihren Vorfahren getan haben können, nur daß sie eben auch über Land neue Gewässer aufsuchen können, wenn es sein muß. Warum aber bei der Ablösung der Quastenflosser im Meer gerade Latimeria übrigblieb, werden wir vielleicht nie sicher sagen können. Andere »lebende Fossilien«, die ihre Lebensweise und ihren Körperbau mit nur wenigen Exemplaren oder manchmal einer Art bis heute beibehalten konnten, sind aus vielen Pflanzen- und Tiergruppen bekannt.

Andere Linien haben ihre Lebensmöglichkeiten in ihrer Geschichte ständig oder mehrfach erweitert und leben heute mit vielen Hunderten, Tausenden oder – wie die Insekten – bald einer Million bekannter Arten.

Was können wir zu diesen Unterschieden sagen?

Wir prüfen das nacheinander für die Kriterien, an denen man den Evolutions»erfolg« von Gruppen bisher gemessen hat: an ihrer Artenzahl, der Leistungshöhe ihrer Angehörigen und ihrem Formenbestand.

Wir haben bereits Knorpel- und Knochenfische so verglichen und erkannt, daß Formenbestand und Artenzahl einer Gruppe die Breite ihrer ökologischen Zone widerspiegelt. Bei gleichen Bedingungen ist das Spektrum der Möglichkeiten zweier Gruppen sehr viel ähnlicher. Das zeigt der Vergleich von Beuteltieren und plazentalen Säugern. Es gibt in beiden Gruppen Insektenfresser, darunter unterirdisch lebende; beide haben Raubtiere und Pflanzenfresser, Baumbewohner und Steppentiere hervorgebracht. Die Beutler haben sich in Australien erhalten, das vor der Entstehung der anderen Säugetiere von den anderen Erdteilen abgetrennt wurde. Die anderen Säuger haben aber auf vier Kontinenten sehr viel größere Entfaltungsmöglichkeiten gefunden und sie mit ihrer Art der Fortpflanzung besser nutzen können. Deshalb gibt es von ihnen auch noch deutlich mehr Formen als an Beuteltieren. Ihre adaptiven Radiationen entsprechen einander, aber die jüngere ist dann doch breiter. Die plazentalen Säuger haben all das erreicht, was schon die älteren Säuger haben leisten können – und noch mehr. Wir finden ähnliche Verhältnisse wieder unter den Knochenfischen, wo diese letzte Kennzeichnung für die Barsche gilt und unter den Vögeln bei den Singvögeln.

Die Fortpflanzung bei den Plazentaliern, die Meisterung des dreidimensionalen Lebensraumes bei den Singvögeln und bei den Barschen können wir als die Anpassungen gelten lassen, die über ihre ursprüngliche Schlüsselbedeutung hinaus zusätzliche Möglichkeiten für die Nutzung des schon Vorhandenen eröffnet haben. So wirken spezielle Anpassungen dann breit zurück, und Verhaltensleistungen haben so neue Möglichkeiten eröffnet: am deutlichsten unübersehbar bei den Primaten, die mit der Gattung Mensch die ganze Biosphäre neu erschlossen haben. Die Leistungen der Individuen sind Instrumente der Ausdehnung und des Zuwachses der Biosphäre.

Zu diesen Leistungen zählt auch die Körpergröße. Wir fragen deshalb jetzt nach ihr.

Warum ist eine Kuh so groß?

In seinem neuen Buch über Bakterien und ihre biotechnische Bedeutung rechnet H. J. Bogen (vergleiche Anhang Seite 205) folgendes vor: Eine Kuh von zehn Zentner Lebendgewicht erzeugt pro Tag etwa 0,5 Kilogramm Eiweiß (Trockengewicht). Die gleiche Menge an Hefen, also zehn Zentner, erzeugen in der gleichen Zeit bis zu 100 Zentner Eiweiß. Oder, anders gesagt: Fünf Gramm Hefe bewirken die gleiche Eiweißproduktion wie die einer Kuh.

Bogen berechnet nicht, was nötig ist, um zehn Zentner Hefe in Kultur zu halten, oder auch nur, was nötig ist, um einer Kleinkultur tagtäglich 0,5 Kilogramm Eiweiß abzugewinnen. Hefe »geht nicht allein auf die Weide«, sucht sich ihr Futter nicht und kommt auch nicht in den Melkstall, um sich melken zu lassen. Dennoch bleiben natürlich Unterschiede bestehen. Wir können sie besser fassen, wenn wir Vergleichbares heranziehen.

Einen solchen Vergleich stellt Ernst Florey in seinem Lehrbuch der Tierphysiologie an. Ein Rind von 600 Kilogramm Gewicht frißt täglich 7,5 Kilogramm Heu. Das reicht für 120 Tage. Das Rind gibt täglich 20 000 Kilokalorien Wärme ab. Die tägliche Gewichtszunahme beträgt 0,9 Kilogramm. Aus einer Tonne Heu entstehen 108 Kilogramm Rind. 300 Kaninchen mit einem Gesamtgewicht von 600 Kilogramm fressen pro Tag 30 Kilogramm Heu. Das reicht für 30 Tage. Sie geben täglich 80 000 Kilokalorien ab. Der tägliche Gewichtszuwachs beträgt 3,6 Kilogramm. Die Tonne Heu wird zu 108 Kilogramm Kaninchen.

Bei den Kaninchen verläuft also der Umsatz viermal schneller. Angesichts dieser Zahlen fragt Florey: »Worin besteht eigentlich der Nutzen eines größeren Körpers?« Und er sagt dann: »Eine Antwort wäre vielleicht, daß bei mangelhafter Futterversorgung große Tiere aufgrund ihres langsameren Stoffwechsels länger überleben.«

Und welche Antwort geben wir?

In der Natur leben Tiere nicht von einem angehäuften Futtervorrat wie dem Heu. Sie leben von Gräsern und anderen Pflanzen, die dauernd nachwachsen. Sie düngen sie; dabei kann und darf die Düngung nicht stärker sein als der Verbrauch, und der Verzehr darf nicht stärker als die Primärproduktion sein. 300 Kaninchen auf der Weidefläche einer Kuh würden das Gras völlig abfressen und dafür mehr Dünger produzieren, als selbst eine intakte Grasnarbe aufnehmen kann. Was nützt der schnelle Umschlag, wenn ihm zum Beispiel der Wassernachschub gar nicht entspricht?

Die Alternative Kuh oder Kaninchen vor dem Heuhaufen ist unbiologisch. Kaninchen leben (in geringerer Zahl) im allgemeinen dort, wo Kühe gar nicht satt werden.

Florey denkt physiologisch, nicht ökologisch. Für ihn ist das Futter eine vorgegebene, statische Größe, und nur die Effizienz der kurzfristigen Nutzung zählt. Mit dieser Einstellung haben wir bisher Raubbau an der Natur getrieben: kurzfristige maximale Ausbeutung statt optimaler Nutzung, die die Ressourcen erhält. Die Selektion aber maximiert nicht die Entnahme durch einzelne Arten, sondern sie optimiert die Produktivität der Ökosysteme. Das müssen wir untersuchen und berücksichtigen und nicht die Fleischproduktion bei Stallhasen und Heufütterung. Das steckt zwar noch in den Anfängen, aber gerade für die ostafrikanischen Weidetiere der Savannen gibt es Befunde, die einen Einblick in die Raum-Zeit-Struktur der Produktivität gestatten. Hier weiden verschiedene Antilopenarten verschiedene Grasarten unterschiedlich kurz, und jede zieht, wenn sie ihre spezifische Nahrung gefressen hat, weiter. Das regt den Wuchs eben dieser Gräser wieder an, während andere Arten derweil andere Gräser abfressen.

Natürlich spielt die Körpergröße auch für das Leben einer Art selbst eine Rolle. Die großen Wale können so groß werden, weil sie eine in Unmengen vorhandene Nahrung, den Krill, direkt fressen. Und sie speichern dabei so viel Fett, daß sie die Wanderungen zwischen Antarktis und Tropen überstehen und für die Fortpflanzungszeit genug Reserven haben. Allerdings ziehen manche Robben ähnlich weit, ohne die Riesenausmaße der großen Bartenwale zu erreichen. Bei ihnen ist aber das Verhältnis von Aufwand beim Fressen und Gehalt der Nahrung ungemein günstig; das dürfte auch der Grund dafür sein, daß sie so groß sind.

Eines ist jedenfalls sicher: Die Körpergröße

einer Art ist nicht allein durch ihre Eigenschaft und von ihrem »Nutzen« bestimmt, sondern sie ist auch eine Eigenschaft und Kenngröße des Ökosystems, dem sie angehört. Wir haben das bereits bei den Insekten und ihrer Rolle im tropischen Regenwald angeführt, in dem eben viele kleine Insekten und nicht wenige (im Verhältnis gesehen) große Säuger die Primärkonsumenten sind. Fragen nach Merkmalen der Form (Körpergröße ist eine Formeigenschaft) können nicht nur physiologisch beantwortet werden: Die Wechselbeziehungen, also die ökologischen Zusammenhänge, müssen berücksichtigt werden. Das tut Florey nicht. Wenn sie, wie in der Ökologie, untersucht werden, muß hier aber auch zwischen dem Interesse der Menschen an den Ökosystemen und der Rolle der Ökosysteme im Haushalt der Natur selber unterschieden werden. Das wird deutlich, wenn wir in diesem Zusammenhang nach der »Produktion« und der »Produktivität« der Ökosysteme fragen.

Wieviel ein Ökosystem produziert, hängt von den Standortbedingungen und ihrer Nutzung ab. Licht und Wärme sind vorgegeben, der Regen auch. Wieviel Grundwasser aber erschlossen und wie viele Nährstoffe dem Boden entnommen werden, hängt von der pflanzlichen Besiedlung und ihrer Unterstützung durch die Tiere ab. Auf jungfräulichem Boden wächst anfangs nur wenig. Erst mit der Ausbildung einer Pflanzendekke und einer Tierwelt wächst die Produktion. Dabei ändert sich der Pflanzen- und Tierbestand. Aus aufgelassenen Weiden entstehen auch bei uns Wälder.

Von der Primärproduktion der Pflanzen, gemessen an erzeugtem Sauerstoff, veratmen die Pflanzen wieder einen Teil. Von der organischen Substanz, die sie erzeugen, wird vieles von den Tieren aufgezehrt, die aber damit wiederum die Pflanzenproduktion steigern. Was dann verbleibt, nennen wir die »Nettoproduktion«, und auf sie kommt es uns an. Das zeigt sich darin, daß sich in der Produktionsbiologie für die Biomasse eines Ökosystems (die Menge aller lebenden Organismen) die aus der Fischereibiologie stammende Bezeichnung »standing crop« (stehender, das heißt ertragsfähiger Bestand) eingebürgert hat und wir die langfristig abzuschöpfende (Netto-)Produktion als »maximum sustainable yield«, als langfristig tragbare Entnahme, bezeichnen.

Vom Ökosystem her gesehen ist die Produktion, die nicht sofort zurückgeführt wurde, zum Teil notwendige Reserve, zum Beispiel die Samen der Gräser, von denen normalerweise nur ein Teil benötigt wird. Zum Teil ist es aber einfach ein Verlust an Substanz, die das Ökosystem nicht wieder umsetzen kann. Wenn ein Hochmoor nach oben wächst, weil sich unter ihm abgestorbenes Moos als Torf ansammelt, beruht das darauf, daß das Ökosystem diese biologische Substanz nicht wieder aufarbeiten kann. Das ist unser Gewinn (an Torf), aber für das System ein unvermeidbarer Verlust.

Die natürlichen Ökosysteme senken diesen Verlust, während ihre Produktion anwächst. Je mehr Arten in ihnen vorhanden sind, desto optimaler und vollständiger ist meist die Rückführung. In unseren Wäldern sammelt sich Bodenstreu und altes Holz. In den Tropenwäldern werden auch diese Materialien sofort umgeschlagen. Die Klimax-Formationen der Ökosysteme sind hochrationell. Wir nennen sie dagegen »unproduktiv«, weil für uns wenig oder nichts zu entnehmen ist.

Getreidekörner, die im Überschuß produziert werden, können wir verbrauchen, wenn wir dafür sorgen, daß die noch verbleibenden sicher ausgesät werden. Was wir an biologischer Substanz mit ihnen und dem Stroh entnehmen, führen wir in Form von Dünger zurück. Entnahme in Maßen kann die Produktion steigern: Das ist die Grundlage der biologisch betriebenen Landwirtschaft. Auch Fleisch, etwa das von Rindern und Schafen, können wir entnehmen, soweit wir damit das tun, was sonst Raubtiere tun (an deren Stelle wir hier ökologisch treten). Auch diese Entnahme läßt sich steigern, wenn wir die Produktion insgesamt anregen, etwa durch Zugabe von Wasser oder Nährstoffen, die zum Minimumfaktor geworden sind, und so brachliegende Produktionsreserven aktivieren.

Wir betreiben Landwirtschaft aber größtenteils auf Böden, die im natürlichen Geschehen Wald tragen würden. Hier halten wir den natürlichen Gang auf, in dem Grasländer (das sind Getreidefelder ökologisch) sonst zu Wäldern würden. Wir halten also eine Entwicklungsstufe fest, auf der das Ökosystem noch mit relativ großem (für das Ökosystem unproduktiven) Überschuß produziert und nennen das produktiv.

Unsere Bezeichnungen spiegeln also das Interesse der Menschen wider – begreiflich, aber unökologisch. Ziel einer wirklich biologischen Landwirtschaft muß es sein, die Produktion insgesamt zu erhöhen und dabei Agro-Ökosysteme zu entwickeln, in denen die Entnahme nicht maximiert, sondern optimiert ist. Dazu eignen sich die extrem komplexen natürlichen Systeme vermutlich nicht, weil in ihnen alles, was produziert wird, im System verbraucht wird. Wir müssen die Kreisläufe ausweiten und können dabei Menschen, ihre Abfälle und die industriellen Kreisläufe einbeziehen. Das hat mit der Stallhaltung des Viehs angefangen, bei dem der Dung von uns dorthin zurückgebracht wurde, wo er sonst direkt angefallen wäre. Insgesamt darf aber das zyklische Geschehen nicht durch einseitige Maximierung der Entnahmen unterbrochen werden.

Das können wir hier nicht im einzelnen weiter erörtern. Als konkretes Ziel können wir nur den Aufbau produktiver Mischsysteme angeben, für die die schon erwähnten Sumpfreisfelder Asiens ein ausgezeichnetes Beispiel sind. An dieser Stelle wollten wir nur zeigen, wie noch in die Begriffsbildung der Ökologie anthropozentrische Wertungen eingegangen sind.

Wir haben diese Zusammenhänge hier aber auch angeführt, um noch einen Zentralbegriff der Evolutionsbiologie zu besprechen: die Art, die Grundeinheit des Lebendigen.

Was ist eine Art?

Charles Darwin nannte sein großes Buch »Über den Ursprung der Arten . . .«. Die Art war für ihn wie für die Biologie noch lange Zeit später die Gruppe von Lebewesen, die im Körperbau in allen »wesentlichen« Merkmalen übereinstimmten. Dieser Definition lag die Vorstellung zugrunde, es seien die Arten Ausdruck einer »Wesenheit«, und diese sei wiederum im Schöpfungsplan verankert. Wie insbesondere Ernst Mayr betont, steckt in diesem Artkonzept der Glaube an die Existenz von nicht-materiellen Wesenheiten im Sinn der Ideen Platos; die Wirklichkeit (die einzelnen Tiere) sind Abbilder dieser übernatürlichen Wesenheit. Für die Schöpfungstheologie zur Zeit Darwins, aber auch für die idealistisch-metaphysische Naturphilosophie waren »Wesen« unwandelbar. Für die Arten galt, was Linné formuliert hatte: Es gibt so viele Arten, wie sie das »Wesen der Wesen« (das ist die vernunfttheologische Formulierung für Gott als Seinsgrund allen Seins) erschaffen hat.

Darwin stürzte die Lehre von der Artkonstanz. Er wies nach, daß Arten historische Gebilde sind.

Was einhundert Jahre Forschung über die Entstehung der Arten erbracht haben, hat Ernst Mayr in einem Buch (siehe Anhang Seite 213) zusammengefaßt. Es enthält alles, was wir darüber wissen und was die Artentstehung für die Gesamtevolution bedeutet.

Arten entstehen durch Artentrennung aus bestehenden Arten. Alle Arten zerfallen in Teilbestände, die sogenannten Populationen. In ihnen und zwischen ihnen bestehen alle möglichen Merkmalsunterschiede, die aber gewisse Ausmaße nicht überschreiten. Sind solche Populationen längere Zeit getrennt, und treffen sie dann wieder aufeinander (Pflanzen und Tiere ändern ihre Ausbreitungsareale ständig etwas), kann zweierlei passieren. Entweder gehen die vorübergehend getrennten Bestände wieder eine volle Gemeinschaft ein, oder diese erweist sich als aufgehoben. Durch die unterschiedliche Entwicklung der getrennten Bestände können Barrieren entstanden sein: Formunterschiede, Unterschiede in Lebensweise und Verhalten, biochemische oder genetische Unterschiede, die ihre Kreuzung ganz verhindern oder zu unfruchtbaren Bastarden führen. Aus einer Art sind dann zwei geworden.

Die Unterschiede waren vorher da, aber sie sind dann verstärkt worden. Dazu ist, zumindest bei den Wirbeltieren, so gut wie immer eine räumliche Trennung über längere Zeit nötig. Das ist die Rolle, die die Isolation als Evolutionsfaktor spielt. Sie trägt dazu bei, daß die Unterschiede größer, bestandsbestimmend und endlich zu Artgrenzen werden.

Ob sich zwei Populationen wieder vereinen oder nicht, erkennt man sofort bei Arten mit geschlechtlicher Fortpflanzung. Sind sie endgültig getrennt, »erkennen« sich die Angehörigen nicht mehr als artgleich, »erkennen« hier in jenem Doppelsinn, in dem das Wort auch in der Bibel steht: Sie nehmen einander nicht mehr als Partner an, auch nicht bei der Fortpflanzung.

Wie aber erkennen wir Artunterschiede, wenn sich Pflanzen oder Tiere ohne Geschlechtspartner fortpflanzen? Das ist bei Selbstbestäubern unter den Pflanzen der Fall und bei Tieren wie Blattläusen oder Rädertierchen, bei denen Weibchen Eier legen, aus denen wieder Weibchen schlüpfen und geschlechtsreif werden.

Im praktischen, biologischen Arbeiten gilt hier, daß mit der Aufhebung der Fortpflanzungsgemeinschaft bei Organismen mit bisexueller Vermehrung im allgemeinen die sichtbaren Unterschiede eine gewisse Größenordnung haben. Diese Unterschiede in Form und Lebensweise dienen fast überall als Kriterien, ob man zwei Bestände als eine Art oder zwei Arten ansieht. Das ist von Gruppe zu Gruppe sehr verschieden und deshalb Gegenstand endloser Auseinandersetzungen – ob sich die Organismen, die man untersucht, auch fruchtbar kreuzen würden, ist toten Lebewesen ja nicht anzusehen, und Freilandbeobachtungen oder Experimente sind nur in seltenen Fällen möglich.

Diese Hilfskriterien lassen sich auch für die Arten benutzen, bei denen es eine Fortpflanzungsgemeinschaft gar nicht gibt. Die neuere, »biologische« Artdefinition bezeichnet deshalb alle Arten als potentielle (nie von allen Mitgliedern in Anspruch genommene und auch zwischen den Generationen gar nicht mögliche) Fortpflanzungsgemeinschaft. Das ist aus theoretischen und praktischen Gründen höchst unzulänglich, eben weil Fortpflanzungsgemeinschaft nur ein gar nicht immer bestehendes und auch dann nicht immer festzustellendes Merkmal ist.

Wie sehen wir Arten in unserer Perspektive? Die Biosphäre besteht aus einer großen Zahl von Lebensformen, die jeweils verschiedene Ökosysteme aufbauen. Sie bilden selbst ein umfassendes Ökosystem. In ihm müssen alle Systemteile eine bestimmte Größe haben, ein Einzelindividuum kann also nicht Systemteil sein. Das kann nur eine Gruppe leisten. Wir bezeichnen das System der Umweltbeziehungen, mit denen eine Gruppe ihren Beitrag zu Stoffwechsel und Geschichte der Biosphäre in mehreren verschiedenen

Ökosystemen leistet, als ihre ökologische Zone. Die ökologischen Zonen sind die historisch gewachsenen, nichträumlichen Unterteilungen des Raum-Zeit-Systems der Biosphäre. Die ökologischen Zonen entstehen und erweitern sich. Sie werden von den Angehörigen der jeweiligen Gruppe getragen. Jede Stammlinie baut ihre ökologische Zone auf und unterhält sie.

Die Gliederungen der ökologischen Zonen, die noch nicht weiter unterteilt sind, verstehen wir als ökologische Nischen. Sie werden von Gruppen und Lebewesen unterhalten und behauptet, die wir Arten nennen. Arten sind die Kollektive von Lebewesen, die gemeinsam eine ökologische Nische unterhalten, das System ihrer Umwelt- und Wechselbeziehungen.

Wir erläutern das gerne am Beispiel der Rädertiere – kleinen Tieren im Süß- und Seewasser, die Plankton fressen und bislang nur den Spezialisten interessierten. Heute finden sie als wichtige Organismen der Tropfkörper von Kläranlagen weitere und berechtigte Beachtung.

Rädertiere pflanzen sich parthenogenetisch, ohne Männchen, fort. Was hat, so fragen wir, ein Rädertier davon, daß es in einem Teich außer ihm noch tausend andere gibt?

Die Anwesenheit eines oder einiger Rädertiere würde ihnen keinen ständigen Platz in den Stoffkreisläufen des Systems sichern. Dazu müssen sie in bestimmter Mindestanzahl vorhanden sein. Das kann man an einem Beispiel aus dem Wirtschaftsleben klarmachen.

Sind Schuster und Flickschneider in einer Stadt erst einmal so selten geworden, daß die Bevölkerung daran gewöhnt ist, ganz ohne sie auszukommen, müssen bald auch die letzten ihren Beruf aufgeben.

Wir kennen diesen Zusammenhang längst. Die Erfahrung hat nämlich gezeigt, daß eine Art aus einem Ökosystem auch schon dann verschwindet, wenn die Zahl ihrer Mitglieder an sich für die Fortpflanzung des Bestandes noch ausreicht. Auch dazu gehören immer mehr als nur zwei Individuen, wie wir inzwischen unwiderlegbar wissen.

Die Mindestzahl von Angehörigen, mit der eine Art ihren Platz behauptet, ist also größer als die Zahl der Tiere, mit der man in menschlicher Pflege einen Bestand durchaus erfolgreich züchten kann. Die Artgenossen bilden eine auf Gedeih und Verderb verbundene Lebensgemeinschaft. Sie sichern insgesamt die Lebensmöglichkeit auch für den einzelnen – ob sie sich bei der Fortpflanzung nun brauchen oder nicht.

Jetzt haben wir eine biologische Artdefinition. Die Fortpflanzungsgemeinschaft ist ein Kennzeichen, aber nicht das Wesen dieses Kollektivs.

Aber auch diese Bestimmung der Art ist noch nicht evolutionsbiologisch. Ihr fehlt noch die zeitliche Dimension. Wie können wir sie erfassen?

Wir gehen auch dazu vom Konzept der ökologischen Zone aus. Das ist das System der Umweltbeziehungen einer Stammlinie. Arten sind die noch nicht unterteilten Teile einer Stammlinie, also ein Zeitabschnitt. Die heute lebenden Arten sind die Kollektive, die eine noch nicht unterteilte Stammlinie fortführen. Die ausgestorbenen Arten sind die Abschnitte einer Stammlinie von einem Artentrennungsschritt zum nächsten. Teilt sich eine Art, geht ein Zeitabschnitt zu Ende. Nach der Trennung gibt es zwei Arten, die die bisher ungeteilte Stammlinie nun gemeinsam weiterführen. Das Kollektiv bleibt erhalten, aber es ist unterteilt.

Wir können auf die theoretischen Zusammenhänge dieser Definition nicht weiter eingehen. Sie interessieren nur die Spezialisten. In diesem Zusammenhang sei nur angemerkt, daß eine alte Frage hier eine eindeutige Antwort findet. Das ist die Frage, ob bei der Artentrennung eine oder zwei neue Arten entstehen. Da gewöhnlich eine Art Lebensweise und Körperbau der Stammart mehr bewahrt als die andere, spricht man davon, daß zu der alten Art, die weiterlebt, eine neue dazugekommen sei. Das führt zu Denkschwierigkeiten und Widersprüchen in bestimmten Zusammenhängen. Deshalb wurde von anderen Autoren schon bisher die Meinung vertreten, man sollte beide Arten nach der Trennung als »neue« Arten ansehen und bezeichnen. Unser Konzept und die auf ihm beruhende Definition führt zu der gleichen Folgerung.

Auch das brauchen wir hier nur anzudeuten. Aber eine weitere Folgerung können wir nicht verschweigen. Ob Arten sich trennen oder nicht, hängt von unendlich vielen Umständen ab. Bei kleinen Tieren ist, um einen Unterschied nur zu erwähnen, die Differenzierungsmöglichkeit ungleich größer als bei großen. Zwischen Löwen und Tigern (die nach herkömmlichen Kriterien, etwa durch den Vergleich von Schädel und Skelett, kaum zu trennen sind und sich in der Tat auch fruchtbar kreuzen) bestehen biologisch ganz andere Unterschiede als zwischen den Arten einer Gattung von Kriebelmücken, die die praktisch genau gleiche Lebensweise eben nur in benachbarten Arealen oder mit ganz geringfügigen Unterschieden auch nebeneinander führen. Arten von Säugern und Arten von Insekten sind keineswegs schlechthin vergleichbar, auch wenn für beide unsere Definition zutrifft. Unser schon mehrfach erwähnter Kollege Zwölfer meint dazu, daß bei Insekten die eigentliche biologische Einheit vielmehr die Gattungen seien, auch wenn sie in eine Anzahl unterscheidbarer und in der Fortpflanzung getrennter Arten gegliedert sind.

Auch dies ist ein Feld für Spezialisten, in denen die konkrete Forschung noch im Anfang steht. Eine Vermutung können wir aber nicht unterdrücken: Wenn Darwin den Glauben an die Artkonstanz verloren und zerstört hat, sehen wir den Glauben an die vollständige Vergleichbarkeit der Arten nunmehr aufgehoben.

Dadurch, daß Arten sich teilen, werden vorhandene Unterschiede und damit Ansätze für weiterführende Entwicklungen verstärkt. Vereinten sich getrennte Bestände immer wieder, würden durch Rückkreuzungen die Unterschiede wieder im großen Topf der einen Art aufgehen. Nur durch die Absonderung können sie sich erhalten und nur durch weitere Schritte der Artentrennung akkumulieren. Ob es dafür eine Gelegenheit gibt, steht bei der ersten Artentrennung noch nicht fest. Wohin solche Anhäufungen von Schritten führen, ergibt sich aus den neuen Möglichkeiten, die schrittweise erschlossen werden. Die Artentrennung ist eine Voraussetzung für die weiterführende Evolution und deshalb für sie unabdingbar. Daraus folgt nicht, daß aus dem Verständnis der Artentrennung auch die Entstehung ganzer neuer ökologischer Zonen, neuer Baupläne und Schichten von Lebewesen zu erklären wäre. Das hat die bisherige Diskussion nicht immer beachtet. Warum aus Artentrennungsschritten neue große Gruppen entstehen, können wir erst sagen, wenn wir für jede Gruppe ihren Platz in der Gesamtevolution analysieren und ihren Eigenweg als neuen Beitrag zum Stoffwechsel und der Geschichte der Biosphäre sehen. Damit haben wir mit unserer Analyse der Stammesgeschichte der Pflanzen und der Tiere einen Anfang gemacht. Er muß für jede einzelne Gruppe weitergeführt, ergänzt und berichtigt werden. Hier liegt ein nahezu unermeßliches Forschungsgebiet nunmehr offen, das weit über die Kräfte einzelner hinausführt.

Diese Erörterungen über den Artbegriff gehen in erster Linie die Fachbiologen an. Aber sie verdienen auch allgemeine Aufmerksamkeit. Der Artbegriff ist schließlich ein zentrales Konzept der ganzen Biologie und ganz besonders bedeutsam für die Evolutionsbiologie. Darwin hatte sein Buch aus guten Gründen dem »Ursprung der Arten« gewidmet.

Der Artbegriff war bisher unzulänglich definiert. Anders kann man es ja wohl nicht nennen, wenn seine Bestimmung als Fortpflanzungsgemeinschaft für viele Arten überhaupt nicht anzuwenden ist. Unser Ansatz sieht die Fortpflanzungsgemeinschaft zwischen den Angehörigen einer Generation dort, wo sie vorliegt, als Symptom und Bestandteil der weiteren, die Generationen überspannenden Lebensgemeinschaft, die zur Behauptung einer ökologischen Nische unabdingbar ist.

Dieser Ansatz ist nicht nur theoretisch eindeutig und einwandfrei. Er entspricht auch einer längst geübten Praxis. Dort, wo die Ordnung und Unterscheidung der Lebewesen unmittelbare praktische Bedeutung hat, in der Schädlingsbekämpfung, werden nach Mitteilung von H. Zwölfer die Umweltbeziehungen und Lebensansprüche der untersuchten Insekten durch Freilandbeobachtungen und Experimente festgestellt und verglichen, und so auch ihre natürlichen Gruppen ermittelt (die mit der herkömmlichen Gruppierung oft nicht zusammenfallen). Mit anderen Worten: Hier werden die ökologischen Nischen erfaßt und verglichen.

Unser evolutionsökologischer Ansatz hat uns nunmehr neue, einander entsprechende und weiterführende Definitionen für Leben als Dasein der Biosphäre für die Triebe als Mechanismen der Teilhabe am Stoffwechsel und an der Geschichte der Biosphäre und nun auch für den zentralen Artbegriff geliefert. Er zeigt uns Evolution als Zuwachs an Produktion, an Lebensweisen und an Seinsweisen in einem Prozeß der quantitativen und qualitativen Überschichtung. Dieses Bild liefert den lange gesuchten Ansatz, mit dem wir die Entstehung und Entfaltung aller großen Gruppen der Pflanzen und der Tiere erklären können.

Mit diesem so bewährten Ansatz wenden wir uns nun der Geschichte der Primaten zu, in deren Verlauf die Menschen entstanden sind.

Mensch und Biosphäre

Geschöpfe der Biosphäre

Der Weg zu den Menschen: Die Primaten

In seinem »Systema Naturae« führt Carl von Linné auch den Menschen auf. Er steht in der Ordnung der Primaten (Herrentiere), als Gattung Homo neben *Simia* (Affen), *Lemur* (Halbaffen) und *Vespertilio* (Fledermäuse). Die Gattung der Fledermäuse ist hier aufgeführt, weil Fledermäuse ebenfalls einen runden Brustkorb und zwei Beine haben.
Die Gattung Homo umfaßt zwei Arten: Homo sapiens und Homo troglodytes, den Waldmenschen, den die Malaien so nennen (das ist die Bedeutung von »Orang-Utan«).
Die Art Homo sapiens (»weise«) kennzeichnet Linné mit »Nosce te ipsum«. Linné erläutert das in einer Fußnote: »Sich selbst erkennen, ist der erste Schritt zur Weisheit«.
An dieser Einstufung des Menschen fand niemand etwas auszusetzen. Linné und seiner Zeit erschien das System der Natur als direktes Werk Gottes, und dazu mußte auch der Mensch gehören. Das Geheimnis der Ordnung wurde nicht angetastet, auch wenn ein Menschenaffe als der nächste Formverwandte galt.
100 Jahre später schreibt Charles Darwin: »Licht wird fallen auf die Herkunft des Menschen«, und der Sturm bricht los. Er hat sich bis heute nicht gelegt. Niemand bestreitet mehr, daß Menschen aus nichtmenschlichen Vorfahren entstanden sind, die, würden wir sie heute treffen, Menschenaffen genannt würden. Umstritten aber ist, wie man das, was uns nicht nur von Menschenaffen, sondern allen Tieren trennt, mit diesem Bild vereinen soll. Hier liegt ein grundsätzlicher Unterschied vor. Solche grundsätzlichen Verschiedenheiten sind aber für die meisten Menschen mit dem Entwicklungsgedanken noch immer unvereinbar. Wie soll in einem Evolutionsvorgang etwas so anderes entstanden sein, wenn es nicht immer schon vorhanden war?
Wir wollen sehen, was sich aus unserer Betrachtungsweise ergibt. Wir gehen dabei nicht auf all die Einzelheiten ein, über die es eine große Anzahl ausgezeichneter Bücher gibt. Wir wollen sie vielmehr durch die gesamtökologischen Aspekte der Evolution ergänzen.
Der Schwerpunkt ruht dabei auf zwei Hauptzusammenhängen: a) der Geschichte der Primaten innerhalb der adaptiven Radiation der Säugetiere mit ihrer Folge von Anpassungen und neuen Möglichkeiten und b) der Rolle der Ökosysteme, die Schauplatz dieses Eigenweges waren.
Die Primaten stammen von Insektenfressern ab. Sie sind entstanden und haben sich entfaltet, als die Nager und die Huftiere, die Raubtiere und die anderen Säuger andere Teile des Säugetierspektrums verwirklichten. Schauplatz ihrer Geschichte ist der tropische Wald.
In Südostasien leben noch heute die Spitzhörnchen, eine Gruppe kleiner Insektenfresser. Eine Art lebt auf Bäumen. An ihren

In einer eigenen Überschichtung haben die Primaten immer neue Lebensweisen und Leistungshöhen ausgebildet. Ihre Reihe führt von den Spitzhörnchen unter den Insektenfressern zu Halbaffen (Lemuren und Tarsier), Neuweltaffen, Altweltaffen, Menschenaffen und zum Menschen. Schauplatz dieser Entwicklung waren die umsatz-intensivsten Ökosysteme des Landes, die tropischen Regenwälder. In den nahrungsreichsten Ökosystemen, den Grasländern, erfuhren die Menschenahnen dann ihren entscheidenden Durchbruch.

Händen können sie den Daumen anders als andere Insektenfresser abspreizen, was die Anpassung an das Klettern kennzeichnet. Von solchen Formen leiten wir heute die Primaten ab. Ihr Hauptmerkmal ist die Greifhand, bei der die Daumen den anderen Fingern gegenübergestellt werden. Das ist ein hervorragendes Werkzeug zum Insektenfang und offenbar auch deshalb entstanden. Zugleich ließ sich diese Hand besser zum Klettern benutzen: so gut, daß die Primaten Vorder- und Hintergliedmaßen mit solchen Daumen besitzen.
Die Greifhand stellt Anforderungen an die Steuerung. Bei den Primaten stehen die Augen nicht mehr, wie bei allen anderen Säugern und auch noch den Spitzhörnchen, seitlich. Sie sehen beide nach vorn. Wie bei den Chamäleons und anderen Tieren mit ähnlicher Augenstellung wird dadurch der Raum vor dem Kopf dreidimensional erfaßt. Das steuert das Greifen und Begreifen.
Zum Greifapparat gehört ein leistungsfähiger, zentraler Steuermechanismus. Die Primaten besitzen ihn im vergrößerten Gehirn.
Auch dafür haben wir Parallelbeispiele. Die Meerestiere mit den größten Hirnen, von den Delphinen einmal abgesehen, sind die Tintenfische. Sie steuern damit ihre acht oder zehn Fangarme. Zugleich sind sie auch die intelligentesten wirbellosen Tiere mit den besten Lernleistungen. Auch die Barschfische mit ihrem, anderen Fischen weit überlegenen Verhalten im Raum zeigen ein ungewöhnlich reich differenziertes Verhalten. Von den Vögeln haben die Papageien, die mit Kletterfüßen und einem vielseitig benutzten Schnabel in den Bäumen leben, die größten und die leistungsfähigsten Gehirne. Wohin wir im Tierreich schauen, das Leben

im dreidimensional gegliederten Raum und seine aktive Bewältigung bewirkt überall eine Selektion auf größere Gehirnleistungen. Wir sagen das auch ohne Kenntnis dieser Zusammenhänge aus, wenn wir das »Begreifen« als Schlüssel für die vom Menschen er»faßte« offene Wirklichkeit und die »Begriffe« als deren Inhalt und Strukturen ansehen.

Mit der Gehirnvergrößerung geht eine Steigerung der Kommunikation und der Sozialbeziehungen einher. Sie sind bei den Säugern ohnehin schon besonders ausgeprägt. Grundlage dafür ist die enge Bindung, die durch das Säugen zwischen Mutter und Kind entsteht. Wie sehr die Kommunikation im Sozialverband mit der Gehirngröße zu tun hat, sehen wir an den Delphinen. Diese Meeressäuger orientieren sich im Wasser durch Schallwellen und deren Echos im für uns unhörbaren Bereich. Deshalb sind ihre entsprechenden Hirnteile so groß und leistungsstark. Sie verständigen sich aber auch mit Lauten und rufen einander damit auch zur Hilfe. Delphine retten nicht nur ihresgleichen. Sie haben schon ertrinkende Menschen an das Ufer gestoßen oder Schwimmer gegen Haie verteidigt. Bekommt eine Delphinmutter ein Junges, stehen ihr zwei Artgenossen zur Seite; sie tragen das Kleine für den ersten Atemzug zur Wasseroberfläche, ebenso wie sie verletzte Artgenossen stützen. Diese Gehirnentwicklung ist, an fossilen Schädeln feststellbar, in der Mitte des Tertiär erfolgt: ohne erkennbare Änderung in der Umgebung und den Lebensbedingungen des Meeres, allein als Anpassung an das entstehende Orientierungs- und Kommunikationssystem. Was als Anpassung entstand, eröffnet neue Möglichkeiten.

Bei den Primaten ist das vor allen anderen die Gehirnleistung. Bei den Halbaffen überschreiten Hirngröße und Leistungen die der anderen Säuger noch nicht. Sie leben als Insektenfresser auf den Bäumen, manche mit besonders umgebildeten Fingern, mit denen sie Insekten aus Ritzen holen. Wo andere Affen leben, sind die Halbaffen nachts unterwegs. Das müssen wir als die ursprüngliche Lebensweise ansehen. Auf Madagaskar, wo es nur Halbaffen gibt, treten diese auch am Tag aktiv hervor. Umgekehrt sind in Südamerika, wo Halbaffen fehlen, die dort lebenden Affen tagsüber und nachts aktiv, und einige nehmen in Lebensweise und Körperbau den Platz ein, der auf den anderen Kontinenten den Baumhörnchen zukommt.

Zu den Halbaffen sind die Echten Affen getreten: die Breitnasen in Südamerika, die Schmalnasen in der Alten Welt. Sie stellen die vielen Zoobewohner, als die wir Affen vor allem kennen. Die meisten leben im Wald oder auf Bäumen. Einige von ihnen, seltener in Gefangenschaft, haben sich auf Baumblätter spezialisiert und sind damit noch enger an Bäume gebunden. Andere verlassen die Bäume häufiger oder leben vorwiegend oder ganz am Boden.

Von ihnen sind die Paviane die bekanntesten. Sie heißen Hundsaffen, weil sie wieder zum Laufen auf vier Beinen übergegangen und weil ihre Schnauzen wieder länger geworden sind. Bei den anderen Primaten, auch schon einigen Halbaffen, sind die Schnauzen zurückgetreten. Sie werden nicht mehr als das Greiforgan gebraucht, wie es bei allen anderen Säugern noch vorhanden ist; die Rolle haben die Hände übernommen. Bei den Pavianen ist die Schnauze wieder Waffe. Ihre Trupps haben eine straffere Sozialorganisation als die baumlebender Affen. Sie müssen mangels Deckung mehr zusammenhalten und können sich nicht im Gezweig verstecken. Sie wehren sich selbst gegen Leoparden. Darauf sind nicht nur sie selbst und ihre Gegner eingestellt; nähert sich ein Leopard einer Pavianherde, so bleiben auch Impalla-Antilopen ruhig stehen, die sonst ihr Heil sofort in der Flucht suchen. Hier warten sie erst einmal ab, was geschieht. Wir können hierin eine Vorstufe der Gemeinschaft sehen, die sehr viel später Menschen und ihre Rinder eingegangen sind.

Paviane jagen aber auch kleine Antilopen. Ihre Wehrhaftigkeit hat viele Formen. Gerät beispielsweise einer ihrer Trupps in eine Lage, die durch Gewalt nicht mehr zu lösen ist, übernehmen die ältesten Tiere die Führung. In dieser Situation ist nicht die Körperkraft entscheidend, sondern die Erfahrung. Leben ist Sache der Gemeinschaft, und in ihr haben auch körperlich Schwache ihre Funktion.

Von den anderen bodenlebenden Affen sind Makaken besonders von japanischen Verhaltensforschern untersucht worden. Ihre Trupps bilden Freßgewohnheiten aus, wie das Waschen von Süßkartoffeln vor dem Verzehr, die Kinder an die Eltern und Erwachsenen untereinander und an den Nachwuchs weitergeben. Hier wie in zahllosen anderen Fällen bei Affen, aber auch bei anderen Tieren, kommt es zur Bildung echter Traditionen als Weitergabe von Erfahrungen und Wissen.

Mit noch gesteigerter Größe von Gehirn und Körper sind zu den Echten Affen dann die Menschenaffen gekommen. Sie wiederholen die adaptive Radiation, einige von ihnen haben sich stärker dem Baumleben angepaßt. Das sind die Gibbons in Südostasien und die zu den Menschenaffen im engeren Sinn zählenden Orang-Utans.

In Afrika leben heute Gorillas und Schimpansen. Sie laufen vielfach halb oder ganz aufgerichtet. Von ihrem Leben wissen wir heute sehr viel, seit Forscher es mit ihnen im Freiland teilen. Wir haben so gelernt, daß bei ihnen der Besitz eine Rolle spielt, zum Beispiel Stöcke, die sie mit sich führen.

Die »Intelligenzleistungen von Menschenaffen« sind zum erstenmal von dem deutschen Zoologen Wolfgang Köhler schon vor dem Ersten Weltkrieg systematisch untersucht worden. In einem der bekanntesten Versuche türmten Schimpansen Kisten aufeinander, um eine sonst nicht greifbare Banane zu erreichen. In anderen Versuchen fügten sie Stöcke ineinander.

Sie finden diese Lösungen durch Überlegung. In dieser Vorwegnahme ihres Handelns in Gedanken stellen sie nicht nur Kisten oder Stöcke ein: Sie verfügen dabei in Gedanken auch über sich selbst als diejenigen, die einen vorgestellten Handlungsablauf verwirklichen.

Mit solchen Fähigkeiten ausgestattet, haben Menschenaffen den Wald verlassen. Große Gorillas schlafen auf dem Boden, wenn sie keine Bäume finden, die sie tragen. Die Berggorillas sind von der Bindung an Bäume noch mehr frei.

Der Körperbau der Menschenaffen hat sich der aufrechten Haltung beim Klettern und beim Laufen auf dem Boden so weit angepaßt, daß die Menschenahnen sich auch außerhalb des Waldes aufrichten konnten. Anders als die Paviane brauchten sie nicht mehr auf alle vier Extremitäten zurückzufallen. Das verschaffte ihnen den Blick über das Steppengras und machte ihre Hände frei. Sie konnten in ihnen Stöcke oder Steine mit sich führen.

Lernfähig, aufgerichtet, mit geschickten Händen und in Trupps mit wohlausgebildeter Sozialstruktur sind die Menschenahnen in das Offene getreten. Was als Kette von Anpassungen im Wald entstanden war, erschloß ihnen ganz neue Möglichkeiten außerhalb der Wälder.

Was das bedeutet, können wir nunmehr im gesamtökologischen Zusammenhang sehen. Den Urwald haben wir als das umsatzstärkste Ökosystem kennengelernt.

In ihm haben die Primaten ihre Leistungshöhe erreicht und immer mehr gesteigert. In der Steppe fanden sie mehr Nahrung, vor allem die Fleischreserven der Huftiere, die dort weiden. Das wurde zur materiellen Basis für ihre weitere Entwicklung. Sie traten sie als Konkurrenten anderer Räuber an. Mit ihren Jagdwaffen, zu denen auch bald das Feuer kam, waren sie ihnen aber mehr als gewachsen. Sie lernten dann das Feuer auch zur Nahrungszubereitung nutzen. Damit, mit der direkten und bewußten Nutzung von Naturkräften, erhoben sie sich endgültig über alle Tiere.

Als Lebewesen der offenen Steppe und mit ihren Nahrungsvorräten sind die Menschenahnen aus einer örtlichen Primatenart zur weltweit verbreiteten Lebensform geworden. So haben sie sich über die ganze Erde verbreitet. Sie haben dabei das Sammeln – die Jagd auch auf kleinste Beute – nicht aufgegeben. Auch Pflanzen, Früchte und Wurzeln sind immer Bestandteil ihrer Nahrung geblieben. Später haben sie Pflanzen anzubauen gelernt und damit die biologische Produktion gesteigert. Das wurde die Grundlage für den zweiten großen Durchbruch in ihrer Geschichte, die tiefgreifende Rückwirkungen auf die ganze Biosphäre hatte.

Eines sehen wir bereits jetzt: Unser produktionsbiologischer Ansatz läßt auch die Entstehung des Menschen in einem neuen Licht erscheinen. Seine Geschichte hat die Erde nicht als Bühne, sondern ist mit der Biosphäre ungleich inniger verwoben, als wir das bisher sehen konnten. Im umsatzstärksten Ökosystem des Landes, dem Urwald, hat die zum Menschen führende Linie ihren Leistungsstand erreicht. Die nahrungsreichen, weil auf Reservebildung angewiesenen Grasländer haben seine Ausbreitung ermöglicht.

Wir gehen mit der Einsicht in diesen Gesamtzusammenhang jetzt einzelnen Zügen dieser Geschichte nach. Wir wollen dabei prüfen, wie sie sich und die an sie anknüpfenden Aussagen in dieses Bild einfügen. Dann wenden wir uns dem zweiten Abschnitt und zweiten Aspekt dieser menschlichen Geschichte zu: der Rückwirkung der Menschen auf die Biosphäre. Auch hier wird es erst um die ökologischen Zusammenhänge gehen.

Der Eigenweg zur Sonderstellung: Vormenschen und Urmenschen

Der Eigenweg der Menschenlinie hat in Afrika begonnen. Die heute noch dort lebenden Menschenaffen sind unsere nächsten Verwandten. Wann sich die Stammlinien getrennt haben, ist noch offen. Die ältesten, der Menschenlinie sicher zuzuordnenden Funde sind etwa zehn Millionen Jahre alt.

Werkzeuggebrauch ist für diese Zeit noch nicht nachgewiesen. Wir nennen diese Formen Rhámapithecus.

Die nächsten Formen sind zwei Millionen Jahre alt und jünger, von den älteren durch eine noch nicht geschlossene Fundlücke getrennt. Wir bezeichnen sie als Australopithecinen, als »Südaffen«. Ihre Hirnmasse lag mit 600 bis 700 Kubikzentimeter kaum über der gleichgroßer Menschenaffen von heute. Die auf sie folgenden Formen stellen wir alle in die Gattung Homo: Homo erectus, die Java- und Pekingmenschen mit 1000 Kubikzentimeter Hirnmasse, und Homo sapiens. Die ältere Form von Homo sapiens, der Neandertaler, hatte mit 1500 Kubikzentimeter eine Hirnmasse, die nicht von allen heute lebenden Menschen erreicht wird.

Welche der Angehörigen dieser Linie sollen wir Menschen nennen? Welche Vormenschen? Die Fachleute haben sich darauf geeinigt als Maßstab anzusehen, ob Werkzeuge in größerer Zahl angefertigt wurden: auf Vorrat, aus Erfahrung und Vorsorge zugleich, unabhängig von der Situation, in der es dann gebraucht wird. Bewußtes Handeln auf vorgestellte, in Raum und Zeit noch entfernte Begebenheiten und Begegnungen hin – das ist Schaffen einer eigenen, neuen Welt. Der Übergang vom Tierdasein im Wald in das Offene der Steppe mag durch einzelne Bedingungen in Ort und Zeit gefördert worden sein. Im Miozän haben in Afrika Wälder und Steppen ihre Ausdehnung vielfach geändert. Die Wälder sind weder ganz verschwunden noch gänzlich unbewohnbar geworden – sonst hätten sich Gorilla und Schimpansen nicht gehalten. Örtlich mag aber Waldschwund und Vordringen von Steppe mitgespielt haben. Sind Ramapithecinen mehrfach zum Leben in der Steppe übergegangen, zu verschiedenen Zeiten, an verschiedenen Stellen? Wir wissen es nicht. Sie haben die Steppe besiedelt, und seitdem gibt es hier (solche) großen Primaten. Sie haben Schlagstöcke aus Knochen und aus Holz benutzt, zumindest gelegentlich, und sie sind nach allgemeiner Überzeugung wenigstens zeitweise aufrecht gegangen oder gerannt. Auf der Jagd, auf der Flucht?

Die Vormenschen müssen sich ebenfalls in Horden mit strenger Sozialordnung gehalten haben. Das forderte die Umwelt ihnen ab. Sie werden Jagd und Gefahr, Erfolge und Ängste gemeinsam bestanden haben. Unsere Vorfahren waren schon sozial organisiert, ehe sie sich dessen und ihrer selbst bewußt waren. Sozialverhalten ist keine Folge von Bewußtsein, sondern Bedingung seiner Entstehung.

Die sehr viel jüngeren Australopithecinen besaßen einen Standfuß mit ausgeprägtem Fersenbein, und die großen Zehen sind keine Greifzehen mehr. Sie sind offensichtlich ständig auf ihren Beinen gelaufen und gegangen. Wann sie zu ihrem Werkzeug das Feuer zu benutzen lernten, ist nicht ganz sicher. Die ältesten, sicheren Feuerstellen sind etwa 700000 Jahre alt. Zahlreiche weitere Funde aus dieser Zeit, darunter die Oldoway-Menschen, sind in ihrer Bedeutung noch umstritten.

Das Feuer muß als ein Gerät betrachtet werden, das die Menschen wie andere Geräte vorfanden und zu nutzen lernten und dann mit sich nahmen. Der entscheidende Durchbruch kam, als Menschen Feuer wie Gerät zu machen lernten. Kostbar blieb es auch dann – bis in die jüngste Geschichte ist Menschen das Herdfeuer heilig geblieben, und es mußte sorgsam vor dem Erlöschen bewahrt werden.

Etwa gleich alt wie der Gebrauch des Feuers scheint die Erfindung von Waffen zu sein: Aus Rammspießen wurden Schleuderspeere und Bogenpfeile. Mit ihnen haben die Urmenschen die Welt erobert. Wir haben Funde aus Rhodesien und Nordwest-Afrika, aus China, Java und Europa – aus Maur bei Heidelberg.

Menschen, die wir als Angehörige unserer Art benennen, kennen wir seit etwa 250 000 Jahren. Zu ihnen gehören die Funde von Steinheim in Württemberg und aus dem Neandertal zwischen Düsseldorf und Köln. Ob Homo sapiens aus Homo erectus hervorgegangen ist oder aus einer Seitenlinie, ist ungeklärt (und auch nicht bedeutsam), ebenso wie die exakte Beziehung zwischen Neandertaler und Gegenwartsmensch.

Die Gegenwartsmenschheit setzt mit den Cro-Magnon-Menschen vor 30 000 Jahren ein. Sie haben die Besiedlung der Erde wiederholt und vollendet. Ihre Geräte und Waffen bestanden noch aus Knochen, Stein und Holz. Die regional entstandenen Kulturen haben dann zum Teil Bronze und Eisen herzustellen gelernt. Zu den Geräten und zum Feuer ist als weiterer, allein dem Menschen eigener Besitz die Sprache getreten. Die Vormenschen haben sich sicher mit Gebärden und einfachen Lauten verständigt. Kein Menschenaffe hat einen Kehlkopf, der in dem Umfang unterschiedliche Laute erzeugen kann, wie wir Menschen das können. Sie lernen auch unsere Sprache nicht. Zeichensprache lernen sie bis zur Aussage von Bedingungssätzen: Wenn die Pflegerin dies tut, tut der Affe das – sie »reden« von sich in der dritten Person wie ein Kind, das sein Ich noch nicht erfaßt und verwirklicht hat.

Buschmänner stehen auf der Jagd mit Handzeichen in Verbindung. Dazu sind bei ihnen wie bei uns allen die Laute der Sprache getreten. Kommunikation, die Mitteilung von Information und von Stimmungen, gibt es auch unter Tieren. Bienen sagen im Stock mit ihren Bewegungen Bescheid, wo draußen eine Trachtquelle ergiebig ist. Dohlen stimmen durch Stimmäußerungen ab, ob sich eine Mehrheit für den Flug zum Schlafplatz findet.

Die Lautsprache der Menschen kann mehr als auf konkrete Gegenstände weisen oder Stimmungen mitteilen. In ihr können Erfahrungen mitgeteilt und Vorstellungen ausgedrückt werden. Sie werden so zu Gegenständen des sozialen Umgangs. Wenn wir Erfahrungen *machen, machen* wir sie: In Erfahrungen gehen Vorstellungen, in Vorstellungen aber auch Erfahrungen ein.

Zum so geschulten Umgang mit der neuen, selber geschaffenen Wirklichkeit gehört die Bildung von Begriffen. Auch Tiere können Allgemeinbegriffe bilden und von den dinglichen Gegebenheiten abheben. Papageien und Tauben bilden reine, unbenannte Zahlenbegriffe. Sie lernen, auf fünf Töne anstatt auf vier oder drei etwas zu tun. Was sie als Simultanleistung bewältigen (Zeichen zur Auswahl nebeneinander), übertragen sie auf die sukzessive Darbietung von akustischen Zeichen nacheinander. Die Form und Anordnung der Zeichen, der Klang der Töne ist dabei bedeutungslos.

Mit den Begriffen und auch der Erfahrung gewinnt der Mensch Distanz zur vordergründigen Wirklichkeit. Wir wiederholen das, jeder von uns, wenn wir als Kind begreifen, daß allen unseren Begegnungen und Erfahrungen wir selbst zugrunde liegen, und gewinnen dadurch die Erfahrung und den Begriff des Ich. Was uns begegnet und oft hart entgegentritt, begründet und erfüllt den Begriff »Gegenstand« oder »Objekt«, die Summe dieser Gegenstände wird zur Welt. Ich und Welt als Gegenüber werden uns im zusammenhängenden Prozeß bewußt.

Das alles ist ein soziales Phänomen. Wir lernen nur im Umgang miteinander sprechen. Und ebenso schult sich nur so, was wir schon immer mit dem Sprechen eng zusammen sahen, die Intelligenz und das Lernvermögen.

Einige Autoren vermuten, daß die menschlichen Sprachen erst entstanden seien, als sich bereits getrennte Menschengruppen gebildet hätten. Das würde erklären, warum sich unsere heutigen Kulturen so unauslotbar tief in Denkstruktur und in Weltanschauung unterscheiden und zugleich jede Suche nach einer Ursprache der Menschheit eitel machen.

Die weitere Geschichte der Menschen ist durch das bestimmt, was sie selbst hervorbringen, materiell und nichtmateriell. Die Werkzeuge dazu, das menschliche Verhalten gegenüber der Welt, sehen wir in der Geschichte der Biosphäre entstehen und sogleich auf sie in neuer Weise zurückwirken. Als der Mensch sich seiner selbst bewußt wird, ist er bereits Kulturwesen: Dies ist seine Natur.

Die ältere Völkerkunde machte einen grundsätzlichen Unterschied zwischen Natur- und Kulturvölkern. Auch sonst hat diese Unterscheidung in der Lehre vom Menschen eine große Rolle gespielt. Der Philosoph Arnold Gehlen hat beide Begriffe in die Beziehung gesetzt, die ihr nach der Meinung der meisten zukommt: Der Mensch ist von Natur ein Kulturwesen.

Wir möchten diese Aussage erweitern: Seit es die Menschen gibt, ist die Natur Kultur. Wir meinen dies im doppelten Sinn. Wir Menschen bebauen die Erde nicht vollständig, aber doch so, daß wir auf ihren Gesamtstoffwechsel einwirken. Sie ist für uns »Kultur« im Wortsinn, der von dem lateinischen Wort für pflegen kommt.

Zum anderen ist Kultur das niemals abgeschlossene Offene. In uns Menschen fällt die Natur Entscheidungen, die nicht wie die Lebensvorgänge aller anderen Lebewesen auf biologisch faßbaren Gesetzen allein beruhen. Seit dies der Fall ist, ist Naturgeschehen offen. Seit es den Menschen gibt, hat die Natur Geschichte in dem Sinn, in dem das Wort zum Unterschied von der Naturgeschichte gebraucht wird.

Die Kulturleistungen des Menschen beruhen auf seinem Kulturwillen. Er äußert sich in den Zielen, die wir uns setzen. Wir tun das in der Hoffnung, sie zu erreichen. Das ist eine Erwartung, die Erfahrung überschreitet. Erwartungen haben Tiere auch: Menschliche Erwartungen aber beruhen nicht nur auf konkreten Erfahrungen. Wir Menschen haben die Erfahrung der Erwartung und bauen darauf, daß es noch wieder immer neuartige Erwartungen gibt. Das aber ist Hoffnung. Wir vertrauen nicht nur auf ein Gegenüber, das wir kennen, sondern wir vertrauen darauf, daß wir auch dem Unerfahrenen gegenüber Vertrauen haben können.

Auch diese Fähigkeit zum Vertrauen muß erst reifen. Sie bildet sich als Urvertrauen dann, wenn das Kleinkind konkret das personale Gegenüber erfährt. Diese »ständige Bezugsperson« braucht nicht immer da zu sein und braucht auch nicht nach sonst geltenden Maßstäben »vertrauenswürdig« zu sein. Sie muß so oft und regelmäßig Teil der Umwelt sein, daß im gegenseitigen Kontakt beim Kleinkind das Urvertrauen wächst. Aus ihm wird dann nach und nach die erfahrbare Hoffnung, daß überhaupt Vertrauen möglich ist. Das, meinen wir in Übereinstimmung mit Lehren und mit Religionen aller Zeiten und Völker, ist die eigentliche Sonderstellung des Menschen.

Feststellungen über die Besonderheit

Eine kurze Bemerkung müssen wir aber noch zu der Fülle der Aussagen machen, die unter Berufung auf die Wissenschaft in diesen Jahren über den Menschen gemacht worden sind und sicher noch gemacht werden.

Da ist der Mensch bald der »Nackte Affe«, bald der durch Kannibalismus verrohte Primat, oder er wird als das Wesen gesehen, dessen Aggression nicht mehr durch Instinkte kontrolliert wird.

Der ersten These des Engländers Morris liegt der unbestreitbare Zusammenhang zugrunde, daß Menschen mit dem Feuer Höhlen als Wohnung und Schutz erleuchten und erwärmen konnten und mit ihm und den beim Feuerschein zugerichteten Fellen vom eigenen Haar als Wärmeschutz weitgehend unabhängig wurden. Das Haar wurde rückgebildet bis auf den Kopf, der weiter vor Sonne und Regen geschützt werden muß, ebenso die Körpergegenden, in denen starke Schweißabsonderung Verdunstung bewirkt und einen Schutz gegen das Wundreiben der Haut erfordert. Mit der bloßen Haut gewannen die Menschen eine ungleich größere Empfindlichkeit für soziale Kontakte, die sich nicht nur im Dienst der Sexualität auswirkten. Das wieder steht gewiß in Beziehung dazu, daß Menschen übers ganze Jahr geschlechtlich aktiv und die Frauen empfängnisfähig sind. Dabei dürfen körperliche Kontakte keineswegs nur als Mittel der Fortpflanzung gesehen werden: Sie haben als Formen und Mittel menschlicher Gemeinsamkeit und Selbstverwirklichung einen eigenen Wert. Das betont mit ausführlicher

Begründung Wolfgang Wickler in einer kritischen Auseinandersetzung mit den Lehrmeinungen seiner eigenen Kirche. Sonst aber weist Wickler wie vor ihm schon sein Kollege Eibl-Eibesfeldt die These von Morris als überzogen zurück, denn sie vernachlässigt andere, nicht weniger wichtige Zusammenhänge.

Einen solchen Zusammenhang stellen Autoren wie Dart und Ardrey heraus, die den Menschen als Kannibalen entstehen lassen. Die Funde, auf die sie sich berufen, sind umstritten – ob die Feuerstellen etwa zur gleichen Fundschicht gehören oder ob die Überreste wirklich Kannibalismus belegen. Man spürt bei den Ausführungen deutlich, daß die Autoren für einen gewaltigen Wandel eine überzeugende Ursache suchen. Sie sehen dabei nur die Funde und die unmittelbare Vorgeschichte der Menschwerdung. Sie kennen, weil nur mit dem kurzen Zeitabschnitt der Menschwerdung befaßt, nicht die unendlich lange Zeit der Evolution und die Zusammenhänge, die diese Menschwerdung in so kurzer Zeit möglich machten. Sie suchen eine einzige, drastische Ursache für einen von ihnen mit Recht als drastisch empfundenen Evolutionsschritt. Sie glauben, sie in dem Kannibalismus gefunden zu haben, und schockieren damit nicht nur diejenigen, die noch an der romantisierenden Vorstellung vom paradiesisch unschuldigen Urmenschen hängen.

Wieweit in der Auseinandersetzung zwischen verschiedenen Linien der Vor- und Urmenschen Kannibalismus vorkam, wissen wir nicht; ob er aus kultischen Gründen, auch ohne Auseinandersetzungen, vorlag, ist offen. Eines ist sicher: Keine Menschengruppe kann sich aus ihren eigenen Reihen ernähren, und selbst von Feinden kann auch keine leben. Gelegentlicher Verzehr von Menschen ist möglich; für einen ständigen und zu Buch schlagenden Beitrag zur Ernährung müßte eine ungleich größere Population bejagt werden, als von ihr leben kann. Dann können aber immer nur weniger essen als gegessen werden: Und das kann somit nicht so tief gewohnheitsbildend oder sogar geschichtsbestimmend für die ganze Art gewesen sein, wie es diese Autoren sehen.

Hier liegt der Verdacht nahe, daß ein bestimmtes Menschenbild in die Vorgeschichte hineinprojiziert wird – als könne das Verhalten des Gegenwartsmenschen, in der Tradition von Hobbes als Kampf aller gegen alle beschrieben, so erklärt oder gar gerechtfertigt werden.

Angenommen, unsere Ahnen waren selbst eine Zeitlang Kannibalen, würde das einen kaum sublimeren Umgang mit Mitmenschen unserer Zeit denn entschuldigen?

Man sieht am besten diese und ähnliche Versuche, Aussagen über »die Menschen« zu machen, nicht als anthropologische Theorien, sondern als anthropologisches Material an. Sie zeigen, wie Menschen Menschen sehen können und vielleicht unbewußt sehen wollen, um sich selbst zu entlasten.

Wer die Entstehung der Menschen als Sache der ganzen Biosphäre sieht, in der ihre Fähigkeit zur Steigerung des Energieumsatzes in einzelnen Ökosystemen und einzelnen Lebensformen zu einer neuen Qualität von Energie geführt hat, braucht eine Erklärung nicht monokausal in Teilgeschehnissen, Randbedingungen und Auslösern zu suchen. Die Menschen haben vorhandenes Leben in neuer Weise zu nutzen begonnen und nach Beginn ihres Eigenweges auf die unbelebte Natur zurückgegriffen – Steine, Holz, Feuer stellten sie in ihren Dienst. Sie haben zu den eigenen Kräften und der Energie des Feuers später auch die anderer Lebewesen und Naturkräfte zu zähmen gelernt. Ob die Menschen, die Nordamerika erreichten, im »pleistozänen Overkill« die spättertiäre Fauna von großen Säugetieren ausgerottet haben, wie es einige Autoren behaupten, ist noch umstritten. Kein Mensch scheint aber daran zu zweifeln, daß die Menschen es hätten tun können, soweit ihre psychologischen Voraussetzungen zur Debatte stehen. 20 000 Jahre später haben wir Menschen weltweit entsprechende Verwüstungen angerichtet. Wir treten damit der Biosphäre so gegensätzlich und entfremdet gegenüber, wie wir auch die Trennung vom Werk unserer Hände als Entfremdung empfinden, wenn uns die Verfügung darüber entzogen ist. Woher rührt diese Abtrennung zwischen Menschen und dem, dem sie tätig oder empfindend erst verbunden waren?

Besonders weite Beachtung hat in jüngster Zeit das Menschenbild des Verhaltensforschers und Nobelpreisträgers Konrad Lorenz erfahren. Er sieht den Menschen als das Lebewesen, bei dem die Aggression nicht mehr durch angeborene Verhaltensweise gezähmt ist, vom Bewußtsein aber auch noch nicht hinreichend kontrolliert wird. Deshalb sei das Dasein der Menschen zutiefst von ungezügelter Gewaltanwendung bestimmt. Lorenz glaubt, daß die »Macht der großen Konstrukteure des Artenwandels«, also die Evolutionsmechanismen, hier Abhilfe schaffen könnten.

Für Lorenz ist die Aggression eine Naturkraft. Er steht in der Tradition der zweiten Biologie, die in solchen verbreiteten Erscheinungen nicht eine Lebensäußerung von Tieren, sondern eine sie bestimmende Kraft sieht. Für eine Abhilfe setzt er deshalb auch nicht auf Kräfte, die wir Menschen in uns selbst suchen und erwecken könnten, sondern auf die Gesetze der Evolution. Lorenz' Menschenbild enthält erkennbar die Überzeugung, daß Menschen sich nicht aus eigener Kraft zum Guten wenden können. Anders als die Religionen und Weltanschauungen, die vom Menschen eine aktive Zielsetzung und Bewußtseinsänderung erwarten und in der Fähigkeit dazu seine eigentliche Würde sehen, verweist er auf die gleichen Naturkräfte, die er ebenso in Buntbarschen und Gänsen am Werk sieht. So verfehlt Lorenz das, was wir als das Hauptergebnis der Evolution sehen: nämlich die Möglichkeit des Menschen, mit seinen angeborenen Verhaltensweisen in neuer, freier Weise umzugehen. Trotz seiner vielfältigen Berührung mit der Evolutionsforschung verstößt hier Lorenz gegen ihre Grundeinsicht und setzt die Naturkraft »Aggression« als ungeschichtliche und unwandelbare Größe.

Biologen sehen die Offenheit des Menschen

Nicht alle Biologen, die von ihrer Disziplin aus etwas über den Menschen sagen, schreiben ihn so mit einer Formel fest. Wir wollen auf zwei Forscher eingehen, die mit den Mitteln der Biologie gerade die Offenheit des Menschen beschreiben, die es ausschließt, ihn allein mit Naturgesetzen zu erfassen.

Der erste ist der Basler Zoologe Adolf Portmann. Er stieß bei Untersuchungen der Fortpflanzung auf die Tatsache, daß die Schwangerschaftsdauer der Menschen ungewöhnlich kurz ist. Diese Tatsache ergibt sich, wenn man bei Säugetieren die Körpergröße und die Lebensdauer mit dem Gewicht der Neugeborenen und ihrer Reifezeit in der Gebärmutter vergleicht. Gälten für Menschen Verhältnisse wie bei anderen Säugern, so müßte eine Schwangerschaft bei uns zwei Jahre dauern. Der Geburtstermin ist bei uns vorverlegt. Wir Menschen machen einen Teil der Entwicklung, die andere Säugetiere noch im Mutterleib durchlaufen, in der Hut unserer Mütter und der Familie durch. Portmann nennt das den »sozialen Uterus« und den Menschen eine »physiologische Frühgeburt«. Unterschiede in der Dauer der Tragzeit kennen wir auch sonst. Hasen tragen ihre Jungen 24 Tage, Kaninchen nur 21. Die Hasen kommen mit offenen Augen und behaart zur

Welt. Sie können sich sofort selbständig verstecken und laufen. Kaninchenkinder sind nackt, blind und ohne Mutter hilflos. Vermutlich ist dies der ursprünglichere Geburtszustand: Die Jungen werden ja in einem Bau, bei anderen Säugern in Nestern geboren. Die Hasen haben keine Bauten und bringen ihre Jungen später und selbständiger auf die Welt. Das gleiche gilt für die Huftiere, deren Kälber und Fohlen sehr bald nach der Geburt der Herde folgen können. Raubtierjunge sind dagegen wieder unselbständiger.

In der Zeit, die die Menschenkinder bereits im Kontakt mit der Familie verbringen, reifen bei ihnen die grundlegenden Verhaltensweisen. In diesen Reifevorgang gehen ihre Erfahrungen ein. Das Menschenkind kann vieles lernen, was beim Tierkind ohne Umweltkontakte dieser Art angeboren auf die Welt gebracht wird. Das ist mehr als eine quantitative Ausweitung. Das ganze Verhaltensinventar der Art kann so ungleich flexibler und offener sein. Traditionen, die sich nicht vererben lassen, bekommen hier ihren maßgeblichen Einfluß.

Dieses Verständnis für die Weltoffenheit des Menschen, der suchend und fragend der Welt gegenübertritt, besagt noch nichts über die positive Füllung dieser Offenheit. Sie ist aber eben auch nicht mehr Sache nur biologischer Prozesse, sondern bewußter oder unbewußter Setzungen.

Ein ganz ähnliches Bild ergibt sich aus einem Ansatz des österreichischen Zoologen Wolfgang Wieser.

Das menschliche Gehirn, sagt Wieser, ist als Steuerorgan in strenger, funktionaler Bindung entstanden. Wie alle Organe ist es auf Höchstbelastung angelegt und hat, wie sie alle, Kapazitäten, die über die ständige Belastung hinausgehen. Das Gehirn gewinnt in der Evolution eine gewisse Eigenständigkeit, wird zunehmend autonom. Es kann so Entwicklungen setzen, denen das ältere Steuersystem der biologischen Anpassung nicht schnell folgen kann. So hat unser Gehirn uns in die Lebensweise am Schreibtisch und im Auto geführt, auf die unsere Bandscheiben nicht eingerichtet sind, und unsere Technik bedroht inzwischen uns und andere Lebewesen.

Das Gehirn ist gegenüber dem älteren Steuerungssystem der Erbanlagen und der Auslese, dem Genom, nicht nur relativ unabhängig oder autonom; es wirkt sich als antinomisch, als gegensätzlich aus. Wir können durch Gehirnleistungen unsere eigene Existenz aufheben.

Wieser verwies dabei auf den Selbstmord als Aufhebung des individuellen, eigenen Lebens. Die Möglichkeiten des Kollektivselbstmords der Menschheit stand, als er während einer Tagung der Evangelischen Akademie Berlin im Jahr 1968 diese Gedanken vortrug, uns erst als Atomkrieg vor Augen; die ganzen Ausmaße der Umweltkrise sahen wir noch nicht.

Die innere Krise des Menschseins, das heißt Menschsein als Leben in der Entscheidung (das ist die Wortbedeutung des griechischen Wortes *krisis*), sah Wieser genau: Wenn wir heute das Nein vermeiden, erreichen wir nur, daß wir morgen wieder vor der gleichen Entscheidung stehen. Ein endgültiges Ja können wir nicht aussprechen.

Wir haben diesen Ansatz Wiesers oft benutzt, wenn wir Studenten, Schülern und anderen die Sonderstellung des Menschen als neue Phase des Gesamtsystems beschreiben wollten, dem wir angehören. Wir Menschen haben eine Sonderstellung in der Natur: Mit uns hat eine neue Phase in der Geschichte der Natur begonnen. Seit der Entstehung des Lebens hat nichts so stark auf die Erde zurückgewirkt wie die Entstehung der Menschen.

Mit seiner Fähigkeit, sich und die Welt in

Gedanken, in Wort und Tat in Frage zu stellen und den Sinn seines Daseins und das der Welt zu verneinen, ist der Mensch von allen anderen Lebewesen eindeutig und unverwechselbar unterschieden. Zum Glück ist er damit aber nicht auch schon vollständig beschrieben. Wir Menschen können auch dieses Nein verneinen und damit ein neues Ja aussprechen. Das ist nicht einfach ein Weiterlaufen oder Weiterwirken der alten tierischen Überlebensinstinkte. Wie wir seit Hegel wissen, ist die Negation der Negation eine Position auf höherer Ebene. Wir Menschen können uns positive Ziele setzen.

Im weiteren wollen wir verfolgen, wie es dazu kam, daß Menschen das Dasein der gesamten Biosphäre beeinflußten, und wie im Zusammenhang damit die Kulturen entstanden, in denen Menschen ihre Ziele sehen und verwirklichen.

Kulturen sind geschichtliche Strukturen. Sie sind nicht im luftleeren Raum entstanden. In ihnen sind materielle und nichtmaterielle Vorgänge verwoben. Deshalb ist auch keine Geschichtsschreibung von Vorstellungen, Werten und Hoffnungen frei. Es kann nicht Sache von Biologen sein, vorhandenen Geschichtsinterpretationen eine neue hinzuzufügen. Wir müssen und können aber herausarbeiten, was wir an biologischen Zusammenhängen in ihr sehen und was wir für die Frage nach ihrer Weiterführung wichtig halten.

Wir führen dazu unseren Ansatz weiter, mit dem wir schon die Evolution als Produktionsausweitung analysiert haben. Die Produktionsausweitung durch den Menschen beruht auf seinem Ackerbau.

Verwandlung der Biosphäre

Weltweite Produktion: Die neolithische Revolution

Wann der Ackerbau in Afrika begonnen hat, wissen wir nicht. Seine ältesten Spuren kennen wir aus dem Bereich des »fruchtbaren Halbmondes« aus dem 9. Jahrtausend vor Beginn unserer Zeitrechnung.

Um diese Zeit war in Europa das Eis der letzten Eiszeit auf dem Rückzug in die Polargebiete. Ihm folgten die Rentierjäger, die seit 15 000 in Westeuropa ihr so ganz auf dieses eine Beutetier begründetes Leben geführt hatten und uns davon in den Deckengemälden der Höhlen des Magdalenien lebendige Zeugnisse hinterlassen haben. Die Großwildjagd mit Pfeil und Bogen wurde in Mitteleuropa dann durch das Sammeln von Kleintieren und Pflanzen und Nüssen ergänzt.

Im oberen Tigristal, bald darauf in Palästina wird um diese Zeit der erste Wildweizen mit Steinsicheln geerntet und in Mörsern gemahlen.

In der Jungsteinzeit, der nächsten Periode größerer Funddichte, ist die erste »grüne Revolution« in vollem Gang. Natürlich ist der Landbau in allmählicher Entwicklung entstanden. Wo er sich aber in Gebiete ausbreitete, in denen bisher überhaupt noch keine Landwirtschaft betrieben wurde, wirkte das als Umwälzung. Im sechsten Jahrtausend vor Christus erreichte der Ackerbau vom »fruchtbaren Halbmond« aus Anatolien und die Balkaninsel. Dazu gehörte der Anbau von Weizen und Gerste, das Halten von Ziegen, Schafen, Schweinen und Rindern, der Gebrauch von gebranntem Geschirr und polierten, nicht nur geschlagenen Steinwerkzeugen. Die älteste »Stadt«, die wir kennen, ist Jericho im heutigen West-Jordanland, ein Ort mit Ziegenzucht und Kornanbau und einer Mauer, die eine bisher unbekannte

Geschlossenheit der Sozialstruktur bezeugt: Solche Mauern müssen gemeinsam errichtet und verteidigt werden.
Im vierten vorchristlichen Jahrtausend bauten die Sumerer im Zweistromland in ihrer Stadtkultur die ersten Tempel. Von ihnen kennen wir das Rad, zunächst als Töpferscheibe, die Bronze und die Schrift.
Um 2800 finden wir in Ägypten ebenfalls eine Kultur mit Schrift und das erste bekannte Königtum. Die dritte Hochkultur blüht im Industal auf. Hier kennen wir aus Harappa im heutigen Pakistan Kornspeicher aus dem Jahr 2500, die um 1500 von den eindringenden Ariern zerstört wurden.
Diese Kulturen beruhten auf dem Landbau in Flußtälern. Dazu gehörte die Bewässerung, mit der allein das Land bewohnt und bebaut werden konnte. Diese wiederum verlangte eine straffe staatliche Organisation, erhebliche Bauleistungen für Kanäle, eine Einteilung der Felder und einen Kalender.
In Ägypten gehörte das Land seit einem Gesetz des Königs Mena (um 3200 vor Christus) dem König.
Seit dem Jahr 3000 vor Christus sind Getreidesilos bekannt, mit denen der Staat Vorratswirtschaft trieb. Wir kennen sie alle aus der biblischen Erzählung von Joseph in Ägypten. Das Getreide wurde gedroschen, indem man Esel oder Ochsen auf der Tenne laufen ließ. Man kann dieses Dreschen noch heute in der Türkei und anderen Nahost-Ländern sehen, auch wenn Esel und Kamel manchmal durch einen Traktor ersetzt sind, der im Kreis fährt.
Über den Inhalt der Kornspeicher, die über das Land verteilt waren, verfügten die Behörden mit Anweisungen. Sie unterhielten Getreidekonten bei verschiedenen Silos, die in einem Girosystem miteinander verbunden waren und entnommene Mengen gegeneinander verrechneten. Das haben später die Griechen für das Geld übernommen.
Der Inhalt der Silos wurde berechnet. Das Mittel dazu war die gleiche Meß- und Rechenkunst, mit der die Felder vermessen wurden. Auf ägyptischem Boden, in Alexandria, erhob später, um 300 vor Christus, Euklid die »Erdmeßkunst« Geometrie zur reinen mathematischen Wissenschaft: Die Gebrauchskunst wurde frei und selbständig.
Auch die Zeitrechnung der Ägypter war mit der Landwirtschaft verbunden. Das Jahr rechneten sie von Ernte zu Ernte. Ihre Hieroglyphe »rnpt« für das Jahr stellt einen Pflanzentrieb mit einer Knospe dar. Weil der Beginn der Nilüberschwemmungen mit dem Frühaufgang des Sirius zusammenfiel, richteten sie ihren Kalender danach ein: Der erste Himmelskalender war erfunden. Das zwischen den beiden Siriuspunkten liegende Jahr setzten sie mit 365 Tagen fest. Seitdem (etwa 2780 vor Christus) gilt diese Zahl.
Bewässerungskulturen, die zu Hochkulturen wurden, gab es und gibt es in Ägypten, dem Zweistromland, dem Industal, im Hoang-Ho-Gebiet, in Mittelamerika und in Peru. Als tropische Bewässerungswirtschaft, die aber nicht immer von Flußwasser und daher auch nicht von einer zentralen Verteilung abhing, entstand seit 3500 vor Christus in Ostasien der Reisbau, der seit 2800 in China, um 1000 vor Christus in Java und seit der zweiten Hälfte des Jahrtausends vor Christus in Persien bekannt ist. Nach Europa ist er – wie vieles andere – erst zu Beginn der Neuzeit und durch arabische Vermittlung gekommen.

Vom »Mehr« zum »Zuviel«: Die industrielle Revolution

Der griechische Geograph Strabo, der um die Zeitenwende lebte, sah Europa »vielgestaltig und für die Vervollkommnung der Menschen und Staatsformen am gedeihlichsten«. Das sei der Grund, daß es »den anderen Erdteilen von seinen eigenen Vorzügen am meisten mitgeteilt hat«. Auch neue Geschichtsforscher weisen darauf hin, welch günstige Grundlagen schon der tektonische Bau Europas für eine lebhafte geschichtliche Entwicklung liefert. Von Asien durch keine natürlichen Grenzen abgetrennt, ist es aber auf relativ kleinem Raum weit lebhafter gegliedert; Land und Meer sind in weiten Gebieten innig verklammert, Gebirge und Flußsysteme tragen zur Vielfalt bei, bilden aber keine unüberwindlichen Barrieren. Das hat zur »Intensivierung von Lebensformen, Bevölkerungsdichte und politisch-staatlicher Gliederung beigetragen« (Laetitia Boehm) und den Austausch mit anderen Erdteilen über Land und Meer erleichtert.

Entscheidende Impulse für die europäische Geschichte kamen aus diesen Berührungen. Große Teile des griechischen Erbes in Naturwissenschaft und Philosophie wurden nicht in Europa, sondern von Arabern und Juden weiter gepflegt und kamen erst wieder in und nach der Kreuzzugszeit nach Europa. Die europäische Neuzeit, auf die besonders diese Einflüsse stark eingewirkt haben, beginnt das Mittelalter von den oberitalienischen Städten aus abzulösen. Seit Michelet und Burckhardt nennen wir diese Bewegung die Renaissance. Sie nimmt in der Tat antikes Erbe wieder auf, aber »niemand steigt zweimal in den gleichen Fluß«, wie es der vorsokratische Grieche Heraklit formulierte. Jetzt entsteht etwas Neues. In Gedanken hatte Pythagoras bereits vor Christi Geburt die Erdkugel bewegt, indem er die auf ihr erfahrenen Hebelgesetze auf sie übertrug: »Gebt mir einen Punkt außerhalb der Erde, und ich werde sie aus den Angeln heben.« In der Neuzeit konnten Menschen den Mond wirklich betreten, und wir sind dabei, die lebendige und gewachsene Ordnung der Erde aus den Angeln zu heben.

In der Renaissance entstand das Menschenbild des Huomo Uno, des Einen Menschen, der alle menschlichen Möglichkeiten in sich vereint und deshalb nicht auf jenes Miteinander angewiesen ist, das bisher Menschen für ihre Selbstverwirklichung für nötig hielten. Hier entstanden auch, als Instrument einer neuen wirtschaftlichen Entwicklung, aus den »Bänken« der lombardischen Geldwechsler die »Banken« mit ihren bis heute italienischen Ausdrücken: Lombardsatz, Konto, Giro, Agio.

Und noch eine andere Grundlage für das Aufblühen der Wirtschaft entsteht hier, zunächst als Nebenerscheinung. Die reichen Stadtbürger der Lombardei bauen auf ihren künstlich bewässerten Landgütern Luzerne an, um damit ihre Pferde zu füttern. Im Osten, in Asien und Vorderasien ist die Luzerne seit altersher als Futterpflanze bekannt. Jetzt kommt sie nach Oberitalien und macht die Stallhaltung von Pferden und von Vieh auch über den Winter möglich.

Der Luzerneanbau – ihm folgt später der Klee, gleichfalls aus dem östlichen Mittelmeergebiet eingeführt – breitet sich im 16. Jahrhundert nach Holland, im 17. und 18. Jahrhundert nach England aus. Er löst die landwirtschaftliche Revolution aus, die durch die Abkehr von der Dreifelder- und Brachenwirtschaft gekennzeichnet ist. Luzerne und Klee sind Leguminosen. Sie bringen nicht nur selbst hohe Erträge, sondern steigern über die Stickstoffanreicherung durch Knöllchenbakterien die Ertragskraft des Bodens auch für andere Kulturen.

Der Norden und Osten Europas mit seinen schweren Böden war im 10. Jahrhundert unter den damals neuen Pflug genommen worden, der die Erde nicht nur aufritzte, sondern die Schollen wendete. Vielleicht aus dem Osten stammend, war seine Anwendung durch das sicher von Osten eingeführte Kummet gesteigert worden: Das erlaubte es, anstatt der Ochsen auch Pferde zum Pflügen zu verwenden.

Jetzt folgte die Möglichkeit intensiverer Ausnutzung des Bodens durch Fruchtwechsel mit Leguminosen, vermehrte Viehhaltung und später eingeführter Stallfütterung und Düngung mit Jauche und Mist. Allerdings führte das allein auch noch nicht viel weiter als die bisherige Düngung der Felder und Weiden mit dem Schafdung, der bisher allein zur Verfügung stand, um dessentwillen die Grundherren und die Bauern die Schafhaltung hochhielten und eifersüchtig über die ihnen zustehenden »Pferchnächte« wachten, die die Schafe auf ihren Wiesen zu verbringen hatten. Auch die Einführung der Kartoffel hatte zwar die Hektarerträge an menschlicher Nahrung, nicht aber die Fruchtbarkeit der Böden nachhaltig steigern können.

1840 begründete dann aber Justus von Liebig die Lehre von den Stoffkreisläufen zwischen Boden und Pflanzen. »Es wird die Zeit kommen, wo man Felder und Pflanzen mit Stoffen düngen wird, die man in chemischen Fabriken herstellen wird und die aus Stoffen hergestellt sind, die für die Pflanzen notwendig sind«, schrieb er.

Bis dahin hatte man geglaubt, daß allein organische Stoffe für die Pflanzenernährung ausschlaggebend seien. Liebig zeigte, daß das nicht stimmt. Mit den von ihm angegebenen Methoden der Zufuhr anorganischer Chemikalien ließ sich der Boden, den er allein als physikalisches Substrat ansah, um ein Vielfaches fruchtbarer machen. Das ging über einhundert Jahre gut oder schien wenigstens gutzugehen. Konnte man an der Richtigkeit der zugrunde liegenden Theorien zweifeln?

Als Dünger stand zunächst ein Naturstoff zur Verfügung, der Guano aus Südamerika. Alexander von Humboldt hatte 1802 Proben dieser in Tausenden von Jahren angehäuften Massen von Vogelkot mitgebracht. Seine Einfuhr, von der Jahrhundertmitte an in Segelschiffen, hob die Landwirtschaftsproduktion auf eine neue Stufe.

Um die Jahrhundertwende waren die Guanovorräte erschöpft. Da erschloß menschlicher Erfindergeist eine unerschöpfliche Stickstoffquelle aus der Luft. Sie diente freilich zuerst anderen als friedlichen Zwecken. Fritz Haber löste damit das Problem, woher Deutschland im Weltkrieg Salpeter für die Schießpulver-Herstellung nehmen sollte.

In England gab es seit der Mitte des vorigen Jahrhunderts Fabriken für Kunstdünger aus Knochen und Schwefelsäure. Dazu waren Industrieabfälle wie Thomasmehl aus phosphorhaltiger Hochofenschlacke gekommen. Nun kamen Anlagen für Stickstoffdünger dazu. Die Industrie schuf Dünger für die Landwirtschaft, deren Produktionssteigerung die wachsenden Bevölkerungszahlen ermöglichte. Auf diese war die Industrie mit ihrem Bedarf an Arbeitskräften und an Käufern angewiesen.

Dieses System, diese Kreisläufe, beruhten auf einer Produktionssteigerung auf allen Gebieten und gingen mit einer bisher unbekannten Kapitalakkumulation einher. Produktionszunahme galt als Maßstab des öffentlichen, Kapitalwachstum als der des privaten Wohlergehens. Dem so verstandenen Fortschritt wurden Menschen und Natur als Mittel dienstbar gemacht und damit nachgeordnet.

Noch der Aufstieg der USA, der größten Industriemacht mit bürgerlicher Gemeinschaft, beruhte zuerst auf der landwirtschaftlichen Produktion und dem Export von Getreide, dann von Vieh. Auch in der neueren Geschichte der anderen Supermacht Rußland hat der Getreide-Export immer eine Rolle gespielt. Beide eint heute, daß sie wie alle anderen Industrienationen das Wachstum als wirtschaftliche Expansion, mit der sie aufgeblüht sind, auch weiter für unabdingbar halten.

Das Wachstum aber hat Grenzen. Der Bericht an den Club of Rome, der das zuerst unüberhörbar gezeigt hat, wurde deshalb von Kapitalisten wie Marxisten in gleicher Weise angegriffen. Aber wie unvollständig auch seine Unterlagen, wie unvollkommen seine Methoden auch gewesen sein mögen, alle Schelte darüber kann die Tatsache nicht aus der Welt schaffen, daß der Planet Erde nicht beliebig viele Menschen tragen kann und daß vor allem der Verbrauch an Rohstoffen und Energie nicht uferlos zu steigern ist.

In den Industrieländern mehren sich die Stimmen derer, die das einsehen und vielleicht bereit sind, daraus Konsequenzen zu ziehen. Im sozialistischen Bereich sind es erst wenige. Zu ihnen gehört Wolfgang Harich in Berlin, der die Folgerungen des Club of Rome als Forderung nach dem Kommunismus deutet. Das müsse aber ein Kommunismus des Verzichtes sein, der den bisherigen kommunistischen Glauben an die unbegrenzte Steigerung der Produktion aufgibt, die jedem Menschen seine Bedürfnisse erfüllen sollte.

Für die gerechte Verteilung des uns Verbleibenden bedürfte es, ebenfalls entgegen einem zum Dogma erhobenen Lehrsatz von Marx, weiter und für alle Zeit des Staates.

Wir führen Wolfgang Harich nicht deswegen an, weil wir alle seine Auffassungen teilen. Wir sehen ihn aber als Vorbild dafür an, wie sehr wir alle bereit sein müssen, bisher für uns als unabdingbar geltende Urteile und Einstellungen zu überdenken. Die Freiheit dazu ist das Wichtigste, das in der Geschichte der Biosphäre entstanden ist. Woran wir dieses Denken orientieren, kann sie allein uns nicht geben. Hier müssen wir uns für ein Ziel entscheiden.

Künstlicher Stickstoffdünger bildet Gase, die möglicherweise den Ozonschild der Atmosphäre angreifen. Die Folge könnte eine Zunahme von Hautkrebsen sein: Der Ozonschild schirmt uns gegen UV-Strahlen ab, die dann vermehrt auf die Erde gelangen könnten.

Die gleiche Auswirkung wird den Abgasen der Ultraschall-Flugzeuge zugeschrieben und den Treibgasen der Spraydosen. Das sind zwar keine gesicherten Erkenntnisse, aber sie sind doch zumindest so wahrscheinlich, daß einige wenige Staaten in den USA erste Verbote gegen Spraydosen ausgesprochen haben.

Wir haben die Stickstoffbindung als Kennzeichen und als Maßstab der Produktion der Biosphäre eingeführt. Die Stickstoffbindung durch die Menschen übertrifft bald alle anderen Quellen. Das ist nicht nur eine quantitative Steigerung: Die Nebenwirkungen unserer Stickstoffbindung wirken in völlig neuer Weise auf die Biosphäre zurück.

Die Produktion von Stickstoffdünger steht nicht isoliert. Sie ist ein Teilvorgang in einer Welt, die zunehmend durch Industrie und Technik und die Auswirkungen der Wissenschaft bestimmt werden. Das hat die Bevölkerung erst in den Industrienationen, dann in den anderen enorm ansteigen lassen. Eine vergleichbare Zuwachsrate hat es wohl erst einmal, in der »neolithischen Revolution«, bei der Einführung des Ackerbaus gegeben.

Die industrielle Revolution der Neuzeit beruht auf der Ausbeutung von Rohstoffen der Erdrinde. Unter ihnen nehmen die fossilen Brennstoffe die erste Stelle ein. Sie mögen noch ein paar Jahrhunderte oder auch Jahrtausende reichen. Verglichen mit den Jahrmillionen ihrer Bildung, sind sie bald erschöpft. Vielleicht können wir rechtzeitig und ohne unzumutbare Risiken andere Energiequellen erschließen. Steigern wir aber den Energieverbrauch der Menschen überall auf das Maß, das in den Industrienationen längst als selbstverständlich gilt, droht die unvermeidbare Abwärme die Wärmebilanz der Biosphäre zu verändern. Es würde sich um Verschiebungen handeln, wie sie die Biosphäre in ihrer Geschichte mehrfach und ohne Schaden überstanden hat. Aber die menschlichen Kulturen sind empfindlicher. Käme es zum Abschmelzen von Polareis und einem Anstieg der Meere nur um zehn Meter, würde das die belebte Erde als ganze nicht gefährden. Wer wissen will, was das für uns Menschen bedeutet, braucht sich nur auf der Karte anzusehen, welche Gebiete, Häfen und Industrieanlagen, Städte und Kulturlandschaften dann im Wasser lägen. Ändern sich die Durchschnittsklimawerte um wenige Grad, würden sich Regen und Ackerbaumöglichkeiten über ganze Landstriche hinweg verlagern. Das würde auch wieder der Biosphäre wenig schaden. Für die Menschen könnte es tödlich sein.

Aber von den Industriegesellschaften gehen noch andere Wirkungen aus. Die Japaner können nicht mehr beliebig viel Fisch aus ihren eigenen Gewässern essen, weil sie durch Quecksilber und andere Industrieabfälle verseucht sind. Das DDT ist so allgegenwärtig, daß Muttermilch auch schon bei uns davon mehr enthält, als in Trinkmilch toleriert wird. Fachleute halten ganze Meere wie das Mittelmeer für so gefährdet, daß alles Leben in ihm aufhören könnte. Ganze Teile der Ostsee sind am Grund durch Öl und Teer verseucht. Wie sich die Ölbohrungen in der Nordsee auswirken, bleibt abzuwarten.

Das alles ist durch menschliche Tätigkeiten entstanden, läßt sich aber nicht ohne weiteres ändern: Zu sehr sind Lebensgewohnheiten und wirtschaftliche Interessen mit diesen Zuständen verknüpft. Politische und wirtschaftliche Macht sind auf der Erde völlig ungleich verteilt. Diese Verteilung hat sich in den letzten fünfhundert Jahren erst gebildet, als in Europa die Naturschätze des eigenen und die anderer Kontinente in bisher nicht bekanntem Umfang ausgebeutet wurden. Die hier entwickelten Methoden der Land- und Forstwirtschaft erweisen sich als nicht mehr ausbaufähig, weil die notwendig immer steigenden Gaben an Chemikalien wirtschaftlich und gesamtökologisch untragbar werden. Der Versuch, durch eine »grüne Revolution« den Hunger weltweit endgültig zu bannen, ist mißglückt: Die in den Industriegesellschaften entwickelten Methoden lassen sich nicht im erhofften Umfang auf die nichtindustrialisierte Welt übertragen. Bisher ist es aber noch nicht gelungen, genügend Kräfte, zum Beispiel auch unter Biologen, für die hier dringlichen Aufgaben zu mobilisieren.

Das ist symptomatisch für eine Welt, die Kriege seit langem als zulässiges Mittel zu Konfliktentscheidungen benutzt hat und jetzt zu einer Politik ohne Gewalt und ohne Gewaltandrohung nicht mehr fähig zu sein scheint. Das Ausmaß der Rüstung der Industrienationen ist auch zum Maßstab für die ärmeren Länder geworden. So fressen Ausgaben für die Rüstung die Mittel auf, die für die friedliche Entwicklung so sehr fehlen.

Für diesen Teufelskreis menschlicher Fehlentwicklung lassen sich viele grundlegende Zusammenhänge nennen. Den Analysen und Stellungnahmen von Philosophen, Psychologen, Theologen und anderen ist aber gemein, daß sie alle auf den Verlust von Bindungen und darauf verweisen, daß bisher geltende Zusammenhänge gesprengt wurden. Wir wollen dem hier so weit nachgehen, wie das für das Verständnis der geschichtlichen Bedingungen notwendig ist, die unseren Umgang mit der Natur bestimmen.

Emanzipation und Entfremdung: Die geistige Revolution

Tibetaner benutzen seit altersher Turbinen – aber nur als Gebetsmühlen. Die Chinesen haben das Pulver vor uns erfunden. Aber die

Feuerkörper, die sie damit füllen, haben sie lange nur benutzt, um damit böse Geister zu verscheuchen. Die Europäer haben mit dem Pulver Kanonen geladen, die sie auf Schiffe gestellt, mit ihnen »Kanonenboot-Politik« betrieben und China ungerechte Verträge aufgezwungen, mit denen wir auch dort Rohstoffe und Menschen ausbeuteten.

Wo Asiaten in althergebrachten Zusammenhängen denken und bleiben, gewinnen in Europa einzelne Dinge ihre eigene Bedeutung. So etwa beschreiben neuere Schriftsteller die Unterschiede zwischen Ost und West. Als kennzeichnend für die Ostasiaten gilt die »sanfte Kunst« der Selbstverteidigung, für uns der gerade Hieb.

Ähnliche Unterschiede zeigen sich in der Baukunst. Ein japanischer Autor spricht von zwei Räumen eines Museums in Sarawak als dem Bambusraum und dem Ölraum. Im Bambusraum stehen Bauwerke aus Bambus, im Ölraum Bohranlagen. »Der Ölraum entspricht der menschlichen Denkart, die gerade ist (der lange gerade Spindelschaft), schnell (die Energie der Maschine) und selbstsicher (der scharfe aggressive Bohrkopf). Der Bambusraum verkörpert die gegensätzliche Art menschlichen Denkens, die verschlungen ist (die anmutigen Bögen der Bambusvogelkäfige), langsam (Kanus mit Ruderstangen) und dialogisch (die Harmonie, mit der sich diese Bambusprodukte in die umgebende Natur einfügen).

Wie ist es zu diesen Unterschieden gekommen?

Das menschliche Bewußtsein als neue Form der Teilhabe der Menschen an der Welt hat die uralten Zusammenhänge zunächst nicht gesprengt. Für das indische Denken ist das Einzelwesen mit dem Weltgeist, atman mit brahman, identisch. Das Weltgeschehen wird als riesiger Zyklus gesehen, in dem alles Einzelgeschehen miteinander in Verbindung steht; was als Wirklichkeit erscheint, beruht auf wechselseitiger Beziehung. Auch im Mitmenschen findet sich der Mensch selbst: tat twam assi, auch »das bist Du«.

Im Ägypten Tut-ench-Amuns vereinen sich die Gottesbilder zu einem einzigen Gott. In einem vorderasiatischen Hirtenvolk wird der Sippengott Abrahams, Isaaks und Jakobs zu dem einen Herrn der Geschichte, »der Dich aus Ägyptenland geführt hat«, aus der selbstverschuldeten Knechtschaft des Menschen in die Freiheit Gottes. In dieser Beziehung gewinnt die Einzelperson neue Bedeutung. In den Liedern des Jeremias (entstanden um 600 vor Christus) tritt uns das erste Mal in der Weltliteratur die Stimme eines Individuums entgegen. Das Bibelwort »Ich habe Dich bei Deinem Namen gerufen, Du bist mein« (Jesaia 43) verankert die Person in der Weltordnung Gottes. Aber die Einzelperson bleibt im Zusammenhang von Volk und Gemeinde. Zum jüdischen Gottesdienst gehören mindestens zehn Personen.

Aber nicht dieses Bild von Gott, Mensch und Geschichte wurde für Europa bestimmend. Es wurde vielmehr überlagert und verformt von einem aus griechischen Quellen. Die ältesten uns bekannten griechischen Philosophen sahen die Welt auch noch als Prozeß: »Alles fließt, und nichts bleibt stehen, und alle Gegensätzlichkeit ist verbunden: Das Entgegengesetzte paßt zusammen, aus dem Verschiedenen ergibt sich Harmonie, und was entsteht, entsteht aus Widerspruch« (Heraklit).

Als aber bei den Sophisten die Dialektik zur bloßen Anwaltsrhetorik wurde, und mit der Lehre von der Relativität aller Erscheinungen auch alle Werte abgewertet wurden, stellt Plato dem eine Lehre vom Beständigen, vom Unveränderlichen, zeitlos Gültigen gegenüber – von den Ideen. Dem Wandel der Erscheinungen galt auch das Ich entzogen, dem danach eine unsterbliche Seele zukommt.

Ein System von zeit- und geschichtslosen Prinzipien, in etwas anderer Weise auch von Aristoteles gelehrt, bestimmt seitdem das Denken in Europa. Nicht mehr das Verbindende, sondern das Trennende wird gesucht: A ist nicht B, und ein Drittes gibt es nicht. Erst heute fügt Ernst Bloch hinzu: A ist nur *noch nicht* B, und ein Drittes *wird* es geben.

Der Platonismus, der auf unvergängliche Ideen baut, ist mit einer radikal geschichtlichen Weltanschauung unvereinbar, auch und vor allem mit der biblischen. So sehen es heute auch christliche Theologen. Unsterblichkeit der Seele ist kein biblischer Begriff, und Glauben ist zwar personal, aber nicht privat.

Das sind Einsichten, die die Theologen Europas erst wieder im Austausch mit denen anderer Kontinente gelernt haben. Die europäische Geschichte war fast zweitausend Jahre von der Mischung biblischen und griechischen Denkens bestimmt worden.

So wurde im Christentum aus dem Herrn der Geschichte, der dem menschlichen Dasein Sinn gab, der Urheber einer statischen Ordo, in der die Ursachenfrage die nach dem Sinn ersetzte. Die weltliche Ordnung beruhte für diese Weltanschauung auf einem »Gesetz, dessen Sitz der Busen Gottes, dessen Stimme die Harmonie der Welt« ist, wie das der englische Kirchenhistoriker Hooker 1593 schreibt; Luther steht also mit seiner bekannten Auslegung des Wortes »seid Untertan der Obrigkeit« keineswegs allein. Weltliche Ordnung und die Ordnung der Natur sind von Gott: »Alle Dinge wirken daher in gewisser Weise gesetzmäßig; nur ist bei den Werken und Unternehmungen Gottes Er selbst sowohl der Wirkende als auch das Gesetz«, heißt es ebenfalls bei Hooker.

Das ist das alte Aristotelische Konzept der ersten Ursache, die sich selbst bewegt. Sie spiegelt sich in der unhistorischen Bibelauffassung Luthers, der die Bibel als »interpres sui ipsius«, als ihre eigene Interpretationsgrundlage, sieht und deshalb die Autorität des (faktisch zu seiner Zeit in der Tat unglaubhaft gewordenen) Lehramtes der »allumfassenden« (das heißt »katholisch«) römischen Kirche bestreitet.

Dann löste sich auch als augenfälligstes Zeichen und Werkzeug einer gewaltigen Emanzipationsbewegung die Kunst aus der religiösen Bindung. Landschaften, bisher nur Hintergrund, und Personen, bisher nur als Stifterfiguren Staffagen religiöser Szenen, wurden zum eigenen Bildinhalt und zum Träger nichtreligiöser Aussagen. Die Geldwirtschaft wurde frei vom biblischen Zinsverbot. Die Ansammlung von Kapital wurde zum Selbstzweck und erlangte ihre eigene Gesetzmäßigkeit. Die Philosophie streifte die Rolle einer »Magd der Theologie« ab und setzte das Denken und sich selbst autonom.

Dies ist der geschichtliche Zusammenhang, in dem wir das Aufkommen der modernen Wissenschaften sehen müssen. Die Menschen Europas sehen sich nicht mehr einem geheimnisvollen Gott gegenüber, von dem die Menschheit nur durch seine Offenbarung etwas wußte. Sie gründeten ihr Selbstverständnis in die eigene Vernunft, und die Welt erschien ihnen als Produkt von Kräften, die dem Urteil des Verstandes unterliegen.

Statt einer Geschichte, deren Sinn im Heilshandeln des unerkennbaren Gottes lag, sah man den Fortschritt der Menschheit und der Welt. Die Religionen wurden als Werkzeug des Fortschritts, das Christentum als Stufe in der sittlichen Entwicklung gesehen. Oberster Maßstab war nicht mehr die Beziehung zu Gott, die auch alles Leid und alle Widersprüche trägt und aufhebt, sondern die Beherrschung der Naturgesetze und damit der Natur selber durch die Vernunft. Die Wahr-

heit war nicht mehr das Wort Gottes, sondern ein abstrakter Vernunftbegriff und in dieser Form oberste Instanz, vom Menschen selbst verwaltet.
Den ersten Höhepunkt dieser Entwicklung setzte Descartes (1596 bis 1650). Er begründet den Wissenschaftsbegriff der Neuzeit und Wissenschaft als methodischen Umgang mit ihren objektivierbaren Gegenständen. Dem Objekt steht das Subjekt gegenüber – getrennt, nicht verbunden. Als Grundlage philosophischer und rationaler, mithin einzig sicherer Erkenntnis sieht er den Vernunftschluß auf die eigene Existenz an: Ich denke, also ich bin. Daß sich der Mensch in der Hinwendung zum anderen Menschen oder zur Welt auch erfährt, davon spricht Descartes nicht. Das Wort von Blaise Pascal, der wenig jünger ist (1623 bis 1662), spricht ihn nicht an. Indem Pascal der Vernunft das Herz an die Seite stellt, sagt er: Das Herz hat Gründe, die der Verstand nicht kennt. Descartes hat die Entwicklung der Wissenschaften bestimmt, nicht Pascal. Er hat die Denkweise befestigt, die aus Erscheinungen zunächst Begriffe bildet, dann aber diese als selbständige Dinge und zuletzt als Kräfte sieht. Als wirklich galt nur noch, was objektivierbar ist. Die Natur und ihre Kräfte sind rational erfaßbar. Der Mensch aber ist »maître et possesseur de la nature«, Meister und Besitzer der Natur. Ist er das?

Erwartungen, Enttäuschungen:
Die »Grüne Revolution«

Die Produktion von Weizen hat sich in Indien von 1966/67 bis 1971/72 verdoppelt, ebenso in Pakistan beinahe. Der Maisertrag stieg in der gleichen Zeit in Pakistan auf das Elffache. Politiker, Wirtschaftler und Wissenschaftler glaubten, daß sie mit der »Grünen Revolution« den Hunger ein für allemal bannen könnten. Norman Borlaug, der Züchter von Wunderweizen und Wunderreis, erhielt im Jahr 1970 den viel beachteten Friedensnobelpreis.
Wenige Jahre später spricht man vom »Scheitern der Grünen Revolution«. Der Heidelberger Botaniker Kurt Egger schreibt, »daß die Methode der ›Grünen Revolution‹ vom innersten Kern her, der Ökologie, gar nicht in der Lage ist, weltweit ein langfristiges stabiles Agroökosystem zu begründen«.
Was ist hier geschehen? Wie begründet Eggert sein Urteil? Und was soll nun geschehen?
Die von Norman Borlaug und anderen gezüchteten Weizen- und Reissorten sind in vielen Ländern in großem Umfang an die Stelle von bisher verwendeten Sorten getreten. Sie waren ertragreicher, und die anfangs erzielten Ertragssteigerungen schlugen sich sofort in Planziffern und in der Bevölkerungszunahme nieder. Man glaubte in der Tat überall, daß nun der Wettlauf zwischen Produktion und Bevölkerungszunahme gewonnen werden könne.
Die neuen Sorten brauchen stärkere Bewässerung und mehr Düngemittel. Zur mechanischen Bearbeitung des Bodens und der Schädlingsbekämpfung mit Spritzmitteln müssen sie in großflächigen Monokulturen angebaut werden. So erbringen sie in der Tat drei- bis viermal so hohe Erträge wie die alten Sorten.
Als dann der Anbau von den erstklassigen Böden ausgedehnt wurde auf mindere Böden (man hatte natürlich mit den besten angefangen), sank der Mehrertrag. Wo die Bewässerung nun nicht mehr reichte, ließen die Erträge ebenfalls wieder nach. Seit der Steigerung der Ölpreise wurden in vielen Ländern die Kosten für die Düngemittel und für Treibstoffe und Maschinen unerschwinglich. Unter diesen Umständen bringen die neuen Sorten oft nicht mehr, stellenweise weniger als die alten. Eine Rückkehr zu den alten Sorten und Methoden ist aber inzwischen

meistens nicht mehr möglich. Es gibt sie vielfach einfach nicht mehr. Ein zweiter Umstand kommt hinzu. Die rationalisierten Methoden der »Grünen Revolution« hatten die arbeitsintensiven Methoden abgelöst. Aus Kleinbauern, die sich selbst versorgten (wie knapp auch immer), wurden Arbeitskräfte von Großbetrieben – und deren Zahl sank mit der Mechanisierung. Die nunmehr arbeitslos Gewordenen zogen in städtische Slums wie die von Kalkutta oder Lagos, Ansammlungen von Millionen von Menschen im größten, unvorstellbaren Elend.

Die neuen Reinkulturen sind extrem krankheitsanfällig. In Indonesien sind ganze Reisanbaugebiete, in Südamerika ganze Gummiplantagen Viruskrankheiten und anderen Krankheiten zum Opfer gefallen, die in den riesigen Beständen keine Ausbreitungshindernisse finden. Bei der Vielfalt der alten Sorten hatten sie sich so nie auswirken können. Ob der Wettlauf gegen Infektionskrankheiten und andere Schädlinge je mit chemischen Mitteln gewonnen werden kann, steht dahin. Wir kennen ihn leidvoll auch aus anderen Gebieten: Indien steht nach Pressemeldungen vor den schlimmsten Malaria-Ausbrüchen seiner Geschichte, weil diese besiegt geglaubte Krankheit nun mit resistenten Erregern und Überträgern antritt.

Aber selbst wenn die Großkulturen der »Grünen Revolution« noch eine Zukunft haben: Die in sie gesetzten Erwartungen erfüllen sie nicht. Ihre Methoden beruhen auf Chemikalien zur Düngung und zur Schädlingsbekämpfung. Die Mengen, die dafür erforderlich sind, steigen an. Das ist ganz und gar unvermeidbar, kann aber nicht beliebig lange weitergehen. Von allen ökologischen Nebenwirkungen abgesehen, steigen die Kosten wie der Energiebedarf dafür laufend an. Das muß bereits aus wirtschaftlichen Gründen die Steigerung einmal unmöglich machen. Dann aber bricht das ganze System zusammen. Der schon erwähnte Botaniker Egger beschreibt die Lage so:

»Die beginnende chemische Bekämpfung hat sich selbst unentbehrlich gemacht und zur Erhöhung der notwendigen Einsatzmengen geführt. Die (damit einhergehenden) Änderungen im Artengefüge bedingen jetzt aber etwas Unvorhersehbares. Organismen, die zuvor schon vorhanden, aber nie als Schädlinge wirksam waren, beginnen sich nun stärker zu entfalten und in den Kulturbestand einzudringen. Auch sie müssen nun in die Kampfmaßnahme einbezogen werden. Man nennt diese Erscheinung »Verschiebung der Artdominanz«. Die schwerwiegendste Folge der Eingriffe ist aber, daß im Verlauf weniger Jahre die Schädlinge Stämme herausbilden, die gegen Biozide resistent sind. Dies geht um so rascher, je erfolgreicher die Bekämpfung geführt wird. Nun wird häufiger Einsatz sowie Ersatz der alten durch neue Präparate notwendig. Die Neuentwicklung von Bioziden ist aber ein äußerst kostspieliges Verfahren, das beachtliche Zeit beansprucht. Auf der anderen Seite wird Resistenz gegen neue Mittel in immer kürzerer Zeit erworben, da die Mittel miteinander chemisch verwandt und die Resistenz nicht völlig spezifisch ist. Das heißt aber nichts anderes, als daß die Methode der ›Grünen Revolution‹ vom innersten Kern her, der Ökologie, gar nicht in der Lage ist, weltweit ein langfristig stabiles ›Agroökosystem‹ zu begründen. Sie ist mit einer Strategie angetreten, die von der Natur her scheitern muß.«

Diese Kritik können wir nach dem, was wir über die Produktionssteigerung in der Evolution gelernt und über die Auswirkungen der Cartesianischen Naturauffassung gesagt haben, noch vertiefen. In der Evolution ist Produktionssteigerung Sache von Ökosystemen. Pflanzen, Tiere und Bodenorganismen wirken dabei zusammen. Unter dem

Einfluß von Liebig haben wir den Boden nur als physikalisches Substrat, die Pflanzenernährung als Sache einzeln zugeführter Stoffe gesehen. Wir haben die Produktion gesteigert, indem wir die Ertragskraft einzelner Arten und Sorten züchterisch und durch Anbau- und Haltungsmethoden gesteigert haben, die einzelnen, in der Kultur isolierten Arten gelten. Monokulturen, standardisierte Hähnchenaufzucht und automatisierte Eiproduktion in Hennen-Batterien sind unsere Methoden. Wir stehen jetzt an den unüberschreitbaren Grenzen dieser Steigerung. Das ist aber mehr als eine Zuwachsgrenze. Da dieses System auf immer steigendem Aufwand beruht, bricht mit der Steigerungsmöglichkeit auch seine Grundlage zusammen.
Was können wir an seine Stelle setzen?

Biologie und Entwicklung

Vorbilder in der Dritten Welt
Die bisher ertragreichsten Getreidekulturen sind die Sumpfreisfelder Südostasiens. Hier wird Reis seit Jahrhunderten in Terrassen angebaut, die weithin das Landschaftsbild beherrschen. In den wassergefüllten Reisfeldern leben Wasserfarne zusammen mit Blaualgen, die Stickstoff binden. Krebse, Fische und Enten sorgen für einen schnellen Kreislauf vor allem des Stickstoffs und liefern zusätzliche Eiweißernten. Dieser Zusammenhang ist Aquarienliebhabern bei uns noch bekannt, wie wir das schon einmal erwähnt haben: Die ergiebigsten Wasserflohquellen waren früher die Dorfteiche, auf denen Enten schwammen. Das Berliner Aquarium kann seinen einmaligen großen Artbestand an Fischen und anderen Wassertieren mit den Wasserflohmengen füttern, die die Pfleger aus den Ententeichen des Zoologischen Gartens fangen.

Eine solche ökologische Verbundwirtschaft betreiben unsere Landwirte mit der Gründüngung. Sie ist keine europäische Erfindung. Wir lassen dazu noch einmal Egger zu Wort kommen. Er hat Bauern in Tansania besucht, die für sie neue Kulturpflanzen in eine traditionelle Mischkultur mit Fruchtfolge einbezogen haben. Auf einem Feld, das von weitem verlassen und verwildert aussieht, wachsen zwischen Zuckerrohrhorsten und unter leichter Beschattung durch zerstreut gesetzte Bananenstauden von Juli bis Januar Mais, von März bis Juli Kartoffeln.
»Je nach Regenfall wird entweder beim Mais oder zur Kartoffel Buschbohne eingebaut; mehrfach, wenn für die Pflanzen unbedingt nötig, wird Unkraut umgehackt und liegengelassen. Es wächst allerdings sehr rasch wieder nach, so daß der Boden selbst praktisch nie sichtbar wird. Die Bohnen leiden dabei kaum unter Blattlausbefall. Während der Maisreife und nach der Ernte läßt man das Unkraut voll ausreifen, ehe für die neue Bestellung umgehackt wird. Das gleiche gilt nach der Kartoffelernte. Warum, so fragen wir einen Bauern, lassen Sie das Unkraut, bis es aussamt? Mit Lächeln ob solch törichter Frage erklärt uns der Bauer: Sonst wächst es doch nicht genügend nach! Wozu brauchen Sie es denn? Darauf erhalten wir eine Lektion in Ökologie. Das Unkraut deckt den Boden ab, ob es gerade wächst oder frisch umgehackt ist. Dadurch gibt es hier keine Erosion. Die Sonne macht den Boden nicht heiß; er hat Schatten und trocknet nicht aus. Die umgehackte Pflanze hält den Boden bis oben feucht und weich. Warum wechseln Sie immer zwischen Mais und Kartoffel ab? Warum pflanzen Sie nicht zum Beispiel die Bohne gesondert? Man muß abwechseln, sonst wird der Boden zu rasch müde. Die Bohne ist gut, die nährt die anderen Pflanzen . . .«
Sie hätten, fährt Egger später fort, noch viele

Bauern befragt. Keiner blieb Erklärungen schuldig. Alle wußten, was sie taten und waren stolz auf ihre Verfahren – die sie entgegen den Empfehlungen auch einheimischer landwirtschaftlicher Berater entwickelt hatten, entgegen einem auch dort propagierten Trend zu Monokulturen, Mechanisierung und chemischen Mitteln.

Hier liegt also eine »appropriate technology«, eine an Standortbedingungen im weitesten Sinn angepaßte Landbaumethode vor. Sie durch importierte und ökologisch schädliche Methoden zu ersetzen, ist völlig unsinnig. Im Gegenteil, wir sollten solche Methoden als Anregung auch für uns ansehen.

Die Forderung nach einer »biologischen Landwirtschaft« gilt ja nicht nur für die Dritte Welt. Die FAO, die Ernährungs- und Landwirtschaftsorganisation der UN, hat 1975 ein Symposium über »Organische Stoffe als Dünger« veröffentlicht. Bei uns ist die Diskussion über sie in vollem Gang, bestimmt durch vielfache Interessen und Vorurteile.

Man darf diese Diskussion nicht isoliert sehen. Kritik an einseitig technologischen, auf einem einseitig naturwissenschaftlichen Denken beruhenden Methoden meldet sich auch anderswo. Ein Feld, das vielen von uns näher liegt als die Landwirtschaft, ist das Gesundheitswesen. Auch hier haben die Menschen in den Industrienationen Entwicklungen wie die des Systems der »Barfuß-Doktoren« in China zunächst nur als Kuriosum angesehen. Inzwischen ist das Unbehagen und die Kritik an unserem hochtechnisierten Gesundheitswesen gewachsen. Wir bemerken zusehens, daß es alle bisher geltenden Kostenrelationen sprengt und daß es zunehmend unmenschlich wird. Die Schuld ist nicht bei einzelnen Personen oder Personengruppen zu suchen. Für diese Entwicklung sind wir alle miteinander verantwortlich.

In unserer Mappe mit Material zu dieser Frage liegt der Aufsatz eines Arztes in New York. Er sagt: Von zehn Patienten, die zu mir kommen, brauchen meistens nur zwei eine medikamentöse, chirurgische oder psychiatrische Behandlung. Die anderen brauchen menschlichen Kontakt. Die Schwierigkeit ist, das zu unterscheiden – und denen zu helfen, denen die medizinische Wissenschaft allein nicht helfen kann.

Die Weltgesundheitsorganisation hat inzwischen erkannt, daß das Gesundheitswesen der Industrienationen für andere Länder kein Modell ergibt. Sie hilft in vielen Ländern Gesundheitsdienste aufbauen, bei denen Sanitätspersonal ohne Studium die Erstversorgung übernimmt. Wir befragen seitdem gerne Mediziner, die unser System mit anderen vergleichen können. Wir gehen dabei vom Fall eines Patienten aus, der mit einer Krankheit zur Behandlung kommt, die über die Möglichkeiten der ersten angesprochenen Medizinalperson hinausgeht. In welchem System, fragen wir gewöhnlich, ist die Chance besser, daß der Patient bis zu der Stelle und Person kommt, die für seine Krankheit kompetent und ausgestattet ist?

Bisher hat noch fast jeder gemeint, daß in einem gut organisierten »Barfuß-Doktor-System« die Chancen sicherlich nicht schlechter seien als in unserem, in dem wir sofort auf einen Vollmediziner treffen.

In Indien werden Sterilisationen an Männern von Teams durchgeführt, die in mehrmonatigen Kursen nur dafür ausgebildet sind. Nach mehreren tausend Operationen ergab sich, daß die Zahl der Komplikationen nicht größer war als bei Chirurgen mit Vollstudium und daß auch die Versorgung der Komplikationen nicht schlechter war.

Wir führen auch diese Tatsachen nicht an, um einer Übernahme asiatischer oder anderer Medizinalsysteme auch bei uns das Wort zu reden. Das chinesische Gesundheitssystem beruht auf einer sorgfältigen und systematischen Synthese der alten Volksmedizin mit ihren Kräutern und Salben, den Traditionen von Chiropraktik und Akupunktur und den unleugbaren Errungenschaften der naturwissenschaftlichen Medizin in unserem Sinne. Wir meinen aber, daß wir das bei uns Entstandene nicht länger als alleinige Methode und als Patentrezept betrachten dürfen, weder für andere noch auch für uns.

Wir haben bei Missionsärzten herumgefragt, wo sich Erfahrungen der außereuropäischen Kulturen in neuerer Zeit bei uns ausgewirkt hätten; der Einfluß der arabischen Medizin auf die Europas im ausgehenden Mittelalter ist bekannt. Wir sind dabei auf die Methode des englischen Arztes Read für das »Mutterwerden ohne Schmerz« gestoßen. Read hat in Afrika gearbeitet und hier viel von einheimischen Hebammen gelernt.

Wir haben Landwirtschaft und Gesundheitswesen angeführt, weil sich in beiden die Einstellungen zur Natur zeigen und auswirken, die auch die Lehrmeinungen und das Wissenschaftsverständnis der Biologie und der Naturwissenschaften überhaupt bestimmen.

Wir brauchen das, was wir mit unserer herrschenden Einstellung erreicht haben, nicht zu verdammen und zu verwerfen: verwerflich wäre nur, wenn wir es trotz unübersehbarer und unabweisbarer Kritik nunmehr noch unverändert beibehielten und fortführten. Wir brauchen uns für das, was bisher geschehen ist, nicht schuldig zu sprechen, soweit es nach bestem Wissen und in guter Absicht geschehen ist. Wir müssen aber einsehen, daß wir vieles ohne Nachdenken getan haben und noch weiter tun und damit längst vermeidbare Risiken und erkennbare Gefahren noch vergrößern.

Wir wollen das, was uns hier abgefordert wird, noch einmal an einem letzten aktuellen Beispiel untersuchen.

Algen für Indiens Dörfer

Nicht nur für Futurologen und Science-Fiction-Autoren, sondern auch für das Bundesministerium für Forschung und Technologie in Bonn gilt die Kultur von Mikroorganismen als zukunftsträchtigste Methode, um mehr Nahrung und andere organische Substanzen zu erzeugen. Menschen benutzen Mikroorganismen schon lange: beim Brotbacken, für Milchprodukte wie Kefir, Joghurt und Käse, für das Bierbrauen und die Weinherstellung. In neuerer Zeit beruhen ganze pharmazeutische Fabriken auf großindustriellen Produktionen mit Hilfe von winzigen Lebewesen.

In allerjüngster Zeit sind dazu Algenkulturen getreten. Sie gelten als das eleganteste Mittel, Sonnenenergie unmittelbar in direkt nutzbaren organischen Substanzen zu binden und damit auch die Energieversorgung zu entlasten.

Bekannt geworden sind vor allem die Versuche mit der Alge Chlorella in den USA. Mit ihren Kulturen sollten Raumschiffe ausgestattet werden. Algen können menschliche Ausscheidungen, darunter das CO_2 der Atemluft, aufarbeiten und liefern dabei noch eßbare Substanz. Chlorella erwies sich aber nach längerem Verzehr als unverträglich. Die Arbeiten sind deshalb aufgegeben worden. Fachleute wissen, daß sie die Raumschiffversorgung gar nicht zum Hauptziel hatten. Vordringlicher war die Versorgung von U-Booten und Stützpunkten unter Wasser.

Aber andere Algenkulturen werden in großem Maß betrieben. Ein Dortmunder Institut betreibt bereits eine Großanlage in Peru.

Wenn Algen aber großindustriell produziert werden, ist das noch keine wirksame Hilfe für die Länder und für die Teile ihrer Bevölkerung, die nicht das Kapital für die notwendigen Investitionen haben. Es geht wie in der Fischerei nicht allein darum, mehr Nahrung zu produzieren. Wir brauchen Verfahren, die ohne großen Aufwand an Kapital und Technik möglich sind. 500 000 indische Dörfer müssen an Ort und Stelle versorgt werden. Wenn ihre Bewohner Geld hätten, könnten sie sich auch jetzt schon auf dem Weltmarkt zusätzliche Nahrung kaufen. Die Grundbedürfnisse der Menschen müssen dort befriedigt werden, wo sie leben. Nahrung, Kleidung, Wohnung und Energie lassen sich ebenso wie die Einrichtungen und Möglichkeiten für eine angemessene Erziehung, das Gesundheitswesen und andere Elemente der Lebensqualität nicht auf die Dauer über Kontinente hinweg liefern. Auch Kapital und Know-how, an sich leicht transferierbar, helfen nicht, wenn sie nur neue Abhängigkeiten schaffen.

Für die Algenkultur gibt es solche Möglichkeiten. In den salzigen Seen Afrikas und Mexikos wächst eine Blaualge namens Spirulina. Sie bildet Fäden und kann deshalb mit einfachen Netzen aus dem Wasser geschöpft und getrocknet werden. Die Azteken haben sie gegessen, und bis heute tun das die Kanembou im Tschadsee-Gebiet. Spirulina ist eiweißreich; die Kanembou decken mit ihr, als Zukost gegessen, ihren Bedarf an essentiellen Aminosäuren ebenso, wie das die Azteken noch zu den Zeiten von Cortez getan haben.

Wir verdanken diese Angaben dem Mikrobiologen R. Fox aus den USA. Er arbeitet in Südfrankreich in einem privaten Labor und in Indien (das ein eigenes nationales Algenprogramm hat) an Pilotprojekten mit Spirulina. Sie läßt sich in einer Lösung von Seesalz halten, und das kann selbst in Indien in den hierfür erforderlichen Mengen über weite Strecken transportiert werden, auch mit Ochsenkarren. Fox benutzt für Wasserbewegung und Durchlüftung einfache Apparate, die mit Sonnenenergie betrieben und von jedem Dorfhandwerker gebaut werden können. Seine Arbeiten konzentrieren sich zur Zeit auf einen Umwandler, der mit gebündeltem Sonnenlicht Luftstickstoff in lösliche Verbindungen überführt. Spirulina kann nicht wie andere Blaualgen selber Stickstoff binden. Würde man sie in Mischkulturen mit stickstoffbindenden Algen halten oder organische Abfälle als Stickstoffquelle zuführen, wären die Kulturen nicht mehr rein, und Spirulina wäre nur noch mit großem Aufwand aus ihnen zu gewinnen.

Dieses Verfahren scheint das einzige zu sein, das gezielt für eine Dorftechnologie entwickelt wird. Mit ihm lassen sich die Eiweißmengen, die ein Mensch neben einer Pflanzennahrung braucht, für Bruchteile eines Pfennigs pro Tag erzeugen. Erste Versuche in Indien haben ergeben, daß Spirulina-Pulver als Zusatz zur Getreidenahrung sofort angenommen wurde. Auch das Dihé der Kanembou wird als angenehm milde schmekkend geschildert. Die Kanembou essen es in Brocken oder in einer Soße mit ihrer üblichen Hirse. Seine Verträglichkeit steht außer Zweifel.

Spirulina wurde schon von den Azteken gegessen. Nach Äußerungen französischer Fachleute soll darauf ihre Liebesfähigkeit beruht haben. Vielleicht sind diese Behauptungen aber nur Teil einer Marketing-Strategie, mit der einer Großproduktion von Spirulina ein künftiger Absatz erschlossen werden soll. Wie es zu dieser gekommen ist, gehört ebenfalls zu diesem Bericht. Ein französischer Konzern baut in Mexico die Salzlager ab, die aus den Seen rings um Mexico-Stadt entstanden sind. Sie spülen das Salz aus der Lagerstätte und gewinnen es in großflächigen Verdunstungsbecken zurück. In ihnen tritt die Alge Spirulina auf. Die Firma hat inzwischen gelernt, diese vermeintliche »Pest« als wertvolles Produkt anzusehen und entwickelt Pläne für eine Vermarktung. Sie würde aber auch nur wieder ein Produkt

auf den Weltmarkt bringen, auf dem die Hungernden der Welt nichts kaufen können. Hier liegt die entscheidende Bedeutung solcher Arbeiten wie der von Fox.
Man sollte Spirulina nicht nur als Sache einer Reinkultur und als Nahrung für Menschen sehen. Sie ließe sich in einen ökologischen Verbund einbringen, in dem der Stickstoff aus Abfällen aller Art und die Alge als Futter für Haustiere, Geflügel und Meerestiere verwendet wird. Besonders die Meerwirtschaft wird ihre eigentliche Rolle erst und nur dann spielen, wenn sie nicht nur Teile der Meeresproduktion umwandelt, sondern auf der Zufuhr wirklich zusätzlicher biologischer Substanz beruht. An solchen Verbundobjekten arbeiten wir zur Zeit.
Es geht hier, um das noch einmal zu wiederholen, nicht nur um technische Fragen.
Was uns hier wirklich abgefordert wird, wollen wir mit einigen Zitaten deutlich machen. Das erste entnehmen wir dem ungemein informativen Buch von Hans Joachim Bogen über die Bionik, die technische Verwendung vor allem von Mikroorganismen. Bogen behandelt auch Algenkulturen und Planktonnutzung. In diesem Zusammenhang sagt er: »Immerhin, es gibt derzeit noch genügend ›Brot für die Welt‹. Man muß es nur holen und verteilen. Und – man muß die Hungernden dazu bringen, auch Nahrungsmittel anzunehmen, die sie nicht kennen oder die sie wegen irgendwelcher Tabus nicht essen wollen bzw. ›dürfen‹. Gerade in den Entwicklungsländern, und da wieder unter der armen Bevölkerung, werden alte Bräuche, Rituale und Tabus besonders streng eingehalten. Die Ernährung ist auch ein Erziehungs- und Bildungsproblem. Das aber scheidet für den Biotechniker ebenso aus dem Kreis seiner Überlegungen aus, wie das Transportproblem und das Problem, Plankton ansehnlich und schmackhaft zu machen.«
Bogen benutzt den Ausdruck »Brot für die Welt« als Schlagwort. Es ist dies der Name des Entwicklungswerkes der evangelischen Kirchen der Bundesrepublik. Wüßte Bogen von dessen und anderer Entwicklungswerke Arbeit mehr, hätte er seine Ausführungen so nicht schreiben können.
Man kann nicht einfach Nahrungsmittel »holen und verteilen«. Die Armen können sie nicht kaufen, die Reichen geben sie in dem Ausmaß nicht her. Weizenverkäufe sind politische Waffen. Rechnungen, was pro Kopf der Weltbevölkerung erzeugt wird, lenken ab von der Tatsache, daß wir kein politisches Weltsystem haben, um die Erzeugung gleichmäßig zu verteilen – und nichts dafür spricht, daß wir es gegenüber den vorhandenen wirtschaftlichen und politischen Interessen so schnell bekommen, wie dies nötig wäre. Zu den Vorkämpfern für eine neue Weltwirtschaftsordnung gehört gerade unser Staat nicht.
Man muß nicht Hungernde dazu bringen, fremde Nahrungsmittel anzunehmen, sondern muß von ihren berechtigten Bedürfnissen ausgehen. Abneigung gegen neue Nahrungsmittel ist weltweit. Als die Amerikaner nach 1945 die Bevölkerung des geschlagenen Deutschlands mit Mais versorgten, war die Empörung bei uns allgemein. Vor anderthalb Jahrzehnten scheiterte die Einfuhr des preiswerten und schmackhaften Känguruhfleisches in die Bundesrepublik nicht daran, daß man das Abschlachten der Känguruhs verhindern oder wenigstens nicht unterstützen wollte: Es scheiterte an den Interessen der einheimischen Erzeuger und Verkäufer von Rindfleisch. Dieses verständliche Gruppeninteresse wurde aber nicht genannt – mobilisiert wurden Emotionen gegen das angeblich wurmverseuchte, unbekömmliche Fleisch.
Was die Bedeutung von Tabus betrifft, könnte sich Herr Bogen bei Völkerkundlern

und Psychologen Auskunft holen. Nicht wenige besorgte Stimmen meinen, daß gerade wir schon zuviel Tabus beseitigt hätten. Und falls Herr Bogen auf die »Heiligen Kühe« Indiens anspielt: Für sie haben Untersuchungen der Fordfoundation schon vor Jahren ergeben, daß sie einen höchst wichtigen und unersetzbaren Wirtschaftsfaktor darstellen. Sie fressen Nahrung, die sonst niemandem etwas nutzt, geben nicht viel, aber etwas Milch für die Kleinkinder, werden zum größten Teil nach ihrem Tod doch gegessen und liefern Leder, auf dem ganze Handwerkszweige beruhen. Vor allem aber ist ihr Dung in weiten Landstrichen das einzige verfügbare Brennmaterial zum Kochen.
Tabus, Rituale und Bräuche sind Bestandteile sozialer Strukturen und deshalb für alle Kulturen lebensnotwendig. Sie können sich wie alles, was Menschen haben oder tun, auch gegen sie richten oder sie in Konflikte bringen. Ein Tabu ist bei uns freilich noch fast unerschüttert, das der »reinen Wissenschaft«. Die spielt bei uns die Rolle einer Heiligen Kuh, die angeblich nicht angetastet werden darf.
»Brot für die Welt« und andere Stellen handeln in der Entwicklungsarbeit längst nach zwei Grundsätzen. Den einen spricht ein chinesisches Sprichwort aus: »Gib einem Hungernden Fisch, und er ist einen Tag satt. Lehre ihn fischen, und er hat immer zu essen.« Der zweite ist: Entwicklung ist ein menschliches und ein weltweites Problem. Wir dürfen es nicht länger als technisch-wirtschaftliche Frage allein sehen und nicht länger in die von uns an ihrer eigenen Entwicklung behinderten Länder projizieren.
Nicht nur die Ernährung, sondern auch die Entwicklungsarbeit aller Art und die Wissenschaft sind Erziehungsprobleme. Mit der Erziehung muß man bei sich selbst beginnen. Mit seiner Auffassung, das alles brauche den Biotechniker nicht zu kümmern, vertritt Bogen die bei uns noch vorherrschende Meinung. Weil es bei ihr um eine ganz zentrale Sache geht, führen wir für sie noch zwei weitere Gewährsleute an und erörtern deren Aussagen.

Die Biologie braucht Entwicklung

Das Wissenschaftsverständnis, das Bogen hat, ist heute unter Biologen allgemein verbreitet. Wir müssen ihm noch etwas mehr Aufmerksamkeit schenken und tun das, indem wir zwei weitere kennzeichnende Äußerungen anführen.
Während dieses Buch in den Druck geht, tagt in Stuttgart die Jahresversammlung des Deutschen Biologenverbandes. Auf dem Programm steht ein Vortrag des Göttinger Anthropologen Christian Vogel, in dem (unseres Wissens zum erstenmal in diesem Kreis) die geschichtliche Bedingtheit wissenschaftlicher Aussagen, hier solcher über die biologische Entstehung der Menschen, behandelt wird.
Auf der gleichen Tagung vertritt Professor Hans Mohr, Botaniker aus Freiburg, einen ungeschichtlichen Begriff vom Aussagegehalt der Wissenschaft. Wir drucken die Vorankündigung hier ab.
Mohr setzt die Wahrheit im metaphysischen Sinn mit der Wahrheit der Erfahrungswissenschaften gleich. Kant hat sie streng unterschieden. Auch wir halten diese Trennung nicht mehr für möglich. Sie wird aber nicht dadurch überwunden, daß man wie Mohr den metaphysischen Wahrheitsbegriff in die Naturwissenschaften übernimmt.
In den Erfahrungswissenschaften ändert sich, was wahr ist. Was gestern als wahr gelten mußte, kann heute falsch sein. Andererseits ist aber die erste Biologie nicht einfach wissenschaftstheoretisch falsch, seit es die zweite gibt. Die zweite mag für eine Wissenschaftstheorie, die auf ihr fußt, die einzig wahre sein. Sie ist aber weit davon entfernt,

Samstag, 25. September, 9.00 bis 18.00 Uhr

Prof. Dr. H. Mohr, Freiburg

Die Verantwortung des Wissenschaftlers

Die Leitidee für Wissenschaft ist Wahrheit, zuverlässiges Wissen. Damit ist Wissen gemeint, auf das ich mich beim Umgang mit der realen Welt (einschließlich des Umgangs mit Menschen), beim Umgang mit der Geschichte und beim Umgang mit Ideen verlassen kann. Wissenschaftliche Erkenntnis findet ihren Niederschlag in Form von Sätzen. Handelt es sich um generelle Sätze, so nennt man sie Gesetze; handelt es sich um singuläre Sätze, so nennt man sie Tatsachen. Was die Wissenschaft auszeichnet, ist der Umstand, daß sie rigorose Verfahren dafür entwickelt hat, zu prüfen, ob ein Satz wahr oder falsch ist. Wissenschafts*pluralismus* bedeutet lediglich, daß sich die einzelnen wissenschaftlichen Disziplinen in methodischen Details unterscheiden, z. B. Kernphysik und Geobotanik. Das prinzipielle Selbstverständnis der Wissenschaft, der modus procedendi der Forschung, ist hingegen invariant gegenüber den jeweiligen Randbedingungen. Es gibt z. B. keine bürgerliche oder marxistische Biologie, es gibt nur richtige, im wissenschaftstheoretischen Sinn richtige Biologie, oder keine.

Das Interesse der Menschen an zuverlässigem Wissen ist die Triebkraft der Wissenschaft. Dieses Interesse hat zwei Wurzeln: das technische Interesse („Machenwollen") und das theoretische Interesse („Erkennenwollen"). Die meisten Menschen (und Regierungen) unterstützen und ermöglichen die Wissenschaft aus technischem Interesse.

Die *primäre* Verantwortung des Wissenschaftlers erscheint im Grund trivial: Es trägt die Verantwortung für die Zuverlässigkeit (oder Wahrheit) der wissenschaftlichen Sätze. Diese Verantwortung ist in Wirklichkeit ungeheuer. Die Anwendung wahrer wissenschaftlicher Sätze in der menschlichen Praxis hat die Welt völlig verwandelt. Der moderne Mensch kann ohne die Sätze der Wissenschaft nicht mehr leben. Der Wissenschaftler muß deshalb allen „wissenschaftlichen" Äußerungen und Ansprüchen entgegentreten, die dem strengen Selbstverständnis der Wissenschaft nicht gerecht werden, in der Praxis versagen und deshalb das Vertrauen der Menschen in die Leistungsfähigkeit und Zuverlässigkeit der Wissenschaft untergraben.

Eine *sekundäre* Verantwortlichkeit des Wissenschaftlers betrifft die soziostrukturellen Randbedingungen wissenschaftlichen Tuns. Hierzu gehört die uneingeschränkte intellektuelle Freiheit, das höchste Gut einer offenen, pluralistischen Kultur.

Die wissenschaftlichen Disziplinen können im Rahmen einer freiheitlichen (und damit notwendigerweise pluralistischen) Gesellschaftsordnung nur über „Wenn-dann-Sätze" wirksam werden. Die Verantwortung des Wissenschaftlers betrifft ausschließlich die Wahrheit der wissenschaftlichen Sätze, die als „Wenn-dann-Sätze" in die Entscheidungs- und Folgeprozesse eingehen. Diese Sätze können in einer freiheitlichen Gesellschaft die *ethisch* motivierte individuelle und politische Entscheidung nicht ersetzen. Es gibt in einer humanen Kultur keine für die Lebenspraxis verbindliche Entscheidungs*wissenschaft*.

Inhaltsangabe des Vortrages von Professor Dr. H. Mohr auf der Jahrestagung des Verbandes Deutscher Biologen.

für die Biosphäre »das einzig Wahre« zu sein. Und ebenso ändert sich der Begriff von Wahrheit in der Geschichte. All das erfordert eine sorgfältige Erörterung. Mohr führt sie nicht. Er setzt einen Wahrheitsbegriff voraus und hinterfragt ihn nicht. Und er sieht ihn als Halt für die Menschen an. (In einem Vortrag in der Deutschen Studienstiftung hat er dazu gesagt: »Nehmen wir den Menschen den Glauben an die Wahrheit der wissenschaftlichen Aussagen, fallen sie ins Leere«.)

Hier wird Wahrheit als Heil, als Gottheit betrachtet. Nur ein (metaphysisch aufgefaßter) Gott hat diese Eigenschaften: in sich selbst begründet, Halt gebend. Dem Wissenschaftler, der ihr dient, wird eine priesterliche Funktion eingeräumt.

Dieses Vertrauen in die Wissenschaft muß untergraben werden, denn das Leben der Menschen ist nicht nur eine soziokulturelle Randbedingung von Wissenschaft. Vielmehr muß Wissenschaft ein Instrument für das Leben der Menschen und der Biosphäre sein. Dann ist auch die Freiheit mehr als eine Randbedingung der Wissenschaft. Die Wissenschaft in die Bindungen einzubringen, die wir aus Verantwortung eingehen: das zu tun, ist Sinn der Freiheit zur Entscheidung. Darin erweist sich die Mündigkeit des Menschen auch gegenüber solchen Begriffen wie »Wahrheit«. Er darf seine Verantwortung auch für einen solchen Begriff und seinen Gebrauch nicht übersehen oder delegieren. Was sich bei Mohr zeigt, ist Sehnsucht nach der unverfügbaren Wahrheit, die er gleichwohl mit eigenen Mitteln, seiner Wissenschaft, herstellen will.

Die letzte Stellungnahme entnehmen wir dem Buch von Werner Nachtigall »Biologische Forschung«. Nachtigall ist Professor der Zoologie in Saarbrücken und Autor hervorragender Sachbücher.

Er beginnt das angeführte Buch mit der Definition: »Die Biologie ist die Lehre von den Eigenschaften lebender Systeme. Sie ist nicht die Lehre vom Leben. Der Begriff ›Leben‹ ist ein metaphysischer Begriff«.

Bei der biologischen Forschung handelte es sich »um eine Rückführung auf die Vorgänge der Physik«. »Die Biologie steht damit nicht einzeln da. Die Rückführung auf die Physik als Grunddisziplin ist ein gleiches Problem in allen anderen Naturwissenschaften.«

Wir führen diese Aussagen nicht an, um die Diskussion aufzunehmen, wie weit diese Rückführung möglich ist; uns geht es um einen anderen Zusammenhang. Später sagt Nachtigall nämlich, daß die Naturwissenschaften mit Philosophie und Geisteswissenschaften nichts zu tun hätten und nichts zu tun haben dürften. Er gibt als Beispiel 94 seines Buches »Begriffe«, die »naturwissenschaftlich nicht faßbar sind und deshalb bei naturwissenschaftlichen Beschreibungen keinen Erklärungswert besitzen können«.

Im Text fährt Nachtigall fort: »Fragen, bei denen die genannten Worte eine gewisse Rolle spielen, kann der Naturwissenschaftler nicht bearbeiten, weil ihm die Begriffe nicht zugänglich sind. Täte er es, würde er nur Verwirrung stiften, nichts lösen. Ebenso wenig kann der Naturwissenschaftler gestatten, daß man seine Substrate mit rein geisteswissenschaftlichen, philosophischen Methoden angehen will: Naturphilosophen«.

Die Frage nach dem Sinn des Seins, damit aber auch seiner Arbeit als unbestreitbarem Teil des Seins, ist für Nachtigall, den Naturwissenschaftler, nicht zugänglich. Daß er mit dieser Einstellung Naturphilosophie nicht nur nicht gutheißt, sondern nicht einmal gestatten will, folgt daraus aber eigentlich nicht. Wer soll denn dann über den Sinn der Biologie nachdenken? Sobald ein Naturphilosoph das mit praktischer Arbeit in der Biologie verbände, würde er ja wieder unter Nachtigalls erstes Verbot fallen.

Nachtigall schließt diese Erörterungen mit den Sätzen: »Der Naturwissenschaftler muß als solcher bewußt eng und einseitig sein. Er darf nur mit den seiner Wissenschaft eigenen Begriffen und Methoden arbeiten. Für sein Menschsein freilich ist es schädlich, wenn er reiner Naturwissenschaftler bleibt, sobald er seine Labortür von außen zugemacht hat; er sollte sich mit geisteswissenschaftlich-philosophischen Überlegungen befassen.«

Nachtigall will die Biologie auf Physik reduzieren und sieht die Physik als die Norm der Naturwissenschaften an. Er nimmt aber keine Kenntnis davon, daß Fachfragen und menschliche Verantwortung seit der Erfindung der Kernwaffen nicht mehr durch eine beliebig zu schließende Labortür zu trennen sind. Für ihn gilt: Wenn der Naturwissenschaftler im vollen Sinn Mensch sein will, muß er zuvor seine Labortür von außen schließen, um seine Wissenschaft »rein« zu halten. Seele, Gott, Wesen der Natur und Sinn des Seins würden sie unrein machen; das volle Menschsein muß außerhalb stattfinden.

Wir sehen – und zwar mit Betroffenheit –, wohin das Cartesianische Objektivationspostulat führt. Subjekt und Objekt werden hier nicht mehr nur methodisch getrennt. Menschsein und Naturwissenschaft treiben, gelten als unvereinbar. Das kann doch nur bedeuten, daß die so verstandene Naturwissenschaft unmenschlich ist. Daraus folgt unvermeidlich, daß dieser Wissenschaftsauf-

fassung jeder Versuch als unsachlich und als unwissenschaftlich gilt, Fachfragen mit Sinnfragen zu verbinden.
Das aber gerade ist unser Problem. Nicht die Sache fordert das (Sachen haben nichts zu fordern), sondern die Zukunft der Biosphäre und der Menschen. Das kann keinem Biologen gleichgültig sein.
Deshalb halten wir, entgegen Nachtigall, noch einmal fest, daß unserer Meinung nach die Biologie wie jede Wissenschaft ein Ziel hat und das nicht Sache von Privatgesprächen sein darf. Anders als Mohr halten wir es nicht für ausreichend, Wissenschaft als Verantwortung gegenüber »der Wahrheit« anzusehen und es anderen zu überlassen, ohne uns Biologen über die Begriffe »Wahrheit« und »Verantwortung« nachzudenken. Und zum Unterschied von Bogen halten wir es nicht für möglich, technische Lösungen ohne die Menschen auszuarbeiten, die von ihnen betroffen sind.
Biologie muß nach unserer Auffassung für Menschen und mit den Menschen betrieben werden, denen sie dienen soll. Die »Verantwortung der Wissenschaft« ist nicht nur Sache der betreffenden Fachleute: Wissenschaft wird von der Allgemeinheit bezahlt, muß vor ihr offengelegt und von ihr insgesamt verantwortet werden. Nur so werden wir unserer Verantwortung im Umgang mit den Machtinstrumenten Wissen und Wissenschaft gerecht – unserer Verantwortung in der Geschichte, in der wir entstanden sind und von der auch die Wissenschaft Biologie handelt.
Die erste Biologie galt ihren Vertretern als Ausdruck von Bewunderung und Ehrfurcht vor der Natur. Die zweite Biologie wird von ihren Vertretern autonom oder als Mittel der Herrschaft über die Natur gesehen. Wir sehen jetzt eine dritte Biologie als Instrument der Entwicklung, in der Biosphäre und Menschen, Natur und Geist miteinander verbunden und aufeinander angewiesen sind. Die Forderung nach neuen Zielen und Wegen für die Entwicklung tritt uns in den Bedürfnissen der Dritten Welt entgegen. Zwanzig Jahre Entwicklungshilfe und Entwicklungspolitik haben uns gelehrt, daß Entwicklung ein menschliches Problem ist: Es geht um die menschliche Entwicklung, und diese ist nicht Sache der Dritten Welt allein. Im Gegenteil: wir in den Industrienationen müssen umlernen. Was wir dabei vor allem aufgeben müssen, ist der Glaube an eine Wissenschaft als Theorie des Umgangs mit der Natur, die den Menschen dem Sachziel des Wissenschaftsfortschritts unterordnet. Wir brauchen mehr als eine Humanbiologie, die Aussagen dieser Biologie auf den Menschen anwendet. Wir brauchen eine humane Biologie, die als Instrument menschlichen Fortschritts verstanden und entwickelt wird. Das muß die Frage nach dem Ziel und nach dem Sinn einschließen. Das ist das Konzept der Dritten Biologie.

Rückblick und Ausblick

Die Evolution ist eine Phase des Weltprozesses

1877 wurde Charles Darwin die Ehrendoktorwürde der Universität Cambridge verliehen. 1881 erschien sein Buch über die Regenwürmer. 1882 starb er. Über der Einsicht in die Geschichtlichkeit der Lebewesen hatte er den Glauben an den Sinn des Lebens aufgegeben. Seine Forschungsarbeit hat er fortgesetzt.
Was lehrt uns die Geschichte der Lebewesen heute, einhundert Jahre nach Darwins Tod? Wir blicken dazu zurück auf Evolution und Evolutionsforschung und fragen, was unsere Einsichten für die Zukunft fordern.
Wir Menschen gehen auf Beinen, die aus den Schwimmflossen unserer Fischahnen ent-

standen sind. Wir bebauen und verändern die Erde mit unseren Händen, die den gleichen Ursprung haben. Bei den ersten Landwirbeltieren war der vierte Finger die Hauptachse der Hand und deshalb der längste. Die Ader, die die Hand mit Blut versorgt, schickt ihren direkten Ast in diesen Finger. Deswegen tragen Menschen schon immer Ringe, wir unseren Ehering, an diesem Finger. Er ist so unmittelbar mit dem Herzen verbunden.

Die chemische Zusammensetzung unseres Blutes entspricht noch heute der von (noch nicht ganz so konzentriertem) Meerwasser. Unser Atemrhythmus und unser Herzschlag sind miteinander verknüpft. Indische Yogis können mit Atemtechnik die Herztätigkeit beeinflussen. Sie machen von dem uralten Zusammenhang Gebrauch, der aus der Zeit stammt, da das Meerwasser als äußeres Atemmilieu noch von den gleichen Muskelkontraktionen durch die Kiemen gepumpt wurde wie das innere Atemmilieu, das Blut. Unsere Nieren sind als Organe des Wasserhaushalts entstanden. Sie haben ihre Leistungen gesteigert, als sie auch die Salzausscheidung übernehmen mußten. Später wurde die Zunahme von Blutumlauf und Blutdruck das Instrument der Stoffwechselbelebung, mit der die Leistungshöhe unserer Sinnesorgane, des Nervensystems und des Gehirns verbunden ist. Die Greifhände, die vorgerückten Augen und das sie steuernde Gehirn sind zu den Werkzeugen des Begreifens geworden, mit dem wir Menschen eine neue Welt erschlossen haben. Sie ist nicht unsere Welt allein: Wir haben die bestehende verwandelt. Wir haben im Bewußtsein an ihr teil, und auch das Bewußtsein ist nicht unser individueller Besitz: Mit ihm haben wir am Bewußtsein unserer Mitmenschen teil.

Das alles ist entstanden und geworden, ist aber mehr als Ergebnis und Grundlage eines materiellen und quantifizierbaren Zuwachses. In den Menschen ist, wie das der englische Biologe Julian Huxley sah, das Sein zum Bewußtsein seiner selbst gekommen.

Das alles hat sich in einem umfassenden Prozeß herausgebildet, der von Wechselbeziehungen bestimmt ist. Unsere Haut ist mit zahlreichen Bakterien besetzt; unser Darm enthält eine Flora von Mikroorganismen. Unsere Ernährung beruht auf Nutzpflanzen und Tieren, unser Verkehrswesen ist mit Trag-, Zug- und Reittieren entstanden. Die Wälder sind für uns nicht nur Erholungsstätten, sondern sie liefern Sauerstoff, den auch der von uns braucht, der nie einen Waldspaziergang macht; mit Blumen und Schmetterlingen verbinden uns nicht nur Gefühle und ästhetisches Empfinden, sondern auch ihre Beiträge zum Stoffwechsel und der Geschichte der Biosphäre.

Diese Wechselbeziehungen schließen die ganze Erde ein. Die chemische Evolution, die sie verändert hat, war ihr Prozeß. Die in ihr entstandenen Lebewesen haben dann die Photosynthese benutzt, um einen Teil der Sonnenenergie auf neue Weise in die irdischen Prozesse einzubeziehen. Das ist seitdem die Lebensgrundlage für die Mehrzahl aller Lebensformen.

Auch wir Menschen sind den Beziehungen zur Erde noch weit stärker verhaftet, als wir das bisher in Rechnung gestellt hatten. Die Kosmonauten und die Astronauten haben das erfahren, als sie das Schwerefeld der Erde verließen. Und die biologische und medizinische Rhythmusforschung entdeckt gerade, daß in unseren Körpern mehrere verschiedene Perioden ablaufen. Von ihnen sind einige mit der Tageslänge, also der Erdumdrehung, und andere mit dem Mondumlauf oder dem Jahresweg der Erde verbunden; und je nachdem, ob diese Rhythmen harmonieren oder nicht, scheint sich bei uns Wohlbefinden und Leistungsfähigkeit zu ändern.

Das klingt sehr ähnlich wie das, was Astrologen schon immer behauptet, aber in ihrer Ausdrucksweise mehr verborgen als ausgesagt haben.
Die Wechselbeziehungen zwischen der Erdgeschichte und der chemischen Evolution und die Auswirkungen der Lebensvorgänge auf die ganze Biosphäre hat uns erst die Forschung der letzten Jahrzehnte, eigentlich erst die der letzten Jahre, gezeigt. Darwin hatte mit seinem Buch über die Regenwürmer auch hier Pionierarbeit geleistet, die seiner Zeit weit voraus war. Jetzt sehen wir Evolution als Phase eines kosmischen Geschehens, als Teil eines umfassenden Seinsprozesses.
Was folgt aus dieser Einsicht für die Frage nach dem »Beweis« für die Evolution und ihre »Ursachen«?
Evolution kann nicht »bewiesen« werden und braucht auch nicht bewiesen zu werden. Die Aussage, daß die Biosphäre eine Geschichte hat, folgt zwingend aus der Auffassung, daß die Welt insgesamt prozeßhaft, daß Sein ein Werden ist. Wer dieser Auffassung nicht ist, sondern das Sein als unbewegt, statisch, unveränderlich (oder seine Veränderlichkeit nicht als »wesentlich«) sieht, ist durch keinen »Beweis« zu überzeugen.
Tatsachen über die Verteilung der Lebewesen in Zeit und Raum, wie sie Charles Darwin und die Evolutionsforschung nach ihm in unermeßlicher Fülle vorgelegt haben, machen den Zugang zur Geschichtlichkeit des Lebens leicht, ja unabweisbar: aber nur für den, der eine einheitliche Deutung der uns erkennbaren Strukturen dieser Welt für möglich und für zwingend hält. Diese Auffassung aber ist nicht streng beweisbar.
Aus unserer Deutung ergibt sich ferner, daß wir Evolution weder als Ursache ihrer selbst sehen noch für sie eine besondere Ursache fordern müssen. Hier reicht die Aussage aus, daß der Prozeß, als den wir Sein und Welt erfahren, auch sich selber ändert. Die Evolution ist selbst entstanden – als eine neue Qualität des Weltprozesses.
Mit der Entstehung der Menschen ist die Evolution wieder in eine neue Phase getreten. Welche Bedeutung hat für sie die menschliche Einsicht in die Geschichtlichkeit der Biosphäre?

Biologie als Beitrag zur Zukunft

Die von Darwin angeregte Evolutionsforschung hat sich auf drei Fragestellungen konzentriert: die Frage nach dem Formwandel, die nach den Stammbäumen und die nach den Mechanismen der Einzelschritte.
Der Formwandel wurde beispielsweise mit Fragen »Wie ist der Säugerbauplan aus dem von Reptilien entstanden?« und »Wie leiten wir die Landwirbeltiere von Fischen ab?« untersucht. Dabei wurden Körperfunktionen und Lebensweisen zunehmend einbezogen, die Wechselbeziehungen zwischen den Lebewesen aber kaum. Das ändert sich jetzt.
Die Stammesgeschichtsforschung fragt nach der Verwandtschaft der Lebewesen und rekonstruiert dabei die Aufspaltung ihrer Stammlinien. Sie arbeitet dabei mit dem Vergleich von Merkmalen und braucht die Frage nach ihrer biologischen Bedeutung dabei nicht unbedingt zu stellen. Das ergibt Aussagen über den Verlauf der Stammesgeschichte, aber nicht über das Miteinander der einzelnen Gruppen und die Ursachen ihrer Entstehung und Geschichte. Auch hier wird die Forderung, die biologischen Zusammenhänge einzubeziehen, anerkannt und gestellt, in der Forschung aber noch nicht durchgehend aufgenommen.
Die Untersuchung der Evolutionsmechanismen hat die Entstehung einzelner Merkmale und Arten weitgehend aufgeklärt. Sie läßt auch klar erkennen, worin die Bedeutung der Artentrennung für die Gesamtevolution liegt. Da neue Merkmale und Merkmalskom-

binationen jeweils von eigenen Arten als Trägern übernommen werden können, vermehrt sich die Zahl der realisierten Lebensweisen und damit der Ansätze für die weitere Evolution.

Trennten sich Arten niemals, so wären alle Merkmale in einer Art vereint. Nur weil sich die schon innerhalb der Arten entstehenden Unterschiede dann auf zwei verteilen (und dabei und danach noch größer werden), kann sich der Differenzierungsprozeß fortsetzen. Durch die Artentrennung gewinnt die Geschichte der Lebewesen die Unumkehrbarkeit, die das Dasein der Lebewesen von den chemischen Reaktionen unterscheidet, die in ihnen ablaufen.

Keine dieser drei Arbeitsrichtungen will und kann die Frage beantworten, warum immer neue Stammlinien in immer weiter schreitenden Anpassungs- und Differenzierungsvorgängen zu neuen Bauplänen und Leistungsstufen führen konnten. Aber die Integration dieser drei Forschungsgebiete erbrachte die Modellvorstellung, die jetzt eine Antwort auf diese Frage brachte. Diese Modellvorstellung ist das Konzept der adaptiven Radiation. Als adaptive Radiationen bezeichnen wir die Entfaltungen von Gruppen in und mit den von ihnen erschlossenen ökologischen Zonen. Das ist leicht zu erkennen, wenn diese ökologischen Zonen schon gleichsam vorgegeben waren oder sind. Natürlich ist es leicht einzusehen, daß sowohl fischfressende Vögel wie fischfressende Säuger entstehen konnten. Dazu mußten aber erst Fische da sein oder noch entstehen. Die aber gab es ja zunächst auch noch nicht.

Wenn wir hier einfach immer weiter fragen, ergibt sich das Konzept der Überschichtung. Gerade weil eine erste Schicht von Produzenten und Zehrern entstanden war, war damit die Voraussetzung für weitere entstanden. In diesem Buch ging es um den Nachweis, daß sich alle großen Gruppen von Pflanzen und Tieren in diese neue Deutungsmöglichkeit einfügen. Dem standen äußere und innere Schwierigkeiten im Wege: äußere, weil die hierfür erforderlichen Vorarbeiten in vielen Gruppen nicht vorliegen und Daten und Anhaltspunkte erst zusammengestellt werden mußten, und innere, weil dieses im Nachhinein so einsichtige Konzept den bisher geltenden Fragestellungen so ganz und gar nicht entsprach. Die Fragen nach Formwandel und Stammbäumen sind der ersten, die Suche nach den Evolutionsmechanismen der zweiten Biologie verhaftet. Produktionsbiologische Sachverhalte spielten und spielen in beiden keine Rolle. Sie waren und sind Sache der »angewandten« Disziplinen wie Landwirtschaftswissenschaft und Fischereibiologie und ohne Bedeutung für die allgemeine Theorienbildung in der Biologie.

Nunmehr ergab sich ein evolutionsbiologisches Gesamtkonzept, das diese Sonderung von »reiner« und »angewandter« Biologie überwindet. Wird Evolution so als Ausweitung der Produktion der Biosphäre beschrieben, wird aber mit dieser quantifizierenden Beschreibung die Qualität von Evolution nicht verdeckt, sondern gerade noch deutlicher erkannt: Sie ist Zuwachs an Qualität, an neuen Seinsweisen.

In diese Deutung fügt sich die Entstehung der Menschen und ihre Geschichte ein. Die Gesellschaftswissenschaften sehen mit Recht in der Industrialisierung den Prozeß, der viele Menschen aus einem Leben in der Knappheit zur Teilhabe an unendlich vielen Lebensgütern erst geführt hat – nicht nur materiell. Die Rückwirkungen der menschlichen Produktion auf die Biosphäre zeigen uns aber, daß dieses Wachstum Grenzen hat – wo immer sie im einzelnen liegen mögen.

Der menschliche Geist ist als Mittel der Daseinsbewältigung entstanden. Wir sind mit ihm nicht frei von Naturgesetzen, aber freier im Umgang mit ihnen als alle anderen Lebewesen. Das ist unser Reichtum, aber damit gefährden wir zugleich uns selber und die ganze Biosphäre. Die Ölkrise hat uns das konkret und nachdrücklich gezeigt. Bisher haben wir ihre Auswirkungen nur als vorübergehende Störung unseres Wirtschaftslebens gespürt. Welche langfristigen Umwälzungen sie auch bei uns in Gang gesetzt hat, wird sich zeigen. In vielen Ländern der Dritten Welt sind sie schon jetzt unübersehbar. Für sie sind lebenswichtige Importe von Öl und Industrieprodukten unerschwinglich geworden. Die Industrienationen geben die Ölpreiserhöhung, wo immer sie es können, an die Ärmsten der Armen weiter.

Aber eine endgültige Wirkung hat die Ölkrise auch bereits bei uns. Nach ihr ist es für jeden Einsichtigen unmöglich, Geschichte weiterhin als Fortführung der Produktion um jeden Preis und Wachstum des Verbrauchs für alle zu verstehen. In die praktische Politik hat diese Einsicht sich freilich noch nicht umgesetzt.

Wir haben keine unerschöpflichen Ressourcen. Die Kernenergie ist voller ungeklärter Risiken, die Sonnenenergie noch nicht erschlossen. Langsam wächst die Bereitschaft auch bei uns, in die Zukunftsplanung auch Verzicht und nicht nur Wachstumsraten einzubringen. Wir müssen aber die Produktion weltweit noch steigern, um allen Menschen ein menschenwürdiges Dasein zu sichern. Sie muß sich an der Gesamtbelastbarkeit der Biosphäre orientieren und eine möglichst gleichmäßige Verteilung von Verbrauch und Produktion anstreben.

Gegen beides haben wir bisher verstoßen. Das abzubauen, wird zur Überlebensfrage.

Die Warnungen, daß es nicht wie bisher weitergehen könne, kommen nicht allein – und nicht einmal in erster Linie – von Biologen. Sie stehen im inneren und äußeren Zusammenhang mit Stimmen wie der des Club of Rome, mit den Warnungen vor den Kernwaffen und den Risiken der Kernenergie sowie vor der Politik der Ansprüche, die beides bisher unabweisbar machte; sie gehören zu der Auseinandersetzung um eine neue Weltwirtschaftsordnung und dem Protest gegen die Gewalt in jeder Form, mit der Menschen die Natur und einander ausbeuten.

Diesen Zusammenhängen müssen sich Biologen stellen, wenn sie ihre Einsichten in eine weltweite Strategie für Umwelt und Ernährung und ein menschenwürdiges Dasein für alle Menschen einbringen wollen: in eine globale Nutzungsplanung und Friedensstrategie, die noch nicht einmal in Umrissen sichtbar ist. Es liegt an den Biologen, immer wieder darzutun, daß das die Fürsorge für die ganze Biosphäre und alle ihre Geschöpfe einbeziehen muß.

Dazu gehört aber auch, daß wir Biologen alle unsere eigenen Arbeiten in Theorie und Praxis als Beitrag dazu ansehen und betreiben. Wer sich nur ein wenig in Forschung und Lehre bei uns auskennt, weiß, daß diese Forderung nicht leicht einzulösen ist. Uns sollte dabei dieses zu denken geben: Biologische Kenntnisse haben ausgereicht, um in Vietnam Urwälder und Kulturland zu zerstören. Urwälder aufforsten können wir nicht. Der Biologie als Lehre von der Biosphäre kommt für die Zukunft und den Umgang mit der lebenden Natur eine Schlüsselrolle zu. Sie wird sie nur erfüllen, wenn wir die Bewahrung der Biosphäre als gemeinsame Aufgabe aller Menschen sehen. Dann hat die Biologie der Zukunft Sinn und kann helfen, unserem Dasein Sinn zu geben.

Nachwort

Weshalb interessiert uns die Evolution? Warum befassen wir uns mit der Geschichte der Biosphäre, deren größter Teil so unvorstellbar weit zurückliegt?
Das ist nicht nur Neugierde oder das Bemühen, unsere gegenwärtige Lage zu beschreiben. Es geht um mehr. Es geht um die Frage, in welcher Weise wir die Welt sehen wollen oder müssen, der wir angehören und doch zugleich auch gegenüberstehen.
Seit Darwin entdeckt hat, daß die Natur Geschichte ist, suchen wir das zu verstehen und zu deuten. Der große französische Jesuit und Paläontologe Pierre Teilhard de Chardin sah die Evolution als Heilsgeschehen und als Plan eines Gottes, über den er nur in der Sprache der Metaphysik und der Mystik sprechen konnte. Sein Landsmann, der Biochemiker Jacques Monod, kannte als reformierter Christ nur die Alternative von Vorherbestimmung oder Zufall. Da er keine Vorherbestimmung fand, sah er den Zufall als das herrschende Prinzip.
Demgegenüber hat Ernst Mayr, Evolutionsforscher an der Harvard Universität, betont, daß die Selektion den Zufall in Plan verwandelt und daß dies auch die Verantwortung der Menschen begründe. Die Selektion aber ist der Mechanismus der Evolution, der Geschichte der Biosphäre.
Wenn wir Evolution konsequent als Geschichte sehen, dann ist die Alternative von Zufall oder Plan in der Tat aufgehoben. Nicht dadurch, daß ein drittes Prinzip dazuträte, sondern weil Geschichte beides umschließt, planhaft und zufällig Wirkendes. Von der Geschichte sind wir betroffen. Daß wir uns ihr stellen, ist unsere Verantwortung. Was wir als zufällig, was wir als für uns verbindlich sehen, müssen wir selbst entscheiden. Diese Entscheidung nimmt uns niemand und keine Theorie ab.
Dazu gehört auch ein neues Verständnis der Natur, unserer eigenen eingeschlossen. Wir hoffen, daß unser Evolutionsverständnis dazu beiträgt.

Anhang

Weiterführende Literatur

Vorschläge für die weitere Beschäftigung mit unserem Thema

Wer mehr über die Naturgeschichte der Lebewesen erfahren will, liest dazu am besten gute Bücher über Pflanzen und Tiere. Die (in letzter Zeit etwas zahlreicheren) Bücher über Evolution behandeln fast alle vorwiegend die Mechanismen und allgemeinen Gesetze der als Prinzip, nicht als konkrete Geschichte aufgefaßten Evolution und bringen oft nur einzelne Ausschnitte aus der Geschichte der Gruppen als Beispiele. Bei der Lektüre von Büchern, die nicht eigens auf die Evolution eingehen, muß man nach Angaben über die biologische Bedeutung der Eigenschaften der einzelnen Gruppen und der behandelten Sachverhalte fragen und sich daraus ein Bild darüber zu formen suchen, welche Rolle die verschiedenen Gruppen im Stoffwechsel und in der Geschichte der Biosphäre spielen.

Von der großen Zahl guter Sachbücher, die dafür in Frage kommen, benutzen wir ständig die Life-Bände über Pflanzen, Tiere und Menschen (Pflanzen, Insekten, Fische, Reptilien, Säuger, Primaten, Menschen der Vorzeit). Sie sind ausführlich genug und nicht zu umfangreich und werden durch drei andere Reihen ergänzt. Diese behandeln Kontinente (Eurasien, Tropisches Asien und so weiter), Regionen (Meer, Pole, Berge und so weiter) und Sachgebiete (Zelle, Wachstum, Ökologie, Verhalten, Evolution). Sie liegen auch als Taschenbücher (rororo) vor.

Die Reihe kommt, wie viele andere Bücher, aus den USA. Das ist kein Zufall. Im angelsächsischen Bereich spielt in der biologischen Forschung und Lehre die Freilandarbeit eine größere Rolle als bei uns, und die Zahl der Autoren, die so erworbene Naturkenntnis mit Theorieverständnis verbinden, ist entsprechend größer. Wir nennen im folgenden eine Auswahl von Büchern, die wir schätzen und empfehlen:

Evolution

H. Hölder: Naturgeschichte des Lebens, Heidelberg 1968.

J. Huxley: Entfaltung des Lebens, Frankfurt am Main 1954.

R. W. Kaplan: Der Ursprung des Lebens, Stuttgart 1972.

G. Osche: Evolution. Grundlagen, Erkenntnisse, Entwicklungen der Abstammungslehre, Freiburg 1972.

E. Thenius: Lebende Fossilien. Zeugen vergangener Welten, Stuttgart 1965.

G. v. Wahlert: Das Schädelkabinett. Erklärende Naturgeschichte der Wirbeltiere, mit Tafeln von E. Hülsmann, Basel 1972.

Naturgeschichte

A. Alpers: Delphine, Wunderkinder des Meeres, München 1966.

H. J. Bogen: Knaurs Buch der Biotechnik. Gezähmt für die Zukunft, München 1976.

H. E. Evans: Die Insekten, Frankfurt 1971.

J. Fraser: Treibende Welt. Eine Naturgeschichte des Meeresplanktons, Heidelberg 1965.

B. Kurtén: Die Welt der Dinosaurier, Frankfurt am Main 1974.
J. van Lawick-Goodall: Wilde Schimpansen. 10 Jahre Verhaltensforschung am Gombe-Strom, Reinbek 1975.
G. Osche: Die Welt der Parasiten, Heidelberg 1966.
Readers Digest: Geheimnisse des Meeres – Wunder der Inseln, Stuttgart 1975.
H. Schuhmacher: Korallenriffe – ihre Verbreitung, Tierwelt und Ökologie, München 1976.
R. V. Tait: Meeresökologie. Das Meer als Umwelt, Stuttgart 1971.
H. Tributsch: Wie das Leben leben lernte. Physikalische Technik in der Natur, Stuttgart 1976.
M. Wells: Wunder primitiven Lebens. Organisation und Leistung niederer Tiere, Frankfurt 1973.
W. Wickler: Mimikry. Nachahmung und Täuschung in der Natur, München 1968.

Menschen
E. W. Count: Das Biogramm. Anthropologische Studien, Frankfurt am Main 1970.
U. Kattmann (Hrsg.): Rassen. Bilder vom Menschen. Biologisch-sozialkundliches Arbeitsbuch, Wuppertal 1973.
G. v. Koenigswald: Die Geschichte des Menschen, Heidelberg 1968.
H. Querner: Stammesgeschichte des Menschen, Stuttgart 1968.
K. Saller: Rassengeschichte des Menschen, Stuttgart 1969.

Geschichte der Wissenschaft
Charles Darwin: Reise eines Naturforschers um die Welt, Stuttgart 1962.
Carl von Linné: Lappländische Reise, Frankfurt am Main 1964.
F. Krafft/A. Meyer-Abich: Große Naturwissenschaftler. Biographisches Lexikon, Frankfurt 1970.
J. D. Bernal: Wissenschaft, 4 Bände, Reinbek 1970 (deutsche Ausgabe von »Science in History«).
7000 Jahre frühe technische Kultur: Bd. 1: Vom Ackerbau zum Zahnrad. Bd. 2: Vom Amulett zur Zeitung. Reinbek 1969 (deutsche Ausgabe ursprünglich »Aus Lehm und Gold. Über 7000 Jahre frühe technische Kultur«, Stuttgart 1967–1969.)

Umwelt und Entwicklung
G. Altner: Schöpfung am Abgrund, Neukirchen-Vluyn 1974.
J. McHale: Der ökologische Kontext, Frankfurt am Main 1974.
A. v. Haller: Die Wurzeln der gesunden Welt. Notwendigkeit und Möglichkeit angewandter Ökologie, Langenburg 1976.
G.-K. Kaltenbrunner (Hrsg.): Überleben und Ethik. Die Notwendigkeit, bescheiden zu werden, München 1976.
H. v. Loesch: Stehplatz für Milliarden? Das Problem Übervölkerung, Stuttgart 1974.
E. Meueler (Hrsg.): Unterentwicklung. Arbeitsmaterialien für Schüler, Lehrer und Aktionsgruppen, Bd. 1 und Bd. 2, Reinbek 1974.
G. v. Wahlert: Ziele für Mensch und Umwelt. Vorschläge der Biologie für eine bewohnbare Erde, Stuttgart 1974.

Wissenschaftliche Vertiefung der Thematik

Vorbemerkung

Der diesem Buch zugrunde liegende Ansatz ist in wissenschaftlichen Arbeiten seit 1951 entwickelt worden. Von ihnen wurden die Untersuchungen an Schwanzlurchen (seit 1951) in dem Bändchen von G. v. Wahlert »Molche und Salamander«, Stuttgart 1966, die über Fische (seit 1955) in »Latimeria und die Geschichte der Wirbeltiere. Eine evolutionsbiologische Untersuchung«, Stuttgart 1968, zusammengefaßt. Eine Darstellung der Wirbeltiere gibt G. v. Wahlert in »Das Schädelkabinett. Eine erklärende Naturgeschichte der Wirbeltiere« (siehe Seite 205). Die Stämme des Tierreichs wurden das erste Mal auf dem Symposium über Evolution behandelt, das E. Mayr für den XVII. Internationalen Zoologenkongreß Monaco 1972 organisiert hatte (veröffentlicht als »Phylogenie ein ökologischer Prozeß«, *Naturwissenschaftliche Rundschau 26,* 6, 1973).

Evolution als Produktionszuwachs und dieser als Gemeinschaftsleistung der Pflanzen und der Tiere wurde in dieser Form das erste Mal auf dem 20. Phylogenetischen Symposium dargestellt, Hamburg 1975. Bei der gleichen Gelegenheit trug H. Zwölfer seine breit fundierten Untersuchungen über die Wechselbeziehungen zwischen der Geschichte der Pflanzen, der pflanzenfressenden und der räuberischen Insekten vor (Veröffentlichung des Symposiums erfolgt als Sonderband des naturwissenschaftlichen Vereins Hamburg *2,* 1977, Herausgeber O. Kraus).

Für die Durchführung des Ansatzes werden in diesem Buch fast nur Tatsachen verwandt, die in allen verbreiteten Lehrbüchern enthalten sind. Wir haben deshalb nur die einzelnen Angaben hier nachgewiesen.

Für die Ausbildung des evolutions-ökologischen Ansatzes waren die Arbeiten des Zoologen Professor Dr. Klaus Günther, Berlin, entscheidend wichtig. In dem Hamburger Referat ist deshalb die Verbindung von evolutionsbiologischen und produktionsbiologischen Fragen nach ihm und seinem Mitautor vieler Arbeiten als »Günther-Deckert-Prinzip« bezeichnet worden.

Für die Förderung der Arbeiten, die in diesem Buch ihren Niederschlag gefunden haben, danken wir dem Württembergischen Sparkassen- und Giroverband und seinem Präsidenten Karl Stolz; der Fritz-und-Amalie-Thyssen-Stiftung, Köln; der Robert-Bosch-Stiftung, Stuttgart, und der Evolutionsbiologischen Gesellschaft e. V., Berlin.

Wir verdanken der über zwei Jahrzehnte reichenden Verbindung mit Klaus Günther (verstorben 1975) mehr als jeder anderen. Für die Abklärung der in den letzten zwei Jahren erzielten Einsichten in die geschichtliche Natur der großen Ökosysteme waren dann die Diskussionen mit H. Zwölfer, damals in Ludwigsburg, und seine zahlreichen Hinweise und Hilfen von unersetzlicher Bedeutung. Beide seien deshalb auch hier dankbar genannt.

Herr Professor Dr. Dr. h. c. Willi Hennig, Leiter der Abteilung für Stammesgeschichtliche Forschung am Staatlichen Museum für Naturkunde zu Stuttgart, Zweigstelle Ludwigsburg, verstarb wenige Monate vor der Auslieferung dieses Buches. Willi Hennig war der Schöpfer der Theorie der »Phylogenetischen Systematik«. Seine Lebensarbeit wurde vor einigen Jahren vom American Museum of Natural History, New York, anläßlich der Verleihung einer Goldmedaille als »wichtigster einzelner Beitrag zur Evolutionsforschung der letzten 25 Jahre« gewürdigt. Wir verdanken seinen Arbeiten und noch mehr den mit ihm geführten Gesprächen und Diskussionen in den vergangenen 25 Jahren unendlich viele Anregungen, besonders während der letzten zwölf Jahre gemeinsamer Tätigkeit in Ludwigsburg, und möchten unseren Dank dafür auch hier öffentlich aussprechen.

Was sieht ein Evolutionsbiologe im Roten Meer?

Unsere Freiwasser-Arbeiten begannen mit unseren Veröffentlichungen »Beobachtungen am Trompetenfisch in der Karibischen See«, *Zeitschrift für Tierpsychologie 14,* 4, 1960; »Sur le Comportement de Nettoyage de Crenilabrus melanocercus en Méditerranée« (Das Putzverhalten des Schwarzschwänzigen Lippfischs im Mittelmeer) in der Zeitschrift der Universität Paris *Vie et Milieu* 12, 1, 1961; über neuere Beobachtungen wird in »Eilat, ein neuer Name in der Meeresforschung«, *Naturwissenschaftliche Rundschau 22,* 12, 1969, berichtet.

Eine ausgezeichnete Einführung in die Naturgeschichte der Korallenriffe hat jetzt H. Schuhmacher vorgelegt, der die von uns entdeckte Problematik der Hafenbauten in Eilat als künstliche Riffe bearbeitet und weitergeführt hat (siehe Literaturhinweise Seite 206). Die erwähnten Messungen stammen von R. E. Johannes und Mitarbeitern (»The Metabolism of Some Coral Reef Communities«, *BioSci* 22, 9, 541–543, 1972).

Die Angaben über die tropischen Regenwälder stammen aus P. W. Richards' »The Tropical Rain Forest«, Cambridge University Press 1972, und E. G. Farnworths und F. B. Golleys (Hrsgg.) »Fragile Ecosystems. Evaluation of Research and Applications in the Neotropics«, New York 1974.

Für die Ökologie der Biosphäre sind grundlegend die Aufsätze des Septemberheftes des *Scientific American* 1970, zum Teil wieder abgedruckt in »Ecology, Evolution, and Population Biology – Readings from the Scientific American«, San Francisco 1974. Eine gleich wertvolle Aktualisierung gibt die Nummer vom September 1976 mit dem Heftthema »Food and Agriculture«.

Grundfragen und Grundlagen

Als Dokumente der Zeit Linnés und Darwins empfehlen wir ihre Reisetagebücher. Als Zeugnis der Denkweise, die menschliche Ordnungen und die Moral als unmittelbare Gabe Gottes sah, ist lesenswert, was Abbé Hieronymus Coignard über die Bewohner von Montbard sagt (in der »Bratküche der Königin Pedauque« von Anatol France).

Zum Verhältnis von erster und zweiter Biologie schreibt A. Arber in »Sehen und Denken in der biologischen Forschung«, Rowohlts Deutsche Enzyklopädie, Hamburg 1960; zuletzt wohl St. Vogel in »Komplementarität in der Biologie und ihr anthropologischer Hintergrund«, in »Neue Anthropologie«, hrsg. von A. Gadamer, Band I, Stuttgart 1973.

Als Quelle über Darwins Leben und Werk haben wir vor allem (auch für die Zitate) benutzt W. v. Wyss' Arbeit »Charles Darwin. Ein Forscherleben«, Zürich und Stuttgart 1958. Zur Geschichte der Biologie empfehlen wir die auf Seite 206 genannten Taschenbücher.

Konzept und Grundaussagen der dritten Biologie entwickelte G. v. Wahlert in »Adolf Portmann. Versuch einer Würdigung«, Basel 1972, und »Die Geschichtlichkeit des Lebendigen als Aussage der Biologie«, (in »Strukturen des Biologie-Unterrichts«, hrsg. von U. Kattmann und W. Isensee, Köln 1975).

Die geistesgeschichtlichen und didaktischen Zusammenhänge werden weiterentwickelt von U. Kattmann in »Unterricht angesichts der Überlebenskrise« (*Beiträge zum mathemathisch-naturwissenschaftlichen Unterricht, Heft 31,* 1976) und »Humanzentrierter Biologie-Unterricht«, IPN, Institut für die Pädagogik der Naturwissenschaften, 1976 (Veröffentlichung in Vorbereitung).

Zur Diskussion des Cartesianischen Naturverständnisses und seiner Überwindung schreibt H. Sachsse: (»Über den zwiefachen Zugang zum Verständnis des Lebendigen«, in »Wohin führt uns die Biologie?«, hrsg. von M. Lohmann, München 1970; »Der Mensch als Partner der Natur. Gedanken zu einer nach-cartesianischen Naturphilosophie und ökologischen Ethik«, in »Überleben und Ethik. Die Notwendigkeit, bescheiden zu werden«, München 1976). Beide Bände sind insgesamt empfehlenswert.

Das gilt ebenfalls für den inzwischen weit verbreiteten Sammel- und Quellenband »Naturwissenschaft und Theologie. Texte und Kommentare«, hrsg. von H. Aichelin und G. Liedke, Neukirchener Verlag, [3]1976.

Als ausgezeichnete Darstellung des neueren protestantischen Verständnisses von Welt und Geschichte nennen wir das in der DDR geschriebene Buch von G. Schüler: »Revolution um Gott und den Glauben. Aspekte existentialer Theologie«, Stuttgart 1969. Über das Naturverständnis der Juden zur Zeit der Entstehung des Alten Testaments unterrichten F.-W. Marquardt in »Die Juden und ihr Land«, Hamburg 1969, und H. H. Schmid in »Altorientalische Welt in der alttestamentlichen Theologie«, Zürich 1974.

Eine eingehende Untersuchung der geistesgeschichtlichen Position von Konrad Lorenz enthält das Kapitel »Naturwissenschaft als Weltanschauung. Ein Versuch über Konrad Lorenz« in G. v. Wahlerts Buch »Ziele für Mensch und Umwelt« (siehe Seite 206).

Das Verhältnis zwischen protestantischer Theologie und Evolutionslehre ist für den deutschsprachigen Bereich aufgearbeitet durch G. Altners Arbeit »Schöpfungsglaube und Entwicklungsgedanke in der protestantischen Theologie zwischen Ernst Haeckel und Teilhard de Chardin«, Zürich 1965, und durch J. Hübners Werk »Theologie und wissenschaftliche Entwicklungslehre«, München 1966. Eine Überwindung der bis dahin verbindlichen Naturlehre der katholischen Theologie, die auf dem Aristotelischen Naturkonzept beruhte, hat K. Rahner geleistet (»Die Hominisation als theologische Frage«; P. Overhage und Karl Rahner in »Das Problem der Hominisation. Über den biologischen Ursprung des Menschen«, Freiburg i.Br. 1961). Rahner trifft hier die Unterscheidung von Wandel als Anderswerden und Wandel als Zuwachs, der wir entscheidende Anregungen verdanken. Seine Auffassung berührt sich stark mit der von E. Bloch (»Zur Ontologie des Noch-Nicht-Seins«, »Die Schichten der Kategorie Möglichkeit«, beides in »Ernst Bloch. Auswahl aus seinen Schriften«, Frankfurt am Main 1967), der neue Wirklichkeiten aus dem Zusammentreffen von inneren und äußeren Möglichkeiten entstehen sieht und damit eine präzise allgemeine Fassung unserer Evolutionsauffassungen liefert.

Grundlagen und Anfänge

Grundlegend ist immer noch S. Fox' »Self-ordered Polymeres and Propagative Cell-Systems«, in *Die Naturwissenschaften 56,* 1, 1969 und M. Eigens »Self-Organization of Matter and the Evolution of Biological Macromolecules«, ebenda *58,* 10, 1971. Von zahlreichen weiteren Arbeiten sei erwähnt die von Preston Cloud: »Evolution of Eco-systems«, *American Scientist 66,* 1975.

Zur Unterrichtung über die Lebewesen der ersten Schicht schreiben unter anderem H. G. Schlegel in »Allgemeine Mikrobiologie«, Stuttgart [2]1972, F. E. Round in »Biologie der Algen. Eine Einführung«, ebenda 1968, E. Müller und W. Loeffler in »Mykologie. Grundriß für Naturwissenschaftler und Mediziner«, ebenda [2]1971.

Die energetischen Zusammenhänge des Stoffwechsels behandelt zum Beispiel A. Lehninger in »Bioenergetik. Molekulare Grundlagen der biologischen Energieumwandlungen«, Stuttgart 1970. Eine frühe und bahnbrechende Untersuchung der physikalischen Aspekte der Biologie liefert A. Lotka in »Elements of Physical Biology«, 1924, (wieder veröffentlicht als »Elements of Mathematical Biology«, New York 1956). Lotka entwickelt unter anderem die Lehre von den »benignous cycles«, die M. Eigen als Konzept des »Hyperzyklus« wieder aufgenommen hat.

Meer

Als Einführung in die Naturgeschichte der Meereslebewesen haben wir einige Bücher schon genannt.

Unsere phylogenetischen Auffassungen haben wir nach dem Stand der internationalen Diskussion geformt, der sich im deutschen Sprachbereich zum Beispiel im »Taschenbuch der Speziellen Zoologie« von W. Hennig niederschlägt (»Wirbellose I, ausgenommen Gliedertiere«, »Wirbellose II, Gliedertiere«, Frankfurt am Main 1972, Nachdruck 1977, Neubearbeitung in Vorbereitung). Diese Diskussion ist entscheidend beeinflußt von N. J. Berill u. a. m. »The Origin of Vertebrates«, Oxford 1955; R. B. Clark in »Dynamics in Metazoan Evolution«, Oxford 1964; S. G. Larsson in »Reflections on the System of the Deuterostomia«, Kopenhagen 1963; L. v. Salvini-Plawen in »Zur Morphologie und Phylogenie der Mollusken«, *Zeitschrift für wissenschaftliche Zoologie* 184, 1972.

Die Kenntnis der fossilen Echinodermen, die den Anschluß der Gruppe an sessile Deuterostomier mit Kiemendarm endgültig sicherstellen, verdanken wir R. Jefferies, London (zuletzt »Fossil Evidence Concerning the Origin of the Chordates«, in »Protochordates«, hrsg. von E. Barrington und R. Jefferies, London 1975. Die phylogenetischen Schlüsse, die Jefferies aus dem Material zieht, halten wir in Übereinstimmung mit der Mehrzahl der Fachleute für falsch).

Für das Verständnis der Konstruktion der Wirbellosen und Wirbeltiere ist grundlegend R. McNeill Alexanders »Animal Mechanics«, London 1968; als Einführung kann das ausgezeichnete Buch von Wells (siehe Seite 206) dienen. Für die physiologischen Aspekte der Wirbeltiergeschichte ist nach wie vor unübertroffen Homer W. Smith in »From Fish to Philosopher«, Boston 1953.

Produktionsbiologische Fragen behandelt R. Tait. Die mögliche Produktionssteigerung behandelt John H. Ryther in »Photosynthesis and Fish Production in the Sea« (in »Global Ecology. Readings towards a Rational Strategy for Man«, hrsg. von John P. Holdren und Paul R. Ehrlich, New York 1971); umfassendes Material enthalten die Berichte zweier großer Konferenzen, nämlich »FAO Technical Conference on Fishery Management and Development, Vancouver 1973«, (veröffentlicht im *Journal of the Fisheries Board of Canada,* Band 30, Nr. 12, 1973) und »Aquaculture Symposium, 13th Pacific Science Congress« (veröffentlicht ebenda Band 33, Nr. 4, 1976).

Land

Für die Geschichte der Pflanzen gibt es keine Literatur, die mit der über die Tiere vergleichbar wäre. Bahnbrechend ist A. Takhtajan, Leningrad, dessen Hauptwerk auch auf deutsch vorliegt: »Evolution und Ausbreitung der Blütenpflanzen«, Stuttgart 1971. Ein Taschenbuch von Zimmermann, Tübingen, behandelt ausschließlich Fragen des Formwandels, nicht die Naturgeschichte. David Briggs und Max Walters' »Die Abstammung der Pflanzen. Evolution und Variation bei Blütenpflanzen«, Frankfurt am

Main 1974, behandelt allgemeine Evolutionsphänomene und die tatsächliche Stammesgeschichte nur in einem kurzen Artikel.
Für »Die Stammesgeschichte der Insekten« ist das so benannte Buch von W. Hennig grundlegend. Es konzentriert sich auf die Frage nach der Verwandtschaft der bereits im Erdaltertum und Erdmittelalter nachgewiesenen Insektengruppen. Das evolutionsökologische Verständnis der Naturgeschichte der Insekten hat H. Zwölfer in seinem erwähnten Hamburger Referat (mit ausführlichem Literaturverzeichnis) auf eine neue Basis gestellt.
Eine »erklärende Naturgeschichte der Wirbeltiere« gibt »Das Schädelkabinett« (siehe Seite 205). Die dort begründete Auffassung von der Entstehung der Säuger als nachtaktiven Insektenfressern hat unabhängig davon auch Valerius Geist gleichzeitig veröffentlicht (»An Ecological and Behavioral Explanation of Mammalian Characteristics, and Their Implication to Therapsid Evolution«, *Zeitschrift für Säugetierkunde* 37, 1972).
Zur Optimierung des Graswuchses durch die Beweidung siehe »Serengeti Migratory Wildebeest: Facilitation of Energy Flow by Grazing« von S. McNaughton (*Science 191,* 92–94, 1976).
Ein Lehrstück für die Darstellung paläontologischen Materials als Beitrag zu einer umfassenden Auffassung liefert G. Kühne in »Das Werden des Tierreichs«, in »Der Weg zum Menschen«, hrsg. von W. Laskowski, Berlin 1968.
Unübertroffen in der evolutionsbiologischen Analyse einer ganzen geschlossenen Tiergruppe ist noch immer H. Stümpke in »Bau und Leben der Rhinogradentia«, Stuttgart 1961, seitdem zahlreiche Auflagen, auch mit einem Nachwort von G. Steiner versehen. Das Buch behandelt die zuerst von Christian Morgenstern beschriebenen »Nasobeme« und stellt an dieser fiktiven Tiergruppe Frageweisen und Leistungsfähigkeit der evolutionsbiologischen Naturgeschichte dar. Später ist in den USA die Benutzung fiktiver Gruppen (sogenannter Computer-Tiere) zu einem beliebten Vorgehen für die Diskussion evolutionstheoretischer Fragen geworden; ein neues deutschsprachiges Buch über Evolution enthält sogar als einzigen Stammbaum den der als »Experimentalia« bezeichneten Geschöpfe. (Rupert Riedl in »Die Ordnung des Lebendigen. Systembedingungen der Evolution«, Hamburg 1975.)

Wir Menschen

A. Portmann hat seine Anthropologie in einem Buch entwickelt, das bereits im Titel den für ihn kennzeichnenden Verzicht auf einen Alleinanspruch biologischer Erklärungen ausdrückt: »Biologische Fragmente einer Lehre vom Menschen«, Basel 1944; in Deutschland ist dann die spätere Taschenbuchausgabe mit dem Titel »Zoologie und das neue Bild vom Menschen« bekannt und wirksam geworden.
W. Wieser hat seine Deutung zuerst veröffentlicht in »Herkunft und Zukunft des Menschen. Neue Antworten der Biologie auf eine alte Frage«, mit Beiträgen von E. Büchi, G. v. Wahlert und W. Wieser, herausgegeben von E. Kramm, Stuttgart 1969. Sie ist wieder enthalten in Wiesers insgesamt lesenswerter Aufsatzsammlung »Genom und Gehirn – Information und Kommunikation in der Biologie«, München 1970.
Seit M. Schelers »Die Stellung des Menschen im Kosmos«, 1928, und A. Gehlens »Der Mensch, seine Natur und seine Stellung in der Welt«, 1940, und anderen Publikationen gibt es eine philosophische Anthropologie, die biologische Aussagen verabeitet. Als neuerer Vertreter sei M. Landmann (»Der Mensch als Schöpfer und Geschöpf der Kultur«, 1961) genannt.

Diese philosophischen Beiträge verarbeitet G. Altner in seinem und H. Hofers Buch »Die Sonderstellung des Menschen«, Stuttgat 1972, das biologische (vor allem primatologische) und philosophische Fragen behandelt.

Unter Gesellschaftswissenschaftlern schlug der anthropologisch arbeitende Soziologe D. Claessens mit »Instinkt, Psyche, Geltung. Bestimmungsfaktoren menschlichen Verhaltens«, Köln 1968, eine von beiden Seiten nicht sehr stark benutzte Brücke zur Biologie. In jüngster Zeit scheint aber im Anschluß an die neu entdeckten anthropologischen und ethnologischen Studien des jungen Marx das Interesse der Soziologen auch an naturwissenschaftlichen Zusammenhängen zu wachsen. Als Beiträge zu dieser Diskussion seien genannt Lawrence Kraders »Ethnologie und Anthropologie bei Marx«, Ullstein-Buch 1976, und J. Habermas' »Zur Rekonstruktion des Historischen Materialismus«, *suhrkamp taschenbuch wissenschaft* 154, 1976. In diesem Zusammenhang sind ferner wertvoll die schon länger vorliegenden Taschenbücher G. Petrovics »Philosophie und Revolution«, Reinbek 1971, und J. Israels »Der Begriff Entfremdung«, ebenda 1972.

Über die Entwicklung der Wissenschaft in Europa unterrichten die auf Seite 206 genannten Bücher sowie H. Trevor-Roper »Der Aufstieg des christlichen Europas«, Wien 1971, unter Berücksichtigung der sonst vielfach vernachlässigten Zusammenhänge zwischen geistiger und materieller Entwicklung.

Die Diskussion der biologischen Aussagen über den Menschen ist in unserem Land noch immer dadurch beeinflußt, daß die nationalsozialistische Staatsführung pseudobiologische Thesen zur Rechtfertigung von Verbrechen benutzt hat und daß dieser Sachverhalt und die Zusammenhänge zwischen Wissenschaftsverständnis und Politik von den Biologen nie aufgearbeitet worden sind (wie dies zum Beispiel bei den Historikern und bei den Germanisten geschehen ist). Einen – ohne größeres Echo gebliebenen – Ansatz hat G. Altner geliefert (»Weltanschauliche Hintergründe der Rassenlehre des Dritten Reiches«, *Theologische Studien* Heft 92, Basel). Er hat ebenfalls in einen von ihm herausgegebenen Sammelband »Kreatur Mensch. Moderne Wissenschaft auf der Suche nach dem Humanum«, München 1969, einen Beitrag von einem der Historiker aufgenommen, die sich dieser Frage angenommen haben (H. G. Zmarzlik in »Der Sozialdarwinismus in Deutschland – Ein Beispiel für den gesellschaftspolitischen Mißbrauch naturwissenschaftlicher Erkenntnisse«).

In diese Lücke trifft das Arbeitsbuch »Rassen. Bilder vom Menschen«, hrsg. von U. Kattmann (siehe Seite 206).

Die Frage nach den historischen Wurzeln der sogenannten Ökokrise wurde seit längerer Zeit durch die These (von Mircea Eliade und anderen) beantwortet, daß die Geschichtsauffassung der Bibel das Zeitverständnis und damit eine entscheidende Grundlage der modernen Naturwissenschaft und Technik geliefert habe und daß die entdämonisierte Auffassung der Natur, die in den Schöpfungsberichten enthalten ist, die Menschen zum ausbeutenden Zugriff förmlich aufgefordert habe. In jüngerer Zeit haben L. White in den USA und Carl Améry bei uns dazu die Auffassung vertreten, es sei die Umweltkrise eine direkte und notwendige Folge des Bibelwortes »Macht Euch die Erde untertan« (1. Mose 1.28).

Demgegenüber meint W. Jaeschke (»Die Suche nach den eschatologischen Wurzeln der Geschichtsphilosophie«, München 1976), daß das endzeitbezogene Denken des Alten und des Neuen Testaments keineswegs zur Grundlage historischen Denkens hat werden können, und andere sind der Meinung, daß der Zeitbegriff der Physik und an ihr orientierter Naturwissenschaften eben gerade nicht der der Geschichte sei (siehe dazu unter anderen Wahlerts »Ziele für Menschen und Umwelt«, 1974; Paul Lorenzens »Wie ist die Objektivität der Physik möglich?«, in »Methodisches Denken«, suhrkamp taschenbuch wissenschaft 73, 1974, und verschiedene Beiträge im Quellenband »Naturwissenschaft und Theologie«).

Biologie und Entwicklung

Zur »Grünen Revolution« nennen wir Kurt Eggers und B. Glaesers Aufsatz »Kritik der Grünen Revolution: Wege zur ökologischen Alternative«, in »Scheidewege«, *Vierteljahresschrift für skeptisches Denken,* Jg. 4, Heft 4, 1974; K. Eggers »Traditioneller Landbau in Tansania – Modell ökologischer Ordnung?«, ebenda Jg. 5, Heft 2, 1975; ders. in »Landwirtschaft und Überlebenskrise«, in »Überlebensfragen 2. Bausteine für eine mögliche Zukunft«, Stuttgart 1974.

Über den Stand der Arbeiten zur vermehrten Nutzung organischen Düngers unterrichtet der Bericht einer Tagung von FAO und der Swedish International Development Authority »Organic Material as Fertilizers«, veröffentlicht von der FAO, Rom 1975.

Zusammenhänge zwischen Ökologie und Politik, auch am Beispiel der »Grünen Revolution«, behandelt das *Kursbuch 33,* hrsg. von H. M. Enzensberger und K. M. Michel, Berlin 1973. Die Forderung zum Beispiel von E. Eppler (»Wenig Zeit für die Dritte Welt«, Stuttgart 1971) nach einer globalen Strategie gegen den Hunger und für die Umwelt ist bislang unter Biologen ohne erkennbares Echo geblieben.

Evolutionsforschung

Als Vertreter der Forschungsrichtung, die den Formwandel der Lebewesen ökologisch deutet, seien Klaus Günther (Liste seiner wichtigsten Arbeiten im mehrfach erwähnten Hamburger Referat) sowie Walter J. Bock, New York, genannt (zuletzt in »Species Interaction and Macroevolution«, in »Evolutionary Biology«, hrsg. von Th. Dobzhanski, M. Hecht und E. Steers, vol. 5, New York 1972; »Towards an Ecological Morphology«, Vortrag auf der Jubiläums-Veranstaltung der Vogelwarte Radolfzell, 1976).

Die stammesgeschichtliche Forschung verdankt W. Hennig, Ludwigsburg, eine international anerkannte Methode. Ihr Hauptverdienst ist der Nachweis, daß die Rekonstruktion der Stammbäume nicht primär als Suche nach Vorfahren, sondern als Feststellung von Schwestergruppen zu betreiben ist (unter anderem »Die Stammesgeschichte der Insekten«, Frankfurt am Main 1969).

Die »Wissenschaft von der Art«, das heißt die Frage nach den Evolutionsmechanismen, die zur Artenbildung führen, und die nach der Bedeutung der Artenentstehungen für die Gesamtevolution fragt, ist von Ernst Mayr in Harvard weitgehend vollendet worden (»Animal Species and Evolution«, 1962; deutsch »Artbegriff und Evolution«, Hamburg 1967).

Eine von Mayr und Hennig geführte Auseinandersetzung (in der Zeitschrift für zoologische Systematik und Evolutionsforschung) behandelt die Frage, ob phylogenetische Einsichten unmittelbar eine Klassifikation liefern oder ob andere Sachverhalte, wie zum Beispiel ökologische Aspekte, in sie einzubauen seien. Es zeichnet sich ab, daß diese Frage nicht ohne eine Diskussion darüber zu lösen ist, welchen Zielen die systematische Biologie überhaupt dient.

Der Stellenwert der hier nicht eigens im Text behandelten Paläontologie ergibt sich

aus unserem Evolutionsverständnis, wie folgt. Wird Evolution in erster Linie als Zuwachsprozeß gesehen, der beständige Schichten hervorbringt, so wird die Ablösung und damit das Aussterben zu einem sekundären Phänomen. Und in der Tat gibt es kaum ausgestorbene Stämme; innerhalb der Schichten und Stämme sind Zwischenformen und andere ausgestorben, wenn ihre Rolle im Stoffwechsel der Biosphäre von anderen übernommen wurde.
Die ausgestorbenen Lebewesen, mit denen es die Paläontologie zu tun hat, stellen also keine geschlossene Klasse oder Kategorie und erst recht keinen repräsentativen Ausschnitt dar. Ihre Kenntnis liefert aber Sachverhalte (wie etwa die von Zwischenformen) und vor allem Zeitangaben, ohne die die Erfassung der Naturgeschichte der Biosphäre unvollständig bleiben müßte.
Als Vertreter einer Auffassung, die Paläontologie als Teil einer umfassenden Lehre vom Lebendigen sieht und betreibt, sei noch einmal W. Kühne genannt. Eine allgemeinverständliche »Einführung in die Paläontologie«, liegt von B. Ziegler (»Teil 1: Allgemeine Paläontologie«, Stuttgart 1972) vor.
Daß unsere Kenntnis der Selektion die Alternative von »Zufall oder Plan« überwindet, hat E. Mayr 1962 veröffentlicht (»Zufall oder Plan, das Paradox der Evolution«, in »Evolution und Hominisation«, hrsg. von G. Kurth, Stuttgart 1962).

Seminare und Kurse
über verschiedene, in diesem Buch behandelte Fragen veranstaltet das Institut für Pädagogik der Naturwissenschaften an der Universität Kiel (Neue Universität, Olshausenstraße 40–60, zuständig OStR U. Kattmann) und die Evolutionsbiologische Gesellschaft e. V. (Auskünfte durch Dr. G. v. Wahlert, Staatliches Museum für Naturkunde, Arsenalplatz 3, 7140 Ludwigsburg).

Glossar
Im folgenden Glossar evolutionsbiologischer Grundbegriffe haben wir den im Buch benutzten Ansatz in einer Folge von Begriffsbestimmungen zusammengefaßt, die auf unserem Verständnis der Begriffe Biologie und Biosphäre beruhen. Sie sind dafür gedacht, das im Buch Erarbeitete in knapper Form noch einmal zu rekapitulieren. Es wurde daher bewußt auf die alphabetische Reihenfolge verzichtet.

Biologie: Die Lehre von der belebten Erde, der Biosphäre.
Biosphäre: Die Erde als Speicher von Sonnenenergie. Die Sonnenenergie wird in den Lebewesen von organischen Verbindungen eingefangen und zum Aufbau weiterer organischer Verbindungen benutzt. Die so gebundene Energie wird weiter in Kreisläufen gespeichert, die in den Organismen, zwischen ihnen und dem Wasser, dem Boden und der Atmosphäre der Erde ablaufen.
Leben: Zustand der Erde, seit es auf ihr vermehrungsfähige organische Substanzen und die aus ihnen bestehenden Lebewesen mit spezifischen Stoffwechselleistungen gibt.
Biomasse: Die Gesamtheit der in Lebewesen vorhandenen organischen Substanz.
Flora: Der Pflanzenbestand der Biosphäre oder einzelner Regionen.
Fauna: Der Tierbestand der Biosphäre oder einzelner Regionen.
Pflanzen: Sammelbezeichnung für alle Lebewesen, die organische Substanz aus anorganischer Materie aufbauen (synthetisieren).
Autotrophe Organismen: Diejenigen Pflanzen, die als Energiequelle für Stoffwechsel-Reaktionen Sonnenlicht benutzen.
Heterotrophe Organismen: Organismen, die für ihren Stoffwechsel auf Energie angewiesen sind, die in organischen Verbindungen enthalten ist. Viele Mikroorganismen, Pilze und einige parasitische Pflanzen (ohne Blatt-

farbstoffe) bauen heterotroph aus anorganischer Materie Substanzen auf.

Tiere: Sammelbezeichnung für Lebewesen, die Energie und Material für ihren Stoffwechsel aus organischen Verbindungen beziehen müssen.

Ökosystem: Das Ökosystem Biosphäre ist in standortspezifische Ökosysteme untergliedert. Ein Ökosystem umfaßt Lebewesen und ihre Umgebungen, soweit sie in die Kreisläufe der organischen Substanzen und ihre Bausteine in den Energiefluß einbezogen sind.

Biotop: Umgebung oder Standort der Lebewesen eines Ökosystems.

Biozönose: Die Lebensgemeinschaft eines Ökosystems. Die Bewohner eines Biotops, soweit sie miteinander in regelmäßigen Beziehungen verbunden sind.

Evolution: Die Geschichte der belebten Erde. Ihr Hauptzug ist der quantitative und qualitative Zuwachs an Lebensleistungen und die Ausweitung des Stoffwechsels der Biosphäre. Die Ausweitung erfolgt durch die arbeitsteilige Herausbildung verschiedener Lebensformen in aufspaltenden Stammlinien (Phylogenese). Damit verbunden sind Formwandel (Transformation) und Leistungssteigerung (Anagenese) der Lebewesen. Sie führen zur Ausbildung verschiedener, standortbestimmter Ökosysteme und einander überlagernder Lebensformen und Lebensweisen (Überschichtung). Grundvorgang der Evolution ist die Artentrennung.

Phylogenese (Phylogenie, Stammesgeschichte): Die Entstehung der verschiedenen Organismengruppen, die auf bestimmte, einander ergänzende Beiträge zum Gesamthaushalt der Biosphäre spezialisiert sind.

Taxa (Einzahl Taxon): Die in der Phylogenese entstandenen Gruppen der Organismen – daher »Taxonomie«: die biologische Disziplin, die sich mit der Aufstellung und Ordnung der Gruppen befaßt (meist »Systematik« genannt).

Ökologische Zone: Gesamtheit der Umweltbeziehungen einer Gruppe, bestimmt durch ihre jeweiligen Lebensleistungen. Die ökologischen Zonen der Pflanzen sind durch die Synthesen, die der Tiere durch Umsatz und Abbau von organischen Substanzen gekennzeichnet. Jede Gruppe leistet mit ihrer Lebensweise einen spezifischen Beitrag zum Stoffwechsel und zur Geschichte der Biosphäre, die alle ökologischen Zonen umfaßt. Die Beiträge der einzelnen Gruppen, verwirklicht in ihren jeweiligen Zonen, bestimmen ihren Bau und ihre Geschichte.

Ökologische Nischen: Die kleinsten, jeweils noch nicht wieder endgültig unterteilten ökologischen Zonen; die Gesamtheit der Umweltbeziehungen einer Art.

Arten: Die kleinsten Taxa; die nicht wieder endgültig unterteilten Gruppen von Lebewesen gemeinsamer Abstammung, die miteinander über die Generationen hinweg eine ökologische Nische bilden und behaupten und dabei, wo erforderlich, eine Fortpflanzungsgemeinschaft sind.

Populationen: Teilbestände von Arten, die in räumlicher (nicht notwendig vollständiger) Sonderung (Isolation) leben und sich in ihrem Erbbestand geringfügig unterscheiden.

Umgebung: Für eine Art bildet ihr Biotop und seine anderen Bewohner die Umgebung. Sie kann beschrieben werden, auch wenn die Lebensweise der Art nicht bekannt ist.

Umwelt: Die Gesamtheit aller Gegebenheiten der Umgebung, die für eine Art von unmittelbarer biologischer Bedeutung sind. Die Umwelt einer Art kann nur beschrieben werden, indem man ihre Lebensweise untersucht.

Artentrennung (-teilung, Speziation): Grundvorgang der Evolution. In ihm entstehen neue Arten dadurch, daß Populationen in längerer Isolation ihre Lebensweisen, ihren Erbbestand und ihre Lebensleistungen soweit ändern, daß sie beim erneuten Zusammentreffen wenigstens einen Umweltfaktor unterschiedlich beanspruchen und so nebeneinander im gleichen Biotop leben können.

Ausschließungsprinzip (Gausesches Gesetz): Es besagt, daß im gleichen Biotop lebende Arten mindestens einen Umweltfaktor unterschiedlich nutzen, also unterscheidbare ökologische Nischen haben.

Isolation: Räumliche Trennung von Populationen.

Variabilität: Die (zum Teil erblich bedingte) Vielfalt der Merkmale und Lebensleistungen in einer Art. Sie ist lebensnotwendig, weil die Arten in ebenfalls nicht konstanten, variablen Umgebungen leben. Die Variabilität ist darüber hinaus die Voraussetzung dafür, daß Populationen die Umwelt anders als bisher nutzen, Lebensweisen und Körperbau ändern, weitere Lebensräume erschließen und zusätzliche ökologische Nischen bilden können.

Mutationen: Die Erbänderungen, die die erbliche Grundlage der Variabilität bilden und stets neu speisen. Ihre Auswirkungen auf die Variabilität werden durch die ständige Umverteilung der Erbanlagen bei Bildung und Verschmelzung von Keimzellen gesteigert.

Selektion: Gesamtheit der Einzelvorgänge, in denen nicht zufälliges Geschehen, sondern erbliche Unterschiede zwischen Organismen über Überleben und Fortpflanzungserfolg von Lebewesen und Gruppen entscheiden. Durch Selektionsvorgänge werden Bestand und Leistungen der Organismen, der Gruppen und der Lebensgemeinschaften für die jeweiligen Bedingungen und ihre Rolle im Gesamthaushalt der Biosphäre optimiert.

Anpassung (Adaptation): Bezeichnung für den Sachverhalt, daß Bau und Leistungen der Organismen ihrer Lebensweise und diese wiederum ihren Rollen im Gesamthaushalt der Biosphäre optimal entsprechen.

Präadaptation: Bezeichnung für den Sachverhalt, daß Lebewesen Eignungsreserven besitzen, die im Verlauf der Evolution für neue Umweltbeziehungen und andere Leistungen beansprucht werden können.

Adaptive Radiation: Aufspaltungsvorgang in der Stammesgeschichte, in der eine Gruppe durch Bildung von Untergruppen ihre ökologische Zone erschließt und erweitert.

Überschichtung: Der Vorgang, in dem zu vorhandenen Gruppen neue Lebensformen und Lebensleistungen höherer Intensität getreten sind.

Namen- und Sachregister